工程应用型高分子材料与工程专业系列教材

高分子材料及应用

丁会利　袁金凤　钟国伦　王农跃　编

化学工业出版社

·北京·

内容提要

本书以高分子材料的结构-性能-应用为主线，联系其他材料科学，阐述了高分子材料的制备、结构、性能和主要应用领域，简要介绍了各类高分子材料的基础知识和相关的加工成型方法。全书共八章：材料科学概述、塑料、橡胶、纤维、涂料及胶黏剂、高分子共混和复合材料、功能高分子材料、高分子材料的新发展。重点阐述了高分子材料的基本理论，同时注重知识的实用性，有利于培养学生的学习兴趣和创新精神，可满足工科院校材料科学知识方面的共同需要。

本书为高等工科院校高分子类专业教科书，也可供从事高分子材料及其他材料科学的教学、科研和生产技术人员参考。

图书在版编目（CIP）数据

高分子材料及应用/丁会利等编．—北京：化学工业出版社，2012.6（2023.8 重印）
工程应用型高分子材料与工程专业系列教材
ISBN 978-7-122-13812-5

Ⅰ．高… Ⅱ．丁… Ⅲ．高分子材料-高等学校-教材 Ⅳ．TB324

中国版本图书馆 CIP 数据核字（2012）第 046951 号

责任编辑：杨 菁　　文字编辑：李 玥
责任校对：宋 玮　　装帧设计：史利平

出版发行：化学工业出版社（北京市东城区青年湖南街 13 号 邮政编码 100011）
印 装：天津盛通数码科技有限公司
787mm×1092mm 1/16 印张 16 字数 418 千字 2023 年 8 月北京第 1 版第 5 次印刷

购书咨询：010-64518888　　售后服务：010-64518899
网 址：http://www.cip.com.cn
凡购买本书，如有缺损质量问题，本社销售中心负责调换。

定 价：49.00 元

前 言

高分子材料科学是材料科学与工程学科的一个重要组成部分，是高等学校相关专业的一门重要课程。随着高等教育的迅速发展，有材料类专业的高校都设置了高分子材料与工程专业，特别是应用型专业人才在我国当前的产业结构中显得尤为重要，迫切需要实际、实用、实践为原则的教材。编者在多年从事教学和科研工作的基础上，重点阐述了高分子材料的基本理论，同时注重其实用性知识的传授，使之更适合教学的需要，有利于培养学生的创业精神，满足工科院校材料科学方面的共同需要。

本教材的特点在于突出基础性、系统性、实用性，并加强了与其他材料学科的相互贯通。材料科学的发展对人才的培养提出了新的要求，高分子材料专业的学生不仅需要懂得塑料、橡胶、纤维、涂料和胶黏剂、功能高分子材料等方面的知识和加工技能，也需要熟悉高分子材料各个领域，甚至高分子材料科学发展前沿现状。为此，在第1章讲述了材料科学的共性问题，以后各章按主要品种从材料的制备开始，依次为性能和它们的应用等几方面展开，特别是对于高分子共混材料和复合材料等当今发展的重点和热点领域进行了专门的论述，在最后一章对高分子材料的发展前景进行了展望。本书可作为高等学校高分子材料与工程专业本科生的教科书，同时对于从事高分子材料生产、加工、应用和研究的工程技术人员也具有重要的参考价值。

本教材共8章，第1章、第2章、第4章由丁会利编写，第3章、第5章由袁金凤编写，第6章和第7章由钟国伦编写，第8章由王农跃编写，全书由王农跃进行统稿，初稿完成后由张留成教授、瞿雄伟教授对全书稿进行了仔细的审稿，并提出了许多宝贵的意见和建议，在此深致谢忱。

尽管我们多年来从事高分子材料科学与工程方面的教学和科研工作，但限于水平，加之时间紧迫，书中错误及疏漏实属难免，诚望使用本教材的师生和工程技术人员给予批评指正，便于修改、完善本教材。同时，对支持此项工作的教育部“高分子材料与工程”教学指导委员会、河北工业大学与宁波理工大学同仁表示衷心的感谢。

编者

2011 年 12 月

目录

第1章　材料科学概述

内容提要：人们的日常生活离不开材料，材料科学的发展是人类进步的标志，材料科学总是处于不断发展之中，我们在学习过程中难免会遇到很多问题。本章从材料科学全局的角度对材料的概念进行了科学阐述，并重点讲解了材料的分类、材料的利用与发展、材料科学的建立；概括性描述了高分子材料的一些基础知识，并阐释了材料组成、结构、性能以及材料加工之间的辩证关系等，把知识系统化，以加深对材料科学的理解。

材料是人类社会发展的重要物质基础，是人类文明的里程碑。材料的发现、使用使人类在与自然界的斗争中，从愚昧走向了文明，从混沌蒙昧发展到今天的现代化。因此，人类社会的发展史就是一部材料的发展史。与此对应，历史学家以不同特征的材料划分人类不同的历史时期，如“石器”、“铜器”、“铁器”等不同时代，如图1-1所示。当今，材料在人类社会发展中越来越起到了基础性和战略性的作用，信息、材料、能源已经成为人类赖以发展与生存的三大支柱。

图1-1　材料的发展与人类社会

1.1　材料的定义及其分类

1.1.1　材料的定义

材料的定义有很多种：材料是用来制造器件的物质；材料是经过加工的能够作为一定用处的劳动对象等。分析我们前辈所使用的材料，譬如，石器时代的斧凿、陶器时代的鬲鬲、铜器时代的剑戈、铁器时代的锤锄等，到工业革命以及当前使用的一些新型材料，它们都具备如下几个基本要素。

1.1.1.1　一定的组成和配比

制品的使用性能主要取决于组成的化学物质（主要成分）及各成分（主要成分与次要成分）之间的配比，其中制品的力学性能、热性能、电性能、耐腐蚀性能、耐候性能等为组成该制品的主要成分所支配，而次要成分则用来改善其加工性能、使用性能或赋予某种特殊性能。次要成分包括熔制或合成时的助剂和加工时用的助剂等。

1.1.1.2　具有成型加工性

作为制品应具有一定的外部形状和结构特征，形状和结构特征是通过成型加工获得的。因此，作为材料必须具备在一定温度和一定压力下可对其进行成型加工，并塑制成某种形状的能力。成型加工过程会影响混合程度、颗粒大小及其分布、结晶能力、结晶形态、结晶的性能和取向的程度等，进而影响制品的最终性能。所以，通过成型加工可以赋予制品一定的形状及所需的性能。不具备成型加工性，就不能成为有用的材料。

1.1.1.3　具有一定的物理形状，且能够保持

观察所用的制品，其都是以一定的形状出现，并在该形状下使用。因此，材料应有在使

用条件下，保持既定形状，并可供实际使用的能力。

1.1.1.4 回收和再生性

作为材料应具备可回收和再生性，以符合人类可持续发展的战略需求。面对当前科技的高速发展，作为生产的制品，应满足社会的规范，法律的要求，其原料生产过程、材料制造过程、施工过程、使用过程和废弃物的处理过程5个环节，都应对维护人类健康和保护人类生活的环境负责，也就是说，所制备的产品应是绿色环保的。随着资源的枯竭、环境的破坏，对材料制品的回收并再生利用是必须的，这是材料的开发者在研究中必须首先加以注意和考虑的。

1.1.1.5 具有经济价值

利用原材料制得的制品在满足需要的前提下，应是质优价廉、富有竞争性、在经济上乐于为社会和人们所接受的。

综上所述，可以将材料定义如下：具有满足指定工作条件下使用要求的形态和物理性状的物质称为材料。其进一步可表述为：材料是可以在一定条件（温度、压力）下加工成型，并可在使用条件下保持既定形态和物理形状，其废弃物具有可回收再利用性，并有一定的经济性的一种物质或多种物质的组合。

按照材料的定义，材料与物质是有区别的。对材料而言，可采用“好”或“不好”等术语加以评价，而对物质则不能，并且材料总是和一定的使用场合相联系的。此外，材料可由一种物质或若干种物质构成，并且同一种物质，由于制备方法或加工方法的不同，可成为性能各异的不同类型的材料。例如，对矾土（三氧化二铝，分子式为 Al_2O_3），将其做成单晶就成为宝石或激光材料；做成多晶体就成为集成电路用的放热基板材料、高温电炉用的炉管或切削用的工具材料；做成多孔的多晶体时，则可用作催化剂载体或敏感材料。但是，从化学组成上分析，它们是同一种物质。又如许多高分子材料，化学组成相同，但由于制备方法和成型加工方法的不同，可制成不同应用的材料，如聚丙烯，可以作为纤维，也可以作为塑料来使用。

1.1.2 材料的分类

人类为了清晰地研究和使用一类对象，通常会将它们进行分类，材料也不例外。材料的分类可以按照不同的视角有不同的分类方法。譬如，按化学组成分类，可分为金属材料、无机材料和有机材料（高分子材料）三类。按状态分类，有气态、液态和固态三类。当然，一般使用的大多是固态材料。固态材料又分为单晶、多晶、非晶及其复合等材料。按材料所起的作用分类，可分为结构材料和功能材料两种类型。对结构材料主要是使用其力学性能，这类材料是机械制造、工程建筑、交通运输、能源利用等方面的物质基础。功能材料是利用其各种物理和化学特性，其在电子、红外、激光、能源、通信等方面起关键作用。例如，铁电材料、压电材料、光电材料、超导材料、声光材料、电光材料等都属于功能材料。此外，也可按照使用领域分为电子材料、耐火材料、医用材料、耐蚀材料、建筑材料等不同种类。

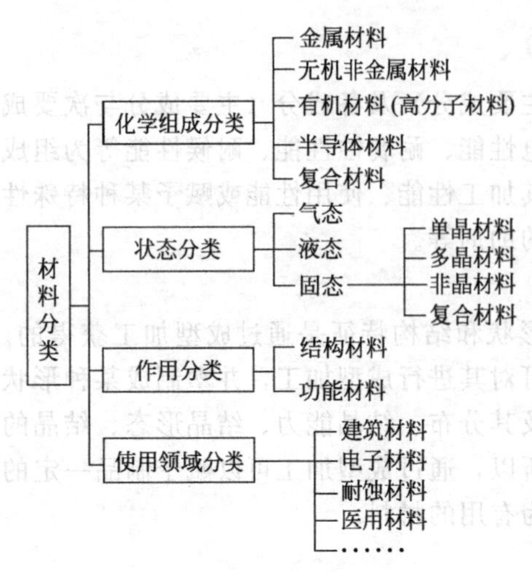

图 1-2 材料的分类

为便于阐明材料结构-性能-应用之间的关系，材料的分类通常是按组成、结构特点进行分类，把材料分成金属材料、无机非金属材料、有机高分子材料和复合材料、半导体材料。材料分类如图 1-2 所示。

按照组成、结构特点将材料分成的五大类，每一类又可分为若干不同的类别，例如高分子材料，又可分为塑料、橡胶、纤维、涂料和胶黏剂，当然每一类别又可细分为若干品种，如图 1-3 所示。

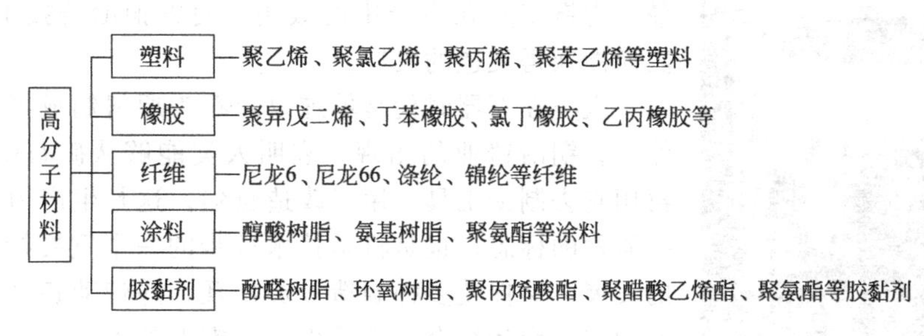

图 1-3　高分子材料的分类

1.2　材料的发展与材料科学

1.2.1　材料的利用与发展

正如上节所讲，材料的发现和使用，使人类得以生存和发展繁荣。在人类漫长的历史发展中，经历了诸如石器时代、青铜器时代、铁器时代、高分子材料时代等。对材料的不断发现、利用以及新材料的发明，人类使用材料的能力已经达到了一个崭新的境界。

1.2.1.1　石器时代的材料利用

石器时代是人类发展中一个极其漫长的历史时期，大致可追溯到 250 万年前，其分为两个阶段，旧石器时代和新石器时代。

在旧石器时代，从树上下到地面、开始直立行走的人类祖先，为了生存，逐渐学会了使用天然的材料——木棒、石块等来抵御猛兽的袭击和猎取食物，并为了使所用的天然材料得心应手，先人们逐渐学会了人工打制石器——石矢、石刀、石凿、石斧等。图 1-4 是石器时代原始人的石制割砸器具。由于打制的石器所用材料部分是燧石（俗称火石），在对其猛击时产生火星，进而可引燃枯草、枯叶、树枝等可燃物质，使人类学会了人工取火，结束了人类茹毛饮血的生活。燧石的使用，是人类文明的一个重要里程碑；由生食到熟食是人类的一大进步。

图 1-4　石器时代原始人的石制割砸器具

新石器时代始于 1 万年前。这一时期的标志是：打制的石器比较精美，出现陶器和玉器，用石头和砖瓦制作建筑材料。例如，1954～1957 年间在陕西西安市半坡村，对距今约 6000～7000 年新石器时代遗址考古时，发现了人工打制的 240 件石球和 227 件陶制弹丸，这些石球表面光滑、缺棱少角，飞行时阻力少、速度快，用其狩猎打得更快、更准。

1.2.1.2　青铜器时代的材料利用

青铜器时代是以使用青铜器为标志的人类物质文化发展阶段。青铜时代处于铜石并用时代之后、早期铁器时代之前，在世界范围内的编年范围大约从公元前 4000 年至公元初年。青铜是红铜（纯铜）与锡或铅的合金，熔点在 700～900℃之间，比红铜的熔点（1083℃）

图 1-5 中国商代青铜器——司母戊大方鼎

低。含锡 10%的青铜，硬度为红铜的 4.7 倍，性能良好。青铜出现后，对提高社会生产力起到了划时代的作用。图 1-5 为 1939 年在河南安阳殷墟遗址出土的商代青铜器司母戊大方鼎。青铜工具在生产中的效用，使青铜冶铸技术日益重要，因而能获得飞速的发展。

人类在石器时代是单纯以岩石为原料制成工具去改造自然。青铜冶铸业的出现，表明人类能够从矿石中提取金属，再用它去制造工具，用于改造自然。这是生产力发展到一个新阶段的标志，也是科学技术进步的一个重要标志。青铜业的发展，又促使多种制造人员出现，并带动各个行业一起兴盛起来。商代社会，正是由于青铜业的发展，才创造了灿烂的青铜文明。

青铜是古代劳动人民有意识地将铜与锡或铅配合而熔铸成的合金，因为以铜为主，颜色呈青，故名青铜，青铜作为合金，熔点较纯铜（红铜）低；就硬度来说，青铜较纯铜高。熔化的青铜在冷凝时的体积略有胀大，所以填充性较好，气孔也少。可见，比纯铜还有较好的铸造性能。这都使青铜在应用上具有更广泛的适应性，所以青铜的生产发展很快。青铜工具具有一些红铜工具所不能担任的功用，因此它逐步取代了一部分石器、木器、骨器和红铜器，而成为生产工具的重要组成部分。从此，虽然石器没有完全被淘汰，但石器时代终被青铜器时代所代替。

1.2.1.3 铁器时代的材料利用

在考古学上，铁器时代是指人们开始使用铁来制造工具和武器的时代。其与之前时代的主要区别在于农业发展、宗教信仰与文化模式。这是在青铜器时代之后的一个人类社会发展的阶段。中国冶铁业出现的时间虽晚于西亚和欧洲等地区，但其后发展迅速，在相当长的一段时间内，一直处于世界冶金技术的前列。图 1-6 为出土的铁器时代铁斧与铁犁。

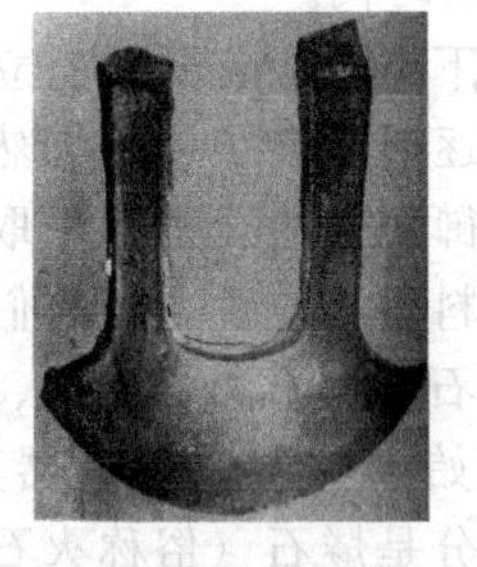

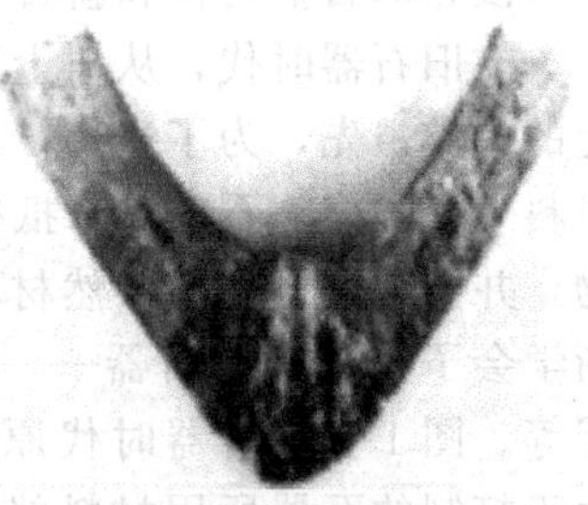

图 1-6 铁器时代出土的铁斧与铁犁

铁器时代是人类发展史中一个极为重要的时代。人们最早知道的铁是陨石中的铁，古埃及人称之为神物。在很久以前，人们就曾用这种天然铁制作过刀刃和饰物，这是人类使用铁的最早情况。地球上的天然铁是少见的，所以铁的冶炼和铁器的制造经历了一个很长的时期。当人们在冶炼青铜的基础上逐渐掌握了冶炼铁的技术之后，铁器时代就到来了。

铁器坚硬、韧性高、锋利，胜过石器和青铜器。铁器的广泛使用，使人类的工具制造进入了一个全新的领域，生产力得到极大的提高。

1.2.1.4 现代材料的利用

从早期的石器时代、青铜器时代、铁器时代，经过数千年的发展，逐渐进步到现代的金属与合金的冶炼、无机非金属材料、有机高分子材料、复合材料、生物材料等。现在，人们已经把材料、信息与能源誉为当代文明的三大支柱。同时，又把新材料、信息技术和生物技术看做是新技术革命的主要标志。现代材料的利用与发展主要体现在以下几方面。

(1) 金属材料 金属材料尤其是新型金属材料在目前的情况下，应用较为广泛，前景依然很好，这种状况将持续很长时间，非金属材料的研究进展将决定这种状态的时间长短。

① 镁及镁合金　镁由于优良的物理性能和机械加工性能，丰富的蕴藏量，已经被业内公认为最有前途的轻量化材料及 21 世纪的绿色金属材料，未来几十年内镁将成为需求增长最快的有色金属。

20 世纪 70 年代以来，各国尤其是发达国家对汽车的节能和尾气排放提出了越来越严格的限制，1993～1994 年欧洲汽车制造商提出“3L 汽油轿车”的新概念。美国提出了“PNGV”（新一代交通工具）的合作计划。其目标是生产出消费者可承受的每百公里耗油 3L 的轿车，且整车至少 80％以上的部件可以回收。这些要求迫使汽车制造商采用更多高新技术，生产重量轻、耗油少、符合环保要求的新一代汽车。据测算，汽车自重减轻 10％，其燃油效率可提高 5.5％，如果每辆汽车能使用 70kg 镁，CO_2 的年排放量就能减少 30％以上。镁作为实际应用中最轻的金属结构材料，在汽车减重和性能改善中的重要作用受到人们重视。

世界各大汽车公司已经将镁合金制造零件作为重要发展方向。在欧美国家中，各国的汽车厂商正极力争取采用镁合金零件的多少作为自身车辆领先的标志，大众、奥迪、菲亚特汽车公司纷纷使用镁合金。20 世纪 90 年代初期，欧美小汽车上应用镁合金的质量，平均每车约 1kg，至 2000 年已达到 3.6kg 左右，目前欧美各主要车厂都规划在今后 15～20 年的期间，将每车的镁合金用量上升至 100～120kg。行家预测，在未来的 7～8 年中，欧洲汽车用镁将占总消耗量的 14％，预计今后将以 15％的速度递增，2005 年已达到 20 万吨。

汽车行业对镁合金的大量需求，推动了镁合金生产技术的多项突破，镁合金的使用成本也大幅度下降，从而促进了镁合金在计算机、通信、仪器仪表、家电、医疗、轻工等行业的应用发展。其中，镁合金应用发展最快的是电子信息和仪器仪表行业。在薄壁、微型、抗摔撞的要求之下，加上电磁屏蔽、散热和环保方面的考虑，镁合金成了厂家的最佳选择。另外，镁合金外壳可使产品更豪华、美观。在电子信息和仪器仪表行业的镁合金制品的单位重量和尺寸不如汽车零部件，但它的数量大、覆盖面广，其用量也是巨大的。所以，近几年电子信息行业镁合金的消耗量急剧增加，成为拉动全球镁消耗量增加的另一重要因素。

此外，其他如铝合金添加剂、镁牺牲阳极和型材用镁合金等也得到了极大的发展。镁牺牲阳极作为有效地防止金属腐蚀的方法之一，广泛应用于长距离输送的地下铁制管道和石油储罐。目前，作为镁牺牲阳极的镁合金有 3 万～4 万吨/年的市场需求量，且每年以 20％的速度增长。镁合金型材、管材，以前主要用于航空航天等尖端或国防领域，近几年由于镁合金生产能力和技术水平的提高，其生产成本已下降到与铝合金相当的程度，极大地刺激了其在民用领域的应用，如用作自行车架、轮椅、康复和医疗器械及健身器材。

② 钛及钛合金　钛及钛合金具有密度小、比强度高和耐蚀性好等优良特性。随着国民经济及国防工业的发展，钛日渐被人们普遍认识，广泛应用于汽车、电子、化工、航空、航天、兵器等领域。

从 2002 年世界主要钛生产国的产量及所占比例来看，美国、俄罗斯、日本占有重要地位。美国占 28.3％，俄罗斯占 29.7％，日本占 25.3％，三个国家的合计产量占全球总产量的 83％。从钛的应用领域来看，以美国、日本为例，美国钛的最大应用领域是航空航天，占到总消费量的 58.5％；日本则是火力、核电厂及板式热交换器，两者合计占总消费量的 41.9％。从表 1-1 可以看出，与美国相比，日本在更多方面使用钛。在体育用品方面，除了在高尔夫球杆头上使用钛以外，还有短距离用跑鞋的销钉、羽毛球拍及冰杖等登山器具、滑雪滑冰用的冰刀刃、自行车架、轮椅等。美日两国在化学工业及油气田钻探装置上的用钛量都在增加。在计算机磁盘（真空镀膜）、纤维纺织机的框架、餐具、帐篷用具、拐杖和照相机等方面都巧妙地使用了钛。

表 1-1　美国、日本两国钛材的用途比较

使用领域	美国(2001 年)		日本(2002 年)		使用领域	美国(2001 年)		日本(2002 年)	
	用量/t	比例/%	用量/t	比例/%		用量/t	比例/%	用量/t	比例/%
航空航天	14500	58.5	750	4.9	船舶、海洋			162	1.1
民用品	1240	5.0	1016	7.0	能源			45	0.3
医疗	1240	5.0	90	0.6	土木建筑			93	0.6
化学工业	1984	8.0	2350	16.2	体育娱乐			678	4.7
火力、核电厂			3223	22.3	销售业			1585	11.0
海水淡化			325	2.4	其他			773	5.3
板式热交换器	5827	23.5	2836	19.6	合计	24797	100	14481	100
汽车			573	4.0					

注：资料来源于国际钛应用会议，上海科学技术情报研究所整理。

③ 铝及铝合金　铝合金具有密度小、导热性好、易于成形、价格低廉等优点，已广泛应用于航空航天、交通运输、轻工建材等部门，是轻合金中应用最广、用量最多的合金。随着电力工业的发展和冶炼技术的突破，其性价比大为提高，目前交通运输业已成为铝合金材料的第一大用户。在世界范围内，2001 年交通运输业消耗铝占全世界原铝产量的 27.6%，有些国家达 30%以上。随着交通运输业现代化进程的加快，铝及铝合金材料在航空航天和汽车三大领域的应用日益增加。

铝合金是亚音速飞机的主要用材，目前民用飞机结构上的用量为 70%～80%，其中仅铝合金铆钉一项每架飞机就有 40 万～150 万个；据波音飞机公司的统计，制造各类民用飞机 31.6 万架，共用铝材 710 万吨，平均每架用铝 22.5t。铝制零部件在先进军用飞机中的比例虽低一些，但仍占其自身总质量的 40%～60%。2010 年全球航空航天铝材的消费量达 60 万吨，年平均增长率约为 4.5%。

航空航天铝材的价格比普通民用铝材的价格高得多，为后者的 18 倍左右，是一个非常重要的市场，而其政治与军事意义则尤为重大。2002 年美国航空航天铝材的价格为 33000～44100 美元/吨，而普通民用铝材的价格只不过 2200～3500 美元/吨。

美国是世界航空航天工业巨头，其用铝约占全球此领域用铝量的 50%以上，其他国家如法国、俄罗斯、中国、日本、巴西、加拿大、英国等国的用量约为 50%。2002 年，全世界航空航天用铝量约 42 万吨，其中美国的用量为 21.4 万吨。

美国铝业公司（Alcoa）是世界航空航天铝材的主要供应者，占全球总供应量的 35%以上，为了保持其在该领域的世界霸主地位，获得更大的利润，经过精心而全面的调查研究与策划后，于 2002 年提出了一个名为“20-20 攻关计划（20-20 Initiative）”的计划。计划内容与目标包括：在 20 年时间内，开发一批新的高性能铝合金，改进铝制零部件的设计，采用高技术制造工艺，使铝制零部件的质量下降 20%，使铝制零部件的制造成本与维护费用减少 20%。

铝锂合金具有低密度、高比强度、高比刚度、优良的低温性能、良好的耐腐蚀性能和卓越的超塑成型性能，用其取代常规的铝合金可使构件质量减轻 15%，刚度提高 15%～20%，被认为是航空航天工业中的理想结构材料。在航天领域，铝锂合金已在许多航天构件上取代了常规高强铝合金。铝锂合金作为储箱、仪器舱等结构材料具有较大优势。

国外预测，含铝-镁合金及其他系列的铝合金有可能成为下一代飞机的重要结构材料。TiAl 基合金的板材除了有望直接用作结构材料外，还可以用作超塑性成型的预成型材料，并用于制作成型航空、航天发动机的零部件及超高速飞行器的翼、壳体等。

铝及铝合金是最早用于汽车制造的轻质金属材料，也是工程材料中最经济实用、最有竞争力的汽车用轻金属材料，从生产成本、零件质量、材料利用率等方面看，具有多种优势。

铝基复合材料在某些范围内替代铝合金、钢和陶瓷等传统的汽车材料，用于汽车关键零件，特别是高速运动零件，对减少重量、减少运动惯性、降低油耗、改善排放和提高汽车综合性能等具有非常积极的作用，在汽车领域有着良好的应用前景。

泡沫铝材被认为是一种大有前途的未来汽车的良好材料。泡沫铝材在汽车制造中的应用多为三明治式的三夹板，即芯层为泡沫铝或泡沫铝合金，上下层为铝板或其他金属薄板。德国卡曼汽车公司用三明治式复合泡沫铝材制造的吉雅轻便轿车（Ghiaroadster）的顶盖板的刚度，比原来的钢构件高7倍左右，而其质量却比钢件轻25%。据测算，汽车车身构件约有20%可用泡沫铝材制造，一辆中型轿车如采用泡沫铝材制造，某些零件可减重27.2kg左右，这样既可节约能源又可减轻对环境的污染。采用泡沫铝材结构，可大大简化结构系统，零部件数至少可减少1/3。

根据国际铝业协会（IAI）统计数字，1991～1999年铝及铝合金在汽车上的应用翻了一番，到2005年又翻了一番。2005年美国汽车用铝及铝合金超过130kg/辆，西欧某些国家达到119kg/辆。

（2）无机非金属材料　无机材料是由无机化合物构成的材料，包括锗、硅、碳之类的单质所构成的材料。硅和锗是主要的半导体材料，由于其重要性，已独立成为材料的一个分支。

主要的无机材料是硅酸盐材料。硅酸盐是地壳中存储量最大的矿物，折合成SiO_2约占造岩氧化物的60%。与SiO_2结合组成硅酸盐的氧化物主要有Al_2O_3、Fe_2O_3、FeO、MgO、CaO、Na_2O、K_2O、TiO_2等。以硅酸盐为主要成分的天然矿物，由于分布广、容易采取，很早就被人类作为材料使用。在石器时代，直接用它做成许多工具；在史前时代，用它制成了陶器；随后发展到用它制成了玻璃、瓷器、水泥等硅酸盐类材料。

以硅酸盐为主要成分的材料有玻璃、陶瓷和水泥三大类。硅酸盐材料在发展过程中，使用的原料除以硅酸盐为主要成分的天然硅石、黏土外，也采用了其他不含SiO_2的氧化物和以碳为主要成分的石墨等，按同样的工艺方法制成了各样制品。虽然这些材料已不是硅酸盐，但习惯上仍称其为硅酸盐材料。

20世纪40年代以来，由于新技术的发展，在原有的硅酸盐材料基础上相继研制出了许多新型的无机材料，如用氧化铝制成的刚玉制品，用焦炭和石英砂制成的碳化硅制品以及钛酸钡铁电体材料等，常把这些称作新型无机材料，以与传统的硅酸盐材料相区别。在欧美国家常把无机材料统称为陶瓷材料，因此也称上述的新型无机材料为“新型陶瓷”。无机材料一般硬度大、性脆、强度高、抗化学腐蚀性好、对电和热的绝缘性好。

（3）有机高分子材料　有机高分子材料相对于传统材料如水泥、玻璃、陶瓷和钢铁而言是新兴的材料，但其发展速度及应用的广泛性却大大超过了传统材料。可以说高分子材料已不再是传统材料的代用品，已成为工业、农业、国防和科技等领域的重要材料。高分子材料无所不在，广泛渗透于人类生活的各个方面，在人们生活中发挥着巨大的作用。目前人们公认的新材料主要内容包括聚合物、复合材料、磁性材料、半导体材料、光学纤维和陶瓷材料。在这些材料中，除半导体材料外，均涉及高分子材料，可见高分子材料在当代及未来国际竞争中占有相当重要的地位。

追溯人类发展历史，有机高分子材料的使用一直伴随着人们的生活，自然界的天然产物，如木材、皮革、橡胶、棉、麻、丝、淀粉等都是高分子材料。天然橡胶是人们最早发现的天然高分子材料，硝化纤维素是首先工业化的改性天然高分子材料，完全人工合成的高分子材料最先是从酚醛树脂开始的。自此，合成并工业化生产的高分子材料种类迅速扩大，各种通用高分子材料相继问世。随着科学技术的进步和经济的发展，高强度、高韧性、耐高温、耐极端条件等高性能的高分子材料发展十分迅速，为电子、宇航工业等提供了必需的新材料。目前，高分子材料正向功能化、智能化、精细化方向发展，使其由结构材料向具有光、电、声、磁、生物医学、仿生、催化、物质分离及能量转换等效应的功能材料方向发展，如分离材料、导电材料、智能材料、储能材料、换能材料、纳米材料、光导材料、生物活性材料、电子信息材料等的发展都表明了这种发展趋势。与此同时，在高分子材料的生产加工中也引进了很多先进技术，如等离子体技术、激光技术、辐射技术等。而结构与性能关系的研究也由宏观进入微观（分子水平）；从定性进入半定量或定量；由静态进入动态，正逐步实现在分子水平上设计、合成并制备达到所期望功能的新材料。

高分子材料科学的迅速发展，使其与其他许多学科相互交叉渗透，由此又大大加快了高分子材料的发展。例如，在与化学工程的交叉渗透中，使用膜分离技术可制取用传统方法无法得到的超纯物质；在与现代物理的交叉渗透中，高分子材料的结构、成分分析又依赖于现代物理的许多研究方法和仪器设备的改进，而采用现代物理技术对高分子材料进行特殊加工将会解决许多传统技术难以解决的课题。高分子光导体、高分子液晶的发现也极大地丰富了物理学的理论，如科学家 De Gennes 也正是由于他在液晶及其他高分子物理领域的突出贡献而获得了 1991 年的诺贝尔物理学奖；在与生物工程、医学的交叉渗透中，高分子材料亦是最有希望解决与活体之间的生物相容性、组织相容性以及免疫反应的有效材料。此外，高分子缓释材料也为药物科学开辟了新的天地，而高分子仿生材料的出现使合成高分子与生物高分子之间的界限变得更为模糊。在与微电子工程的交叉渗透中，高分子抗蚀剂是制造超大规模集成电路的关键材料。总之，高分子学科将在新技术革命中更广泛地与相关学科相互交叉融合，推动社会生产力的快速发展。

随着化学化工的发展，高分子材料的品种日益增加。对众多的高分子材料可以从不同角度进行分类。通常的分类方法有：按来源可分为天然高分子材料和合成高分子材料；按大分子主链结构可分为碳链高分子材料、杂链高分子材料、无机高分子材料及元素有机高分子材料等；根据性能和用途可分为橡胶、塑料、纤维、胶黏剂、涂料、功能高分子材料、生物高分子材料等。后者最为常用，本书主要采用这一分类方法来编写。

(4) 复合材料　复合材料是指由两种或两种以上不同物质以不同方式组合而成的材料，它可以发挥这几种材料的优点，克服单一材料的缺陷，扩大材料的应用范围。由于复合材料具有质量轻、强度高、加工成型方便、弹性优良、耐化学腐蚀和耐候性好等特点，已逐步取代木材及金属合金，广泛应用于航空航天、汽车、电子电气、建筑、健身器材等领域，特别是在近几年得到了飞速发展。

随着科技的发展，树脂与玻璃纤维在技术上不断进步，生产厂家的制造能力普遍提高，使得玻璃纤维增强复合材料的价格成本已被许多行业接受，但玻璃纤维增强复合材料的强度尚不足以与金属相匹敌。因此，碳纤维、硼纤维等增强复合材料相继问世，使高分子复合材料家族更加齐全，已经成为众多产业的必备材料。目前全世界复合材料的年产量已达 550 多万吨，年产值达 1300 亿美元以上，若将欧、美的军事航空航天的高价值产品计入，其产值将更为惊人。从全球范围看，世界复合材料的生产主要集中在欧美和东亚地区。近几年欧美复合材料产需均持续增长，而亚洲的日本则因经济不景气，发展较为缓慢，但中国尤其是中国内地的市场发展迅速。据世界主要复合材料生产商 PPG 公司统计，2000 年欧洲的复合材料全球占有率约为 32%，年产量约 200 万吨。与此同时，美国复合材料在 20 世纪 90 年代年均增长率约为美国 GDP 增长率的 2 倍，达到 4%～6%。2000 年，美国复合材料的年产量达 170 万吨左右。特别是汽车用复合材料的迅速增加使得美国汽车在全球市场上重新崛起。亚洲近几年复合材料的发展情况与政治经济的整体变化密切相关，各国的占有率变化很大。

总体而言，亚洲的复合材料将继续增长，2000 年的总产量约为 145 万吨，到 2005 年总产量已达 180 万吨。

从应用上看，复合材料在美国和欧洲主要用于航空航天、汽车等行业。2000 年美国汽车零部件的复合材料用量达 14.8 万吨，2003 年欧洲汽车复合材料用量达到 10.5 万吨。而在日本，复合材料主要用于住宅建设，如卫浴设备等，在 2000 年此类产品的用量达 7.5 万吨，汽车等领域的用量仅为 2.4 万吨。不过从全球范围看，汽车工业仍是复合材料最大的用户，今后发展潜力仍十分巨大，目前还有许多新技术正在开发中。例如，为降低发动机噪声，增加轿车的舒适性，正着力开发两层冷轧板间黏附热塑性树脂的减震钢板；为满足发动机向高速、增压、高负荷方向发展的要求，发动机活塞、连杆、轴瓦已开始应用金属基复合材料。为满足汽车轻量化要求，必将会有越来越多的新型复合材料应用到汽车制造业中。与此同时，随着近年来人们对环保问题的日益重视，聚合物基复合材料取代木材方面的应用也得到了进一步发展。例如，用植物纤维与废塑料加工而成的复合材料，在北美已被大量用作托盘和包装箱，用于替代木制产品；而可降解复合材料也成为国内外开发研究的重点。

另外，纳米技术逐渐引起人们的关注，纳米复合材料的研究开发也成为新的热点。以纳米填料改性塑料或纳米结构材料，可使塑料的聚集态及结晶形态发生改变，从而使之具有新的性能，在克服传统材料刚性与韧性难以相容的矛盾的同时，大大提高了材料的综合性能。

1.2.2　材料科学的确立

综上所述，材料是早已存在的名词，但是材料科学的提出和材料学科的建立则是在 20 世纪 60 年代。1957 年，苏联人造地球卫星发射成功之后，美国政府及科技界为之震惊哗然，广泛讨论并认识到先进材料对于高技术发展和国家实力的重要性，于是在一些美国大学相继成立了十余个材料科学研究中心，从此，材料科学这一名词开始被人们广泛地接受。

材料科学（materials science）产生于美国，这一名词代表了一个新的学科概念，其源于冶金学。是谁首先使用了这一名词不得而知，但比较清楚的是到 1956 年时，很多资深科学家都已认可并使用它。在 1958～1959 年间，这一新概念在美国促进了两个方面的发展：一个是大学中的本科生和研究生教育的性质开始发生改变；再一个就是材料科学研究的全新组织形式；这一概念还改变了产业化研究的方式。

坐落在美国伊利诺伊州（Illinois）的西北大学（Northwestern University）是首先将材料科学作为一个系名的大学，它出自于原来的冶金系，当时的系主任 Morris Fine 签署了这一变化过程的相关文件。Morris Fine 是一位冶金学家，1954 年从贝尔实验室（Bell laboratories）被邀请到西北大学做访问研究员，并讨论在西北大学建立一个新的研究生冶金系计划（在美国的优秀大学里，通常系的建立首先是只有研究生教学工作，而很多其他国家的大学正好相反，研究生只是教学课程的延伸和补充）。1954 年秋天，Fine 开始进入该校的新的冶金系。在他接受邀请的回信中，他提出了通过与其他系的合作开始一个材料科学项目的愿望。除了研究生以外，新系还为一些本科生开设了课程，主要是那些其他系的学生。Jack Frankel 是系里的成员之一（他是一位加利福尼亚州洛杉矶分校的弟子，并在那里开设过这样的课程）。与此相关，Frankel 在西北大学开设了更为广泛的本科生课程，并在此基础上撰写了一部名为《材料性能原理》（Principles of the Properties of Materials）的著作。Fine 评价说："这一课程以及 Jack 的想法是西北大学发展材料科学的关键因素"。此外，很多其他系也将其作为选修课。"一个全面完成了包括本科生那些主要课程学习的学生，就可以从事冶金学或材料科学方面的专业工作或研究生学习"——这是 1956 年 5 月的一次系办公会议记录中的一句话，由此可以确立，从 1957 年起，该校本科生就可以通过学习仍旧是冶金系开设的课程来接收材料研究的教育。到 1958 年 2 月，一份题为《材料科学与工程的重要性》(The Importance of Materials Science and Engineering)的备忘录被提交给负责学术的校长。备忘录中的一段话(也是校长赞赏的一段话)说道:“传统上讲,材料科学领域已发展出多个分支,包括固体物理学、冶金学、高分子化学、无机化学、矿物学、玻璃与陶瓷技术。材料科学与技术上的进步受到了对整个科学的人为分化所带来的阻碍”。备忘录还强调了“将不同类型材料的专家组合在一起,允许和鼓励他们之间的合作和自由交流所能够带来的优点”。很显然,在几个月后的一次会议上,这一建议最终得到了高层的批准,因为1958年12月,冶金系办公会议一致通过决定,将冶金研究生系更名为材料科学研究生系,西北大学于1959年1月同意了这一更名。

几乎在1958年的上述系办公会议的同时,美国总统科学顾问委员会委托各大学去努力“建立一个新型的材料科学与工程”,并强调需要政府的帮助。

在这一转变过程中也有不同的声音。那位校长告诉系主任,美国的许多资深冶金学家警告说,新系可能会失去对学生的吸引力,因为在系名中没有“冶金”的字样。这可能还难以马上加以推断,但新系本身并不赫赫有名,而且材料科学变得并不名副其实,虽然后来为了更好地认识已建立起来的新系特征,又在其名字后面加上了“与工程”,但新系并没有失去学生。英语国家的其他相关的系一直很慎重,如剑桥大学从“冶金系”逐渐变为“冶金与材料科学系”,最后才大胆地改为“材料科学与冶金系”。

材料科学的形成是科学技术进步的结果。这是因为,第一,固体物理、无机化学、有机化学、物理化学等学科的发展,对物质结构和物性的深入研究,推动了对材料本质的研究和了解;同时,冶金学、金属学、陶瓷学等对材料本身的研究也大大加强,从而对材料的制备、结构和性能,以及它们之间的相互关系的研究也愈来愈深入,这为材料科学的形成打下了坚实的基础。第二,在材料科学这个名词出现以前,金属材料、高分子材料与陶瓷材料科学都已自成体系,它们之间存在着颇多相似之处,可以相互借鉴,促进本学科的发展。如马氏体相变本来是金属学家提出来的,而且广泛地用作钢热处理的理论基础。但在氧化锆陶瓷材料中也发现了马氏体相变现象,并用作陶瓷增韧的一种有效手段。第三,各类材料的研究设备与生产手段也有很多相似之处。虽然不同类型的材料各有专用测试设备与生产装置,但更多的是相同或相近的,如显微镜、电子显微镜、表面测试及物理性能和力学性能测试设备等。在材料生产中,许多加工装置也是通用的。研究设备与生产装备的通用不但节约了资金,更重要的是相互得到启发和借鉴,加速了材料的发展。第四,科学技术的发展,要求不同类型的材料之间能相互代替,充分发挥各类材料的优越性,以达到物尽其用的目的。长期以来,金属、高分子及无机非金属材料学科相互分割,自成体系。由于互不了解,习惯于使用金属材料的想不到采用高分子材料,即使想用,又对其不太了解,不敢问津。相反,习惯于用高分子材料的,也不想用金属材料或陶瓷材料。因此,科学技术发展对材料提出的新的要求,促进了材料科学的形成。第五,复合材料的发展,将各种材料有机地连成了一体。复合材料在多数情况下是不同类型材料的组合,通过材料科学的研究,可以对各种类型材料有一个更深入的了解,为复合材料的发展提供必要的基础。

1.2.3 材料科学的范畴及任务

正如上文所述,最初各种材料的发展是分别进行、互不相关的。随着科学技术的发展,人们对材料的认识不断深化,积极吸取了近代物理、化学,特别是固体物理、量子化学等基础理论并应用各种先进分析仪器和尖端技术来研究和阐明材料的本性,为认识材料的性能-结构-应用之间的关系和探索新材料提供了理论基础。这样就在各种基础学科的渗透和现代科学仪器的帮助下,从20世纪60年代开始形成了一门新的综合性学科——材料科学。

材料科学是一门以材料为研究对象,介于基础科学与应用科学之间的应用基础科学。材料科学的内容：一是从化学的角度出发，研究材料的化学组成、价键性、结构与性能的关系规律；二是从物理学角度出发，阐述材料的组成原子、分子及其运动状态与物性之间的关系。在此基础上为材料的合成、加工工艺及应用提出科学依据。因此，材料科学是一门多学科性的综合性应用基础科学。

前已指出，物质并不等于材料。作为材料还必须经过一系列材料化过程（即材料加工工艺过程），使之满足一定条件下的使用要求。所以，材料科学的内容不仅包含化学及物理学的科学问题，还包括材料制备工艺、材料性能表征及材料应用等技术性问题。整个材料科学体系如图 1-7 所示。

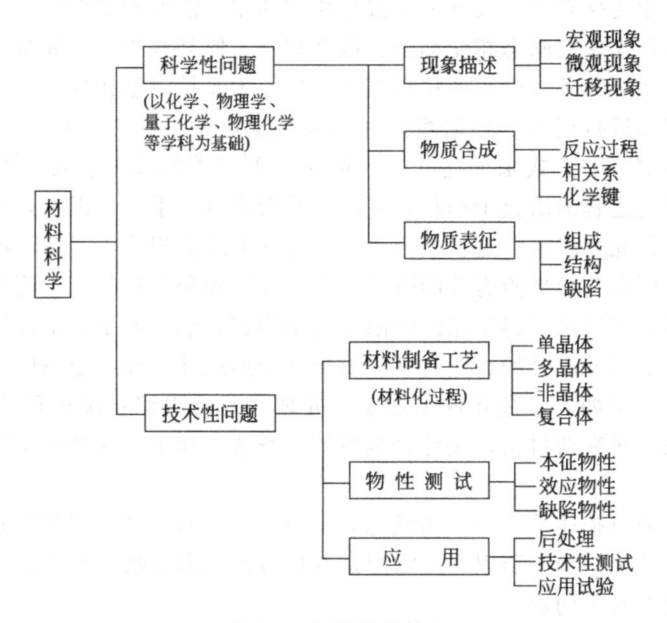

图 1-7　材料科学体系

材料科学恰如一座桥梁将许多基础科学的研究结果与工程应用连接起来。材料科学的主要任务就是以现代物理学、化学等学科理论为基础，从电子、原子、分子间结合力、晶体及非晶体结构、显微组织、结构缺陷等观点研究材料的各种性能，以及材料在制造和应用过程中的行为，了解结构-性能-应用之间的关系，提高现有材料的性能、发挥材料的潜力并能动地探索和发展新型材料，以满足日常生活、工农业生产、国防建设和现代技术发展对材料日益增长的需求。

1.3　材料工艺与材料结构及性能的关系

1.3.1　材料的工艺过程

从原料到制品需经过一定的材料工艺过程，即材料的制备工艺和加工工艺过程。材料的制备工艺过程主要涉及化学反应，常以化工工艺过程为基础。材料的加工工艺过程一般是物理过程，但也涉及一定的化学过程，例如热固性塑料的成型加工过程。

就高分子材料而言，其工艺过程包括各种聚合工艺、缩聚工艺、成型加工工艺，如压缩模塑、注射模塑、挤出、压延、铸塑、吹塑、混炼、纺丝等。对金属材料，其工艺过程有铸造、焊接、压制、粉末冶金、热处理、冷加工等。不同的材料有不同的工艺过程，这些不同的工艺过程涉及不同的化学及物理过程，研究这些不同的化学、物理过程可从热力学和动力学两个基本点出发。热力学是解决过程进行的可能性、方向性及其限度；动力学是解决过程进行的速度，这涉及过程进行的推动力和阻力。

热力学的基础是热力学三个基本定律，可以解决系统宏观性质之间的关系，但不能解决微观性问题，例如过程进行的机制问题。过程进行的速度与材料体系的微观结构有关，因此通过研究过程动力学，可了解过程进行的机制。

在材料工艺过程中，经常要涉及相变问题（物质从某一相转变为另一相称为相变）。相变可以分为两种。①特性相变，它与电子或原子的集体特性发生变化有关。例如，通电的超导材料在温度降到一定临界值之后，电阻突然消失，这就是特性相变。②结构相变，它与原子或分子的排列发生变化有关，又分为扩散型相变和非扩散型相变两种。气相、液相及固相之间的相互转变以及大多数固态相变都是扩散型相变。但某些相变，如金属材料工艺过程中的马氏体相变，是通过原子做微小的移动而实现的，为非扩散型相变。

相变可根据相律进行研究，根据相律和实验数据可做出相图。相图亦称状态图或平衡图，是用几何（图解）的方式来描述处于平衡状态下物质的成分、相和外界条件的相互关系。相图在材料工艺过程的研究中和材料生产中是极重要的手段。因为，实际材料很少是纯元素的，而是由多种元素组成。这就要弄清楚组元间的组成规律，了解不同成分在何种条件下形成何种相图。因而与相平衡有关的研究就成为使用和研究材料的重要理论基础。以合金材料为例，它在结晶之后可获得单相的固溶体或中间相，也可能是包括纯组元相与各种合金相的多相组织。那么某一成分的合金在某一温度下会形成什么样的组织呢？利用合金相图就可以回答这一问题。又如，合金在许多加工、处理之后的组织状况也可用相图作为分析依据。所以说，相图是研究新材料，设计合金熔炼、铸造、加工、热处理工艺以及进行金相分析的重要工具。

但是，相图一般只描述系统的平衡状态，不能完全说明生产实际中经常遇到的亚稳态状态和非稳态状态的组织结构。所以，还需要从其他方面的实验数据加以综合才能很好地解决生产实际中所遇到的有关问题。

化学反应中的反应速率、结晶速率、蠕变、各种扩散过程等，都是属于动力学问题。材料工艺过程的速率不仅与始、终状态有关，还与过程进行的方式和途径有关，而这又与材料的内部结构有关。材料工艺过程的动力学问题对材料结构和性能影响很大。例如，结晶过程中成核及晶粒生长的速率不同，晶粒大小及分布就不同，从而会对多晶材料的性能及结构产生极大影响，甚至可能改变材料的品种。

1.3.2 材料工艺与其结构及性能的关系

材料的工艺与材料的组织结构及性能之间具有密切的关系。材料工艺，包括材料合成工艺及材料加工工艺，因影响材料的组织结构，所以对材料的性能有显著的影响。例如，用高压法合成的聚乙烯和用低压法合成的聚乙烯，在结构上有很大差别，因而性能也显著不同。又如用铸造法制造的铜棒与用轧制成型工艺制造的铜棒，其晶粒的形状、尺寸和取向都不相同，即组织结构大不相同。铸造法制得的铜棒含有由于收缩或因气泡生成而形成的空洞，组织内部可能夹带非金属质点。轧制法制备的铜棒可能含有被拉长的非金属夹杂物和内部排列的缺陷。

组织结构不同，性能也不同。材料的原始组织结构及性能，常常决定着采用何种方法将材料加工成所需要的形状。例如热固性树脂与热塑性树脂因其组织结构及性能不同，选用的成型加工方法就有很大差别。又如含有大缩孔的铸件，就不宜采用合金钢的成型加工方法等。

由上所述可知，材料工艺、材料结构及材料性能之间具有相互依赖、相互制约的密切关系，了解并能动地利用这种关系是材料科学的关键问题之一。

1.4 高分子材料基础知识

1.4.1 高分子材料基本概念与分类

高分子材料主要由高分子化合物组成，通常将高分子化合物简称为高分子或高聚物(polymer)，高分子由成百上千个原子组成，即由一种或多种小分子通过主价键连接成的链状或网状的大分子。通常高分子材料中除高聚物成分外，为保证高分子材料的使用效能及经济性，其中往往还要添加各种填料、助剂、颜料等。高聚物的相对分子质量很高，通常在10000以上，低分子的相对分子质量一般低于1000，分子量介于高聚物和低分子之间的称为低聚物，又称齐聚物（oligomer）。一般高聚物的相对分子质量在10^4～10^6之间，超过这个范围的称为超高分子量聚合物。

高分子材料可以根据其来源、性能、结构、用途等方面来进行分类，最常见的是按照主链结构和用途分类。

1.4.1.1 按高分子主链结构分类

（1）碳链高分子　大分子主链完全由碳原子构成。绝大部分烯类和二烯类聚合物都属于碳链高分子，常见品种有聚乙烯、聚丙烯、聚氯乙烯、聚苯乙烯、聚四氟乙烯、聚甲基丙烯酸甲酯等。

（2）杂链高分子　主链除含有碳原子外，还含有氧、氮、硫等杂原子，常见品种有聚甲醛、聚环氧乙烷、聚环氧丙烷、涤纶、尼龙、聚碳酸酯等。

（3）元素有机高分子　主链上不含碳原子，而侧链上含碳原子，例如硅橡胶等。

（4）无机高分子　主链和侧链上均不含碳原子，如聚二硫化硅等。

1.4.1.2 按用途分类

按用途通常可将高分子材料分为塑料、橡胶、纤维、胶黏剂、涂料、功能高分子六大类。但这并不是很严格的分类，许多高分子材料经过不同的加工手段，可以用作不同种材料，例如聚氯乙烯可以用作塑料，也可以用作纤维。

1.4.1.3 按来源分类

按来源可分为天然高分子、合成高分子、半天然高分子（即经过改性的天然高分子）。

1.4.1.4 按单体组成分类

按单体组成可分为均聚物（homopolymer)、共聚物（copolymer)、高分子共混物（polyblend)。

1.4.2 高分子材料结构与性能特点

1.4.2.1 高分子材料结构

高分子结构可以分为链结构和凝聚态结构两部分。链结构包括一级结构和二级结构；凝聚态结构即高分子的三级结构和四级结构。

（1）一级结构　高分子链的一级结构与单个大分子的基本结构单元有关，是由高分子最基本的化学链结构组成的，包括高分子结构单元的化学组成、键接方式、空间构型、支化与交联等。

① 化学组成　一般碳原子构成高分子的主链，但是高分子主链中也可能含有氧、氮、硫、硅、磷等其他原子。根据高分子链化学组成的不同可以分为碳链高分子、杂链高分子和元素有机高分子。主链组成不同，其性能就会表现出极大的差异。

② 键接方式　键接方式对聚合物的性能具有重要影响，通常情况下，烯类单体在聚合过程中有两种键接方式。

a. 头-头（尾-尾）连接：

$$-H_2C-\underset{R}{\underset{|}{CH}}-\underset{R}{\underset{|}{CH}}-CH_2-CH_2-\underset{R}{\underset{|}{CH}}-\underset{R}{\underset{|}{CH}}-CH_2-$$

b. 头-尾连接：

$$-H_2C-\underset{R}{\underset{|}{CH}}-CH_2-\underset{R}{\underset{|}{CH}}-CH_2-\underset{R}{\underset{|}{CH}}-CH_2-\underset{R}{\underset{|}{CH}}-$$

③ 空间构型

a. 几何异构　1,4-加成的双烯类单体，在聚合时由于双键上的基团在双键两侧排列方式不同，有顺式和反式之分，这就是几何异构。如聚异戊二烯的顺、反式结构，如下所示：

$$\left[-CH_2-\underset{CH_3}{\underset{|}{C}}=\underset{CH_3}{\underset{|}{C}}-CH_2-\right]_n \qquad \left[-CH_2-\underset{CH_3}{\underset{|}{C}}=\overset{CH_3}{\overset{|}{C}}-CH_2-\right]_n$$

顺式　　　　反式

b. 旋光异构　如果碳原子所连接的四个原子（或原子基团）各不相同时，此碳原子称为不对称碳原子（手性碳原子）。如结构单元为 $-CH_2-\underset{R}{\underset{|}{CH}}-$ 型高分子，每一个结构单元都有一个不对称碳原子，每个不对称碳原子都有 D-型及 L-型两种可能构型，所以一个大分子链含有 n 个不对称碳原子时，就有 $2n$ 个可能的排列方式。对于低分子物质，不同的空间构型常有不同的旋光性。大分子链则不同，虽有许多不对称碳原子，但由于内消旋或外消旋的缘故，通常不显示出旋光性。

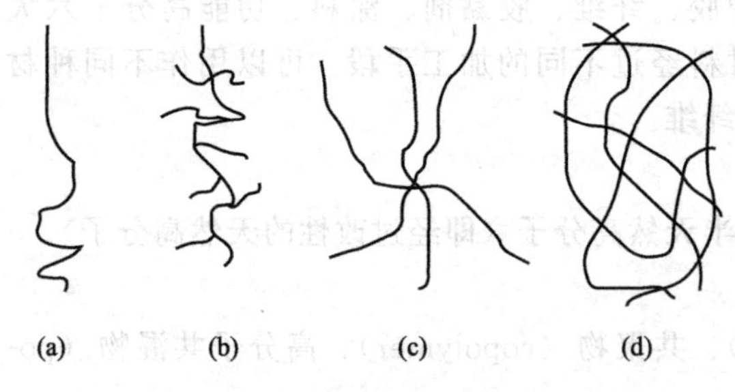

图 1-8　几种典型高分子链形状

（a）线形直链；（b）线形支链；

（c）星形高分子；（d）交联网络形

④ 支化与交联　高分子链骨架的几何形状可以分为线形、支链形、星形、网状和梯形等几种类型，见图 1-8。一般高分子都是线形的，分子长链可以卷曲成团，也可以伸展成直线，这取决于分子本身的柔顺性及外部条件。支链大分子是指分子链上带有一些长短不同的支链，产生支链的原因与单体的种类、聚合反应机理及反应条件有关。高分子链间通过支链可以连成三维网状大分子。

交联和支化有本质区别，支化的高分子能够溶解，而交联的高分子是不溶不熔的，只有在交联度不太大时，能溶胀在适当溶剂中。

（2）二级结构　二级结构指高分子链的尺寸（分子量）与形态（构象、柔性与刚性），及若干链节组成的一段链或整根分子链的排列形状。

① 分子量　聚合物的相对分子质量可达数十万乃至数百万。相对分子质量上的巨大差异反映低分子到高分子在性质上的飞跃。一般分子链都不是均一的，具有分散性，因此，聚合物的相对分子质量只具有统计意义，不同试验方法测得的相对分子质量只是具有统计意义的平均值，为确切地描述聚合物的相对分子质量，还应给出试样的相对分子质量的分布。

测定聚合物相对分子质量的方法很多，包括化学方法（如端基分析法）、热力学方法（如沸点升高法、冰点降低法、蒸汽压下降法、渗透压法）、光学法（如光散射法）、动力学方法（如黏度法、超速离心沉淀及扩散法）以及其他方法（如电子显微镜及凝胶渗透色谱法）等。各种方法都有各自的优缺点及适用的相对分子质量范围，并且各种方法得到的相对分子质量的统计平均值是不同的。

② 构象　在分子内旋转的作用下，大分子链具有一定的柔顺性，可出现多种可能的形态，每种形态所对应原子及键的空间排列成为构象。构象是由分子内部热运动产生的热能促使单键内旋转，内旋转使分子处于卷曲状态，呈现出众多的构象。高分子链具有无规线团、伸直链、折叠链、螺旋链和锯齿形链五种基本构象。

(3) 三级结构和四级结构　三级结构是其内部的大分子与大分子之间几何排列形成的材料结构，又称聚集态结构。高分子聚集态结构包括：晶态、非晶态、液晶态、取向态等，而聚集态结构直接影响高分子材料的性能。分子链结构规则、简单以及分子间作用力大的高分子易于形成晶态结构，但高分子结晶结构通常不完善，有晶区也有非晶区。聚合物的非晶态结构包括力学三态：玻璃态、高弹态、黏流态，同一种聚合物材料，在某一温度下，由于受力大小和时间的不同，可能呈现不同的力学状态。液晶态介于非晶态与晶态之间，物理状态为液体，但具有与晶体类似的有序性，根据分子排列方式不同，可分为近晶型、向列型和胆甾型三种。高分子液晶最突出的性质是其特殊的流动性，即高浓度、低黏度和低剪切速率下的高取向度。

四级结构是指高分子材料中的堆砌方式。在高分子加工成材料时，往往在其中添加填料、助剂、颜料等成分，有时为了提高高分子材料的综合性能，采取两种或两种以上的高分子进行混合，这使高分子材料形成更加复杂的结构。通常，将这一层次结构称为织态结构。

1.4.2.2　高分子材料的性能特点

由于高聚物的相对分子质量很大且具有多分散性，结构的复杂性，使其在性能上有别于小分子，有其独特性。下面仅从力学性能、热性能与化学反应性能方面简单给予介绍，更多的性能特点在以后的章节中依据具体材料给予详细介绍。

(1) 力学性能　低分子一般没有强度，是结晶性的硬固体。而高分子的性质变化范围很大，从软的橡胶状到硬的金属状，有很好的强度、断裂伸长率、弹性、硬度、耐磨性等力学性质。高分子材料的相对密度小，因而其比强度可与金属匹敌。

(2) 热性能　低分子有明确的沸点和熔点，可成为固相、液相和气相。高分子分热固性材料和热塑性材料两类，热塑性高分子材料加热时在某个温度下软化（或熔融）、流动，冷却后成型；而热固性高分子材料加热时固化形成网状结构而成型。

高分子没有气相。虽然大多数高分子材料的单体可以汽化，但形成高分子量的聚合物后直至分解也无法汽化。就像一只鸽子可以飞上蓝天，但用一根长绳子拴住一千只鸽子，很难想象它们能一起飞到天上。高分子链之间有很强的分子间作用力，因其作用力之和远大于组成高分子材料的共价键作用力，是其难以汽化的原因。

(3) 化学反应性　高分子材料的化学反应性也具有自身的特征，主要表现在：

① 在化学反应中，扩散因素常常成为反应速率的决定步骤，官能团的反应能力受聚合物相态（晶相或非晶相）、大分子的形态等因素影响很大；

② 分子链上相邻官能团对化学反应有很大影响。分子链上相邻的官能团，由于静电作用、空间位阻等因素，可改变官能团反应能力，有时使反应不能进行完全。

例如，聚氯乙烯用 Zn 粉处理，脱氯并形成环状结构：

$$\sim\!\sim CH(Cl)-CH_2-CH(Cl)\sim\!\sim \xrightarrow{Zn} \sim\!\sim CH-CH\sim\!\sim (\text{环丙烷}, CH_2) + ZnCl_2$$

实验表明，最大反应率在86%左右。

这可解释如下：

$$-\overset{1}{C}H(Cl)-CH_2-\overset{2}{C}H(Cl)-CH_2-\overset{3}{C}H(Cl)-CH_2-\overset{4}{C}H(Cl)-CH_2-\overset{5}{C}H(Cl)-$$

将分子链中某一段相邻的5个链接中带Cl的碳原子分别标以1、2、3、4、5，若1、2和4、5位置先行与Zn反应，那么3位置的Cl原子就不可能进行反应。数学推导证明，未反应的Cl应占全部Cl的13.5%。这与此反应最大反应率在86%左右相吻合。

此外，高分子材料在物理因素，如热、应力、光、辐射线等作用下还会发生相应的降解、交联等化学反应。

1.4.3 高分子材料的制备

高分子材料的制备主要是通过可反应的小分子（通常称之为单体）聚合来得到的，聚合反应按照其反应机理，大体上可以分为逐步聚合反应和连锁聚合反应。

1.4.3.1 逐步聚合反应

逐步聚合反应是通过单体所带的两种不同的官能团之间反应而进行，例如聚酰胺就是通过氨基（$-NH_2$）和羧基（$-COOH$）之间的缩聚反应而获得的。顾名思义，逐步聚合反应的特征就是在单体转化为高分子的过程中，反应是逐步进行的，在反应初期，绝大部分的单体很快转化成二聚体、三聚体等低聚物，再通过低聚物之间的聚合，使其相对分子质量不断增加。

逐步聚合反应按照其反应机理又可分为：逐步缩聚反应和逐步加聚反应。逐步缩聚反应因为有官能团之间的缩聚，反应过程中会有小分子副产物产生，如：

$$nHO-R-COOH \rightleftharpoons H\!\left[O-R-CO\right]_n OH+(n-1)H_2O$$

对于一般缩聚反应，反应通式如下：

$$na-R-a+nb-R'-b \rightleftharpoons a\!\left[R-R'\right]_n b+(2n-1)ab$$

而逐步加聚反应是通过官能团之间的加成而反应的，反应过程中没有小分子副产物的产生，如：

$$nHO-R-OH+nOCN-R'-NCO \rightleftharpoons HO\!\left[R-OOCNH-R'-NHCOO\right]_{n-1} ROOCNH-R'-NCO$$

逐步聚合反应的实施方法有溶液缩聚、熔融缩聚、界面缩聚和固相缩聚等。人们所熟知的涤纶、尼龙、聚氨酯、酚醛树脂等高分子材料都是通过逐步聚合反应得到的，而近年来逐步聚合反应在理论和实际上都取得了新的发展，制备出多种超强力学性能及高热性能的高分子材料，如聚碳酸酯、聚砜、聚苯醚等。

1.4.3.2 连锁聚合反应

连锁聚合反应指活性中心形成之后立即以链式反应加上众多单体单元，迅速成长为大分子。整个的反应可以划分为相继的几步基元反应，如链引发、链增长、链终止等，在连锁聚合反应中，聚合物大分子的形成是瞬间的，而且任何时刻反应体系中只存在单体和聚合物，单体的总转化率随反应时间增加而增加。烯类单体的加聚反应一般属于连锁聚合反应。

连锁聚合反应一般是由引发剂产生一个活性种，再引发链式聚合。根据活性种的不同，可以分为自由基聚合、阴离子聚合、阳离子聚合和配位络合聚合等。烯类单体对不同的聚合机理有一定的选择性，主要由单体取代基的电子效应和空间位阻效应所决定。

（1）自由基聚合　化合物的价键以均裂的方式断裂，即 $R:R \longrightarrow 2R\cdot$，产生的自由基可以和单体结合成单体自由基，进而进行链增长反应，最后在一定条件下，增长链自由基经过双分子间反应而消失，反应终止。

自由基聚合反应常用的引发剂有偶氮类引发剂（偶氮二异丁腈 AIBN、偶氮二异庚腈 ABVN）、过氧化物类引发剂（过氧化二苯甲酰 BPO）、氧化还原体系等，还可以经过光化学引发、电离辐射引发等进行引发聚合反应。

经由自由基聚合而商品化的高分子材料有聚乙烯、聚苯乙烯、乙烯基类聚合物（聚氯乙烯、聚偏氯乙烯、聚醋酸乙烯酯及其共聚物和衍生物）、丙烯酸类（丙烯酸、甲基丙烯酸甲酯及其酯类，丙烯酰胺等均聚物及其共聚物）、含氟聚合物（聚四氟乙烯、聚三氟氯乙烯、聚氟乙烯）等。

自由基聚合的实施方法有本体聚合、溶液聚合、悬浮聚合、乳液聚合等方法。

（2）离子型聚合　化合物的价键以异裂的方式断裂，即 $R_1:R_2 \longrightarrow R_1^+ + R_2^-$，所以离子型聚合根据增长链活性中心是阳离子或阴离子来分为阳离子聚合和阴离子聚合。由于离子型聚合中，增长链活性中心都带相同电荷，不能进行双分子终止反应，只能发生单分子终止或向溶剂等的转移反应而终止增长，有的甚至不能发生链终止而以“活性聚合链”的形式长期存在于溶剂中。

阳离子聚合反应常用的引发剂有 Lewis 酸、质子酸、碳阳离子盐的离解等，还可以通过电子转移引发、高能辐射引发；阴离子聚合反应通常有亲核引发和电子转移引发两类。

需要强调的是，离子聚合反应对单体有高度的选择性，阳离子只能引发那些含有给电子取代基如烷氧基、苯基和乙烯基类烯类单体聚合，如异丁烯和烷基乙烯基醚等。阴离子只能引发那些含有强吸电子基团如硝基、氰基、酯基、苯基和乙烯基等烯类单体聚合。

近年来，高分子材料新的聚合方法也有很大发展，如基团转移聚合反应（GTP）、开环易位聚合反应（ROMP）、活性可控自由基聚合反应、变换聚合反应等，有兴趣的同学可以查找相关文献或专著进行学习。

1.5　本课程的教学目的、内容与学习方法

从事高分子材料及其加工的工程技术人员，主要进行高分子材料的研究、开发与选用工作，需要对高分子材料科学与工程的基本要素及其相互间的关系与规律有全面的了解，具备扎实的理论基础和宽广的知识面，既要理解高分子材料的共性与多样性，又要掌握单个高分子材料的个性与重要性。从多年的教学经验和研究实践来看，我们认为，作为从事高分子材料科学与加工的技术人员，应具备以下几方面的能力：认识高分子材料服役条件的能力；选用高分子材料的能力；改进高分子材料性能与品质的能力；研究、开发新的高分子材料的能力；熟悉并改进高分子材料加工工程技术与工艺的能力。这门课程正是基于为实现培养具备这些素质、能力的要求而设置的。

《高分子材料及应用》是材料科学与工程类（含金属材料、无机非金属材料、高分子材料、复合材料及材料成型与加工）专业的一门重要技术基础课程，其教学目的是通过对高分子材料的系统学习，使学生掌握高分子材料的共性基本理论知识和性能特点，理解高分子材料的组成、结构、加工、性质与使用效能间的关系及其规律，从而初步具备开发应用高分子

材料、合理选择和使用高分子材料、正确加工高分子材料及安排制定加工工艺路线的能力，并为进一步学习其他专业课程打下扎实的材料科学基础。

本课程的内容包括：塑料、橡胶、纤维、涂料及胶黏剂、高分子材料的改性与聚合物基复合材料、功能高分子材料以及高分子材料的新进展。

对于《高分子材料及应用》这门课程，其理论性与实践应用性均很强。与其相关的前期课程有物理、化学（有机化学）、物理化学、高分子化学、高分子物理等，在学习时必须联系上述课程的相关内容，并结合各类高分子材料的实际应用，注重分析、归纳，强调前后知识的联系与综合应用，以达到善于发现问题、分析问题和解决问题能力的提高。另外，对于未来从事的高分子材料制备与应用工作，其与环境保护与社会可持续发展有着密切的联系，所以，要加强材料科学与社会科学之间的联系，研究、开发和应用材料要注重环保，要推动人类社会文明和健康的发展。

材料科学的发展对人才培养提出了新的要求，从事高分子材料领域工作的人员必须从过去的窄专业向宽专业的方向转变。社会的发展使得高分子学科，不仅需要培养懂得塑料、橡胶、纤维、涂料等知识和技能的专门人才，更需要熟悉高分子材料各个领域、甚至高分子材料科学发展前沿的高水平人才。因此，在学习《高分子材料及应用》的过程中，一定不要局限于高分子材料的领域，要结合社会、环境以及经济的大背景来理解，综合考虑高分子材料的发展与应用。

本章小结：本章首先介绍了材料的定义、分类；然后对材料在不同历史时期的发展做了简单概述，着重介绍了现代材料的发展；对材料学科的确立，包括范围做了详细说明；最后引出高分子材料的内容，重点阐述了高分子材料的基本概念、性能特点和制备方法，为后续内容做铺垫；最后对本课程的教学目的、内容和学习方法做了分析和介绍。

习题与思考题

1. 简要说明材料与物质的区别与联系。
2. 简要说明高分子材料的主要分类方法。
3. 简述材料科学的确立与发展。
4. 解释下列概念：

（1）高聚物、共聚物；（2）几何异构、旋光异构；（3）构型、构象；（4）聚集态结构。

5. 高分子结构分为哪些层次？各层次研究的内容是什么？
6. 简要说明高分子材料的主要性能特点。
7. 简要说明高分子材料的主要制备方法。
8. 简要说明材料工艺与结构及性能的关系。

知识窗：高分子科学的奠基人施陶丁格（H. Staudinger）

施陶丁格1881年3月23日生于沃尔姆斯，1965年9月8日卒于弗赖堡。1903年在哈雷大学获化学博士学位。德国有机化学家和高分子化学家。1912年在瑞士的苏黎世联邦高等工业学校任教授。1926年在弗赖堡任教，直至退休。

施陶丁格是高分子科学的奠基人。于20世纪20年代，将天然橡胶氢化，得到与天然橡胶性质差别不大的氢化天然橡胶等，从而证明了天然橡胶不是小分子次价键的缔合体，而是以主价键连接成的长链状高分子量化合物。他还正式提出了“高分子化合物”这个名称；预言了高分子化合物在生物体中的重要作用。他提出了关于高分子的黏度性质与相对分子质量关系的施陶丁格定律。至今，用黏度法测定高分子的分子量，仍然是常用的方法。他在高分子科学理论方面有极大的创新，是纤维、橡胶、塑料等高分子工业生产的理论基础。施陶丁格因其在高分子化学方面的发现，1953 年获诺贝尔化学奖。他创办了《高分子化学》杂志，共发表了 600 多篇论文和专著。

参 考 文 献

[1] 钱苗根．材料科学及其新技术．北京：机械工业出版社，1986.
[2] 师昌绪．新型材料与材料科学．北京：科学出版社，1988.
[3] Witold B. Science of Materials. Wiley-Interscience Publication，1979.
[4] 张绶庆．新型无机材料概论．上海：上海科技出版社，1985.
[5] [日] 足立吟也，岛田昌彦．无机材料科学．北京：化学工业出版社，1988.
[6] Sheppad L M. Advanced Materials and Processes，1986，2 (9)：19-25.
[7] 张留成．材料学导论．保定：河北大学出版社，1999.
[8] 张留成，瞿雄伟，丁会利．高分子材料基础．北京：化学工业出版社，2007.

第2章　塑　　料

内容提要： 在日常生活和工程应用中，塑料得到了广泛的应用，为了更好地选择、使用塑料，需要对它们的结构和性能有全面的认识，从而更好地为我们服务。本章对通用塑料、工程塑料和特种塑料品种的分子结构、准备方法和性能特点进行了详细阐述。

2.1　概述

塑料在我们的日常生活中随处可见，想象一下我们的居室、厨房、卫生间，再环顾一下我们学习的教室、实验室，以及我们成长过程中接触到的一些东西，都有哪些是塑料制品呢？在我们的居室里，可以看到门窗、一些挂钩、包装袋、衣架等；在厨房与卫生间里，可以看到塑料桶、塑料盆、塑料盘子、塑料瓶、塑料杯、塑料盒、保鲜膜、塑料刀叉、淋浴器、上下水管道、垃圾袋、垃圾桶等，图 2-1 是厨房中所用到的塑料制品。在教室、实验室里，也可以看到用到一些塑料产品，如课桌的台面、实验室的台面、电脑的显示器外壳、键盘等，可以说我们已经被塑料制品包围起来了。由此可见，我们的生活离不开塑料制品，塑料制品极大地改善了我们的生活。除与我们日常生活密切相关外，在一些工农业及高端科技产品中，塑料也具有重要的使用价值。例如，汽车行业，汽车的一些部件及其装饰品，离不开塑料；航天航空行业，飞机上的一些部件，如座椅的主要构架也是塑料制品，火箭上的导航舵是塑料制品等。所以说，塑料使用的多少还是衡量一个国家科技进步的重要指标。

图 2-1　厨房中所用塑料产品

至 2010 年，全世界塑料产品已有上百种，但通用的大宗产品仅有几十种，如通用塑料聚乙烯、聚氯乙烯、聚丙烯、聚苯乙烯等，工程塑料如聚酰胺、聚酯、聚甲醛、聚碳酸酯、聚苯醚等，其产量达到了数千万吨，其体积数量可与钢铁媲美。说明塑料的用处越来越广，其已渗透到每一个行业中。

从当代世界塑料业发展速度来看，德国和瑞典居首位，日本和欧洲其他国家次之，美国较慢。产量方面，美国、西欧国家、日本以及北美国家占领先地位，约占世界总产量的 67%，总消费量的 63%，东欧国家占总产量的 9%，总消费量的 11%，除日本外的亚洲国家地区占总产量的 13%，总消费量的 17%，拉丁美洲、非洲及中东国家目前尚需要进口。表 2-1 是我国塑料行业的生产与消费情况。

表 2-1 中的数据说明，我国合成树脂需求强劲，消费逐年上升，中石油公司、中石化公司等企业产量不断增长，自给率逐年提高，为塑料制品行业提供了丰富的原料。

表 2-1　近年来合成树脂生产、消费情况

项　目	2000年	2001年	2002年	2003年	2004年	2005年	2006年
生产量/万吨	1079.5	1203.8	1366.5	1593.8	1791.0	2141.9	2528.7
进口量/万吨	1555.0	1649.8	1829.7	1907.3	2131.0	2317.6	2393.2
出口量/万吨	44.3	44.0	64.7	91.8	108.7	193.1	286.9
表观消费量/万吨	2590.2	2809.6	3131.5	3409.3	3813.3	4266.4	4635.0
自给率/%	41.7	42.8	43.6	46.7	47.0	50.2	54.6

注：摘自中国石油和化学工业协会杨伟才的“我国塑料工业现状及发展趋势”，《工程塑料应用》，2007，35（5）：5-8。

2.2　塑料定义及其分类

塑料（plastics）是以聚合物为主要成分，以增塑剂、填充剂、润滑剂、着色剂等添加剂为辅助成分，在一定条件（温度、压力等）下可塑成一定形状，并且在常温下保持其形状不变的材料。

塑料主要有以下特性：大多数塑料质轻，化学稳定性好，不易锈蚀；耐冲击性较好；具有较好的透明性和耐磨耗性；绝缘性好，导热性低；一般成型性、着色性好，加工成本低；大部分塑料耐热性差，热膨胀率大，易燃烧；尺寸稳定性差，容易变形；多数塑料耐低温性差，低温下变脆；容易老化；有些塑料易溶于溶剂。

塑料的分类方式有多种，为研究和区分不同的塑料，一般按照图 2-2 所示的三种方法分类。

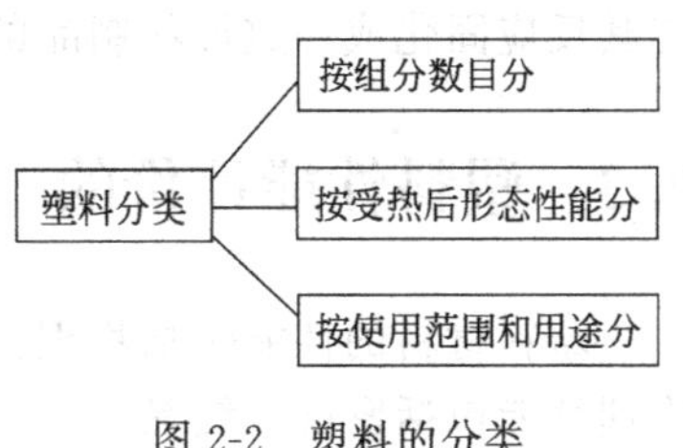

图 2-2　塑料的分类

按照构成塑料组分的数目可分为单一组分的塑料和多组分塑料。单一组分塑料基本上是由聚合物构成或仅含少量辅助物料（染料、润滑剂等），例如聚乙烯塑料、聚丙烯塑料、聚四氟乙烯塑料、有机玻璃等。多组分塑料除聚合物之外，还包含大量辅助剂（如增塑剂、稳定剂、改性剂、填料等），如聚氯乙烯塑料、酚醛塑料等。

按塑料热性质分类为热塑性塑料和热固性塑料。热固性塑料是指在受热或其他条件下能交联或具有不溶（熔）特性的塑料，如酚醛塑料、环氧塑料等。热固性塑料又分甲醛交联型和其他交联型两种。甲醛交联型塑料包括酚醛塑料、氨基塑料（如脲-甲醛、三聚氰胺-甲醛等），其他交联型塑料包括不饱和聚酯、环氧树脂、邻苯二甲酸二烯丙酯树脂等。热塑性塑料是指在特定温度范围内能反复加热软化和冷却硬化的塑料，如聚乙烯、聚四氟乙烯等。热塑性塑料又分烃类、含极性基团的乙烯基类、工程类、纤维素类等多种类型。烃类塑料属非极性塑料，具有结晶型和非结晶型之分，结晶型烃类塑料包括聚乙烯、聚丙烯等，非结晶型烃类塑料包括聚苯乙烯等。含极性基团的乙烯基类塑料大多数是非结晶型的透明体，包括聚氯乙烯、聚甲基丙烯酸甲酯、聚醋酸乙烯酯等。乙烯基类单体大多数可以采用自由基型引发剂进行聚合。热塑性工程塑料主要包括聚甲醛、聚酰胺、聚碳酸酯、聚苯醚、聚对苯二甲酸乙二酯、聚砜、聚醚砜、聚酰亚胺、聚苯硫醚等。热塑性纤维素类塑料主要包括醋酸纤维素、醋酸丁酸纤维素、赛璐珞、玻璃纸等。

按塑料的使用范围和特性分类，通常将塑料分为通用塑料、工程塑料和特种塑料三种类型。

通用塑料一般是指产量大、用途广、成型性好、价格便宜的塑料，如聚乙烯（PE）、聚丙烯（PP）、聚氯乙烯（PVC）、聚苯乙烯（PS）和丙烯腈-丁二烯-苯乙烯共聚物（ABS树

脂）等。

工程塑料一般指能承受一定结构性外力作用，具有良好的机械性能和耐高、低温性能，尺寸稳定性较好，可以用作工程结构材料的塑料，其品种主要有聚酰胺（PA6、PA66 等）、聚甲醛（POM）、聚碳酸酯（PC）、聚砜（PSU）等。在工程塑料中，根据其使用温度范围和耐酸碱性又将其分为通用工程塑料和特种工程塑料两大类。通用工程塑料（使用温度在100～150℃）包括：聚酰胺、聚甲醛、聚碳酸酯、改性聚苯醚、热塑性聚酯、超高分子量聚乙烯、甲基戊烯聚合物、乙烯醇共聚物等。特种工程塑料（耐热温度 150℃以上）又有交联型与非交联型之分，交联型的有：聚氨基双马来酰胺、聚三嗪、交联聚酰亚胺、耐热环氧树脂等。非交联型的有：聚砜、聚醚砜、聚苯硫醚、聚酰亚胺、聚醚醚酮（PEEK）等。特种塑料一般是指具有特种功能，可用于航空、航天等特殊应用领域的塑料，如氟塑料和有机硅具有突出的耐高温、自润滑等特殊功用，增强塑料和泡沫塑料具有高强度、高缓冲性等特殊性能，这些塑料都属于特种塑料的范畴。

此外，若按加工方法分类，可根据各种塑料不同的成型方法，分为模压、层压、注射、挤出、吹塑、浇铸塑料和反应注射塑料等多种类型。模压塑料多为热固性塑料；层压塑料是指浸有树脂的纤维织物，经叠合、热压而结合成为整体的材料；注射、挤出和吹塑多为物性和加工性能与一般热塑性塑料相类似的塑料；浇铸塑料是指能在无压力或稍加压力的情况下，倾注于模具中，能硬化成一定形状制品的液态树脂混合料，如聚甲基丙烯酸甲酯（即有机玻璃塑料）、浇铸尼龙（MC 尼龙）等；反应注射塑料是用液态原材料，加压注入模腔内，使其反应固化成一定形状制品的塑料，如聚氨酯等。

2.3 塑料性能评价的一般标准

塑料材料的性能包括物理性能、力学性能、化学性能、热力学性能和老化性能。其中，物理性能包括密度、结晶度、熔点、热导率、比热容、热膨胀系数、电导率、体积电阻率、表面电阻率、介电常数、透光率、折射率、吸水率等；化学性能包括耐溶剂性，耐酸、碱、盐的腐蚀性；力学性能包括硬度、拉伸强度、压缩强度、弯曲强度、冲击强度、剪切强度、疲劳强度等；热力学性能包括玻璃化温度、热变形温度、马丁耐热温度、脆化温度、热分解温度等；老化性能包括环境应力开裂性、日照老化性、热氧化性、自然老化等。这些性能的测试方法有些已经建立了国家统一标准，有些还没有建立标准。下面择其主要者加以说明。

2.3.1 力学性能

材料的力学强度表征材料在受载荷时抵抗外场破坏的能力。随载荷形式不同，可有拉伸、压缩、弯曲等强度。强度用极限应力值表示，例如屈服强度、断裂强度等。刚度表征着材料受载时抵抗变形的能力，用应力应变比值，即弹性模量表示。随着载荷形式的不同，也有拉伸、弯曲、压缩等刚度，分别用相应的弹性模量表示。

2.3.1.1 拉伸强度

在规定的试验条件下，对试样施以轴向拉伸载荷，直至试样断裂过程中试样所承受的最大拉伸应力，称材料的拉伸强度。拉伸强度值（MPa）按式（2-1）计算：

$$\sigma_t = \frac{F}{bd} \tag{2-1}$$

式中 F——试样最大拉伸载荷，N；

b——试样宽度，mm；

d——试样厚度，mm。

韧性塑料拉伸时有屈服现象，脆性塑料无屈服现象。如果以 P 表示试样出现屈服时或断裂时的载荷，则 σ_t 分别表示材料的拉伸屈服应力或拉伸断裂应力。

2.3.1.2 断裂伸长率

当试样受拉伸断裂时，工作部分标距（有效部分）的增量与初始值之比，以百分率表示，称作材料的断裂伸长率。断裂伸长率按式（2-2）计算：

$$\varepsilon_t=\frac{L-L_0}{L_0}\times100\% \tag{2-2}$$

式中 L_0——试样标距初始值，mm；

L——试样断裂时的标距，mm。

韧性塑料由于有屈服现象，断裂伸长率可以很大。脆性材料断裂伸长率很小，因此，断裂伸长率是材料韧性大小的标志之一。

2.3.1.3 拉伸弹性模量

在比例极限内（应变在0.0005～0.002之间），试样拉伸应力差值与相应的应变差值之比，称材料的拉伸弹性模量，又称杨氏模量（GB/T 1040.2—2006）。杨氏模量按式（2-3）计算：

$$E_t=\frac{\Delta\sigma}{\Delta\varepsilon} \tag{2-3}$$

式中 $\Delta\sigma$——在比例极限内试样的拉伸应力差值，MPa；

$\Delta\varepsilon$——相应的轴向拉伸应变差值，%。

2.3.1.4 弯曲强度

在规定的实验条件下，对试样施以静态三点式弯曲载荷，直至试样断裂过程中，试样的最大弯曲应力，称为材料的弯曲强度（GB/T 9341—2000）。弯曲强度（MPa）按式（2-4）计算：

$$\sigma_f=\frac{3FL}{2bh^2} \tag{2-4}$$

式中 F——试样最大弯曲载荷，N；

L——试样跨度，mm；

b——试样宽度，mm；

h——试样厚度，mm。

如果以 P 表示试样达到规定挠度值或破坏瞬时的弯曲载荷，则 σ_f 分别表示材料定挠度弯曲应力和弯曲破坏应力。

2.3.1.5 弯曲弹性模量

在比例极限内（$\varepsilon_f=0.0005\sim0.0025$），试样弯曲应力差值与相应的应变差值之比称材料的弯曲弹性模量（GB/T 9341—2000）。弯曲弹性模量按式（2-5）计算：

$$E_f=\frac{\Delta\sigma_f}{\Delta\varepsilon_f} \tag{2-5}$$

式中 $\Delta\sigma_f$——比例极限范围内弯曲应力差，MPa；

$\Delta\varepsilon_f$——在比例极限0.0025～0.0005内取0.0020。

2.3.1.6 冲击强度

塑料冲击强度测定普遍采用下述两种方法：简支梁冲击试验方法和悬臂梁冲击试验方法。简支梁冲击试验方法是利用简支梁冲击试验机，在规定的试验条件下，对水平放置在支座两点上的试样施以冲击力，使试样破裂，以试样单位横截面积所消耗的功表征材料的冲击韧性。该方法采用无缺口和带缺口两种试样。无缺口冲击强度（a_n，单位为 kJ/m^2）和缺口冲击强度（a_k，单位为 kJ/m^2）分别按式（2-6）和式（2-7）计算：

$$a_n=\frac{A_n}{bd}\times 10^3 \tag{2-6}$$

$$a_k=\frac{A_k}{bd_k} \tag{2-7}$$

式中 A_n，A_k——分别为无缺口试样和缺口试样所消耗的功，J；

b——试样宽度，mm；

d——无缺口试样厚度，mm；

d_k——带缺口试样缺口处厚度，mm。

悬臂梁冲击试验方法是利用悬臂梁冲击试验机，在规定的实验条件下对垂直悬臂夹持的试样施以冲击载荷，使试样破裂，以试样单位宽度所消耗的功表征材料的冲击韧性，该方法只采用带缺口的试样。冲击强度（a_k，单位为 J/m）按式（2-8）计算：

$$a_k=\frac{A_k-\Delta E}{b} \tag{2-8}$$

式中 A_k——试样破坏所消耗的功，J；

ΔE——抛掷破坏试样自由端所消耗的功，J；

b——试样缺口处宽度，m。

以上两种试验分别按 GB/T 1043—1993 硬质塑料简支梁冲击试验方法和 GB 1843—1980 塑料悬臂梁试验方法进行。此外，对塑料的冲击性能还可按 GB/T 14485—1993 硬质塑料板材耐冲击性能试验方法（落锤法），GB/T 13525—1992 塑料拉伸冲击性能试验方法，GB/T 8809—1988 塑料薄膜抗摆锤冲击试验方法等进行测试。

2.3.2 耐热性及耐寒性

塑料耐热性含义比较广，它表示在升温环境中材料抵抗由于自身的物理或化学变化引起变形、软化、尺寸改变、强度下降、其他性能降低或工作寿命明显减少等的能力。因此，塑料耐热性不可能仅用一个指标表征。从受热引起材料的变化性质，可分为物理耐热性和化学耐热性，前者是指对软化、熔融、尺寸变化等的抵抗能力，后者是指对热降解、氧化、交联、环化、水解等的抵抗能力，即所谓的热稳定性。从对耐热性的试验表征方法，又可分为短时耐热性试验和长时耐热性试验。从温度引起塑料内树脂分子链运动规模和聚集态以至组成或结构改变的角度来看，塑料又有几个特征性温度。

2.3.2.1 玻璃化温度（T_g）

玻璃化温度（T_g）是聚合物的重要特性温度之一，它是无定形聚合物由玻璃态向高弹态转变的温度，或半结晶型聚合物的无定形相由玻璃态向高弹态的转变温度。从分子链运动角度来看，玻璃化温度是聚合物分子链的链段开始运动的温度。一般而言，玻璃化温度是无定形塑料理论上能够工作的温度上限，超过玻璃化温度，塑料就会丧失其力学性能，并且许多其他性能也急剧下降。塑料连续受热时，一般都会引起其他变化而影响工作性能，因此，T_g 并不能代表塑料实际上可以连续工作的最高温度。塑料玻璃化温度的测定通常采用热-变形曲线（热-力曲线或热-机械曲线）法，即 TMA，也可采用热分析法 DTA、DSC，亦可采用扭摆分析法。采用热-变形曲线法时，可按 GB/T 11998—1989 塑料玻璃化温度测定方法和动态热机械分析法（DMA）进行。

2.3.2.2 熔点（T_m）或流动温度（T_f）

熔点是结晶型聚合物由晶态转变为熔融态的温度，用符号 T_m 表示。绝大多数结晶型塑料都是部分结晶的，因此，熔点具有一个小范围的熔程。对于结晶型塑料，熔点是比玻璃化温度更有实际意义的温度。许多结晶型塑料，虽然玻璃化温度很低，但由于分子链在结晶过程中的整齐排列和紧密堆砌，可以大大提高强度和刚度，高密度聚乙烯、聚酰胺、聚甲醛等就是典型的例子。

至于无定形塑料出现熔融状态的温度是流动温度，用符号 T_f 表示。从分子运动观点看，T_f 是聚合物分子链整链能够运动、相互滑移的温度。结晶型聚合物只有达到 T_m，结晶结构才可消除，分子整链才能运动，因此，T_m 和 T_f 的实用意义是相同的。结晶型塑料熔点可以按 GB/T 4608—1984 部分结晶聚合物熔点试验方法（光学法）测定，亦可用热分析方法测定聚合物的熔点。

2.3.2.3 热分解温度

任何塑料，当加热到一定温度时，其中的树脂分子链都会产生降解现象。不同树脂降解机理不同，某些树脂分子链按随机历程降解，在降解的任意阶段，分子链上所有化学键断裂概率相同。聚乙烯、聚对苯二甲酸乙二酯分别是均链与杂链聚合物按此机理降解的代表。另一些树脂降解是按聚合物反应的逆过程——解聚机理进行，相继地从链端开链产生单体直到最终完全解聚为单体；PMMA 和 POM 是按这种历程降解的代表。还有一些树脂是由分子链中存在缺陷，缺陷部分的化学键比主链上其他化学键弱，受热时就成为最易断裂的部位。例如按自由基历程制备聚苯乙烯时，当单体中氧排除不干净时，分子链上就会产生不稳定的过氧化结构，聚合物受热时就按这种机理降解。

2.3.2.4 短时耐热性

评价塑料的短时耐热性指标都属于物理耐热性指标，包括马丁耐热、维卡耐热等。马丁耐热的测试是在马丁耐热仪上对垂直夹持的试样施以 4.9MPa 应力，在仪器的炉中以（50±3)℃/h 或（10±2)℃/12min 的速率均匀升温，测得距试样水平距离 240mm 处的标度下移（6±0.01）mm 时的温度，即为马丁耐热温度，以℃表示。需要说明的是，马丁耐热不适于马丁耐热低于 60℃的塑料。该试验按 GB 1035—1970 塑料耐热性（马丁）试验方法进行。

维卡耐热又称维卡软化点。对水平支承并置于热浴槽中以 5℃/6min 或 12℃/6min 速率升温试样，用横截面积 $1mm^2$ 的圆形平头压针施加 1kg 或 5kg 压载荷，当针头压入试样深度 1mm 的温度，即维卡耐热温度，以℃表示。需要说明的是同一加载和同一升温速率的试验间才有可比性。该试验按 GB/T 1633—2000 热塑性塑料维卡软化温度（VST）的试验方法测定。

2.3.2.5 脆化温度

脆化温度又称脆化点或脆点，是一个临界温度值，即聚合物温度降低使得高分子链段不能运动，被冻结产生强迫高弹性而发生脆性断裂时的临界温度值。脆化温度表示了塑料的耐寒性，此值越低，说明塑料的耐寒性越好，通常以 T_b 表示，为塑料使用的下限温度。一般软质塑料的脆化温度可利用国家标准试验方法进行测定（GB 5470—1985)。

2.3.3 电性能

塑料的电性能可以用介电常数、介质损耗因数、体积电阻率、表面电阻率、介电强度、耐电弧性、耐电弧径迹性等参数表征，下面主要介绍介电常数、表面电阻率、体积电阻率。

2.3.3.1 介电常数

介电常数是表征电绝缘材料介质极化的一个宏观参数，它是指将材料作为电容器介质时，电容器的电容与以真空（或空气）为介质时同尺寸电容器的电容之比。因此，介电常数表示材料作为绝缘物储存电能的能力。作为电容器使用时，要求绝缘材料具有较高的介电常数，可以使电容器在保持相同电容的条件下体积较小。但作为隔绝载流导体的绝缘材料应用，要求两导体彼此绝缘或导体与地绝缘，材料的介电常数又应较小。塑料都是优良的电介质，介电常数较小，但不同塑料介电常数也有明显差别，非极性塑料介电常数在1.8～2.5之间，弱极性塑料在2.5～3.5之间，极性塑料在3.5～8.0之间。

2.3.3.2 表面电阻率与体积电阻率

表面电阻率是沿试样表面电流方向的直流电场强度与单位长度的表面传导电流之比，以符号 ρ_S（Ω）表示。板状试样表面电阻率可按式（2-9）计算：

$$\rho_S = R_S \times \frac{p}{g} \tag{2-9}$$

体积电阻率是沿试样体积电流方向的直流电场强度与电流密度之比，以符号 ρ_V（Ω·m）表示。板状试样体积电阻率按式（2-10）计算：

$$\rho_V = R_V \times \frac{A_e}{h} \tag{2-10}$$

式中 R_S——试样表面电阻，Ω；

R_V——测得的试样体积电阻，Ω；

A_e——平板测量电极有效面积，m^2；

h——试样的平均厚度，m；

p——所使用的特定电极装置或测量电极装置中测量电极的有效周长，m；

g——两电极之间的距离，m。

就绝缘材料应用而言，体积电阻率更重要。塑料的表面电阻率和体积电阻率按GB 1410—1989固化电工绝缘材料电阻、体积电阻系数和表面电阻系数试验方法测试。

2.3.4 光学性能

塑料的光学性能主要用透光率来评价。透过试样的光通过量与入射光光通量之比称为材料的透光率，用式（2-11）表示：

$$T_t = \frac{T_2}{T_1} \times 100\% \tag{2-11}$$

式中 T_1——入射光光通量，lm；

T_2——透射光光通量，lm。

不同品种的结晶型塑料，晶相与无定形相密度差别愈大，折射率差别就愈大，使材料表现出不同的透明性。聚乙烯、聚丙烯、聚-4-甲基-1-戊烯都是结晶度较大的塑料，聚乙烯的晶相与无定形相密度差别最大［分别是 $1.01\times10^3 kg/m^3$ 与（0.84～0.85）$\times10^3 kg/m^3$］，聚丙烯次之（分别是 $0.94\times10^3 kg/m^3$ 与 $0.85\times10^3 kg/m^3$），聚-4-甲基-1-戊烯的两相密度几乎相等（都接近 $0.83\times10^3 kg/m^3$），因此，聚乙烯透明性差，聚丙烯呈半透明，聚-4-甲基-1-戊烯则高度透明。

2.3.5 化学性能

塑料的化学性能可以用耐化学药品性、耐溶剂应力开裂性、耐环境应力开裂性等来表征，具体分述如下。

2.3.5.1 耐化学药品性

化学试剂，如无机酸、碱、盐、氧化剂、有机酸和有机试剂等，可能对塑料有某种侵蚀破坏作用，如可能引起氧化、降解或其他化学作用使性能降低。有机溶剂和油脂可能会引起塑料溶解、溶胀、变形、尺寸改变、性能降低等。耐化学药品试验包括耐化学试剂、溶剂和油脂。

塑料耐化学药品试验是采用浸泡法，将试样浸泡到被试的化学药品溶液（或有机溶剂、油脂）中7昼夜，取出后测定试样增重、尺寸变化、物理力学性能变化等。具体试验按GB 11547—1989塑料耐液体化学药品（包括水）性能测定方法进行。

2.3.5.2　耐溶剂应力开裂性

某种塑料对某溶剂的耐溶剂应力开裂性的评价，是采用临界应力表示。临界应力是该塑料在该溶剂作用下，产生开裂所存在的最小应力值；低于这一应力，塑料就不会开裂。显然，临界应力值愈大，塑料抵抗该溶剂的应力开裂性就愈好。许多塑料制品，如注塑和挤出制品，存在残余的内应力是不可避免的，可以通过合理的制品设计，选择适当的成型工艺条件，并对制品进行适当后处理，以尽可能减少残余内应力，这样就可以避免或大大减少应力开裂的危险。

2.3.5.3　耐环境应力开裂性

耐环境应力开裂试验方法是将10个规定尺寸的矩形试样各刻上一个固定长度、深度的刻痕，将试样垂直于刻痕方向弯曲180°放置在试样保持架上，浸入装有活性物质并预热至50℃的试管中，置于恒温槽内，观察试样出现裂纹的时间。定义试样在某种介质中破损概率达50%的时间为该塑料在该介质中的环境应力开裂时间。例如，聚乙烯的环境应力开裂试验按GB/T 1842—1980聚乙烯环境应力开裂试验方法进行。改善聚乙烯的耐环境应力开裂性可以通过提高相对分子质量、减少相对分子质量的分散性、降低结晶度、与弹性体共混改性、交联等。

2.3.6　耐老化性能

大气自然老化试验是将塑料试样置于曝晒架上，直接在自然气候环境下，经受日光、热能、氧和臭氧、工业污染等多种因素协同作用的影响，测定其试验前后性能变化来评定出材料的耐大气老化性。

由于自然老化过程是一个很缓慢的过程，且在不同地理环境下有很大的差别，给塑料耐老化性能的评价带来了困难。人们试图用较短时间对塑料老化性能做出评价，这就是人工加速老化试验。加速老化试验可以采用模拟日光的人工光源，包括碳弧灯、氙弧灯、荧光紫外灯等。这些人工光源除荧光紫外灯外，都会产生比地面的自然光强得多的光照。采用这些人工光源时，也常常同时采用冷凝器模拟降雨、露水与日光联合作用对塑料引起的破坏；也可设法进行加速的大气老化试验，其中最常用的是荧光紫外灯老化试验。该试验所用的特制荧光灯光源产生波长范围在280～350nm之间的紫外光照，加速对塑料的破坏。试验仪器主要组成部分是灯管、热水盘和试样架；试验温度可以调节。耐老化试验主要是考察从试验仪中定期取出试样颜色的变化、裂纹、粉化、龟裂等情况。

2.4　塑料配方设计及其添加剂

众所周知，树脂的发展经历了三个阶段：天然树脂的发展与应用阶段，合成树脂的开发阶段，塑料工业形成高速发展阶段以及树脂改性阶段。截至目前，已实现工业化规模生产的树脂多达几百种，而且随着合成和改性技术的不断进步，每年又有大量的新型树脂品种和改性树脂品种面世。大量树脂品种的存在给选材带来了极大的方便，且增加了产品设计的自由度。然而，在实际的产品生产中，尽管树脂品种不少，但还没有一种树脂在不经过改性或配制就能制备出能满足使用性能要求的制品来，这是因为塑料材料与传统的金属、陶瓷等在性能上有所不同。传统材料已实现标准化，其选材、设计与加工可分别进行。而树脂材料与其相比迥然不同，其不确定因素很多，可调节性和可配制性较强，树脂的选材、产品设计和制造工艺与加工性能密不可分。尽管每一种树脂都有其独到之处，但都有一定的局限性，在性能方面尚存在一定的缺陷与不足。鉴于这种情况，对塑料制品进行配方设计显得格外重要，是塑料制品制备过程中极为重要的工作环节。

2.4.1 塑料配方设计

塑料配方设计是以改善或提高树脂的性能特性，使之满足欲加工制品或特定应用的使用性能和耐久性要求为目的，在吸收前人经验与教训的基础上，运用先进而有效的技术或方法，确定在所选用树脂中，要添加其他物质组分量的过程。

塑料配方设计的基本内容如下。

① 应在充分了解树脂性能特点，尤其是已选定树脂的优缺点，并根据应用或制品对材料的使用性能要求，找出树脂的不足或缺陷，并将要解决的问题按照主次加以排序。

② 选择改性技术或方法。目前常用的改性技术有掺混化、复合化、掺杂、填充、纳米改性等。采用掺混化技术可对材料进行增韧改性，提高材料的冲击性能和成型加工性能，常用于通用树脂和难加工的特种工程树脂等；复合化为增强改性技术，主要是提高材料的强度与刚性，适用于各种树脂；掺杂技术来源于对半导体材料的改性，主要用于赋予或提高材料的功能特性，适用于功能树脂的改性；填充技术为用途广泛的技术，适用于塑料助剂的添加，也适用于树脂性能改性；纳米改性技术为近年来的新兴改性技术，树脂改性用的助剂特别是填料以纳米级尺寸、利用特殊的加入方式添加，制备的改性效果十分显著。

③ 选定添加组分（又称添加剂或助剂）并确定其用量。目前常用的添加组分较多，既有无机物质，又有有机物质；既可是大分子材料，也可以是小分子物质；具体有增强剂、填充剂、增韧剂、增塑剂、稳定剂、交联剂、着色剂、阻燃剂、抗氧剂、发泡剂等。针对树脂存在的缺陷，选用添加组分并确定其用量，是配方设计工作的核心工作。通常要借鉴前人的配方设计和制品加工经验、教训，选定添加组分并确定其用量，需要进行大量实验的试制，以求配方设计合理，在确保最终制品使用性能的前提下，尽量降低成本。可以说，塑料配方设计工作就是对添加组分的选用和用量进行确定的工作。以最少的组分、最合理的用量，设计出最佳配方，制备出性能优异的制品是配方设计的最终目标。

塑料配方设计是充分运用添加组分（添加剂或助剂）的性能改善和提高树脂缺陷或不足的过程，是一项艰苦细微的工作，必须进行精心的分析、研究，反复试验才能设计出满足使用性能要求的配方。因此，在配方设计时应坚持如下原则。

(1) 满足最终产品使用性能与耐久性的原则　塑料制品在制备过程中的选材、配方设计、产品设计、配制和成型加工及制品的后处理等工序，最终目的是制备出质量优良、满足应用要求的制品。配方设计的主要任务是弄清楚使用环境条件、使用性能要求，才能选择合适的树脂。

(2) 抓住主要矛盾原则　选定树脂后，通过对树脂性能的了解和分析，用于制备所需制品的树脂可能存在许多缺陷或不足，这时就应该根据制品性能要求，找出主次矛盾加以解决，一般情况下，解决了主要矛盾，其他矛盾也就迎刃而解。

(3) 充分发挥添加组分（添加剂或助剂）功能的原则　这是配方设计的中心任务。对添加组分选择力求要准，用量适当，要做到这一点，除具有丰富的实践经验外，还要吸取前人的经验、教训，弄懂各添加组分的功能，结合应用性能要求与树脂本身特性，制定几套用量确定方案，再进行试验加以确定，用一个添加组分能解决的，不用两个组分。

(4) 降低成本的原则　配方设计时，除考虑性能外，还必须认真考虑到原材料的来源与成本。在同等性能条件下，要选择原材料来源广、产地近、价格低廉的品种。

(5) 依据添加组分性能的设计原则 塑料配方设计时，首先，要充分考虑到添加组分与树脂的相容性。只有添加组分与树脂具有良好的相容性，才会均匀地分散到树脂体系中，才能与树脂形成良好的整体结构，从而发挥其应有的功能与作用。其次，要考虑到添加组分的加工性，这是因为添加组分多为小分子物质，其热分解温度不高，特别是小分子有机物质，更易分解。应确保小分子溶液添加组分在加工中不蒸发，固体物质不分解（发泡剂除外），液体物质不溢出。再次，应考虑到添加组分的毒性，添加组分选择时应在不影响制品性能的情况下，尽量选择低毒组分，以免影响工作环境和使用环境，特别是与食品和药物接触的塑料制品，更应选择无毒添加物质。另外，对某些特殊功能的塑料制品，如透明制品，所选用添加组分不能影响其透明性，要选用折射率与树脂相近的物质，对制品透明性的影响越小越好。

2.4.2 塑料添加剂

在塑料配方设计中重要的一步是选定添加组分（又称添加剂或助剂）并确定其用量。下面对一些主要的添加剂性质及其作用给予介绍。

2.4.2.1 稳定剂

为了防止塑料在光、热、氧等条件下过早老化，延长制品的使用寿命，常加入稳定剂(stabilizers)，包括抗氧剂、热稳定剂、紫外线吸收剂、变价金属离子抑制剂、光屏蔽剂等。

能抑制或延缓聚合物氧化过程的助剂称为抗氧剂（antioxidants）。抗氧剂的作用在于它能消除老化反应中生成的过氧化自由基、还原烷氧基或羟基自由基等，从而使氧化的连锁反应终止。抗氧剂有取代酚类、芳胺类、亚磷酸酯类、含硫酯类等。一般而言，酚类抗氧剂对制品无污染和变色性，适用于烯烃类塑料或其他无色及浅色塑料制品。芳胺类抗氧剂的抗氧化效能高于酯类且兼有光稳定作用。缺点是有污染性和变色性。亚磷酸酯类是一种不着色抗氧剂，常用作辅助抗氧剂。含硫酯类作为辅助抗氧剂用于聚烯烃中，它与酚类抗氧剂并用有显著的协同效应。

热稳定剂（heat stabilizers）主要用于聚氯乙烯及其共聚物。聚氯乙烯在热加工过程中，在达到100℃以后就有少量HCl释出，而形成的HCl会进一步加速分子链断裂脱HCl的连锁反应。加入适当的碱性物质可以中和分解出来的HCl或者捕捉自由基，防止大分子进一步发生断链等化学反应，这就是热稳定剂的作用原理。常用的热稳定剂有：金属盐类和皂类，主要的有碱式硫酸铅和硬脂酸铅；钙、镉、锌、钡、铝的盐类及皂类；有机锡类是聚氯乙烯透明制品使用的稳定剂，它还有良好的光稳定作用。

环氧化油和酯类，是辅助稳定剂也是增塑剂；螯合剂是能与金属盐类形成络合物的亚磷酸烷酯或芳酯，最主要的螯合剂是亚磷酸三苯酯。其单独使用并不见效，与主稳定剂并用才显示其稳定作用。

紫外线的波长为290～350nm，其能量达365～407kJ/mol，它足以使大分子主链断裂，发生光降解（例如，C—C键键能约为350kJ/mol，C—Cl键键能约为330kJ/mol）。紫外线吸收剂（UV-absorbers）是一类能吸收紫外线或减少紫外线透射作用的化学物质，它能将紫外线的光能转换成热能或无破坏性的较长光波的形式，从而把能量释放出来，使聚合物免遭紫外线破坏。

因各种聚合物对紫外线的敏感波长不同，紫外线吸收剂吸收的光波范围也不同，应适当选择才会有满意的光稳定效果。常用的紫外线吸收剂有多羟基苯酮类、水杨酸苯酯类、苯并三唑类、三嗪类、磷酰胺类等。

变价金属离子抑制剂（divalent metal ions change inhibitors）如铜、锰、铁等离子能加

速聚合物（特别是聚丙烯）的氧化老化过程。变价金属离子抑制剂是一类能与变价金属离子的盐联结为络合物，从而消除这些金属离子的催化氧化活性的化学物质。常用的变价金属离子抑制剂有醛和二胺缩合物、草酰胺类、酰肼类、三唑和四唑类化合物等。

光屏蔽剂（light-shielding agents）是一类能将有害于聚合物的光波吸收，然后将光能转换成热能散射出去或将光反射掉，从而对聚合物起到保护作用的物质。光屏蔽剂主要有炭黑、氧化锌、钛白粉、锌钡白等黑色或白色的能吸收或反射光波的化学物质。

2.4.2.2 增塑剂

对一些玻璃化温度较高的聚合物，为制得室温下软质的制品或改善加工时熔体的流动性能，就需要加入一定量的增塑剂（plasticizers）。增塑剂一般为沸点较高、不易挥发、与聚合物有良好混溶性的低分子油状物。增塑剂分布在大分子链之间，降低分子间作用力，因而具有降低聚合物玻璃化温度及成型温度的作用。通常玻璃化温度的降低值与增塑剂的体积分数成正比；同时，增塑剂也使制品的模量、刚性降低和脆性减小。

增塑剂可分为主增塑剂和副增塑剂两类。主增塑剂的特点是与聚合物的混溶性好、塑化效率高；副增塑剂与聚合物的混溶性稍差，主要是与主增塑剂一起使用，以降低成本，所以也称为增量剂。

在工业上使用增塑剂的聚合物，最主要的品种是聚氯乙烯，80%左右的增塑剂是用于聚氯乙烯塑料。此外还有聚醋酸乙烯以及以纤维素为基的塑料。

常用的增塑剂多是碳原子数6～11的脂肪酸与邻苯二甲酸类合成的酯类。主要的增塑剂品种是邻苯二甲酸二辛酯（DOP）、邻苯二甲酸二丁酯（DBP）及邻苯二甲酸二甲酯、二乙酯。此外还有环氧类、磷酸酯类、癸二酸酯类增塑剂以及氯化石蜡类增量剂。樟脑是纤维素基塑料的增塑剂。

2.4.2.3 润滑剂

为了防止塑料在成型加工过程中发生粘模现象而加入的一类助剂称为润滑剂（lubricants）。润滑剂可分为内润滑剂和外润滑剂两种。内润滑剂与聚合物有良好的相容性，能降低聚合物分子间的内聚力，从而有助于聚合物流动并降低内摩擦所导致的升温。最常用的外润滑剂是硬脂酸及其金属盐类。内润滑剂是低分子量的聚乙烯等。外润滑剂主要作用是使聚合物熔体能顺利离开加工设备的热金属表面，这有利于它的流动和脱模。外润滑剂一般不溶于聚合物，只是在聚合物与金属的界面处形成薄薄的润滑剂层。润滑剂的用量一般为0.5%～1.5%。

2.4.2.4 填充剂和增强剂

为提高塑料制品的强度和刚性，可加入纤维状材料做增强剂（fillers），最常用的有玻璃纤维、石棉纤维等。新型的增强剂有碳纤维、石墨纤维、硼纤维、钢纤维等。

填充剂（enhancers）又称填料，其主要功能是降低成本和收缩率，在一定程度上也有改善塑料某些性能的作用，如增加模量和硬度、降低蠕变等。主要的填料种类有硅石（石英砂）、硅酸盐（云母、滑石、陶土、石棉）、碳酸钙、金属氧化物、炭黑、玻璃珠、木粉等。增强剂和填料的用量一般为20%～50%。

增强剂和填料的增强效果取决于它们与聚合物界面分子间相互作用的状况和填充物的长径比。采用偶联剂处理填料及增强剂，可增加其与聚合物之间的作用力，通过化学键偶联起来，更好地发挥其增强效果。

2.4.2.5 着色剂

着色剂（coloring agents）亦称色料，它赋予塑料制品各种色泽。着色剂分为染料和颜料两种。染料为有机化合物，常能溶于增塑剂或有机溶剂中。颜料可分为有机和无机化合物两类，它们颗粒较大，通常不溶于有机溶剂。

2.4.2.6 固化剂

固化剂（curing agents）也称为交联剂，在热固性塑料成型时，线形的聚合物转变为体形交联结构的过程称为固化。在固化过程中加入的对交联起催化作用或本身参加交联反应的物质称为固化剂。例如酚醛压塑粉中所用的六亚甲基四胺和不饱和聚酯树脂交联过程中加入的过氧化二苯甲酰。

2.5 塑料成型与加工

随着塑料产品的逐年增加、品种日益增多、应用不断扩大，塑料加工工业也获得迅速的发展。为了获得不同规格和性能要求的塑料制品，需要采用不同的成型方法。塑料制品通常由聚合物或聚合物与其他组分的混合物，受热后在一定条件下塑制成一定形状，并经冷却定型、修整而成。这个过程就是塑料的成型与加工。热塑性塑料与热固性塑料受热后的表现形态不同，因此，其成型加工方法也有所不同。塑料的成型加工方法已有数十种，其中最主要的是挤出、注射、压延、吹塑及模压，它们所加工的制品重量约占全部塑料制品的80%以上。前四种方法是热塑性塑料的主要成型加工方法；而热固性塑料则主要采用模压、铸塑及传递模塑的方法。

2.5.1 挤出成型

挤出成型又称挤压模塑或挤塑，是热塑性塑料最主要的成型方法，将近一半的塑料制品是挤出成型的。挤出法几乎能成型所有的热塑性塑料，制品主要有连续生产等截面的管材、板材、薄膜、电线电缆包覆以及各种异型制品。挤出成型还可用于热塑性塑料的塑化造粒、着色和共混等。

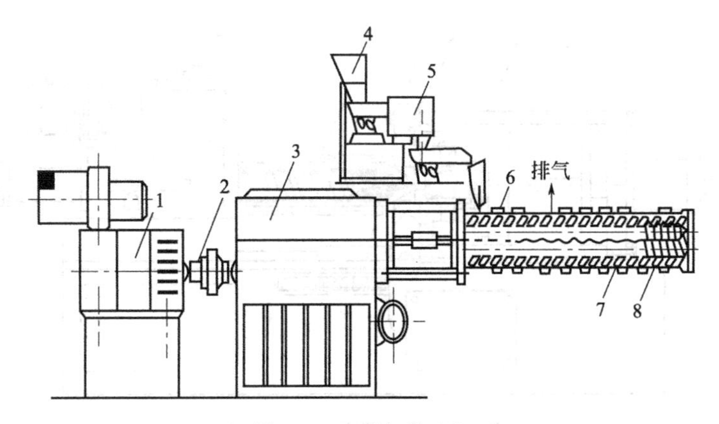

图 2-3 双螺杆挤出机

1—主电机；2—连接器；3—减速器；4—料斗；5—加料器；6—加热器；7—料筒；8—螺杆

热塑性聚合物与助剂混合均匀后，在挤出机料筒内受到机械剪切力、摩擦热和外热的作用使之塑化熔融，再在螺杆的推动下，通过过滤板后进入成型模具被挤塑成制品。图 2-3 是某种挤出机结构。

挤出机的特性主要取决于螺杆数量及结构。料筒内只有一根螺杆的称为单螺杆挤出机。料筒内有同向或反向啮合旋转的两根螺杆则称为双螺杆挤出机，其塑化能力及质量均优于单螺杆挤出机。

螺杆长度与直径之比称为长径比（L/D），是关系物料塑化好坏的重要参数。长径比越大，物料在料筒内受到混炼的时间就越长，塑化效果越好。按螺杆的长度方向可分为加料段、压缩段、计量段，物料依此顺序向前推进，在计量段完全熔融后受压进入模具成型为制品。挤出物熔体的黏度要足够高，以免挤出物在离开口模时塌陷或发生不可控的形变，因此，挤出物在挤出口模时，应立即采取水冷或空气冷却使之定型。对结晶聚合物，挤塑的冷却速率还影响结晶程度及晶体结构，从而影响制品的性能。

2.5.2 注射成型

注射成型又称注射模塑或注塑，此种成型方法是将塑料在注射成型机料筒内加热熔化，当呈流动状态时，在柱塞或螺杆加压下，熔融塑料被压缩并向前移动，进而通过料筒前端的喷嘴以很快的速度注入温度较低的闭合模具内，经过一定时间冷却定型后，开启模具，顶出制品。

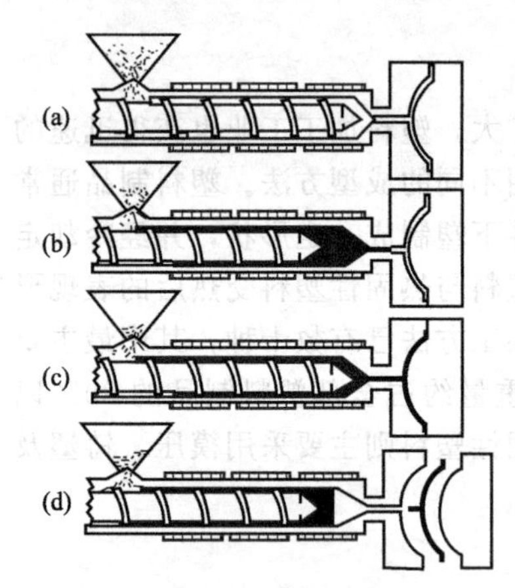

图 2-4 注射成型

(a) 加料阶段；(b) 塑化阶段；(c) 注射阶段；(d) 顶出开模阶段

注射成型是根据金属压铸原理发展起来的。由于注射成型能一次成型制得外形复杂、尺寸精确，或带有金属嵌件的制品，因此得到广泛的应用，目前占成型加工总量的20%以上。注射成型过程通常由塑化、充模、保压、冷却和脱模等五个阶段组成，如图 2-4 所示。

注射料筒内熔融塑料进入模具的机械部件可以是柱塞或螺杆，前者称为柱塞式注射机，后者称为螺杆式注射机。每次注射量超过 60g 的注射机均为螺杆式注射机。与挤出机不同的是，注射机的螺杆除了能旋转外，还能前后往复移动。图 2-5 为一种卧式螺杆注射机的结构。

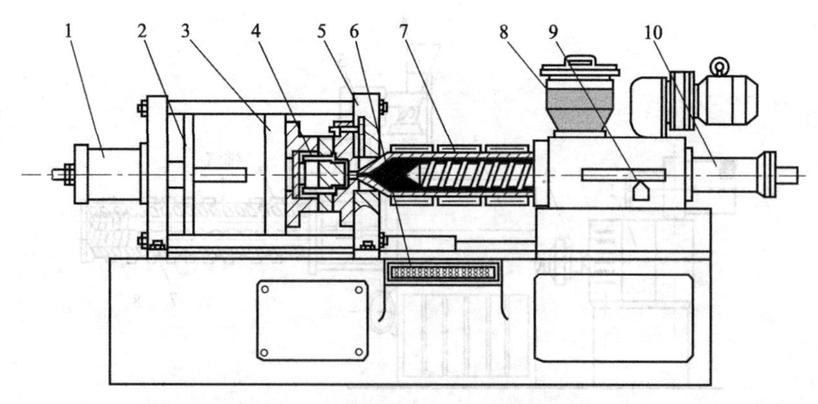

图 2-5 卧式螺杆注塑机结构

1—锁模液压缸；2—锁模机构；3—移动模板；4—顶杆；5—固定模板；6—控制台；7—料筒及加热器；8—料斗；9—定量供料装置；10—注射液压缸

一般的注射成型制品都有浇口、流道等废边料，需加以修整除去。这不仅耗费工时，也浪费原料。近年来发展的无浇口注射成型不仅克服了上述弊端，还有利于提高生产效率。无浇口注射成型是从注射机喷嘴到模具之间的装置有歧管部分（也称流道原件），流道分布在内。对热塑性塑料，为使流道内物料始终保持熔融状态，流道需加热，故称热流道。对热固性塑料应使流道保持较低的流动温度，故称为冷流道。无浇口注射成型所得制品一般不再需要修整。

注射成型主要应用于热塑性塑料。近年来，热固性塑料也采用了注射成型，即将热固性塑料在料筒内加热软化时应保持在热塑性阶段，将此流动物料通过喷嘴注入模具中，经高温加热固化而成型。这种方法又称喷射成型。如果料筒中的热固性塑料软化后用推杆一次全部推出，无物料残存于料筒中，则称之为传递模塑或铸压成型。

随着注塑件尺寸和长径比的增大，在注塑期间要保证聚合物熔体受热的均匀性和足够的合模力就变得相当困难了。近年来发展的反应性注塑成型可克服这一困难。反应性注塑实质上是在模具中完成大部分聚合反应，使注射物料黏度可降低两个数量级以上。这种方法已被广泛用于制备聚氨酯泡沫塑料及增强弹性体制品。

2.5.3 压延成型

将已塑化的物料通过一组热辊筒之间使其厚度减薄，从而制得均匀片状制品的方法称为压延成型。压延成型主要用于制备聚氯乙烯片材。

把聚氯乙烯树脂与增塑剂、稳定剂等助剂捏合后，再经挤出机或两辊机塑化，然后直接喂入压延机的滚筒之间进行热压延；调节辊距就得到不同厚度的片材，再经一系列的导向辊把从压延机出来的膜或片材导向有拉伸作用的卷取装置。压延成型的片材若通过刻花辊就得到刻花片材；若把布和软质片材分别导入压延辊经过热压后，就可制得压延人造革制品。图2-6为压延成型法生产软质聚氯乙烯薄膜的生产工艺流程。

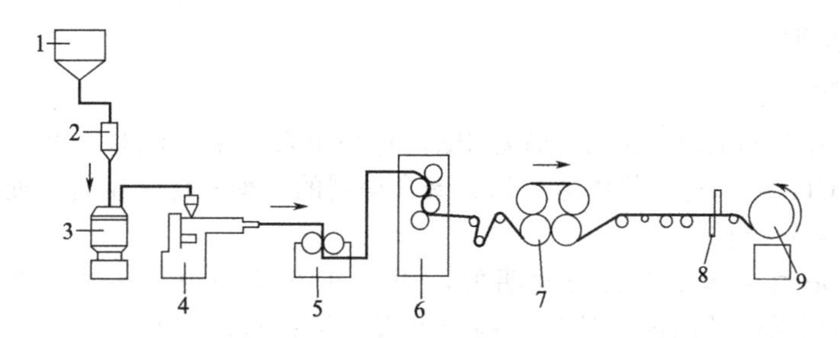

图 2-6 软质聚氯乙烯薄膜生产工艺流程

1—树脂料仓；2—计量斗；3—高速捏合机；4—塑化挤压机；5—辊筒机；6—四辊压延机；7—冷却辊群；8—切边；9—卷绕装置

2.5.4 模压成型

在液压机的上下模板之间装置成型模具，使模具内的塑料在热与力的作用下成型，经冷却、脱模即得模压成型制品。对热固性塑料，模压时模具应加热。对热塑性塑料，模压时模具应冷却。

2.5.5 吹塑成型

吹塑成型只限于热塑性塑料中空制品的成型。该法是先将塑料预制成片，冲成简单形状或制成管形坯后，置于模型中吹入热空气，或先将塑料预热吹入冷空气，使塑料处于高度弹性变形的温度范围内而又低于其流动温度，即可吹制成模型形状的空心制品。在挤出机前端装置吹塑口模，把挤出的管坯用压缩空气吹胀成膜管，经空气冷却后折叠卷绕成双层平膜，此即为吹塑薄膜的成膜工艺，如图2-7所示。用挤出机或注射机先挤成型坯，再置于模具内用压缩空气使其紧贴于模具表面冷却定型，这就是吹塑中空制品的成型工艺。

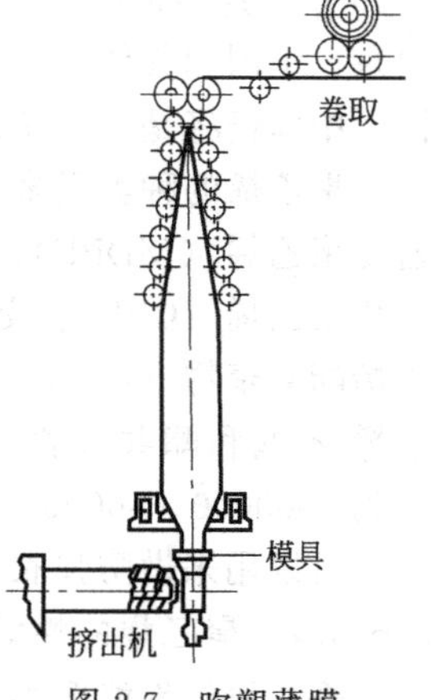

图 2-7 吹塑薄膜

2.5.6 浇铸成型

将液状聚合物倒入一定形状的模具中，常压下烘焙、固化、脱模即得制品。浇铸成型对流动性很好的热塑性及热固性塑料都可应用。

2.6 通用热塑性塑料

热塑性塑料受热时，能软化并发生黏性流动，冷却后又凝固变硬，它可以反复加热、冷却而重复流动。热塑性塑料由线团状大分子组成，这类大分子在加热时分子链上的基团稳定，分子之间并不发生化学反应。大多数热塑性塑料往往能被某些化学溶剂溶解或部分溶解，因此，它对化学药品的耐蚀性较热固性塑料差。使用温度也不及热固性塑料高，其机械性能和硬度也偏低。

由于合成热塑性塑料的原料来源广泛，合成工艺连续化、技术成熟，所以，目前全世界的塑料总产量的四分之三是热塑性塑料。据推测，今后全世界塑料产量还将持续增长，但其基本品种的构成不会有大的变化，新品种的产量一般都较低。目前，对原有品种的改性，开辟用途的投入和精力比生产新品种塑料的要高，改性研究成为这一领域工作的重点，并吸引了较多的科技力量。为了克服某些热塑性塑料的缺点，很多发达国家都在大力发展纤维增强热塑性塑料。

2.6.1 聚乙烯塑料

2.6.1.1 聚乙烯概述

聚乙烯英文名为 polyethylene，简称 PE，它是由重复的—CH_2—单元连接而成的。聚乙烯是由乙烯（CH_2═CH_2）单体通过加成聚合得到的。聚乙烯是结构最简单的高分子，也是应用最广泛的高分子材料。

聚乙烯最先是由英国 ICI 公司发明的，1939 年开始采用高压法生产低密度聚乙烯；1957 年德国和美国采用低压催化法生产高密度聚乙烯；与此同时，美国还采用中压法生产中密度和高密度聚乙烯。聚乙烯是现在全世界产量最大的塑料品种，1987 年美国年产量超过 800 万吨，居各国的首位。日本聚乙烯的产量仅次于聚氯乙烯。我国引进几项大的乙烯工程后，1988 年聚乙烯产量开始超过聚氯乙烯，达到 80 万吨；而 1981 年时我国聚乙烯产量仅约 33 万吨，美国当年是 545 万吨。而到 2009 年，我国聚乙烯产量达到 812.85 万吨，聚乙烯总进口量 740.85 万吨，预计到 2016 年中国的聚乙烯产能将达到 1350 万吨，约占全球总产能的 14.6%。20 年前，近三分之二的全球聚乙烯产能分布于西欧和北美地区，而到 2015 年，这些地区的产能将只占三分之一，西欧和北美将成为重要的净进口地区。同期，中东、中国和其他亚太地区的聚乙烯产能所占份额将增长 3 倍，接近全球一半，但即便这样，中国仍将是一个净进口国。

聚乙烯的种类很多，例如，低密度聚乙烯（LDPE）、线形低密度聚乙烯（LLDPE）、中密度聚乙烯（MDPE）、高密度聚乙烯（HDPE）；还有超高分子量聚乙烯（UHMWPE）、氯化聚乙烯（CPE）、交联聚乙烯（PEX）等改性聚乙烯；以及乙烯共聚物，包括乙烯-醋酸乙烯酯共聚物（EVA）、乙烯-丁烯共聚物、乙烯-其他烯烃（如辛烯、环烯烃）的共聚物、乙烯-不饱和酯共聚物（EAA、EMAA、EEA、EMA、EMMA、EMAH）。相对分子质量达到 3000000～6000000 的线形聚乙烯称为超高分子量聚乙烯（UHMWPE），它的强度非常高，可以用来做防弹衣。

2.6.1.2 聚乙烯的性能

聚乙烯的性能取决于它的聚合方式。在中等压力（1.5～3.0MPa）、金属有机物催化条件下进行配位聚合而成的是高密度聚乙烯（HDPE）。这种条件下聚合的聚乙烯分子是线形的，且分子链很长，相对分子质量高达几十万。如果是在高压力（100～300MPa）、高温（190～210℃）、过氧化物催化条件下自由基聚合，则生产的是低密度聚乙烯（LDPE），通常支化结构较多。

一般来说，分子中支链多、分子链不规整，则多为低密度聚乙烯；分子中支链较少且短的为高密度聚乙烯。后者制品的机械性能及使用温度均比前者高。目前，表征聚乙烯树脂的主要指标是密度与熔融指数（MI）。

聚乙烯密度小于 10^3kg/m^3，因而制品质轻。由于聚乙烯分子中没有极性基团，在常温下不溶于普通溶剂，对很多化学药品亦稳定。在常温下，绝大多数的酸碱均不与聚乙烯反应，只有温度在 90℃以上时，硫酸和硝酸才能迅速破坏聚乙烯。随着聚乙烯分子量增高、结晶度增大，其机械强度、硬度和刚性均提高。超高分子量聚乙烯还可以用作工程塑料使用，但其结晶度增大使其断裂伸长率变小，柔性与韧性降低。

聚乙烯的软化点为 122～135℃，结晶度越高，其软化点越高。它的着火点是 340℃，自燃温度是 349℃，是一种易燃物。聚乙烯的热膨胀系数较大，数量级约在 $10^{-4}K^{-1}$。它的电阻率很高，是优秀的绝缘材料，击穿电压可达到 20kV/mm 以上。

聚乙烯的耐热氧化性能较好，但耐光氧化性能较差，通常在紫外线照射下易与空气中的氧反应而使性能变差。为了提高聚乙烯制品的光氧化性能，要在配方中加入稳定剂。但聚乙烯对于环境应力（化学与机械作用）是很敏感的，耐热老化性差。聚乙烯的性质因品种而异，主要取决于分子结构和密度。

聚乙烯塑料的基本性能列于表 2-2 中。

表 2-2 聚乙烯树脂的基本性能

指 标	低密度 PE	中密度 PE	高密度 PE
收缩率/%	1.5	1.5	2.0
拉伸强度/MPa	17	25	25～40
拉伸模量/GPa	0.27	0.40	0.40～1.30
断裂伸长率/%	800	600	130
压缩强度/MPa	—	—	20～25
弯曲强度/MPa	—	35.0	50.0
缺口冲击强度/(kJ/m^2)	不断	35	43
硬度(D)	50	60	70
热导率/[W/(m·K)]	8×10^{-4}	9×10^{-4}	12×10^{-4}
燃烧速率/(cm/min)	2.6	2.5	2.5
耐电弧性/s	160	200	—
比热容/[J/(kg·K)]	2.3×10^3	2.3×10^3	2.3×10^3
热膨胀系数/$℃^{-1}$	2.0×10^{-4}	1.5×10^{-3}	1.2×10^{-3}
热变形温度(负荷 0.465MPa)/℃	40	45	60～85
体积电阻/(Ω·cm)	$\geqslant10^{16}$	$\geqslant10^{16}$	$\geqslant10^{16}$
电压击穿强度/(kV/mm)	16～40	16～40	16～20
介电常数/10^3Hz	2.30	2.30	2.35
吸水率(24h)/%	<0.01	<0.01	<0.01

2.6.1.3 聚乙烯的结晶

众所周知，聚合物材料的宏观性能与它的聚集态结构密切相关。因此，不论哪种方法制备的聚乙烯产品，只有了解了它的聚集态结构，才能有效地改变材料的宏观性质。而聚合物的聚集态结构又与聚合物的加工条件及其分子特性有关，尤其是对结晶聚合物，它的结晶行为决定着聚合物的聚集态结构及其宏观性能。因此，要想了解聚乙烯的宏观性能，首先来了解它的聚集态结构。

聚乙烯（PE）晶体是正交晶系，每个晶胞中有两条链，晶胞尺寸为 a＝0.742nm，b＝0.495nm 和 c＝0.255nm；b 轴与主链的锯齿形平面成 45°角，通过晶胞的两条链的锯齿形平面相互成直角，分子链几乎是密堆砌，图 2-8（a）是聚乙烯链和晶胞的透视图，图 2-8（b）是 c 轴方向的俯视图。

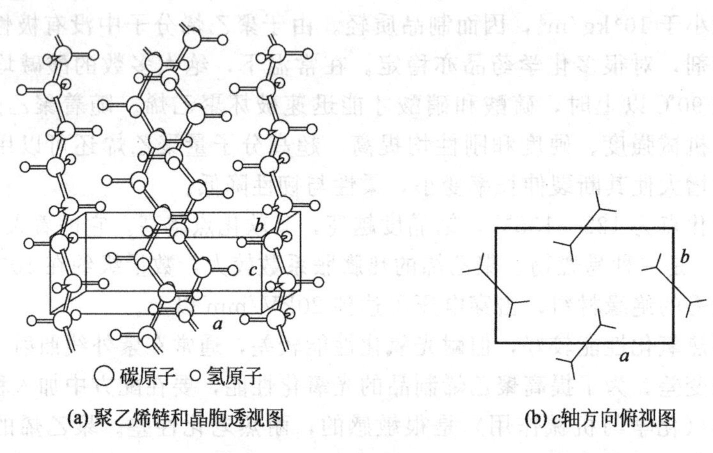

(a) 聚乙烯链和晶胞透视图　　(b) c轴方向俯视图

图 2-8　聚乙烯的晶体结构

（1）聚乙烯非取向结晶　高分子科学家研究聚合物的聚集态结构是从聚合物非取向结晶开始的，并在这方面做了大量的工作。通常，聚合物浓溶液或熔体冷却结晶时，都倾向于生成球晶结构。早期研究球晶的形态主要靠光学显微镜。在偏光显微镜的正交偏振光下，球晶呈现出特有的黑十字消光或带有同心环的黑十字消光图形；通过光学显微镜可直接测得球晶尺寸的大小。人们在研究聚乙烯材料的结构时发现，球晶尺寸的大小及其分布对材料的光学及力学性能都有很大的影响。这也是人们第一次感受到材料的形态结构对性能的直接影响。由此，科学家们开始对球晶的形成过程、微观结构及其对性能的影响等问题进行深入研究。

聚乙烯分子链因折叠形成层晶而进行结晶。通常把层晶作为整体结晶聚乙烯在形态学上的基本结构单元，这些单元尺寸为 10^{-5}～10^{-6}cm 尺寸大小，不能使光散射，在光学显微镜中不能分辨出来。而聚乙烯压制的模塑试样是半透明的，这意味着存在一种比单个微晶尺寸要大的组织结构，这就是在典型条件下，从熔体中结晶的主要形式——球晶。球晶是一种微晶的聚集体，在球晶中，由层晶组成的纤晶从晶核向各个方向径向地向外延伸，形成了具有双折射性质、呈对称球状的本体，虽然在整体结晶的聚乙烯中可能存在其他超分子结构，然而球晶是占优势的生长单元。

与简单液体不同，生成球晶的聚乙烯熔体有两个显著的特征，就是具有很高的黏度和结晶速率要慢得多。而满足下述要求时才能产生球晶，即固体结晶时有呈纤晶的趋势及生成后的纤晶接着发生非结晶的支化过程，即支化的角度与晶格的几何形状并没有直接的关系，也就是母体纤维对支化的子纤维结晶的取向没有多大影响。图 2-9 为不同制备方法得到的聚乙烯球晶。

（2）聚乙烯取向结晶　随着对聚合物非取向结晶的聚集态结构及其性能认识的逐步深入，人们又注意到聚合物取向结晶的形态结构及其性能有很大的特殊性。聚合物发生取向结晶以后，它在取向方向上的结构规整性增加了，如图 2-10 所示，聚合物的性能也因此发生

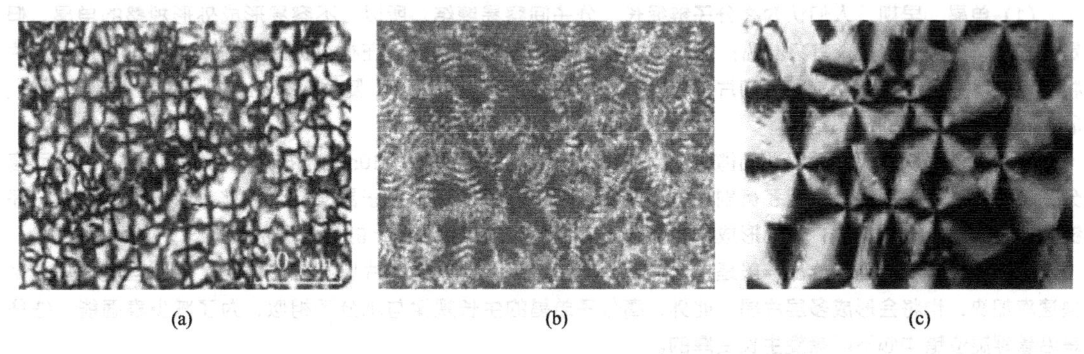

(a) (b) (c)

图 2-9 不同制备方法得到的聚乙烯球晶偏光显微镜照片

(a) 低密度聚乙烯；(b) 中密度聚乙烯；(c) 高密度聚乙烯

了变化。特别引人注意的是聚合物在取向结晶过程中，容易生成伸展链纤维晶，这使材料在纤维轴方向的拉伸强度及力学模量得到了很大的提高。

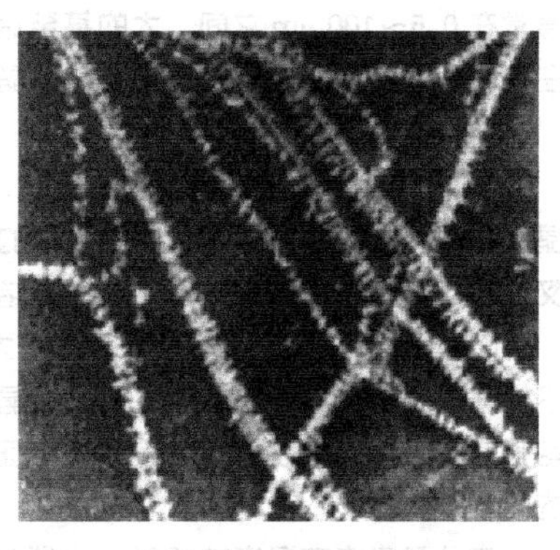

图 2-10 聚乙烯的伸直链晶

伸直链晶体一般需通过高压（约 3×10^5kPa）得到，此外常压下低分子量的聚乙烯熔融结晶也能形成伸直链晶片。在高压下高分子链伸展受到强化，得到的晶体可有数微米厚，聚乙烯高压结晶形成伸直链晶片的原因可能在于高压无序相参与了结晶和退火过程，晶体生长中有六方晶相的介入，而六方晶相的熔融熵只有普通正交晶相的 1/4 左右。

2.6.1.4 聚乙烯的成型与应用

聚乙烯是产量最大、应用最广的塑料品种，居五大通用塑料之首。聚乙烯最初专用于高频绝缘材料，如挤出成型为电缆包皮、高频绝缘构件和其他电绝缘制品。现今除应用于高频绝缘材料外，聚乙烯产品主要的成型与用途如下。

(1) 挤出或压延成型薄膜　聚乙烯的最大应用领域是农用薄膜，育苗用地膜、蔬菜大棚膜、园艺用薄膜、包装用薄膜、出版物的塑模封皮等。除聚乙烯自身的单层膜外，还可与其他材料层叠成复合薄膜。

(2) 中空吹塑成型容器　工业和日用容器，如油桶、啤酒罐、涂料桶、瓶、饮料瓶、奶瓶、药品包装瓶、洗涤剂瓶以及其他各类形状和大小的包装容器，多用聚乙烯制备。

(3) 挤出成型材、单丝　聚乙烯可挤出成板材、片材、棒材，特别是管材，可供化工厂、建筑行业和日常生活用，如输气管、下水管道、农田灌溉管、医用输液管等。聚乙烯还可挤出成单丝用于制造绳索、渔网、纱窗等。

(4) 注塑工业用品及日常用品　聚乙烯可注塑成生活用品，如水桶、盆、碗、灯罩、瓶壳、茶盘、梳子、淘米箩、玩具、文具、娱乐用品等，也可制备自行车、汽车、拖拉机、仪器仪表中的某些零件。

此外，聚乙烯还能制备一些泡沫制品，如具有防腐要求的防震、保温、吸声材料，防震缓冲包装材料，家具制品，体育用品如软垫、头盔内衬等。

知识窗：聚合物晶体

聚合物与小分子一样，其聚集态也存在着结晶结构，并随结晶条件的不同，聚合物可以形成形态极不相同的晶体，其中主要有单晶、球晶、树枝状晶、纤维晶和串晶、柱晶、伸直链晶体等。

（1）单晶　早期，人们认为高分子链很长，分子间容易缠结，所以，不容易形成外形规整的单晶。但是，1957 年，Keller 等人首次发现：含量约为 0.01%的聚乙烯溶液，在极缓慢冷却速率时，可形成菱形片状的、在电子显微镜下可观察到的片晶，其边长为数微米到数十微米。随后，又陆续制备并观察到聚甲醛、尼龙、线形聚酯等的单晶结构。

聚合物单晶横向尺寸可以从几微米至几十微米，但其厚度一般在 10nm 左右，最大不超过 50nm。而高分子链通常长达数百纳米。电子衍射数据证明，单晶中分子链是垂直于晶面的。因此，可以认为，高分子链是通过规则的近邻折叠，进而形成片状晶体——片晶，这就是 Keller 的“折叠链模型”。

从极稀溶液中得到的片晶一般是单层的，而从稍浓溶液中得到的片晶则是多层的。过冷程度增加，结晶速率加快，也将会形成多层片晶。此外，高分子单晶的生长规律与小分子相似，为了减少表面能，往往是沿着螺旋位错中心不断盘旋生长变厚的。

（2）球晶　球晶是聚合物结晶的一种最常见的特征形式。当结晶型聚合物从浓溶液中析出或从熔体冷却结晶时，在不存在应力或流动的情况下，都倾向于生成这种更为复杂的结晶形态。球晶呈圆球形，直径通常在 0.5～100 μm 之间，大的甚至达厘米数量级。5 μm 以上的较大球晶很容易在光学显微镜下观察到，在偏光显微镜两正交偏振器之间，球晶呈现特有的黑十字消光图像。

（3）其他结晶形态

① 树枝状晶　溶液中析出结晶时，当结晶温度较低或溶液浓度较大或分子量过大，聚合物不再形成单晶，结晶的过渡生长将导致较为复杂的结晶形式，生成树枝晶。在树枝晶的生长过程中，也会发生重复分叉，但这是在特定方向上择优生长的结果。

② 纤维状晶和串晶　高分子链在大的流动场作用下，伸展并沿着流动方向平行排列。在适当的情况下，可以发生成核结晶，形成纤维状晶。应力越大，伸直链成分越多。纤维状晶的长度可以不受分子链平均长度的限制，电子衍射实验进一步证实，分子链的取向是平行纤维轴的。因此，这样得到的纤维有极好的强度。

高分子溶液在温度较低时，边搅拌边结晶，可以形成一种类似于串珠式结构的特殊结晶形态——串晶。这种聚合物串晶具有伸直链结构的中心线，中心线周围间隔地生长着折叠链的片晶，它是同时具有伸直链和折叠链两种结构单元组成的多晶体。应力越大，伸直链组分越多。在高速挤出、淬火所得聚合物薄膜中也发现有串晶结构，这种薄膜的模量和透明性大为提高。

③ 柱晶　当聚合物熔体在应力作用下结晶时，还常常形成一种柱状晶。由于应力作用，聚合物沿应力方向成行地形成晶核，然后以这些形成的晶核为中心向四周生长成折叠链片晶。这种柱晶在熔融纺丝的纤维中、注射成型制品的表皮以及挤出拉伸薄膜中，常常可以观察到。

④ 伸直链晶体　近年来，发现聚合物在极高压力下进行熔融结晶或者对熔体结晶加压热处理，可以得到完全伸直链的晶体。晶体中分子链平行于晶面方向，片晶的厚度基本上等于伸直了的分子链长度，其大小与分子量有关，但不随热处理条件而变化。该种晶体的熔点高于其他结晶形态的熔点，结晶后都趋于无穷大时的晶体熔点。目前公认，伸直链结晶结构是聚合物热力学上最稳定的一种聚集态结构。

典型的结晶聚合物在单轴拉伸时，应力-应变曲线如图 2-11 所示。它比玻璃态聚合物的拉伸曲线具有更明显的转折，整个曲线可分为三段。第一段应力随应变线性增加，试样被均匀拉长，伸长率可达百分之几到百分之十几；到 Y 点，试样的截面突然变得不均匀，出现一个或几个“细颈”，由此开始进入第二阶段。在第二阶段，细颈与非细颈部分的截面积分别维持不变，而细颈部分不断扩展，非细颈部分逐渐缩短，直至整个试样完全变细为止。第一阶段的应力-应变曲线表现为应力几乎不变，而应变不断增加。第二阶段总的应变随聚合物而不同，支链的聚乙烯、聚酯、聚酰胺之类可达 500%，而线形聚乙烯甚至可达 1000%；接着的第三阶段是成颈后的试样重新被均匀拉伸，应力又随应变的增加而增大直到断裂点。结晶聚合拉伸曲线的转折点是与细颈的突然出现，以及最后发展到整个试样而突然终止相关的。

在单轴拉伸过程中，分子排列产生很大的变化，尤其是接近屈服点或超过屈服点时，分子都在与拉伸方向相平行的方向上开始取向。在结晶聚合物中，微晶也进行重排，甚至某些晶体可能破裂成较小的单位，然后在取向的情况下再结晶。拉伸后的材料在熔点以下不易回到原来未取向的状态，然而只要加热到熔点附近，还能回缩到未拉伸状态，就本质上说，也是高弹性的，只是形变被新产生的结晶所冻结而已。

结晶度对聚合物力学性能的影响，要视聚合物的非晶区处于玻璃态还是橡胶态而定。因为就力学性能而言，这两种状态之间的差别是很大的。就弹性模量而言，晶态与非晶态的模量是十分接近的，而橡胶态的模量却要小几个数量级。因而当非晶区处于橡胶态时，聚合物的模量将随着结晶度的增加而升高。硬度也有类似的情况。在玻璃化温度以下，结晶度对脆性的影响较大；当结晶度增加时，分子链排列趋紧密，孔隙率下降，材料受到冲击后，分子链段没有活动的余地，冲击强度降低。在玻璃化温度以上，结晶度的增加使分子间的作用力增加、因而拉伸强度提高，但断裂伸长率减小；在玻璃化温度以下，聚合物随结晶度增加而变得很脆，拉伸强度下降。另外，在玻璃化温度以上，微晶体可以起到物理交联点的作用，使链的滑移减小，因而结晶度增加，可以使蠕变和应力松弛降低。

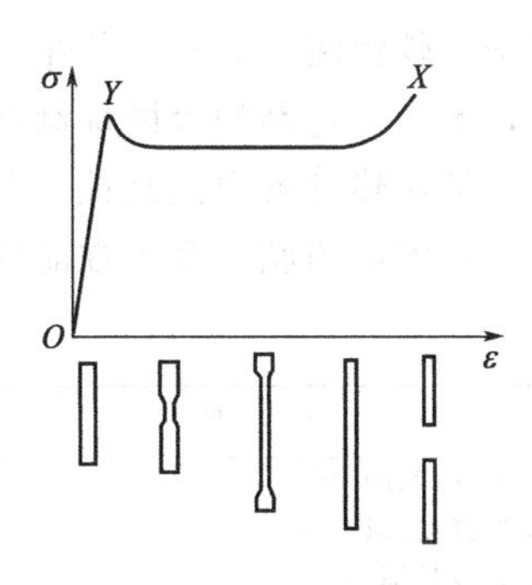

图 2-11 结晶聚合物拉伸过程应力-应变曲线及试样外形变化

2.6.2 聚丙烯塑料

2.6.2.1 聚丙烯概述

聚丙烯（polypropylene，简称 PP）是由丙烯聚合而制得的一种热塑性树脂，分子式是 $[C_3H_6]_n$。由于分子结构中有甲基的存在，在聚丙烯分子链节上存在不对称碳原子，按甲基排列位置分为等规聚丙烯（isotactic polypropylene，iPP）、间规聚丙烯（syndiotactic polypropylene，sPP）和无规聚丙烯（atactic polypropylene，aPP）三种类型。甲基排列在分子主链的同一侧称等规聚丙烯；若甲基无秩序地分布在分子主链的两侧称无规聚丙烯；当甲基交替排列在主链的两侧称间规聚丙烯。通常生产的聚丙烯树脂中，等规结构的含量（称等规度）约为 95%，其余为无规或间规聚丙烯。工业产品以等规聚丙烯为主要成分，由于甲基在空间的规则排列，聚丙烯结晶度较高，力学性能及软化点也高。此外，通常聚丙烯类塑料也包括丙烯与另一种烯烃单体（或多种烯烃单体）共聚而成的无规共聚物。

1955 年在意大利首先合成出等规聚丙烯，1957 年投入工业生产。由于它的原料价廉、来源广泛，而且有成纤性好、密度小、强度高、耐磨等特点，受到世界各国的重视。经过 50 余年的发展，它在世界塑料总产量中仅次于聚乙烯、聚氯乙烯和聚苯乙烯而居第四位。

聚丙烯的生产方法有三种：淤浆法、液相本体法、气相法。

(1) 淤浆法 在稀释剂（如已烷）中聚合，是最早工业化、也是迄今生产量最大的方法。

(2) 液相本体法 在 70℃/3MPa 的条件下，在液体丙烯中聚合。

(3) 气相法 在丙烯呈气态条件下聚合。

后两种方法不使用稀释剂，流程短，能耗低。液相本体法现已显示出后来居上的优势。聚丙烯生产均采用齐格勒-纳塔催化剂，聚合过程中有 5%～7%的无规聚丙烯，可用已烷、庚烷溶剂进行萃取分离，通常将在庚烷中不溶部分的质量分数作为聚丙烯的等规度。

2.6.2.2 聚丙烯的性质

聚丙烯通常为半透明无色固体，无臭无毒。它的结晶度一般在 70%以上，结晶体密度为 0.935×10^3 kg/m^3，非晶体密度为 0.85×10^3 kg/m^3，通常聚丙烯的密度为 0.90×10^3 kg/m^3，是最轻的通用塑料。聚丙烯熔点在 170℃左右，热变形温度为 150℃；制品可长期在 110℃以下使用，即使使用温度达 90℃，其强度也无明显下降；100℃时也保持常温强度的一半以上。聚丙烯材料的拉伸强度比聚乙烯、聚苯乙烯和 ABS 等都高，但韧性较低。经过牵伸的聚丙烯带具有很高的韧性和极好的弯曲疲劳寿命，经反复折叠 10^8 次也不断裂。聚丙烯的介电常数小，并且在很大频率范围内维持稳定不变。它还具有良好的高、低频绝缘性，不吸潮，绝缘性能不受潮湿环境的影响，因而适宜于制作电器产品。聚丙烯在 80℃下能耐酸、碱、盐及很多有机溶剂，适宜于做化工容器内衬、管道等。但由于聚丙烯含有叔碳 H

原子，较活泼，易与大气中的氧反应生成过氧化物，然后分解成羰基而引起主链断裂，所以，不加稳定剂的聚丙烯制品耐光、热、氧等性能很差；聚丙烯也不宜与铜接触，因为铜将使它加速热分解而使其性能变差。

聚丙烯树脂的基本性能列于表 2-3 中。

表 2-3　聚丙烯树脂的基本性能

项　目	数　值	项　目	数　值
吸水率(24h)/%	0.03～0.04	洛氏硬度 R	80～100
拉伸强度/MPa	30～39	冲击强度/(kJ/m^2)	2～3
断裂伸长率/%	100～300	体积电阻率/(Ω·cm)	≥10^{16}
拉伸模量/GPa	1.1～1.6	电压击穿强度/(kV/mm)	20
弯曲强度/MPa	42～56	介电常数/10^6Hz	2.0～2.6
压缩强度/MPa	39～56	耐电弧性/s	136～185
热膨胀系数/℃$^{-1}$	1.1×10^{-4}	热变形温度(负荷 0.46MPa)/℃	110～116
成型线收缩率/%	1.0～2.0		

2.6.2.3　聚丙烯的成型加工与应用

等规聚丙烯的熔融指数范围宽（MI＝0.5～35.0g/10min），加工性能优良，可采用多种加工方法生产多种产品。挤出成型制品是均聚聚丙烯的最大市场，其中用量最大的是纺织用纤维和丝，这是与聚丙烯的可着色性、耐磨、耐化学腐蚀性以及经济性相联系的。聚丙烯挤出成型的第二大产品是取向和未取向的薄膜，这是一个持续增长的领域。经双向拉伸可改进聚丙烯薄膜的透明性和强度，适合包装 CD 盒、玩具、冰冻食品、香烟等。注塑成型也是聚丙烯均聚物的重要加工方法，可利用聚丙烯较高的耐热性制造硬质、可加热加压的容器，以及汽车和其他工业制件。另外，聚丙烯优异的湿气阻隔性和适当的透明性也是许多中空容器的首选。

聚丙烯塑料制品的用途可归纳如下：

① 医疗器具，如注射器、盒、输液袋、输血工具、病人用具（盒、杯、壶等）。

② 一般用途机械零件中的轻载结构件，如壳、罩、手柄、手枪，特别适于制备反复受力的铰链、活页、法兰、接头、阀门、泵叶轮、风扇叶轮等。

③ 汽车零部件，聚丙烯和增强聚丙烯可以制备汽车方向盘、蓄电池壳、空气过滤器壳、启动脚踏板、发动机舱、车厢、通风采暖系统、灯罩、工具箱、消声器等。

④ 家用电器零件和一般家用件，如门窗框架、小折叠椅、盥洗室水槽，箱子与盒子的整体活页、卡扣等。

⑤ 化工方面，可制备耐热耐腐蚀容器、管道、设备衬里、涂层等。

⑥ 包装方面，可制备拉伸薄膜、叠层薄膜、单丝、绳索、编织袋等。

⑦ 电气绝缘薄膜。

此外，聚丙烯常见的制品有盆、桶、家具、瓶盖、汽车保险杠等。

2.6.2.4　聚丙烯的新发展

聚丙烯为高结晶型聚合物，其刚性大而韧性不足，限制了它的发展与应用。为提高聚丙烯的韧性，还可以在聚丙烯中加入成核剂，改变其晶型，如添加β-成核剂，提高其β-晶体结构的含量，达到提高其韧性的目的。还有，丙烯通过与其他烯烃进行共聚合，改变其分子链结构，使其结晶型发生变化，从而使其力学性能及其他性能发生变化，达到改性的目的。通常聚丙烯类塑料包括丙烯与少量乙烯的共聚物，此类共聚物即为无规共聚聚丙烯（简称 PPR），其韧性较好，特别适合做一些冷热水管材。

在聚丙烯中添加成核剂，可以明显改变其晶型。图 2-12 是石家庄炼油厂生产的牌号为 M045 的均聚聚丙烯（简称 PPH）在 140℃等温结晶的偏光光学显微镜图（POM）。图 2-13

图 2-12 聚丙烯在 140℃、不同结晶时间的等温结晶 POM 图

结晶时间：(a) 5min；(b) 10min；(c) 30min；(d) 120min

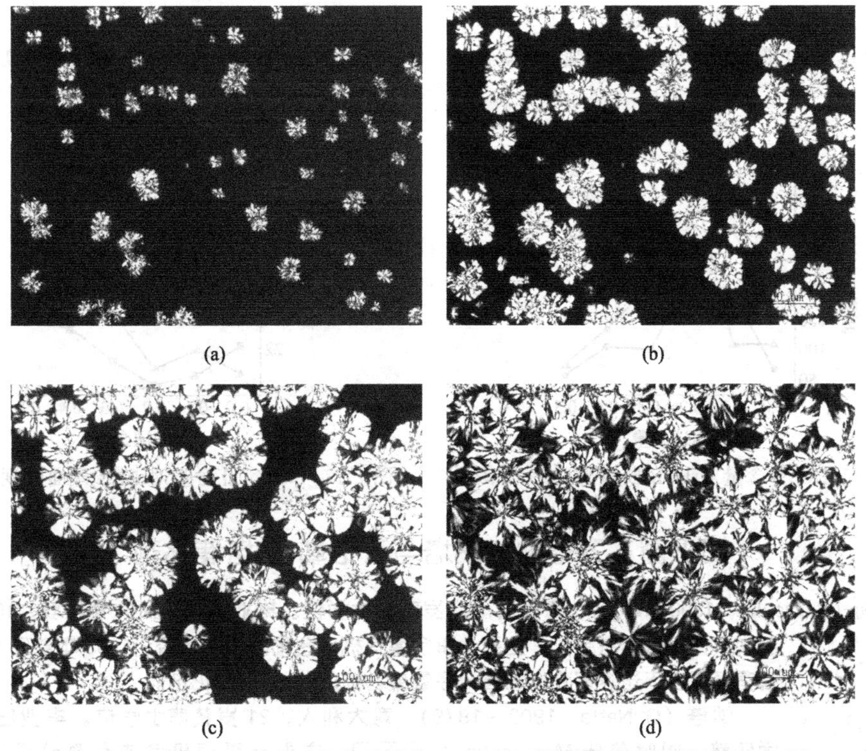

图 2-13 添加 0.1%WBGⅡ聚丙烯在 140℃、不同时间的等温结晶 POM 图

结晶时间：(a) 1min；(b) 5min；(c) 10min；(d) 30min

是添加了广东炜林纳功能材料有限公司专利产品β-成核剂 WBG Ⅱ 0.1%的 PPH 在140℃等温结晶的 POM 图。从图 2-12 与图 2-13 的比较可以直观地看出，WBG Ⅱ诱导 PPH 生成了大量的β-晶型结构。

对于无规共聚聚丙烯 PPR，由于共聚单体的引入，使得 PPR 高分子链的规整性变差，进而使其成核速率及结晶速率有所下降，熔点和密度降低等，从而对材料刚性、尺寸稳定性及加工成型周期都造成较大的影响。由于结晶型能与聚集态结构有关，也影响到最终性能，因而对于共聚聚丙烯，通常也要添加适当的成核剂以调节其成核和结晶速率。河北工业大学对 PPR 添加广东炜林纳功能材料有限公司专利产品β-成核剂 WBG Ⅱ的力学性能进行了系统研究，发现β-成核剂 WBG Ⅱ对 PPR 的力学性能有较大的影响。图 2-14～图 2-17 为三种不同厂家和牌号的 PPR 添加不同含量β-成核剂 WBG Ⅱ的力学性能关系，其中 PPR1 为大韩油化生产，牌号 RP2400，MI＝0.154g/10min（ASTM—1238）；PPR2、PPR3 为北欧化工产品，牌号分别为 RA130E-6017［MI＝0.209g/10min（ASTM—1238）］、RA130E-8427［MI＝0.160g/10min（ASTM—1238）］。

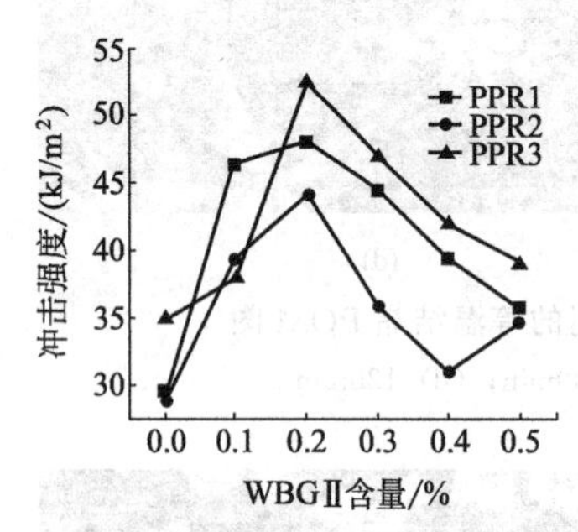

图 2-14 WBG Ⅱ含量对 PPR 冲击强度的影响

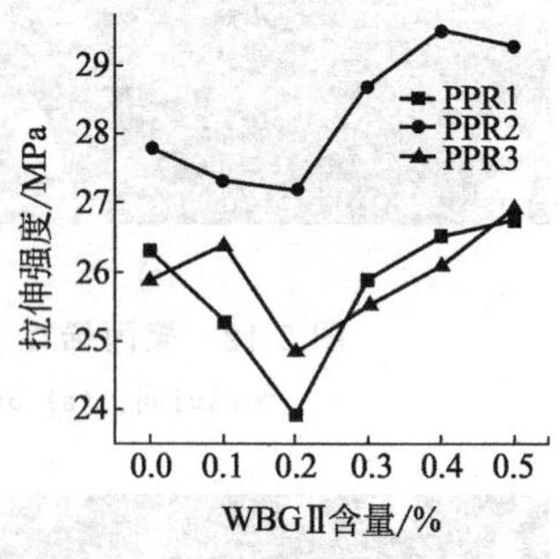

图 2-15 WBG Ⅱ含量对 PPR 拉伸强度的影响

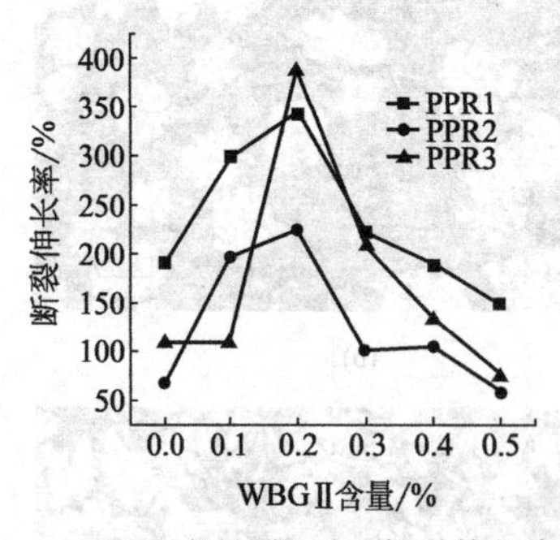

图 2-16 WBG Ⅱ含量对 PPR 断裂伸长率的影响

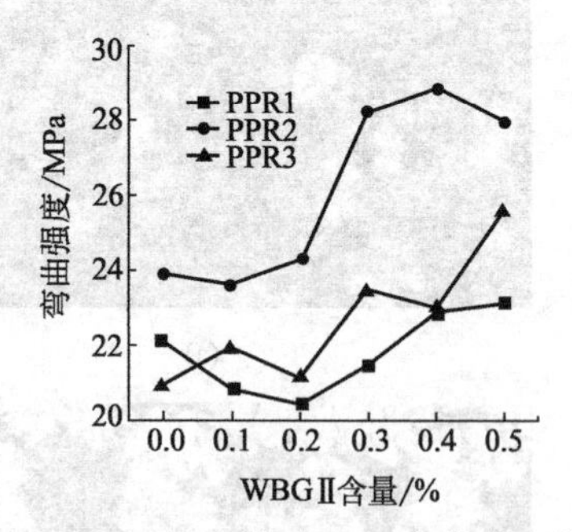

图 2-17 WBG Ⅱ含量对 PPR 弯曲强度的影响

知识窗：齐格勒、纳塔与齐格勒-纳塔催化剂

齐格勒（K. Ziegler，1898～1973），德国人，22 岁获博士学位。毕业后在多所大学任教，1946 年起任前联邦德国化学会会长。主要从事金属有机化合物的合成研究，1953 年发现了可使乙烯在室温低压下迅速聚合成为高分子量聚乙烯的 Ziegler 催化剂。

纳塔（G. Natta，1903～1979），意大利人，21 岁获博士学位。毕业后在多所大学任教，同时兼任 Montecatini 公司顾问。主要从事有机合成和高分子结构研究。1954 年，在用改进的 Ziegler 催化剂进行聚丙烯合成时，发现对聚合物立体结构有重大影响。

齐格勒-纳塔催化剂（Ziegler-Natta Catalyst）是一种有机金属催化剂，由四氯化钛-三乙基铝[$TiCl_4$-$Al(C_2H_5)_3$]组成。在1953年前后由齐格勒和纳塔发明，因此他们获得了1963年的诺贝尔化学奖。该催化剂适用于常压催化乙烯聚合，所得聚乙烯具有立体规整性好、密度高、结晶度高等特点。其催化机理为：四氯化钛在有机铝的作用下，首先被还原为三氯化钛，再被烷基化形成氯化烷基钛，烯烃在钛原子的空位上络合，连续聚合生长成长链。因该聚合反应是非均相配位过程，所以又称为配位聚合。具体聚合过程有以下不同的说法：①烯烃通过π-络合迁移到另一空位而改变为σ-络合，空出的位置让第二个烯烃进行π-络合。第二个烯烃分子与前一个烷基处在邻近的位置，它们彼此成键，同时又空出一个配位，让第三个烯烃来络合，这样配位让位相继进行，烯烃分子一个一个地接长成链，这种说法为较大多数人所接受。②在钛原子上的σ-络合烷烃经过α-消除而涉及钛-卡宾的过程，另一分子烯烃与卡宾发生插入反应而接长碳链。

齐格勒-纳塔催化剂的成就，带动了研究与不同金属配合的配位聚合催化剂。这类催化剂中必须有一种金属是过渡金属，提供π-络合空位，而另一种金属起还原性烷基化作用。这些催化剂属定向聚合催化剂，能严格控制聚合物的化学结构，适合于合成规整性的高聚物。后来人们把起这两种作用的金属配成的催化剂成功地用于合成规整性的高聚物，如聚异戊二烯等。

2.6.3 聚氯乙烯塑料

2.6.3.1 聚氯乙烯简介

聚氯乙烯树脂是由氯乙烯单体聚合而成的，是氯乙烯的均聚物，英文为 polyvinyl chloride，缩写为 PVC，是常用的热塑性塑料品种之一。它的商品名称简称为“氯塑”。

PVC 是世界上最早由人工合成的高分子之一，其发展已有 100 多年的历史。1872 年在实验室就已合成了聚氯乙烯，但未经过其他助剂配合的单一聚氯乙烯树脂难以形成实用的材料，所以在很长的时间内没有工业生产的价值。经过多年的研究，将聚氯乙烯树脂与多种助剂配合成多组分的混合体，使其性能大为改善，这才真正使它成为有实用价值的塑料材料。20 世纪 30 年代，德国首先实现了聚氯乙烯工业化生产。现在全世界聚氯乙烯树脂年产量超过了 3500 万吨，仅次于聚乙烯的产量，居第二位。在我国，聚氯乙烯树脂生产一直受到重视。从 2004 年开始，全球 PVC 需求量就以年均 5.2%的增长率增长，这种全球范围的增长主要是由亚洲特别是中国持续强劲的需求而驱动。中国需求量的增长也带来中国本土 PVC 生产厂家的快速扩张。在 2007 年，中国 PVC 产量已超过世界总量的 30%，预计今后几年它的产量还将继续增加。

2.6.3.2 聚氯乙烯的合成

氯乙烯单体在过氧化物、偶氮二异丁腈等引发剂作用下，或在光、热作用下按自由基型连锁聚合反应机理聚合，而成为聚氯乙烯。聚合实施方法可分为悬浮法、乳液法、溶液法和本体法四种。最初实现工业化的是乳液法，而当前是以悬浮法为主。

单体氯乙烯的制法分电石乙炔法、烯炔法、电石乙炔与二氯乙烷联合法及氧氯化法四种。以石油化工原料为基础的氧氯化法，由于成本比其他方法低，为当前生产氯乙烯的主要方法。世界上 82%左右的氯乙烯均为此法生产，如我国的燕山石化、齐鲁石化以及天津大沽石化。

2.6.3.3 聚氯乙烯的结构与性能

工业生产的聚氯乙烯为无定形结构，单体分子以头-尾方式连接；但用过氧化二苯甲酰为引发剂时，大分子上有相当数量的头-头、尾-尾结构，数均分子量约 5 万～12 万。通常 PVC 的工业牌号以分子量的大小来区分，分子量的大小可用二氯乙烷 1%溶液的黏度（cP）来表示；亦可用 K 值来表示（K 值是 PVC-环己酮溶液的固有黏度值）。

由于 PVC 不溶于单体氯乙烯中，所以，具有其自身较特殊的形态结构。尺寸小于 0.1μm 的结构为亚微观结构，尺寸在 0.1～10μm 的为微观结构，10μm 以上则为宏观形态结构。对上述四种制备方法，PVC的微观特别是亚微观形态结构基本上是相同的。宏观形态结构则依制备方法和聚合工艺条件的不同而异。

悬浮法合成的PVC中有些颗粒难以塑化，在薄膜中是不易着色的亮点，俗称“鱼眼”，这种形态的颗粒可能是分子量过高的釜壁垢物造成的。另外，PVC颗粒宏观形态结构的一个重要参数是孔隙率，孔隙率大的为疏松型PVC，小的则为紧密型PVC，前者吸收增塑剂容易，易塑化；后者则较难。这是由聚合条件所决定的。目前，我国生产的PVC以疏松型PVC为主。

聚氯乙烯树脂是白色粉末状固体，结晶度约为5%，不溶于水、酒精和汽油，在醚、酮、芳香烃和氯代烷烃中能溶胀，溶于四氢呋喃和环己酮。PVC的脆化温度T_b在-50℃。PVC的玻璃化温度T_g与聚合反应温度密切相关，75℃聚合，T_g达105℃；125℃聚合降为68℃。通常T_g取80～85℃。PVC热变形温度在70℃，130℃软化可塑，180℃下可流动，但在140℃开始分解，放出的氯化氢使制品逐渐变黄、变黑。在明火上难燃，燃烧时冒白烟，火焰呈黄绿色，发出刺鼻性气味；火源移开后能自熄。聚氯乙烯在常温下不与浓盐酸、硫酸和50%的硝酸反应，能经得起20%浓度的烧碱浸泡而不迅速破坏。

聚氯乙烯的熔化温度随分子量增大而升高。分子量过高时，流动性不好，提高温度会加剧热分解，因而为提高加工性，常采用的办法是加入增塑剂。增塑剂和其他助剂的加入，可以使聚氯乙烯材料的性能发生很大变化。正因为如此，聚氯乙烯塑料的配方研究对于它的性能发挥是十分重要的。一个好的配方，可以使制品加工性能好，材料性能优良且成本比较低。聚氯乙烯典型软、硬制品的材料性能如表2-4所示。

表2-4 聚氯乙烯软硬材料的性能

指　标	硬质PVC	软质PVC	指　标	硬质PVC	软质PVC
密度/($\times10^{-3}$ kg/m^3)	1.35～1.45	1.16～1.30	热变形温度/℃	70	-5
折射率	1.52～1.55	—	压塑成型温度/℃	140～200	140～175
吸水率/%	0.07	0.15～0.75	压塑成型压力/MPa	5～15	3.5～14
拉伸强度/MPa	35～65	15～25	注射成型温度/℃	145～205	150～190
弯曲强度/MPa	70～100	—	注塑成型压力/MPa	70～250	56～160
冲击强度/(kJ/m^2)	1～40	不断	产品线收缩率/%	0.1～0.5	1.0～5.0
连续耐温/℃	65	65			

PVC除以上性能外，还具有以下特点：

① 软质聚氯乙烯一般含增塑剂30%～50%，质地柔软，强度较高；具有良好的气密性和不透水性。

② 硬质聚氯乙烯只加少量的增塑剂制成，其特点是质地坚硬，机械强度高，耐化学腐蚀性能好。

③ 聚氯乙烯塑料耐热性差，强度受温度影响较大，-20℃时比20℃时的强度下降80%。因此，薄膜制品不易在低温下保管使用；软制品使用温度不超过45℃，硬制品不超过60℃，长期光照时会老化变脆。

④ 聚氯乙烯薄膜在加工时，为防止加热分解，需加入热稳定剂，由于热稳定剂含有铅盐等，使聚氯乙烯塑料有毒性，故用该类稳定剂制成的PVC制品不能用作食品包装用。

⑤ 聚氯乙烯塑料与有机溶剂和萘等防虫药剂接触，会产生发黏、溶化等现象，并且容易吸收异味；由于增塑剂挥发性较强，故不宜储藏过久。

2.6.3.4 聚氯乙烯的成型加工及用途

聚氯乙烯的成型加工工艺为，首先将PVC与增塑剂、稳定剂、颜料等按一定配方比例均匀混合（固-固混合称混合，固-液混合称捏合）。第二步是将混合料进行塑化。在挤出机或两辊机上进行塑化后的物料可直接成型（如压延）或经造粒后再成型（挤出、注射等）。

聚氯乙烯的应用主要集中在以下几方面：

① 薄膜和人造革，薄膜主要供农用，人造革用于装饰。

② 耐油、耐腐、耐老化的不燃电线电缆包皮、绝缘层。

③ 型材如管、棒、异型材、门窗框架、瓦楞板及建材、室内地板装饰材料、各种板材等。

④ 家具、玩具、运动器材、医用管件、包装涂层等。

软质聚氯乙烯可制成较好的农用薄膜外，还常用来制作雨衣、台布、窗帘、票夹、手提袋、塑料鞋及人造革等。硬质聚氯乙烯能制成透明、半透明及各种颜色的珠光制品。常用来制作皂盒、梳子、洗衣板、文具盒、各种管材等。

聚氯乙烯是“氯塑”类主要品种，其他还有氯化聚氯乙烯（CPVC）、聚偏氯乙烯（PVDC）、改性聚氯乙烯等。下面主要介绍氯化聚氯乙烯（CPVC）、聚偏氯乙烯（PVDC）两种。

CPVC是由PVC树脂经进一步氯化制得的产品。氯含量的增加使CPVC的T_g高达到115～135℃。热变形温度为82～104℃（PVC为70℃）。过量的氯也改善了材料的阻燃性和抑烟性，提高了拉伸强度和模量，并保持PVC所具有的优异尺寸稳定性、耐化学腐蚀性和良好的电性能。CPVC树脂的配合料可采用传统的方法加工成管材、型材和片材，也可以采用压延和注塑等技术。但是与PVC相比，CPVC的加工更困难，它的熔融温度高，从204～232℃，加工设备需要镀铬或采用不锈钢材料，挤出机螺杆和机头的设计也需要特殊的技术处理。

CPVC的一系列优异性能使它在许多领域获得应用，例如热-冷水管线和管件、化工管道、泵体、冷却塔填料、汽车内装饰以及通信设备等。

聚偏氯乙烯PVDC为偏氯乙烯的均聚物，相对分子质量为2万～10万。PVDC的熔点为198～205℃，但在210℃开始迅速分解，与一般增塑剂相容性又差，因此，成型加工较困难。工业上常见的PVDC都是偏氯乙烯与其他单体如氯乙烯、丙烯腈或丙烯酸酯的共聚物，共聚单体起内增塑作用，可适当降低树脂的软化温度，提高与增塑剂的相容性，同时不失均聚物的高结晶型；其中以VDC/VC的共聚物最为重要。通常所说的PVDC薄膜实际上指的是VC与VDC的共聚物，DOW化学公司首先于1936年生产出VC与VDC的共聚物，其商品名称为Saran。由于VDC单体带有双取代基，两个氯原子连接在同一个碳上，结构单元以头-尾方式键接，这种规整的分子结构和对称性使聚合物具有理想的链堆砌，显示出较高的结晶度（为35%～65%）。以PVDC为原料生产的制品主要有单层薄膜、复合薄膜、片材、单丝、注塑制品和管材、容器的内衬等。

PVDC薄膜具有柔软、透明、无毒、耐热、耐油等优良性能，而最令人注目的特点是它的高阻隔性。PVDC薄膜的阻隔性大大优于PE、PP和PVC薄膜，成为当今世界上流行的三大高阻隔性塑料包装材料（PVDC、EVOH和聚丙烯腈）之一。其广泛用作薄膜制品，如保鲜膜，用作肉类和其他食品以及药品、香料的包装。PVDC薄膜一般通过挤出吹塑过程生产，但由于它的结晶特点使之具有与一般吹膜过程不同的工艺特点。由于PVDC对热不稳定，加工过程易于分解，放出HCl，且重金属如Fe、Cu、Zn都会起到催化热降解作用，因此，加工设备应选用耐腐蚀合金，尤其是镍合金和高镍钢，流道设计也应考虑减小熔体的滞留时间。

2.6.4 聚苯乙烯塑料

2.6.4.1 聚苯乙烯简介

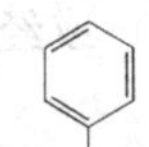

聚苯乙烯的分子结构式为 $\left[CH_2-CH\right]_n$，英文名 polystyrene，简称 PS。聚苯乙烯为无色透明的珠状或粒状树脂，无臭无味，相对分子质量在 20 万左右。在实验室制得聚苯乙烯已有 140 年的历史，1920 年德国开始工业化生产，1939 年其他国家也大规模生产，至今世界聚苯乙烯的产量仅次于 PE 和 PVC，居第三位。2007 年全球 PS 的总产量为 1500 万吨，我国 1959 年开始聚苯乙烯的工业化生产，目前年产量达到 100 万吨以上。

聚苯乙烯是以苯乙烯为原料，采用本体法或悬浮法聚合而得。本体法分为两个阶段聚合：先在预聚釜中 100℃预聚合，转化率达 30%后再送入塔式反应器，反应温度达 220℃，最终转化率达 97%。熔体从塔底排出，经造粒得聚苯乙烯塑料。悬浮法是以水为介质，聚乙烯醇等为分散剂，在 80℃、由过氧化物引发聚合，制得细珠状聚苯乙烯，经水洗、离心分离、气流干燥等生产工序得最终产品。

聚苯乙烯的主要缺点是性脆，这使它的应用受到了限制。针对它的缺点发展了以苯乙烯为基本原料的共聚、接枝聚合方法，发展了改性系列产品。主要品种有丙烯腈（A）、丁二烯（B）和苯乙烯（S）三元共聚物 ABS 塑料；丙烯腈与苯乙烯共聚物 AS，又称 SAN；甲基丙烯酸甲酯（M）、丁二烯（B）和苯乙烯（S）三元共聚物 MBS 塑料；还有 AAS、SBS 等嵌段聚合物。由苯乙烯衍生出的树脂品种已有十几种之多，而苯乙烯均聚物仅有通用级和发泡级两个品种。

通过茂金属催化聚合可以得到一种新型聚苯乙烯，即间同聚苯乙烯（syndiotactic polystyrene）。间同聚苯乙烯上的苯环交替地连接在主链的两侧，而普通聚苯乙烯的苯环则无规地连接在主链两侧。间同聚苯乙烯是结晶型高分子，熔点在 270℃左右。

此外，在苯乙烯聚合体系中加入聚丁二烯，使苯乙烯在聚丁二烯主链上接枝聚合，制备出高抗冲聚苯乙烯（high-impact polystyrene，HIPS）。因为聚苯乙烯和聚丁二烯是不相容的，这样苯乙烯和丁二烯链段分别聚集，产生相分离。聚丁二烯相区可以吸收冲击能，从而使聚苯乙烯的冲击强度得到提高。

2.6.4.2 聚苯乙烯的性质

通用聚苯乙烯在常温下是塑性材料。耐热性能不好，当温度上升到 60～70℃时开始软化；超过 90℃就变形了（热分解温度为 300℃）。耐低温性也不好，脆化温度为－30℃。聚苯乙烯密度为 $1.05\times10^3 kg/m^3$，能燃烧，燃烧时变软、起泡，发出浓黑烟和特殊的臭味，放出的气体有轻微毒性。聚苯乙烯具有良好的电气性能，它的介电损耗小，耐电弧性好，是机电和电子工业常用的优良材料；它对化学药品稳定，耐一般的酸、碱、盐；但能溶于芳香烃、氯代烃、酮和酯类。它不吸潮，对气候抵御力很好，但在紫外线作用下易变色。聚苯乙烯的透明度达 90%以上，折射率 1.60，高折射率使它具有良好的光泽；在应力状态下它还能产生应力-光学效应，根据这种现象，可用光学法测定这种塑料内部的应力分布。它对高能辐射不敏感，受高能辐射后性能变化缓慢，因而它是 X 射线室、放射性室等有高能射线场地装饰板的好材料。

2.6.4.3 聚苯乙烯的用途

聚苯乙烯价格低廉，具有透明性好、刚性大、加工性能好、绝缘性优、易印刷与着色等优点，用途十分广泛。现在正在使用的计算机外壳几乎都是聚苯乙烯制品。透明的塑料水杯，包装用的泡沫塑料也是由聚苯乙烯制成的。聚苯乙烯主要应用可归纳成以下几方面：

① 制备装饰、照明制品、仪器仪表壳罩、仪表板、汽车灯罩等。

② 一般电绝缘用品、高频电容器、高频电绝缘用品及传输器件、光导纤维等。

③ 绝热保温材料、冷藏冷冻装置绝缘层、建筑用绝热构件等。

④ 防震、抗冲击的泡沫包装垫层。

⑤ 日用杂品、玩具、一次性餐具、透明模型等。

2.6.4.4 其他聚苯乙烯塑料

聚苯乙烯塑料的主要缺点是性脆、不耐热，为此发展了一系列改性聚苯乙烯，其中主要有ABS、MBS、AAS、ACS、AS、EPSAN等。

ABS是丙烯腈、丁二烯、苯乙烯三种单体组成的重要工程塑料。ABS的名称来源于这三个单体的英文名的第一个字母。可用接枝共聚法、接枝混炼法制备。

AAS亦称ASA，是丙烯腈、丙烯酸酯和苯乙烯三种单体组成的热塑性塑料，它是将聚丙烯酸酯橡胶颗粒分散于丙烯腈-苯乙烯共聚物（AS）中的接枝共聚物，橡胶含量约30%。AAS的性能、成型加工方法及应用与ABS相近。由于用不含双键的聚丙烯酸酯橡胶代替了PB，所以，AAS的耐候性要比ABS高8～10倍。

ACS是丙烯腈、氯化聚乙烯和苯乙烯构成的热塑性塑料，是将氯化聚乙烯与丙烯腈、苯乙烯一起进行悬浮聚合而得。其一般组成为丙烯腈20%、氯化聚乙烯30%、苯乙烯50%。ACS的性能、加工及应用与AAS相近。

EPSAN是在乙烯-丙烯-二烯烃（简称EPDM）橡胶上用苯乙烯-丙烯腈进行接枝的共聚物。二烯烃可用亚乙基降冰片烯、双环戊二烯、1,4-己二烯等。其性能与ABS相仿，但透明性、耐热氧化性较ABS好。

MBS是甲基丙烯酸甲酯、丁二烯和苯乙烯组成的热塑性塑料。其性能与ABS相仿，但透明性好，故有透明ABS之称。AS亦称SAN，是丙烯腈和苯乙烯的共聚物。BS亦称BDS，是丁二烯与苯乙烯的共聚物。二者都改进了聚苯乙烯的韧性。

2.6.5 聚丙烯酸酯塑料

丙烯酸塑料（acrylic plastic）包括丙烯酸类单体的均聚物、共聚物及共混物为基的塑料。作为塑料使用的丙烯酸类单体主要有丙烯酸、甲基丙烯酸、丙烯酸甲酯、甲基丙烯酸甲酯、2-氯代丙烯酸甲酯、2-氰基丙烯酸甲酯，其通式为：

$$CH_2{=}\underset{}{\overset{R'}{\overset{|}{C}}}{-}COOR$$

在聚丙烯酸酯塑料中，以聚甲基丙烯酸甲酯最为重要，下面给予详细介绍。

2.6.5.1 聚甲基丙烯酸甲酯塑料简介

聚甲基丙烯酸甲酯塑料（polymethyl methacrylate，PMMA）是丙烯酸类树脂中的典型代表，其应用最广，俗称有机玻璃。丙烯酸类树脂是以丙烯酸及其酯类单体聚合所得到的聚合物的统称，其相应的塑料产品统称为聚丙烯酸类塑料。PMMA是迄今为止合成透明材料中质地最优异、价格又比较适宜的品种。

2.6.5.2 聚甲基丙烯酸甲酯的性能

聚甲基丙烯酸甲酯是刚性硬质无色透明材料，相对分子质量一般为50万～100万，密度为（1.18～1.19）$\times10^3$kg/m^3，折射率较小，约为1.49，透光率达92%，雾度小于2%，是优质有机透明材料。聚甲基丙烯酸甲酯具有良好的综合力学性能，在通用塑料中居前列，拉伸、弯曲、压缩等强度均高于聚烯烃，也高于聚苯乙烯、聚氯乙烯等，冲击韧性较差，但稍优于聚苯乙烯。聚甲基丙烯酸甲酯可耐较稀的无机酸，但浓的无机酸可使它浸蚀；可耐碱类，但温热的氢氧化钠、氢氧化钾可使它侵蚀；可耐盐类和油脂类，耐脂肪烃类，不溶于水、甲醇、甘油等，但可吸收醇类溶胀，产生应力开裂，不耐酮类、氯代烃和芳烃。聚甲基丙烯酸甲酯具有优异的耐大气老化性，其试样经4年自然老化试验，重量变化，拉伸强度、透光率略有下降，色泽略有泛黄，抗银纹性下降较明显，冲击强度还略有提高，其他物理性能几乎没有变化。

2.6.5.3 聚甲基丙烯酸甲酯的应用

聚甲基丙烯酸甲酯作为性能优异的透明材料具有广泛的应用：

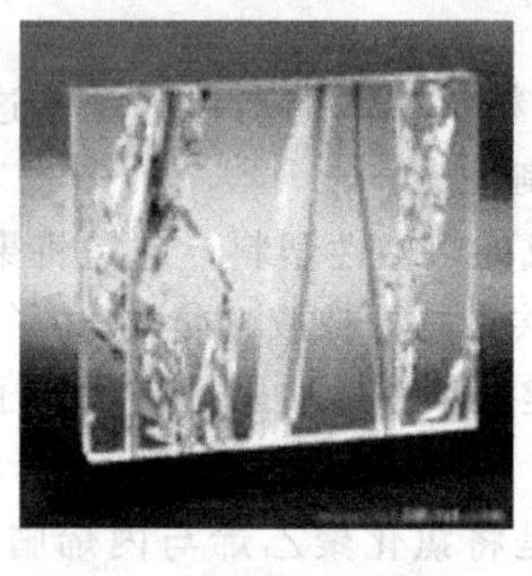

图 2-18 聚甲基丙烯酸甲酯塑料工艺品

① 灯具、照明器材，例如各种家用灯具、荧光灯罩、汽车尾灯、信号灯、路标等。

② 光学玻璃，例如制造各种透镜、反射镜、棱镜、电视机荧屏、菲涅耳透镜、相机透光镜。

③ 制备各种仪器仪表表盘、罩壳、刻度盘。

④ 制备光导纤维。

⑤ 商品广告橱窗、广告牌，如图 2-18 所示为采用聚甲基丙烯酸甲酯塑料制作的工艺品。

⑥ 飞机座舱玻璃，飞机和汽车的防弹玻璃（需带有中间夹层材料）。

⑦ 各种医用、军用、建筑用玻璃等。

2.7 通用热固性塑料

热固性塑料是经过加热、使可流动的链状分子转变成三维立体结构而凝胶，且不能熔融的一类塑料。这类塑料一旦成型，改变形状只能靠切削等二次加工。它再也不能被一般溶剂所溶解，只能被强氧化剂腐蚀或被溶剂泡胀。这类塑料分子结构的共同特点是：在未交联前，分子链上有两个以上可以参加化学反应的基团；交联后分子间相互交叉连接起来，成为网状的或立体三维结构。由于这样的分子结构，热固性塑料的使用温度比热塑性塑料的高。温度较高时，分子间不能产生相对流动，因而它的蠕动性比热塑性塑料的小。

热固性塑料的发展历史比较长，应用比较广泛。由于它有很多优点，例如形状稳定性、绝缘性能、机械物理性能和老化性能等均比热塑性塑料的好。下面主要介绍几种传统的热固性塑料，如酚醛树脂、不饱和聚酯树脂和环氧树脂等。

2.7.1 酚醛树脂

2.7.1.1 酚醛树脂概况

凡是酚类化合物与醛类化合物缩聚而得的树脂统称为酚醛树脂（pheonl formaldehyde resin），常见的酚类化合物有苯酚、甲酚和二甲酚等；醛类有甲醛、糠醛等。其中，主要产品是苯酚与甲醛的缩聚物，简称 PF。

酚醛树脂于1909年即开始工业化生产，当前酚醛树脂世界总产量占合成聚合物的4%～6%，居塑料产品的第六位。酚醛树脂的合成和固化过程完全遵循体形缩聚反应的规律，控制不同的合成条件，如酚和醛的比例、所用催化剂的类型等，可以得到两类不同类型的酚醛树脂。当催化剂酸碱性以及苯酚/甲醛比例不同时，可生成热塑性或热固性树脂，如以酸类为催化剂，当酚与醛的比例大于1（6/5或7/6）时，可生成热塑性酚醛。热塑性酚醛树脂为松香状，性脆、可溶、可熔，溶于丙酮、醚类、酯类等。其结构式为：

$(n=2\sim5)$

若甲醛过量，以酸或碱为催化剂，或甲醛虽不过量，但以碱为催化剂时生成热固性酚醛树脂。其结构式为：

这是一个很有趣的现象，为我们制备和循环利用这一产品提供了很好的途径。因为：①热塑性酚醛树脂与热固性酚醛树脂能相互转化，即热塑性树脂用甲醛处理后可转变成热固性树脂，热固性树脂在酸性介质中用苯酚处理可变成热塑性酚醛树脂；②热固性酚醛树脂，由于缩聚反应程度的不同，相应的树脂性能亦不同。可将其分为甲、乙、丙三个阶段。

① 甲阶树脂，能溶于乙醇、丙酮及碱的水溶液中，加热后可转变成乙阶和丙阶树脂；

② 乙阶树脂，不溶于碱液但可全部或部分地溶于乙醇及丙酮中，加热后转变成丙阶；

③ 丙阶树脂为不溶不熔的体形聚合物，图 2-19 为酚醛树脂的分子结构。

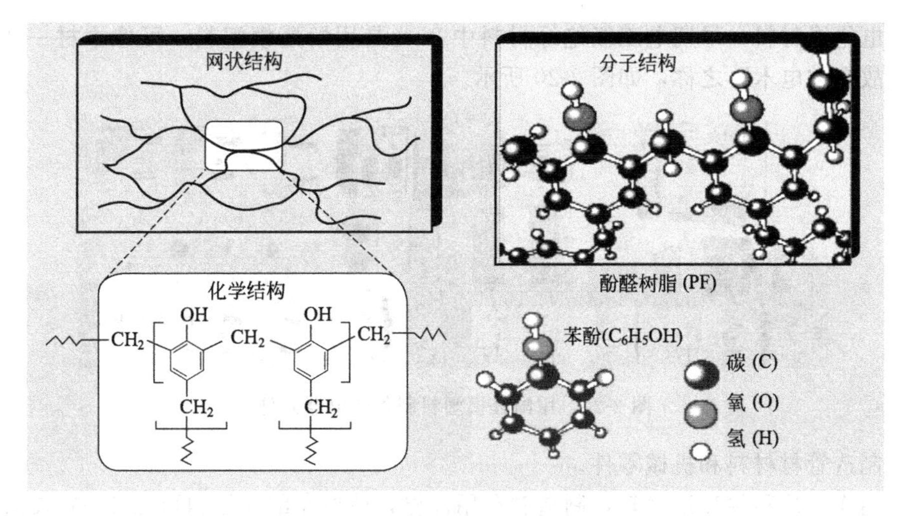

图 2-19 酚醛树脂分子结构

2.7.1.2 酚醛塑料组成及类型

酚醛塑料是以酚醛树脂为基本组分，加入填料、润滑剂、着色剂及固化剂等添加剂制成的塑料，填料用量可达 50%以上。因热塑性酚醛树脂分子内不含—CH_2OH 基团，所以，必须加交联剂才能进行固化。一般采用六亚甲基四胺为交联剂。

按成型加工方法的不同，酚醛塑料可分为以下几种主要类型。

(1) 酚醛层压塑料 将各种片状填料（棉布、玻璃布、石棉布、纸等）浸以 A 阶热固性酚醛树脂，经干燥、切割、叠配，放入压机内层压成制品。

(2) 酚醛模压塑料 可分为粉状压塑料（压塑粉）和碎屑状压塑料两种。压塑粉所用的主要填料为木粉，其次是云母粉等，树脂为热塑性酚醛树脂或A阶热固性酚醛树脂。将磨碎后的树脂与填料混合均匀后就成为压塑粉。可采用模压成型，近年来发展了注射及挤出成型方法。碎屑状压塑料是由碎块状填料（布、纸、木块等）浸渍于A阶树脂而得，可用模压法成型。

(3) 酚醛泡沫塑料 热塑性或A阶热固性酚醛树脂加入发泡剂、固化剂等，经起泡后使其固化，即得酚醛泡沫塑料，可用作隔热材料、浮筒、救生圈等。

2.7.1.3 主要性能特点

与其他热固性树脂相比，酚醛树脂有如下特点：

(1) 密度低，强度较高，具有很高的热强度，但质脆，抗冲击性能差，在高温下长期暴露所保持的强度百分率较高；

(2) 价格低廉，固化时不需加入其他助剂，但固化时有挥发物（H_2O），成型加工需要较大的压力；

(3) 工艺性能好，从热模中取出时变形倾向很小，由于有甲、乙、丙三个阶段，生产的调节和控制较为方便；

(4) 耐火焰性好，耐有机溶剂和弱酸弱碱；

(5) 有较好的电性能，介电损耗与频率关系不大，但不适用于高频电场，对潮湿敏感性大。

2.7.1.4 加工与应用

酚醛塑料的成型加工可采用压缩成型、传递成型、注塑成型等。主要用途有以下几方面：

(1) 电绝缘材料，早期电工级绝缘材料中80%是用酚醛模塑料，可像木材一样进行二次加工，故有“电木”之称，如图2-20所示。

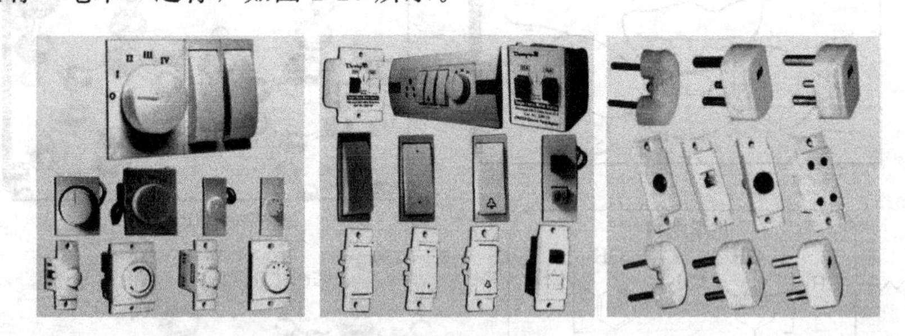

图2-20 用酚醛模塑料制备的电器元件

(2) 制造管材材料和机械零件。

(3) 用作隔热和耐高温材料，制造刹车用片材，玻璃布的模压料可在200℃长期使用。

(4) 制造发泡蜂窝材料，用于飞机、造船和建筑中。

(5) 可作为木材加工工业或其他工业用的胶黏剂。

2.7.1.5 新品种与技术动向

近年来酚醛树脂和塑料在产品性能和质量、新技术和新品种的开发、生产工艺和设备等方面都有了新的发展，开发出多种不同用途的酚醛树脂品种。如用热塑性弹性体或丁腈橡胶改性的或以玻纤增强的高强度品种，以玻璃纤维为填料的耐燃、耐热品种，可在250℃下长期连续使用的超耐热聚酚醚树脂或称烷基醚树脂，商品名为Xylok（苯酚与二甲氧基对二甲苯缩合物）、可改进加工性能的无流道专用注塑料，快速固化品种和连续挤出成型PF塑料，以及具有特殊功能性（如高耐磨性、导电性、电磁屏蔽性、高尺寸稳定性、无毒增强型）的酚醛塑料等。这些新品种的推广应用使酚醛塑料以价廉、性能好的优势与热塑性工程塑料相抗衡，也可用来代替金属制品，在减轻重量和降低成本方面成效显著。因此，广泛应用于宇航器的驾驶舱及座舱的内饰、地板材料、隔热屏蔽材料等；铁路、地铁、船舶、汽车等的内饰、地板、顶篷等；电缆导筒、走线槽、配电箱、电机盖、屏蔽套等；矿山隧道的通风换气管；内外墙装饰板材、地板、天花板等符合建筑法的防火材料、卫生设备等。可用于化工设备的冷却塔、耐蚀器具等；可用于国防方面的装甲车板、鱼雷架、炮筒挡板等，从而使酚醛塑料这一古老品种至今仍保持勃勃生机。

2.7.2 不饱和聚酯树脂

2.7.2.1 不饱和聚酯树脂简介

不饱和聚酯树脂（unsaturated polyester resin，简称 UP）是以不饱和聚酯树脂为基础的塑料。不饱和聚酯树脂亦称聚酯树脂，经玻璃纤维增强后的塑料俗称玻璃钢。不饱和聚酯通常由不饱和二元酸混以一定量的饱和二元酸（或酸酐）与饱和二元醇缩聚获得线形预聚物，在缩聚反应结束后，趁热加入一定量乙烯类单体，配制成黏稠的液体，由于该树脂中含有不饱和双键，在引发剂作用下，可固化交联形成不溶不熔的体形结构热固性树脂。线形 UP 的分子结构为：

$$HO\!\left(R-O-\overset{\overset{O}{\|}}{C}-R'-\overset{\overset{O}{\|}}{C}-R-O-\overset{\overset{O}{\|}}{C}-R''-\overset{\overset{O}{\|}}{C}-O\right)_{n}H$$

式中，R 为二元醇主链段；R′为二元酸主链段；R″为不饱和二元酸主链段。

通常不饱和聚酯树脂的组成如下。

（1）用于不饱和聚酯的二元酸　一般有两类。

① 不饱和二元酸　它提供不饱和双键，使线形 UP 和乙烯基类单体共聚生成交联结构；工业上常用的不饱和二元酸有顺丁烯二酸酐（马来酸酐）和反丁烯二酸（富马酸）。

② 饱和二元酸　用于降低 UP 的结晶型，调节分子链上双键密度，增加树脂柔韧性并改善与乙烯基交联单体的相容性。工业上常用的饱和二元酸有邻苯二甲酸和邻苯二甲酸酐。

（2）二元醇　可采用丙二醇、丁二醇等，但一般是用丙二醇。

（3）交联单体　主要是苯乙烯，因价格低廉，与 UP 相容性好，固化时能与 UP 中的双键很好共聚，固化后树脂具有良好的力学性能和电性能。

（4）引发剂　其作用是引发树脂与交联单体的交联反应，过氧化物的反应温度高，用于压制成型，过氧化环己酮可在室温固化。

（5）促进剂　用于促进引发剂引发反应，不同的引发剂与不同的促进剂配套使用，常用的有胺类和钴皂类。

（6）阻聚剂　其作用是延长不饱和聚酯初聚物的存放时间。

（7）触变剂　其作用是使树脂在外力（如搅拌等）作用下变成流动性液体，当外力消失，又恢复到高黏度的不流动状态，防止大尺寸制品成型时垂直或斜面树脂流胶。

此外，UP 塑料制品中一般都要加入填料或增强剂，通常是玻璃微珠或玻璃纤维。

2.7.2.2 不饱和聚酯树脂的性能

不饱和聚酯树脂通常是烯类单体与不饱和聚酯的混合物，它在紫外线的照射下会引发聚合，也可能因储存过久而结块。烯类单体与不饱和聚酯的比例是按反应进行的需要和树脂固化后性能要求确定的，通用型不饱和聚酯树脂中苯乙烯含量为 33%（质量份），树脂占 67%（质量份）。但是若敞开存放时，苯乙烯易挥发，当苯乙烯含量低于 30%时，树脂将不能完全固化或完全不能固化。

树脂由液态向固态转化是可以人为控制的，加入固化剂后，树脂也可以在室温下固化。固化剂由引发剂和促进剂两种组分组成。引发剂是过氧化物与邻苯二甲酸二丁酯组成的糊状物；促进剂是环烷酸钴或二甲苯胺的苯乙烯溶液。引发剂和促进剂必须分别存放，两者不能混合，否则有爆炸危险。配合时需将引发剂加入树脂中搅拌后才能加入促进剂。树脂在固化过程中要与空气隔绝，否则因氧的阻聚作用，往往使树脂表面不易固化，造成制品表面发黏。不饱和聚酯树脂固化机理是过氧化物引发自由基反应，没有小分子副产物，所以固化成型可不必施加压力。固化后的树脂是无定形结构，透明度较高，具有良好的电绝缘性，耐盐水和酸腐蚀，但不耐碱腐蚀，且易燃。其材料性能如表 2-5 所示。

表 2-5 通用不饱和聚酯材料性能

指标	浇铸体	玻璃纤维增强	指标	浇铸体	玻璃纤维增强
密度/($\times10^{-3}$ kg/m^3)	1.22	1.7	吸水率(24h)/%	0.15	0.5
拉伸强度/MPa	20～30	290	比热容/[kJ/(kg·K)]	2.3	2.0
拉伸模量/GPa	2.5	15	热导率/[W/(m·K)]	0.21	0.24
断裂伸长率/%	2	2	体积电阻/(Ω·cm)	$10^{12\sim14}$	10^{14}
弯曲强度/MPa	60～80	220	击穿电压/(kV/mm)	20	20
热膨胀系数/(10^{-5}℃$^{-1}$)	10	5	固化收缩率/%	1.5～2.3	0.8～1.5
马丁耐热温度/℃	70	≥120			

2.7.2.3 不饱和聚酯的成型加工

不饱和聚酯在固化过程中，无挥发物逸出，因此，能在常温常压下成型，具有很高的固化能力，施工方便，可采用手糊成型法、模压法、缠绕法、喷射法等工艺来成型加工玻璃钢制品（GFUP)。此外，还发展了预浸渍玻璃纤维毡片的片材成型法 SMC（sheet moulding compounding)，预浸渍聚酯玻璃纤维的面团成型法 DMC（dough moulding compounding)，也称整体成型法 BMC（bulk moulding compounding)。不饱和聚酯制件还可采用浇铸、注塑等成型方法。

2.7.2.4 不饱和聚酯塑料的应用

不饱和聚酯的主要用途是制作玻璃钢制品（约占整个树脂用量的 80%），用作承载结构材料，用于汽车、造船、航空、建筑、化工等部门以及日常生活中。例如采用手糊和喷涂技术制造各种类型的船体，用 SMC 技术制造汽车外用部件，用 BMC 通过模压法生产电子元器件、洗手盆等，用缠绕法制作化工容器的大口径管等，通过浇铸成型可制作刀把、标本，用 UP 进行墙面、地面装饰，制作人造大理石、人造玛瑙，具有装饰性好、耐磨等特点。此外，由于不饱和聚酯塑料具有良好的耐溶剂、耐水和耐化学性能，而且密度小，机械强度大，近年来，不饱和聚酯玻璃钢越来越多地应用于风力发电机的叶片材料。

2.7.3 环氧树脂

2.7.3.1 环氧树脂简介

环氧树脂泛指分子中含有两个或两个以上环氧基团的有机高分子化合物，除个别外，它们的相对分子质量都不高。环氧树脂的分子结构是以分子链中含有活泼的环氧基团为其特征，环氧基团可以位于分子链的末端、中间或成环状结构。由于分子结构中含有活泼的环氧基团，使它们可与多种类型的固化剂发生交联反应而形成不溶、不熔的、具有三维网状结构的高聚物。

环氧树脂及环氧树脂胶黏剂本身无毒，但由于在制备过程中添加了溶剂及其他组分，因此，不少环氧树脂是“有毒”的，近年国内环氧树脂行业正通过水性改性、避免添加等途径，保持环氧树脂“无毒”本色。目前绝大多数环氧树脂涂料为溶剂型涂料，含有大量的可挥发有机化合物（VOC），有毒、易燃，因而可对环境和人体造成危害。

环氧树脂通常与添加剂同时使用，以获得应用价值。添加剂可按不同用途加以选择，常用添加剂有以下几类：固化剂、改性剂、填料、稀释剂等。其中固化剂是必不可少的添加剂，无论是做胶黏剂、涂料，还是做浇注料都需添加固化剂，否则环氧树脂不能固化。

根据分子结构，环氧树脂大体上可分为五大类：①缩水甘油醚类环氧树脂；②缩水甘油酯类环氧树脂；③缩水甘油胺类环氧树脂；④线形脂肪族类环氧树脂；⑤脂环族类环氧树脂。复合材料工业上使用量最大的环氧树脂品种是上述第一类缩水甘油醚类环氧树脂，而其中又以二酚基丙烷型环氧树脂（简称双酚 A 型环氧树脂）为主；其次是缩水甘油胺类环氧树脂。

2.7.3.2 环氧树脂的性能和特性

(1) 形式多样 各种树脂、固化剂、改性剂体系几乎可以适应各种应用对形式提出的要求，其范围可以从极低的黏度到高熔点固体。

(2) 固化方便 选用各种不同的固化剂，环氧树脂体系几乎可以在 0～180℃温度范围内固化。

(3) 粘接力强 环氧树脂分子链中有极性羟基和醚键存在，使其对许多物质具有很高的粘接力。环氧树脂固化时的收缩性低，产生的内应力小，这也有助于提高粘接强度。

(4) 收缩性低 环氧树脂与所用固化剂的反应是通过直接加成反应或树脂分子中环氧基的开环聚合反应来进行的，没有水或其他挥发性副产物放出。它们和不饱和聚酯树脂、酚醛树脂相比，在固化过程中显示出很低的收缩性（小于 2%）。

(5) 力学性能 固化后的环氧树脂体系具有优良的力学性能。

(6) 电性能 固化后的环氧树脂体系是一种具有高介电性能、耐表面漏电、耐电弧的优良绝缘材料。

(7) 化学稳定性 通常，固化后的环氧树脂体系具有优良的耐碱性、耐酸性和耐溶剂性。像固化环氧体系的其他性能一样，化学稳定性也取决于所选用的树脂和固化剂。适当地选用环氧树脂和固化剂，可以使其具有特殊的化学稳定性能。

(8) 尺寸稳定性 上述许多性能的综合，使环氧树脂体系具有突出的尺寸稳定性和耐久性。

(9) 耐霉菌性 固化的环氧树脂体系耐大多数霉菌，可以在苛刻的热带条件下使用。

2.7.3.3 环氧树脂的应用

环氧树脂的应用主要是涂料及胶黏剂，俗有“万能胶”之称。作为塑料产品主要与不饱和聚酯类似，用于制备玻璃钢复合材料，广泛用于汽车、船舶及电气件等外壳的制造。

2.8 工程塑料

工程塑料是指被用作工业零件或外壳材料的工业用塑料，是强度、耐冲击性、耐热性、硬度及抗老化性均优异的塑料。日本工业界将其定义为：可以做为构造用及机械零件用的高性能塑料，耐热性在 100℃以上。

工程塑料具有很多优异的性能，主要表现在以下几方面。

(1) 热性能 工程塑料的热变形温度高，能长期高温使用，使用温度范围大，热膨胀系数小。

(2) 机械性能 高强度、高机械模量、低潜变性、强耐磨损及耐疲劳性。

(3) 其他 耐化学药品性、抗电性、耐燃性、耐候性、尺寸稳定性佳。

需要说明的是，由于各种工程塑料的化学构造不同，所以它们的耐药品性、摩擦特性、电机特性等有差异。由于各种工程塑料的成型性不同，因此，有的适用于任何成型方式，而有的只能以某种成型方式进行加工，这样就造成了应用上的局限。热硬化型工程塑料的耐冲击性较差，因此大多添加玻璃纤维。工程塑料除了聚碳酸酯等耐冲击性大外，通常具有硬、脆、延伸率小的性质，但如果添加20%～30%的玻璃纤维，则它的耐冲击性将有所改善。

常见的工程塑料包括：聚碳酸酯（PC)、聚酰胺（尼龙)、聚缩醛（POM)、改性聚苯醚（改性PPE)、聚酯（PET，PBT)、聚苯硫醚（PPS)、聚芳基酯等。它们的基本特性为拉伸强度均超过50MPa，耐冲击性超过50J/m，负载挠曲温度超过100℃，硬度、耐老化性优。聚丙烯若改善其硬度和耐寒性，也可列入工程塑料的范围。此外，还包括较特殊者的强度弱、耐热耐药品性优的氟素塑料，耐热性优的硅熔融化合物，以及聚酰胺酰亚胺、聚酰亚胺、丙烯酸酯塑料、蜜胺塑料、液晶塑料等。据统计，2000年世界工程塑料市场分配PA为35%、PC为32%、POM为11%、PBT为10%、PPO为3%、PET为2%、UHMWPE为2%，高性能工程塑料（PPS、LCP、PEEK、PEI、PESU、PVDF、其他含氟塑料等）为2%。由于PC市场需求增长快，其市场占有份额已经超过PA。工程塑料分类及主要品种如图2-21所示。

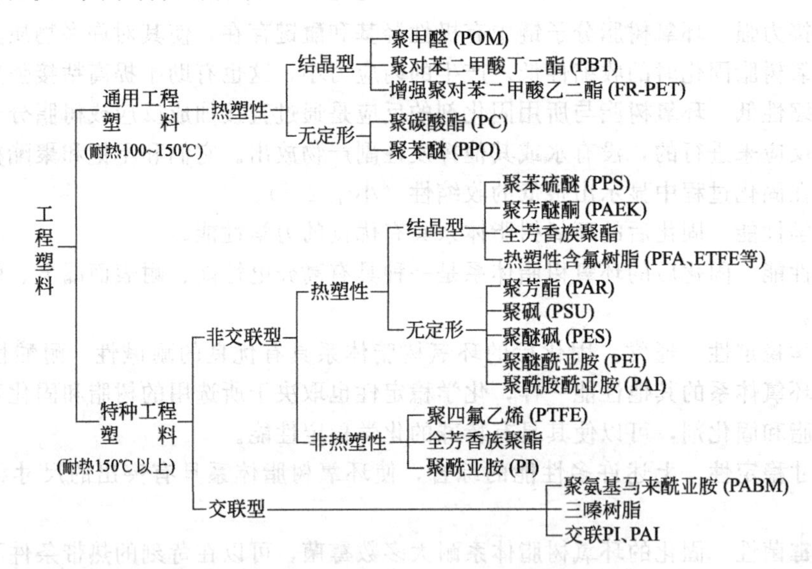

图2-21　工程塑料分类及主要品种

2.8.1　聚酰胺

2.8.1.1　聚酰胺简介

聚酰胺（polyamide，简称PA）俗称尼龙，是美国DuPont公司最先开发用于纤维使用的树脂，于1939年实现工业化。20世纪50年代开始开发和生产注塑制品，以取代金属，满足下游工业制品轻量化、降低成本的要求。PA具有良好的综合性能，包括力学性能、耐热性、耐磨损性、耐化学药品性和自润滑性，且摩擦系数低，有一定的阻燃性，易于加工，适于用玻璃纤维和其他填料填充增强改性，提高性能和扩大应用范围。PA主链上含有许多重复的酰胺基$\leftarrow\overset{O}{\overset{\|}{C}}-NH\rightarrow$。用作塑料时称尼龙，用作合成纤维时，称为锦纶[1]。PA可由二元胺和二元酸制取，也可用ω-氨基酸或环己内酰胺来合成。由己内酰胺分子自聚制得的尼龙，通式为：

[1] 锦纶学名聚己内酰胺纤维，又称尼龙6。本书中用“锦纶”统称PA应用于合成纤维时。——编者注

$$\text{-[}NH-(CH_2)_{n-1}CO\text{]}_x\text{-}$$

称为尼龙 n，例如，由己内酰胺分子[$NH(CH_2)_5CO$]或 ω-氨基己酸 [$H_2N(CH_2)_5COOH$] 可制得尼龙 6；由二元胺和二元酸单体缩聚反应后的缩聚物，通式为：

$$\text{-[}NH\text{-(}CH_2\text{)}_m NH-CO\text{-(}CH_2\text{)}_{n-2}CO\text{]}_x\text{-}$$

称为尼龙 mn。根据二元胺和二元酸或氨基酸中含有碳原子数的不同，可制得多种不同的聚酰胺，目前聚酰胺品种多达几十种，有 PA-6、PA-66、PA-11、PA-12、PA-46、PA-610、PA-612、PA-1010 等，以及近几年开发的半芳香族尼龙 PA-6T 和特种尼龙等很多新品种。其中以聚酰胺 6、聚酰胺 66 和聚酰胺 610 的应用最为广泛。

聚酰胺 6、聚酰胺 66 和聚酰胺 610 的链节结构分别为[$NH(CH_2)_5CO$]、[$NH(CH_2)_6NHCO(CH_2)_4CO$]和[$NH(CH_2)_6NHCO(CH_2)_8CO$]。聚酰胺 6 和聚酰胺 66 主要用于纺制合成纤维，称为锦纶 6 和锦纶 66。尼龙 610 则是一种力学性能优良的热塑性工程塑料。

2.8.1.2 聚酰胺的性能

尼龙为韧性角状半透明或乳白色结晶型树脂，作为工程塑料的尼龙，其相对分子质量一般为 1.5 万～3 万。尼龙具有很高的机械强度，与金属材料相比，虽然刚性逊于金属，但比拉伸强度高于金属，比压缩强度与金属相近，因此可做代替金属的材料；尼龙弯曲强度约为拉伸强度的 1.5 倍。尼龙有吸湿性，随着吸湿量的增加，尼龙的屈服强度下降，屈服伸长率增大。其中尼龙 66 的屈服强度较尼龙 6 和尼龙 610 的大；加入 30%玻璃纤维的尼龙 6 其拉伸强度可提高 2～3 倍。尼龙的冲击强度比通用塑料高得多，其中以尼龙 6 最好。与拉伸强度、压缩强度的情况相反，随着水分含量的增大、温度的提高，其冲击强度提高；尼龙的疲劳强度为拉伸强度的 20%～30%。其疲劳强度低于钢，但与铸铁和铝合金等金属材料相近。尼龙为结晶型塑料，熔点较高，在 180～280℃之间，品种不同，差别较大。其热变形温度较低，一般在 80～100℃，使用温度为－40～100℃。尼龙具有优良的耐摩擦性和耐磨耗性，其摩擦系数为 0.1～0.3，约为酚醛塑料的 1/4，是巴氏合金的 1/3。尼龙对钢的摩擦系数在油润滑下明显下降，但在水润滑下却比干燥时高。在各种尼龙中，以尼龙 1010 的耐磨耗性最好，约为铜的 8 倍。尼龙还具有吸震性和消声性，耐油，耐弱酸，耐碱和一般溶剂，电绝缘性好，有自熄性，无毒，无臭，耐候性好，染色性差。缺点是吸水性大，影响尺寸稳定性和电性能，其吸水性的大小取决于酰胺基之间亚甲基链结的长短，即取决于分子链中 CH_2/CONH 的比值，如 PA-6（CH_2/CONH＝5/1）的吸水性比 PA-1010（CH_2/CONH＝9/1）的吸水性要大。纤维增强可降低树脂吸水率，使其能在高温、高湿下工作。尼龙与玻璃纤维亲和性良好，用玻璃纤维和其他填料填充增强改性，提高了其性能和扩大了其应用范围。

2.8.1.3 聚酰胺的成型加工

尼龙是热塑性塑料，加工成型有多种方法，如注射、挤出、模压、吹塑、浇铸、流化床浸渍涂覆、烧结及冷加工等，其中以注射成型最为重要。烧结成型法与粉末冶金法相似，是尼龙粉末压制后在熔点以下烧结。

尼龙塑料也常加入各种添加剂，其中有：稳定剂，如炭黑、有机或无机类稳定剂；增塑剂，如脂肪族二醇、芳族胺磺酰化合物等，用于要求柔性好的制品，如软管、接头等；润滑剂，如蜡、金属皂类等。

由于尼龙吸水率大，加工前应真空干燥。因其为结晶型塑料，收缩率大，应注意模具的精度。

2.8.1.4 聚酰胺的应用

由于聚酰胺具有无毒、质轻、优良的机械强度、耐磨性及较好的耐腐蚀性，因此广泛应用于代替铜等金属在机械、化工、仪表、汽车等工业中制造轴承、齿轮、泵叶及其他零件，如图 2-22 所示。聚酰胺熔融纺成丝后有很高的强度，主要做合成纤维并可作为医用缝线。

图 2-22 部分聚酰胺应用产品

锦纶在民用上可以混纺或纯纺成各种医疗及针织品。锦纶长丝多用于针织及丝绸工业，如织单丝袜、弹力丝袜等各种耐磨结实的锦纶袜、锦纶纱巾、蚊帐、锦纶花边、弹力锦纶外衣、各种锦纶绸或交织的丝绸品。锦纶短纤维大多用来与羊毛或其他化学纤维的毛型产品混纺，制成耐磨经穿的衣料。在工业上锦纶大量用来制造帘子线、工业用布、缆绳、传送带、帐篷、渔网等。在国防上主要用作降落伞及其他军用织物。

在制备尼龙方面也有一些新的方法，如单体浇铸尼龙（MC 尼龙）、反应注射成型尼龙（RIM）等。例如，尼龙 6 塑料制品可采用金属钠、氢氧化钠等为主催化剂，*N*-乙酰基己内酰胺为助催化剂，使 ω-己内酰胺直接在模型中通过阴离子开环聚合而制得，称为单体浇铸尼龙。用这种方法便于制造大型塑料制件。

2.8.1.5 聚酰胺市场的新动向

（1）汽车发动机油盘改用增强尼龙 Daimler、Bruss 和 DuPont 公司联合开发的该产品，降低了制造成本，减轻了质量，从长远看可提供功能一体化的机会。材料选择的是 DuPont 公司的增强尼龙 Zytel 70G35 HSLR，该短玻璃纤维增强 PA-66 在注塑和振动焊接过程中具有好的加工性能，因而可带来高生产效率。其高刚性、低蠕变和好的耐化学性能，保证了汽车在整个使用寿命期间具有可靠的性能。

（2）新品尼龙 46 DSM 工程塑料的 Schmieg 等研究了新系列的耐高温 PA-46，其中之一的 Stanyl Diablo 在 210℃下经过 5000h 仍具有很好的性能。

（3）用于汽车悬架系统 DuPont 公司含 35% 玻璃纤维的 Zytel HTN PPA 被 Woco 公司选作汽车空气悬架系统气动切换单元的外壳。制件的工作温度范围在 −40～80℃；短时间温度峰值可达到 120℃（最大压力值 1.6 MPa）；新的条件下外壳要求达到爆发压力 3.5 MPa。Zytel 外壳与传统的压铸金属镁外壳相比，成本更低，因为不需要进一步整修表面，且复杂形状的制件可以通过一步制造。

知识窗：华莱士·卡罗瑟斯与尼龙

人们曾用“像蛛丝一样细，像钢丝一样强，像绢丝一样美”的词句来赞誉尼龙纤维，那么尼龙是如何发明又是怎样命名的呢？其实，尼龙与美国杜邦公司和高分子化学家华莱士·卡罗瑟斯密切相关。

尼龙（Nylon），又译耐纶，是一种人造聚合物，作为纤维、塑料使用。发明于 1935 年，发明者为美国威尔明顿杜邦公司的华莱士·卡罗瑟斯（Wallace H. Carothers，1896～1937），1938 年尼龙正式上市，最早的尼龙制品是尼龙制的牙刷的刷子于 1938 年开始出售；妇女穿的尼龙袜于 1940 年上市，20 世纪 50 年代开始开

发和生产注塑制品，以取代金属，满足下游工业制品轻量化、降低成本的要求。尼龙这个词的来源，据说它是NY（美国纽约，New York）和Lon（英国伦敦，London）的缩写拼在一起组成的，原因是卡罗瑟斯领导发明尼龙的研究团队人员组成主要来自于美国和英国，出于朴素的爱国主义理想，并为了纪念两国科学家的团结合作，故将其发明成果命名为Nylon。

2.8.2　聚碳酸酯

2.8.2.1　聚碳酸酯简介

聚碳酸酯（polycarbonate，简称PC）是分子链中含有碳酸酯基$\left(-ORO-\overset{\overset{O}{\|}}{C}-\right)$的高分子聚合物。根据酯基的结构可分为脂肪族、芳香族、脂肪族-芳香族等多种类型。其中由于脂肪族和脂肪族-芳香族聚碳酸酯的机械性能较低，因而限制了其在工程塑料方面的应用。目前仅有芳香族聚碳酸酯获得了工业化生产。

双酚A型PC最早由德国Bayer公司工业化生产，当前生产聚碳酸酯的主要公司有德国的拜耳、美国的通用电器（GE）及莫贝、日本的帝人及三菱化成等。2000年世界产量约1.6×10^6t。Bayer公司聚碳酸酯产量最大，为400kt；GE塑料公司为220kt；Dow公司为115kt。其化学名2,2′-双（4-羟基苯基）丙烷聚碳酸酯。双酚A型PC的结构式为：

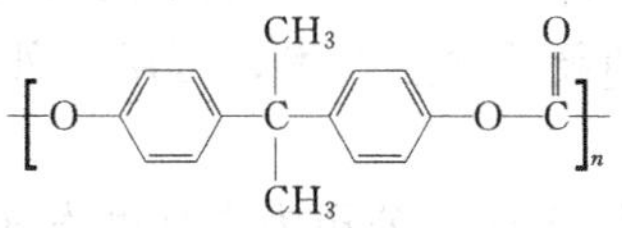

$$\left[-O-C_6H_4-\underset{CH_3}{\overset{CH_3}{\overset{|}{\underset{|}{C}}}}-C_6H_4-O-\overset{\overset{O}{\|}}{C}-\right]_n$$

由于聚碳酸酯结构上的特殊性，现已成为五大工程塑料中增长速度最快的通用工程塑料。

2.8.2.2　聚碳酸酯的性质

聚碳酸酯是一种无色透明的无定形热塑性材料，耐酸、耐油，但不耐紫外线，不耐强碱。密度是$(1.20\sim1.22)\times10^3kg/m^3$，线膨胀系数为$7\times10^{-5}℃^{-1}$，热变形温度是135℃。聚碳酸酯耐热、耐冲击，阻燃BI级，在一般使用温度内都有良好的机械性能。与性能接近的聚甲基丙烯酸甲酯相比，聚碳酸酯的耐冲击性能好、折射率高、加工性能好，需要添加阻燃剂才能符合UL94 V-0级。但是聚甲基丙烯酸甲酯相对聚碳酸酯价格低，并可通过本体聚合的方法生产大型的器件。随着聚碳酸酯生产规模的日益扩大，聚碳酸酯同聚甲基丙烯酸甲酯之间的价格差异在日益缩小。聚碳酸酯的耐磨性差，一些用于易磨损用途的聚碳酸酯器件需要对其表面进行特殊处理。

2.8.2.3　聚碳酸酯的应用

PC的三大应用领域是玻璃装配业、汽车工业和电子、电气工业；其次还有工业机械零件、光盘、包装、计算机等办公室设备、医疗及保健、薄膜、休闲和防护器材等。PC可用作门窗玻璃，PC层压板广泛用于银行、使馆、拘留所和公共场所的防护窗，用于飞机舱罩、照明设备、工业安全挡板和防弹玻璃。PC板可做各种标牌，如汽油泵表盘、汽车仪表板、货栈及露天商业标牌、点式滑动指示器，PC树脂用于汽车照明系统，仪表盘系统和内装饰系统，用作前灯罩、带加强筋汽车前后挡板、反光镜框、门框套、操作杆护套、阻流板等。PC瓶（容器）透明、重量轻、抗冲性好，耐一定的高温和腐蚀溶液洗涤，作为可回收利用瓶（容器）。PC及PC合金可做计算机架、外壳及辅机，打印机零件。改性PC耐高能辐射杀菌、耐蒸煮和烘烤消毒，可用于采血标本器具、血液充氧器、外科手术器械、肾透析器等。PC可做头盔和安全帽、防护面罩、墨镜和运动护眼罩；PC薄膜还广泛用于印刷、医药包装方面。如图2-23所示。

图 2-23 部分 PC 产品

2.8.2.4 PC 市场的新动向

(1) 汽车窗用新材料 原材料为 Bayer 公司的 Makrolon PC，Bayer 公司与德国 Momentive 公司合作开发了一种新的硬质涂层技术，可用于外部件。制成的窗户具有好的耐候性和耐刮伤性能。

(2) 高亮度 LED 用 PC 树脂 Bayer 公司为高亮度发光二极管（LED）设计了一种新的 PC 树脂 Makrolon LED2245，它具有高透光性、低雾度、改进的耐热性以及 LED 光学透镜所要求的好的韧性，具有 UL94 V-2 阻燃性，在透明性保持上优于其他 PC 树脂。

(3) 用于飞机的低放热 PC SABIC 公司的一种新型热成型 PC 片材能满足 OSU 65/65 标准和阻燃/烟雾/毒性（FST）规则的要求。Lexan XHR6000（极其低的放热）也比通常用于座椅、驾驶舱内衬、外窗、门罩和其他内饰部件的 PVC/丙烯酸酯片材轻，其密度为 $1.34\times10^3 kg/m^3$。

(4) 提供更好光漫射性的 PC 片材 Altuglas 推出了新的具有优越的光漫射和耐候性能的可热成型 PC 标识板。Tuffak XL 消除了过热点，高透光率降低了功率要求，内含的紫外线屏蔽剂使其长期耐黄变和耐候性比竞争的 PC 片材更好。低角散射的改进使光有效地散开，从各个角度看的亮度一致。

2.8.3 聚甲醛

2.8.3.1 聚甲醛简介

聚甲醛又名聚氧化亚甲基，英文名为 polyoxymethylene，简称 POM。聚甲醛是 20 世纪 60 年代出现的一种工程塑料，目前产量仅次于 PA 和 PC，居第三位。POM 的主链上具有 —CH_2O— 重复单元，是高结晶、线形热塑性塑料，有均聚型和共聚型两大类。

(1) 均聚甲醛 均聚甲醛是甲醛或三聚甲醛的均聚体，分子式为：

$$HO\text{+}CH_2\text{+}_nH$$

聚甲醛的主链结构对称，有柔性，而且无侧基，因此，很容易结晶。由于碳-氧键的键长为 0.146nm，碳-碳键的键长为 0.154nm，使聚甲醛的分子敛集更密集，其刚度和硬度均高于 PE。碳-氧键的存在使大分子自由旋转容易，因此，聚甲醛熔体的流动性好，固体的冲击强度高。

(2) 共聚甲醛 是三聚甲醛和二氧五环的共聚体，分子式为：

$$\left[\!\left(CH_2\right)_x\!\left(CH_2-O-CH_2-CH_2-O\right)_y\right]_n \quad x \geqslant y$$

在共聚甲醛中，由于存在部分碳-碳键，使大分子链敛集紧密程度和规整性较均聚甲醛差，影响其结晶型，也使共聚POM的力学强度略差（均聚POM的结晶度为75%～85%，共聚物的结晶度为70%～75%）。但是碳-碳键对降解有终止作用，因此，共聚物的热稳定性更好。

2.8.3.2　聚甲醛的性能

POM为乳色不透明结晶型线形热塑性树脂，具有良好的综合力学性能，主要表现在：

(1) 既有刚性又有较高的耐冲击性（刚硬而不脆）和较高的拉伸模量（均聚POM为3160MPa，共聚POM为2880MPa）；

(2) 优良的耐磨性，在宽的环境条件下都有低的静态和动态摩擦系数，有自润滑作用，无噪声；

(3) 耐疲劳，优良的长期承载性和在受力下变形的回复性；

(4) 耐蠕变性，与PA及其他工程塑料相似。25℃时在21MPa负荷下3000h蠕变值仅为2.3%；

(5) 环境对力学性能影响较平缓，冲击强度随温度变化不大，－40℃下仍保持23℃时冲击强度的5/6。

此外，POM属结晶型聚合物，均聚POM熔点为175℃，共聚POM熔点为165℃。POM有较高的热变形温度，在0.46MPa负荷下二者的热变形温度分别为170℃和158℃，共聚甲醛的维卡软化温度为162℃。POM的使用温度一般不宜过高，通常，长期使用不超过100℃，短时使用温度可达140℃。聚甲醛在成型温度下热稳定性差，易分解放出甲醛气体，加入适当的稳定剂，可改善热稳定性（共聚物比均聚物的热稳定性好）。POM的耐化学药品性优，除了强酸、酚类和有机卤化物外，对其他化学品稳定，且耐油；有吸震性、消声性；吸水性小，耐绝缘性好，介电常数和介质损耗在很宽温度、频率范围内变化很小，即使在潮湿环境里仍有很好的电性能。缺点是阻燃性较差，遇火燃烧，氧指数小，即使添加阻燃剂也得不到满意的要求；另外，耐候性不理想，室外应用要添加稳定剂。POM热稳定性差，在加工时应尽量用较低的温度和较短的停留时间。

2.8.3.3　聚甲醛的应用

由于聚甲醛具有硬度大、耐磨、耐疲劳、冲击强度高、尺寸稳定性好、有自润滑等特点，因而被大量用于制造各种齿轮、滚轮、轴承、输送带、弹簧、凸轮、螺栓及各种泵体、壳体、叶轮摩擦轴承等机械设备的结构零部件。用聚四氟乙烯乳液改性的高润滑聚甲醛制造的机床导板具有优良的刚性和耐疲劳性，能克服纯聚四氟乙烯易被磨耗和易蠕变的缺点，而且与金属摩擦的静、动摩擦系数基本相同，显示出突出的自润滑特性。

由于POM的比强度和比刚度与金属十分接近，其制品80%以上用于代替铜、锌、铝等有色金属制造各种零部件，广泛地应用于汽车工业、机械制造、精密仪器、电子、电信、日用制品等方面，尤其适于制作耐磨以及承受循环载荷的制件，如齿轮、轴承等。POM应用于汽车工业代替铜制作汽车上的半轴、行星齿轮等不但节约了铜，而且提高了使用寿命。在发动机燃油系统，POM可以制造散热器水管阀门、散热器箱盖、冷却液的备用箱、水阀体、燃料油箱盖、叶轮、汽化器壳体、油门踏板等零件。POM在电子电气方面：由于聚甲醛的电耗较小，介电强度和绝缘电阻较高，具有耐电弧性等性能，使之被广泛地应用于电子电气领域。如可用聚甲醛制造电扳手外壳、电动羊毛剪外壳、煤钻外壳和开关手柄等，还可制造电话、无线电、录音机、录像机、电视机、计算机和传真机的零部件、计时器零件，录音机磁带座等。其他方面：可做自来水龙头、窗框、洗漱盆、水箱、门帘滑轮、水表壳体和水管接头等。还可用于气溶胶的包装、输送管、浸在油中的部件及标准电阻面板等，如图2-24所示。

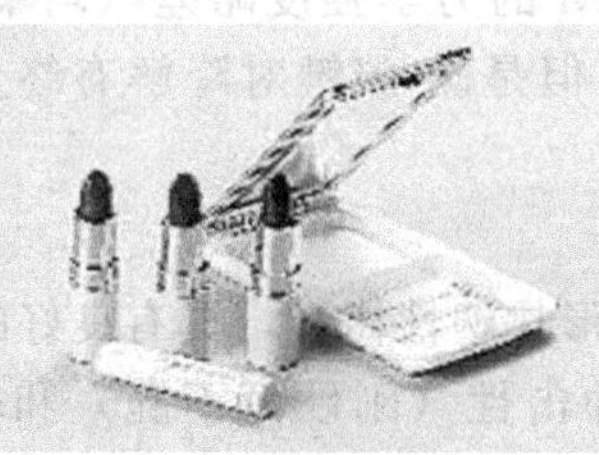

(a) 激光打印机驱动齿轮　(b) 化妆盒　(c) DVD-ROM驱动器的机械部件

图 2-24　聚甲醛应用图例

全球 POM 需求量从 2002 年的 62 万吨增加到 2010 年的 95.5 万吨。2007 年 POM 的主要消费市场在欧洲、中东和非洲（40%），亚太以及北美地区消费 POM 约占 30%。增长最快的市场是中国。由于生产从欧洲向亚洲转移，估计亚洲的 POM 消费将超过欧洲。DuPont、Ticona 等公司近年已在亚洲增加了产能。

由于替代金属解决方案的不断增加，POM 市场还将持续地增长。POM 生产商也在不断开发新级别以扩展 POM 的应用，包括具有更好的力学性能的长玻璃纤维增强 POM，用于医疗、保健、厨房及运动领域的抗菌 POM；此外，改进耐热性和特殊定制的汽车专用 POM 也成为 POM 在汽车工业中应用的推动力。

2.8.4 聚酯

2.8.4.1 聚酯简介

聚酯是由多元醇和多元酸缩聚而得的聚合物总称。主要指聚对苯二甲酸乙二酯（polyethylene terephthalate，简称 PET），习惯上也包括聚对苯二甲酸丁二酯（PBT）和聚芳酯（见图 2-25）等线形热塑性树脂，是一类性能优异、用途广泛的工程塑料。

图 2-25　聚芳酯样品及制品

2.8.4.2 聚酯的性质

聚酯的主要品种有 PET、PBT 和聚芳酯，由于结构的差异，其特性有所不同。

PET 首先由英国 J. R. 温菲尔德、J. T. 迪克森于 1941 年采用对苯二甲酸二甲酯与乙二醇缩聚制得。1976 年杜邦公司开始用其生产饮料瓶，随后用量迅速增加。PET 的玻璃化温度是 69℃，软化范围为 230～240℃，熔点为 255～260℃，具有良好的成纤性、力学性能、耐磨性、抗蠕变性、低吸水性以及电绝缘性能。

PBT 最早由美国塞拉尼斯公司于 1967 年开始研制，1970 年实现工业化生产。1984 年世界产量为 120kt，已跃居为五大主要工程塑料之一。PBT 具有优良的综合性能，玻璃化温度为 36～49℃，熔点为 220～225℃。与 PET 相比，PBT 低温结晶速率快、成型性好。在力学性能和耐热性方面，虽不如聚甲醛和聚酰胺，但用玻璃纤维增强后，其力学性能和耐热性能显著提高，拉伸强度达到 135MPa，热变形温度高达 210℃（负荷 186MPa），超过玻璃纤维增强的尼龙 6；其吸水性在工程塑料中最小。制品尺寸稳定性好，且容易制成耐燃型品种，价格也较低。缺点是制品易翘曲，成型收缩不均匀。PBT 的分子结构为：

$$\left[OOC-C_6H_4-COO(CH_2)_4 \right]_n$$

聚芳酯是一类高性能的工程塑料，主要有聚对苯二甲酸二烯丙酯、聚对羟基苯甲酸酯和U-聚合物三种。聚对苯二甲酸二烯丙酯具有优良的电性能和尺寸稳定性，开发于1946年，目前美国有三家公司、日本有两家公司生产。聚对羟基苯甲酸酯具有很高的耐热性，可以在315℃长期使用，还具有高热导性，良好的耐磨性和耐辐射性，但加工困难，耐冲击性差，可通过共聚改性。该产品由美国金刚砂公司于1970年开发。U-聚合物是由对苯二甲酰氯或间苯二甲酰氯与双酚A、酚酞或对苯二酚合成的聚芳酯。其耐热性良好，可在130℃长期使用，而且透明、耐燃、力学性能良好，耐冲击性能接近聚碳酸酯，能用一般热塑性塑料的成型加工方法进行加工。U-聚合物由日本尤尼奇卡公司于1973年开始生产。此外，1984年美国首次实现了第一种液晶自增强塑料聚芳酯的工业化生产，年生产能力10kt。

2.8.4.3 聚酯的应用

PET可加工成纤维、薄膜和塑料制品。目前，90%的磁带基材是用PET薄膜做的，其中80%做计算机磁带。这种薄膜还用于感光材料的生产，作为照相胶卷和X射线胶卷的片基；还用作电机、变压器和其他电子电气的绝缘材料，以及包装材料。由于PET熔体冷却时结晶速率很快，成型加工比较困难，模具温度需要保持在140℃以上，才能获得性能良好的产品，否则制品脆性大。因此，在很长时间内人们并未将PET作为热塑性工程塑料使用。随着科学技术的发展，采用新的缩聚催化体系或共缩聚工艺，用玻璃纤维增强，或控制结晶结构和制取高相对分子质量聚酯等方法，上述成型加工的困难已被克服。PET已越来越多地用于制造饮料瓶和玻璃纤维增强塑料。聚酯瓶的优点是质量轻（只有玻璃瓶质量的1/9～1/15），机械强度大，不易破碎，携带和使用方便；且透明度好，表面富有光泽；无毒，气密性好，有良好的保鲜性；生产聚酯瓶的能量消耗少，废旧瓶可再生使用。此外，还用于制作食品用油、调味品、甜食品、药品、化妆品以及含酒精饮料的包装瓶子。不仅生产透明瓶，也生产有色瓶，目前正在发展聚酯和其他树脂的复合瓶。玻璃纤维增强的PET塑料也有重大发展，1984年杜邦公司开发了一种超韧性玻璃纤维增强PET，它具有优异的刚性、冲击韧性和耐热性，熔体流动性好，易加工成形状复杂的制品、模塑周期短，着色性好，模温在80℃以上即可制得表面光泽性好的制品。超韧性玻璃纤维增强PET主要用于汽车的壳体、保险杠、方向盘，要求耐冲击的体育器材、电器制品、浴缸、防弹护甲、船身和优异的建筑材料等。图2-26为部分聚酯产品。

图2-26 部分聚酯产品

2.8.4.4 聚酯的最新研究进展

2010年两种不同用途的环保型聚酯在我国辽阳石化公司研发成功。采用这两种新型聚酯生产的膜制品和注塑件，加工及使用性能优良，并且具有良好的生物降解功能。这两种环保型聚酯由辽阳石化公司研究院和北京化工大学合作研发，采用了自主研发的复合催化剂和特殊酯化工艺，已经获2项国家发明专利受理，技术已处于国际领先水平。此前，只有德国巴斯夫、美国杜邦两家公司能生产同类产品，但技术不适合在国内工业装置推广使用。中科院长春应化所评价该产品：耐热温度高，注塑成型和成膜性能良好，加工简便，综合性能优于国内同行业所开发的各类可生物降解产品。

2.8.5 聚苯醚

2.8.5.1 聚苯醚简介

聚苯醚化学名称为聚2,6-二甲基-1,4-苯醚（polyphenylene oxide或者polypheylene ether，简称PPO或PPE），又称为聚亚苯基氧化物或聚亚苯基醚。聚苯醚是1964年美国通用电气公司（GE）首先用2,6-二甲基苯酚为原料实现其工业化生产。1966年，GE又生产了改性聚苯醚（modified polyphenylene oxide），简称MPPO，或者MPPE（modified polypheylene ether），市场上主要为改性的聚苯醚。聚苯醚是一类高强度、耐高温的热塑性工程塑料，其产量在工程塑料中居第四位。

聚苯醚分子结构式为：

$$\left[\text{—C}_6\text{H}_2(\text{R})(\text{R}')\text{—O—} \right]_n$$

工业生产聚苯醚包括：聚合和后处理两部分。在聚合反应釜中，先加入定量的铜氨络合催化剂，将氧气鼓泡通入，然后逐步加入2,6-二甲基苯酚和乙醇溶液，通过氧化偶联聚合得到聚合产物。后处理是将聚合物离心分离，用含30%硫酸的乙醇液洗涤，再用稀碱溶液浸泡，水洗、干燥、造粒，即得聚苯醚的粒状树脂。

2.8.5.2 聚苯醚的性能

聚苯醚的玻璃化温度约210℃，熔融温度为257℃，密度为$(0.96\sim1.06)\times10^3\,\text{kg/m}^3$。商业用聚苯醚的相对分子质量为2万～5万，结晶度约为50%。最突出的优点是高度耐水性和耐蒸汽性。在132℃的高压蒸汽容器内处理200次，拉伸强度和冲击强度没有明显变化。此外，它还具有尺寸稳定性好、蠕变小、高绝缘性等特点，长期使用温度为−127～120℃，无负荷间歇工作可达200℃，与一般热固性塑料相当。

PPO无毒，透明，相对密度小，具有优良的机械强度、耐应力松弛、抗蠕变性、耐热性、耐水性、耐水蒸气性、尺寸稳定性。在很宽温度、频率范围内电性能良好，不水解，成型收缩率小，难燃、有自熄性，耐无机酸、碱，但耐芳香烃、卤代烃、油类等性能差，易溶胀或应力开裂，主要缺点是熔融流动性差，加工成型困难，实际应用的大部分为MPPO（PPO共混物或合金），如用PS改性PPO，可大大改善加工性能，改进耐应力开裂性和冲击性能，降低成本，只是制品的耐热性和光泽方面略有降低。改性聚合物有PS（包括HIPS）、PA、PTFE、PBT、PPS和弹性体、聚硅氧烷。PS改性PPO历史较长，产量大，PPO/PS共混物已商业化，商品名为Noryl（GE公司），用苯乙烯接枝的PPO的商品名为Xyron。MPPO是用量最大的工程塑料共混物品种。比较大的MPPO品种有PPO/PS、PPO/PA/弹性体和PPO/PBT/弹性体合金。PPO和MPPO可以采用注塑、挤出、吹塑、模压、发泡和电镀、真空镀膜、印刷机加工等加工方法；因熔体黏度大，加工温度较高。

2.8.5.3 聚苯醚的应用

PPO和MPPO主要用于电子、电气、汽车、家用电器、办公室设备和工业机械等方面，利用MPPO耐热性、耐冲击性、尺寸稳定性、耐擦伤、耐剥落、可涂性和电气性能，用于制作汽车仪表板、散热器格子、扬声器格栅、控制台、保险盒、继电器箱、连接器、轮罩；电子电气工业上广泛用于制造连接器、线圈绕线轴、开关继电器、调谐设备、大型电子显示器、可变电容器、蓄电池配件、话筒等零部件。家用电器上用于电视机、摄影机、录像带、录音机、空调机、加温器、电饭煲等零部件。可作为复印机、计算机系统、打印机、传真机等外装件和组件。另外可作为照相机、计时器、水泵、鼓风机的外壳和零部件、无声齿轮、管道、阀体、外科手术器具、消毒器等医疗器具零部件。大型吹塑成型可做汽车大型部件如阻流板、保险杠、低发泡成型适宜制作高刚性、尺寸稳定性、优良吸音性、内部结构复杂的大型制品，如各种机器外壳、底座、内部支架等，设计自由度大，制品轻量化。

PPO在汽车工业上的最新应用体现在如下方面。

(1) 用于汽车车身的PPO/PA共混料　SABIC公司提供的一种新型导电PPO/PA共混料，其热膨胀系数（CTE）降低了25%，因此，能改进汽车车身板间的缝隙。该材料为在线静电喷涂而设计，可达到A级表面光洁度。在不损失冲击性能或刚度的情况下，CTE从9减少到7。此外，PPO新品Noryl GTX 977能帮助缓解在垂直面板如挡泥板和后挡板上的常见问题，允许板间有更好的尺寸公差、更小的缝隙，并且改进了在炎热气候和明媚阳光下的齐平性。

(2) 改性PPO用于汽车翼子板　雷诺汽车采用SABIC基础创新塑料公司的Noryl GTX 979树脂用作其Kangoo车的翼子板，可使整车质量减轻1.7 kg。

2.8.6 聚苯硫醚

2.8.6.1 聚苯硫醚简介

聚苯硫醚又名聚亚苯基硫醚，英文名polyphenylene sulfide，简称PPS。聚苯硫醚是一种具有优良性能的特种工程塑料，被誉为继聚碳酸酯（PC）、聚酯（PET）、聚甲醛（POM）、尼龙（PA）、聚苯醚（PPO）之后的第六大工程塑料，也是八大宇航材料之一。聚苯硫醚中硫原子与苯环交互整齐排列的构造，赋予分子高度稳定的化学键特性，并易于堆积成热稳定性较高的晶格。该树脂可通过填充改性、多种成型方法加工和精密成型，制成各种管、板、丝、膜、布及零部件，具有“塑料黄金”之称，可广泛用于纺织、汽车、电子电气、机械仪表、石化专用机械设备、国防军工、航空航天、家用电器等领域。

早在1888年，聚苯硫醚就由Grenvesse利用苯和硫在$AlCl_3$催化条件下，采用Friedel-Crafts反应方法合成出来。在1963年，美国又率先提出了以碱金属硫化物和对二氯苯为原料，在极性溶剂中制备聚苯硫醚的方法。1973年，美国菲利浦石油公司的Edmonds和Hill用对二氯苯和硫化钠在极性溶剂中加热缩聚制得有商业价值的聚苯硫醚树脂，取得专利权，并率先实现了工业化生产。在美国德克萨斯州建成年产2700t的聚苯硫醚生产装置，并以商品名“Ryton”投放市场，得到许多高端用户的青睐。1985年菲利浦石油公司专利保护到期后，日本东曹-保士谷公司、吴羽化学工业公司、东燃石油化学工业公司等先后建成了年产3000t的聚苯硫醚生产装置。德国拜耳公司在比利时也建成了年产4000t的装置。随后日本的大日本油墨公司、美国特氟隆公司也先后建设了年产4000～5000t的聚苯硫醚工业化生产装置。目前，世界上一直只有美国、日本、德国等少数发达国家能够生产聚苯硫醚，产品被垄断。

国内河北工业大学在20世纪70年代就开始聚苯硫醚合成和应用研究，用于原子吸收光谱仪的关键部件，提高了该仪器性能一个档次，实现了产品出口。随后上海合成树脂研究所、天津合成材料研究所、广州化工研究院、四川大学等单位对聚苯硫醚的生产与应用进行了研究、开发；到2001年，四川华拓科技有限公司在取得加压法合成高相对分子质量聚苯硫醚树脂中试成果基础上，建成了我国首套千吨级加压法聚苯硫醚树脂生产装置，产品的技术指标达到了国际水准；并在此基础上组建了四川德阳科技股份有限公司。这套装置的建成投产，使我国成为世界上继美国、日本、德国之后第四个实现聚苯硫醚产业化的国家，为实现我国大规模工业化生产奠定了基础。至2006年，世界聚苯硫醚年总生产能力已达到约8万吨，可生产数十种牌号，并形成了改性料上百种、制品上千种的庞大产业链，成为一个可观的高新技术产业，年销售额逾百亿美元，预计今后几年的平均增长率仍将高达15%左右。

2.8.6.2 聚苯硫醚的性能

聚苯硫醚是一种具有芳香环、4,4′-位带有硫原子的高分子，外观为白色粉末，密度为 $1.36\times10^3kg/m^3$，熔点为280～290℃，热分解温度在430℃左右，具有耐高温、耐辐射、阻燃、低黏度、高尺寸稳定性、良好的耐溶剂和耐化学腐蚀性、优良的介电性能及耐磨损等特性。其主要性能如下。

(1) 耐高温 经美国UL认证连续使用温度为200～240℃，热变形温度达260℃以上，在低于400℃的空气和氮气中较稳定，基本无质量损失，且机械性能在高温下不降低。同时耐焊锡性极佳，在不添加阻燃剂的情况下，在UL94燃烧性试验中为V-0/5V，是目前使用温度最高的热塑性工程塑料之一。

(2) 耐化学腐蚀 具有与聚四氟乙烯（PTFE）相媲美的优异耐化学药品性，能抵抗酸、碱、烃、酮、醇、酯、氯烃等化学试剂的腐蚀，在200℃下不溶解于普通化学溶剂，在250℃以上仅能溶于联苯、联苯醚及其卤化物，且抗蠕变性能极好，冷流动性为零，吸水率仅为0.008 %。

(3) 介电性能优良 介电常数为3.9～5.1，介电强度为13～17 kV/mm，在高温、高湿、变频等环境中具有很高的体积电阻率、表面电阻率，能保持良好的绝缘性能，同时具有较低的电感应率和介电损耗因子。

(4) 阻燃耐磨 氧指数为46～53，在火焰上能燃烧，但不会滴落，且离火自熄，发烟率低于卤化聚合物，不需添加阻燃剂即可达到UL-94 V-0的高阻燃性标准。填充氟树脂和碳纤维，可大幅提高其耐摩擦、磨损特性。

(5) 加工性能好 可以采用注射、模压、挤出加工，成型收缩率和线性膨胀系数较小，吸水率低，其制品在高温、高湿的环境中不易变形。虽然熔融温度较高，但黏度低，流动性好，结晶速率快，成型周期短，适于注射成型加工机械强度高、刚性大、尺寸稳定性好的薄壁或精密尺寸的制品。

2.8.6.3 聚苯硫醚的应用

由于聚苯硫醚的优异性能，作为一种新型材料，应用领域十分广阔，在很多行业中具有巨大的发展潜力。以下列举了聚苯硫醚的主要应用领域。

(1) 环保产业 聚苯硫醚作为一种不可缺少的化工环保新材料，其纤维织物可长期地暴露在酸性环境之中，在高温环境中使用，过滤效率较高，是能耐磨损的少数几种化学纤维之一，可用于工业燃煤锅炉的高温烟气袋式除尘成套设备过滤织物，在湿态酸性环境中，在接触温度232℃和运行温度190℃条件下，其使用寿命可达3年左右。用该纤维制成针刺毡带用于造纸工业的烘干上，由聚苯硫醚纤维制成的非织造布过滤织物在93℃的50%硫酸中具有良好的耐蚀性，强度无显著影响，在93℃、10%氢氧化钠溶液中放置2周后，其强度也没有明显的变化，是较为理想的环保型耐热和耐腐蚀材料。

(2) 汽车工业 在汽车工业中，聚苯硫醚常用作汽化器、进化器、汽化泵、坐椅基座、水箱水室、排气处理装置零件、连接器、配油器零件、散热器零件、转向拉杆端部支座、车灯反光镜、灯座、刹车零件、离合器零件、温度传感器、转动零件、油泵等，也常用于制造动力制动装置和动力导向系统的旋转式叶片、温度传感器、进气管、汽油泵等。特别是当前随着汽车轻量化和低成本的发展趋势，机械性能好、尺寸精度高、耐高温、耐腐蚀的聚苯硫醚在汽车工业中制作的零件数量会越来越多，应用潜力巨大。

(3) 纺织行业 聚苯硫醚具有优良的纺织加工性能，可制成纤维。聚苯硫醚纤维，吸湿率较低，且熔点高于目前工业化生产的其他熔纺纤维，可纺制成线密度为38.89～44.44tex

的单丝。由聚苯硫醚纤维加工成的制品很难燃烧，将其置于火焰中时虽会发生燃烧，但一旦移去火焰，燃烧就会立即停止。燃烧时呈黄橙色火焰，并生成微量的黑烟灰，燃烧物不脱落，形成残留焦炭，表现出较低的延燃性和烟密度。其主要用途是这种纤维的针刺非织造布或机织物，可用于热的腐蚀性试剂的高性能工业滤布，其单丝或复丝织物还可用作除雾材料。此外，还可用作干燥机用帆布、缝纫线、各种防护布、耐热衣料、电绝缘材料、电解隔膜、刹车用摩擦片、耐辐射的宇航用布等。

(4) 电子电气工业 电子电气是应用聚苯硫醚最早也是最普遍的行业，通常用作各种接插件、线圈管、固态继电器、电动机转筒、马达炭刷、固定座、电容器护罩、磁传感器感应头、接线器、插座、线圈骨架、微调电容器、保险器基座等。聚苯硫醚因其尺寸稳定性好，也常用于制作精密仪器仪表零件，如照相机、转速表、齿轮、电子手表、光学读取头、微波炉、复印机、计算机、CD 等的零件。聚苯硫醚也是性能良好的电子封装材料和机械密封材料，在特殊半导体制造过程中取代环氧树脂作为封装材料或用于制作电子工业的特种用纸。在家用电器行业，由于聚苯硫醚薄膜是达到 F 级的绝缘材料，可用于制造电风扇和微波炉支架、干衣机、咖啡煲、电饭煲、热风筒、烫发器、空调压缩机等，也可制作电容器、阻抗电子元件、扁平线圈骨架、电线包覆物、掩盖物、汽化器隔膜、热敏印刷材料、柔软磁盘、电子摄影用感光带等。

(5) 军工国防领域 在船舶、航空航天以及军事方面，聚苯硫醚的用途也非常广泛，除在一些常规武器制造方面应用较多外，还用于制作歼击机和导弹垂直尾翼、导弹燃烧室、航空航天飞行器接插件、线圈骨架、仪表盘、计数器、水准仪、流量计、万向头、密封垫等诸多部件，特别是用于制作隐形战斗机和轰炸机主要部件及核潜艇耐核辐射零件，也可制作枪支、头盔、军用帐篷、器皿、宇航员用品、军舰和潜艇的耐腐蚀耐磨零部件。目前美国正在制造的新型战车和英国研制的塑料坦克等都用到了聚苯硫醚材料。

(6) 化工行业 由于聚苯硫醚注塑制品具有良好的耐蠕变性能、粘接性能和耐腐蚀性能，线膨胀系数低，尺寸稳定性十分优良，极宜用作化工设备的衬里，可以制成耐高温、耐腐蚀的稀硫酸水解罐、排气阀和出料阀以及化工机械行业的泵壳、叶轮、风机、叶片和过滤器等。聚苯硫醚可与聚对苯二甲酸丁二酯、聚四氟乙烯、聚醚砜、聚碳酸酯、酚酞型聚醚酮、聚苯硫醚酮、聚苯醚、聚乙烯等多种树脂材料共混改性，既能保持其原有的优异性能，又可大大提高伸长率、抗冲击性、抗蠕变性、耐摩擦性、阻燃性和热稳定性，极大地拓展了聚苯硫醚在化工行业的应用。

(7) 建材行业 聚苯硫醚经玻璃纤维、碳纤维增强后具有很高的机械强度和阻燃性能，还可做抗静电材料和抗高频射线材料。这些材料制成板材后，可用于核设施、高频环境、IT 行业的机房，大功率发射与接收等场所的地板、墙板和装置材料。聚苯硫醚树脂的熔体黏度非常低，流动性良好，极易与玻璃纤维润湿接触，因此填充物料容易，用其制备的玻璃纤维或玻璃纤维-无机填料增强的注塑级粒料，具有极高的抗拉伸性、抗冲击性、抗弯曲及延展性，可用于制造特殊用途的建筑材料。此外，低相对分子质量的聚苯硫醚还可以制作特种涂料，由于能抵抗酸、碱、氯代烃、烷烃、酮、醇、酯等化学品的侵蚀，广泛用于油井设施、管道、防爆设备、化工装备、船舶等防腐。

2.9 特种塑料

2.9.1 氟塑料

氟塑料是部分或全部氢被氟原子取代的链烷烃聚合物，它们有聚四氟乙烯（PTFE）、全氟乙烯丙烯共聚物（FEP）、聚全氟烷氧基树脂（PFA）、聚三氟氯乙烯（PCTFE）、乙烯-三氟氯乙烯共聚物（ECTFE）、乙烯-四氟乙烯共聚物（ETFE）、聚偏氟乙烯（PVDF）和聚氟乙烯（PVF）。

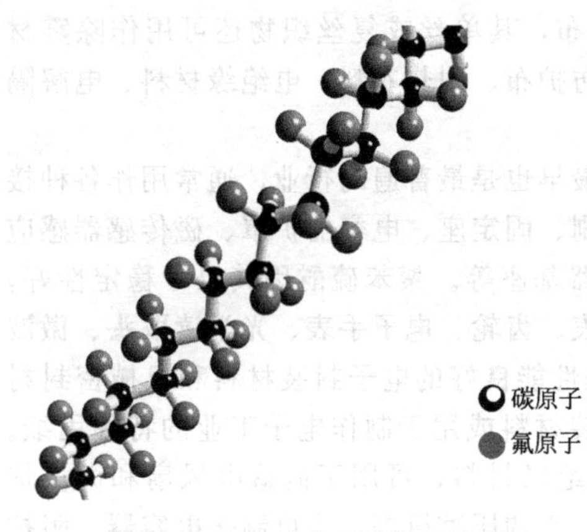

图 2-27　PTFE 分子结构示意图

聚四氟乙烯的商品名“铁氟龙”、“特氟龙”、“特富隆”、“泰氟龙”、“4F”等，PTFE 是由四氟乙烯自由基聚合而得的一种全氟聚合物，图 2-27 是其分子结构示意图。PTFE 是结晶型聚合物，熔点大约为 631℃，密度为（2.13～2.19）×10^3kg/m^3。PTFE 具有优异的耐化学品性，其介电常数为 2.1，损耗因数低，在很宽的温度和频率范围内是稳定的。PTFE 冲击强度高，但拉伸强度、耐磨性、抗蠕变性比其他工程塑料差。有时加入玻璃纤维、青铜和石墨来改善其特殊的机械性能。它的摩擦系数几乎比任何其他材料都低，具有很高的氧指数。

聚全氟乙丙烯（FEP）是四氟乙烯和六氟丙烯共聚而成的。FEP 熔点为 304℃，密度为 2.15×10^3kg/m^3，它是一种软性塑料，其拉伸强度、耐磨性、抗蠕变性低于许多工程塑料。它是化学惰性的，在很宽的温度和频率范围内具有较低的介电常数（2.1）。该材料不引燃，可阻止火焰的扩散。它具有优良的耐候性，摩擦系数较低，从低温到 200℃均可使用。其主要的用途是用于制作管道和化学设备的内衬、滚筒的面层及电线和电缆，如飞机挂钩线、增压电缆、报警电缆、扁形电缆和油井电缆。FEP 膜已用作太阳能收集器的薄涂层。

可溶性聚四氟乙烯是聚四氟乙烯的改性物，相对来说是比较新的可熔融加工的氟塑料。熔点大约为 304℃，密度为（2.10～2.16）×10^3kg/m^3。与 PTFE 和 FEP 相似，但在 302℃以上时，机械性能略优于 FEP，且可在高达 260℃下使用，它的耐化学品性与 PTFE 相当。产品形式有用于模塑和挤塑的粒状产品，用于旋转模塑和涂料的粉状产品；其半成品有膜、板、棒和管材。

聚三氟氯乙烯（PCTFE）是三氟氯乙烯自由基引发聚合的，带有重复单元—CF(Cl)—CF_2—的线形主链产物。PCTFE 是结晶型的高分子，熔点为 218℃，密度为 2.13×10^3kg/m^3。PCTFE 在室温下对大多数活泼的化学品呈惰性，而在 100℃以上可被少数几种溶剂溶解，或被一些溶剂溶胀，尤其是氯化物的溶剂。PCTFE 具有优异的阻隔气体的能力，其膜产品的水蒸气透过性在所有透明塑料膜中是最低的。PCTFE 虽可用熔融方法加工，但由于熔体黏度高，有降解趋势，导致制品性能变差，故加工困难。PCTFE 树脂可制成用于模塑和挤塑的粒料。膜厚度为 0.001～0.010in（1in＝0.0254m），亦可制成棒和管。市场上经销的 PCTFE 树脂主要有 3M 公司的 Kel-FI、Daikin 公司的 Daiflon、AlliedlSignal 公司的 Acfon。图 2-28 是部分氟塑料的产品图片。

2.9.2　有机硅塑料

有机硅树脂是高度交联的、网状结构聚有机硅氧烷，通常是用甲基三氯硅烷、二甲基二氯硅烷、苯基三氯硅烷、二苯基二氯硅烷或甲基苯基二氯硅烷的混合物，在有机溶剂如甲苯存在下，在较低温度下水解，得到酸性水解产物。水解的初始产物是环状的、线形的和交联聚合物的混合物，通常还含有相当多的羟基。水解物经水洗除去酸，中性的初缩聚物在空气中热氧化或在催化剂存在下进一步缩聚，最后形成高度交联的立体网络结构。

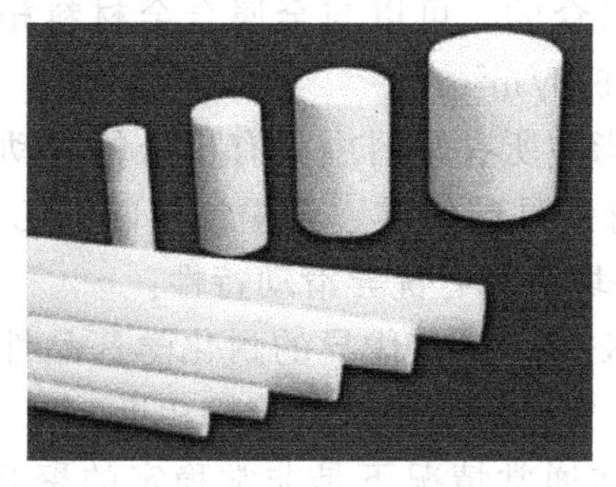
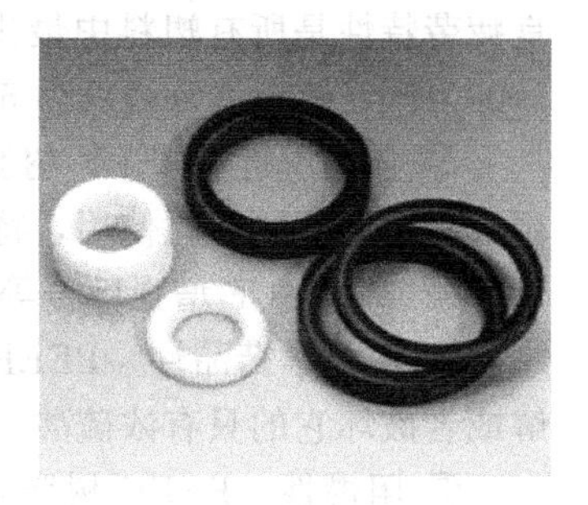

图 2-28　部分氟塑料产品

有机硅树脂是一种热固性的塑料，它最突出的性能之一是优异的热氧化稳定性。在250℃、加热24h后，失重仅为2%～8%。该树脂的另一突出性能是优异的电绝缘性能，它在宽的温度和频率范围内均能保持良好的绝缘性能。一般硅树脂的电击穿强度为50kV/mm，体积电阻率为10^{13}～$10^{15}\Omega\cdot cm$，介电常数为3，介电损耗角正切值在10～30左右。此外，有机硅树脂还具有卓越的耐潮、防水、防锈、耐寒、耐臭氧和耐候性能，对绝大多数含水的化学试剂如稀矿物酸的耐腐蚀性能良好，但耐溶剂性能较差。

有机硅塑料一般可分为以下几类。

(1) 有机硅模塑料　以有机硅树脂为基料的有机硅模塑料，属热固性塑料。其主要组成包括：基础硅树脂、填料、颜料、固化剂等。有机硅模塑料广泛应用于航空航天工程、电子电气及仪器仪表制造等技术领域。有机硅模塑料制品主要用于耐热电器绝缘，例如，高温高频工作的电子元器件的塑料封装，制作电子接插件、接线端子、灭弧罩、高温工作线圈骨架、电阻与换能开关等电气元件以及电热部件的支撑绝缘等。

(2) 有机硅层压塑料　以有机硅树脂为成型胶黏剂的有机硅层压塑料，其主要组成包括：胶黏剂基础树脂、增强材料、固化剂等组分。由有机硅树脂和耐热增强骨架材料制成的有机硅层压塑料具有突出的耐热性和绝缘性，耐电弧，防潮性能好。用玻璃纤维布和甲基苯基硅树脂制成的层压塑料长期工作温度为250℃，有机硅层压云母板的工作温度可高达350℃。

(3) 有机硅泡沫塑料　有机硅泡沫塑料是具有泡孔结构的低密度材料，按其主体聚合物结构和固化反应与发泡机理的不同分为两种类型：一类是粉末状物料，在加热条件下发泡、固化；另一类是双组分液体物料，混合后在室温下固化、发泡。有机硅泡沫塑料质轻，憎水防潮，耐热和隔热性能优良，可在360℃的温度下长期稳定工作。它主要应用于航天器上的轻质、耐热隔热材料。

另外，有机硅树脂还可作为耐热、耐候的防腐材料，以及加工成有机硅塑料，用于电子、电气和国防工业上，作为半导体封装材料和电子、电气零部件的绝缘材料等。

2.9.3　聚醚醚酮塑料

聚醚醚酮是用4,4′-二氟苯酮、对苯二酚和碳酸钠或碳酸钾为原料，以苯酚为溶剂缩聚而成。聚醚醚酮树脂，英文简称PEEK，是一种具有耐高温、自润滑、易加工和高机械强度等优异性能的特种工程塑料。

聚醚醚酮树脂与其他特种工程塑料相比具有明显的优点，表现在如下方面。

① 耐高温性　PEEK树脂具有较高的玻璃化温度（T_g=143℃）和熔点（T_m=334℃），是在有耐热性要求的用途中可靠应用的主要理由，其负载热变形温度高达316℃，30%玻璃纤维（GF）或碳纤维（CF）增强复合材料的连续使用温度为260℃。

② 机械特性　PEEK树脂是韧性和刚性兼备的塑料，特别是它对交变应力作用下的优

良疲劳特性是所有塑料中最出众的，可以与金属合金材料相媲美。PEEK 的杨氏模量高达 3700MPa，缺口冲击强度为 55kJ/m^2。

③ 自润滑性 PEEK 树脂在所有塑料中具有出众的滑动特性，适合于严格要求低摩擦系数和耐磨耗用途时使用，特别是碳纤维、石墨，聚四氟乙烯各占 10%比例混合改性的滑动牌号或 30%CF 增强牌号等均为具有优异滑动特性。

④ 耐化学药品性 PEEK 树脂具有优异的耐化学药品性，在通常的化学药品中，能溶解或者破坏它的只有浓硫酸，它的耐腐蚀性与镍钢相近。

⑤ 阻燃性 PEEK 树脂在通常情况下是非常稳定的聚合物，1.45mm 厚的样品，不加任何阻燃剂就可达到最高阻燃标准。

由于单一的 PEEK 树脂难以满足不同领域的使用要求，近年来，PEEK 的改性成为国内外的研究热点之一，其主要改性方法有以下几种。

(1) 无机填料填充改性 由于使用的填充无机填料一般是微米、纳米级的无机颗粒，如 Al_2O_3、CuO、$CaCO_3$、SiN、Si_3N_4、ZrO_2 等，纳米粒子具有尺寸效应、高的化学反应活性等性能，并且可以与聚合物界面相互作用，因此，被广泛用于 PEEK 和其他聚合物的改性。

(2) 纤维增强改性 玻璃纤维、碳纤维和无机晶须与 PEEK 有很好的界面亲和性，可用作填料增强 PEEK 制成高性能复合材料，提高 PEEK 树脂的使用温度、模量、强度、尺寸稳定性等。根据填充物的尺寸，一般可分为连续纤维增强、短切纤维增强和晶须增强。

(3) 聚合物共混改性 由于 PEEK 树脂具有优良的耐摩擦性能和力学性能，可以作为不锈钢和钛的替代品，用于制造发动机内罩、汽车轴承、垫片、密封件、离合器齿环等零部件，另外，也可用在汽车的传动、刹车和空调系统中。目前，国际市场上 PEEK 树脂产量的 40%用于汽车工业，先进车型的 PEEK 树脂用量已达到 200g/台。为了满足汽车领域极为苛刻的应用需要，SKF 公司的工程师在深槽滚珠轴承的设计中开始使用 PEEK 制造滚动轴承保持架，以满足轴承保持架不但要求机械性能好、耐摩擦，还要耐润滑剂、冷却剂的腐蚀，耐高温等的苛刻要求。

知识窗：塑料瓶底的数字，不能不说的秘密

塑料与我们的生活密不可分，如水杯、饭盒、保鲜膜、保鲜盒、微波炉用的盘子等。如果你在超市买饮料的时候注意一下瓶底，就会发现，很多矿泉水的瓶底，有一个由 3 个箭头组成的三角形，并标有数字 1～7，有的标志下面还会有“PET”字样。这 3 个箭头组成的三角形，是“可回收再生利用”的意思，里面的数字代表了不同的材料。

♳ 表示由 PET 聚酯制成的饮料瓶，可以在短时期内装常温水，温度超过 70℃会变形，不宜装酸性、碱性饮料，建议不要重复使用，也不要将矿泉水瓶放到车里暴晒。使用 10 个月后会有有害物质析出。

♴ 表示由 HDPE 高密度聚乙烯制成的塑料容器，常见于药瓶、清洁用品、沐浴产品。此类制品因为不容易彻底清洁，所以不适合用作水杯等，也不要循环使用。

♵ 表示由 PVC 聚氯乙烯制成，常用作雨衣、塑料膜、塑料盒等，耐热温度 60℃，若温度超过 60℃，就可能释放出氯乙烯单体，长期接触可能引起肝胆方面的肿瘤。

♶ 表示由 LDPE 低密度聚乙烯制成的产品，常用于雨衣、建材、塑料膜、塑料盒等。因为这类材质的可塑性优良、价钱便宜，因此使用较为普遍。但它们耐热温度较低，高温分解时有可能释放出有害物质，所以很少用于食品包装。

♷表示由PP聚丙烯制成，是唯一可以放进微波炉的塑料盒，可以重复使用。需要注意的是，有些微波炉盒盒体是以5号PP制造，盖子是1号PET制作的，所以最好别把盖子也放进微波炉。

♸表示由PS聚苯乙烯制成的塑料制品，不能在高温、强酸、强碱环境下使用。目前仍常用来制泡面盒及快餐盒，不能放进微波炉加热。

♹表示由PC聚碳酸酯或AS丙烯腈-苯乙烯树脂制成，用这种材质大量生产水壶、水杯、奶瓶已有十多年的历史，安全性较高，但也尽量不要用来盛装开水，不要在太阳下晒。这种材料做的杯子透明度高，且耐摔，但耐用性较差。

需要说明的是食品包装中常用的塑料产品是相对安全的，数字标志与质量安全无关。用于盛装热汤的塑料杯，要有“QS”（质量安全）标志才是安全的。但不建议重复使用塑料瓶子或少用塑料和一次性用品。购物最好用菜篮子或布袋，吃饭使用自备的不锈钢饭盒，这样做既卫生、又环保，还不会对身体健康造成危害。

——摘自《每日新报》2010.7.26 B27版

本章小结：首先介绍了塑料的主要优缺点及其分类方法，详细介绍了塑料性能评价标准、配方设计原理；其次对塑料成型加工方法如挤出成型、注射成型、压延成型、模压成型等加工原理进行详细介绍，为工业化生产提供方法指导；最后对常见塑料品种按照通用塑料、工程塑料、特种塑料分类进行具体阐述，对其主要品种的历史发展、基本结构、制备方法、性能特点及其应用等进行了详细说明，进而加深了我们对日常所用塑料的了解。

习题与思考题

1. 名词解释：

塑料，拉伸强度，杨氏模量，弯曲强度，玻璃化温度，介电常数，透光率。

2. 简述塑料的分类方法。
3. 简述塑料的性能评价标准。
4. 简述塑料配方设计的内容要点。
5. 简述塑料主要的加工成型方法。
6. 简述PE的基本性能及主要应用。
7. 简述PP的生产方法。
8. 简述PVC的基本性能及主要用途。
9. 简述PS的优缺点。
10. 介绍几种常见的热固性塑料品种及其性能特点。
11. 介绍几种常见的工程塑料品种及其特点。
12. 介绍几种常见的特种塑料品种及其特点。
13. 简述双螺杆挤出机的主要构造特点。
14. 简述塑料的主要特性。
15. 简述塑料配方设计的基本原则。
16. 简述PP的基本性质与应用。
17. 简述PS的生产方法。
18. 简述PMMA的性能特点及其应用。
19. 简述酚醛树脂的生产方法。
20. 简述不饱和聚酯塑料的主要应用。
21. 简述工程塑料的主要优点。
22. 简述尼龙的主要应用领域。
23. 简述PC的结构式及其合成路线。

24. 简述 POM 的主要应用领域。
25. 简述聚酯类塑料的生产方法。
26. 简述 PPO 的合成路线。
27. 简述 PPS 具有哪些性能特点？为什么说其是一种具有较大发展潜力的塑料？
28. 特种塑料的特性体现在哪些方面？举例说明。

参 考 文 献

[1] 张留成，瞿雄伟，丁会利．高分子材料基础．北京：化学工业出版社：第二版，2007.
[2] 张玉龙．塑料配方及其组分设计宝典．北京：机械工业出版社，2005.
[3] 凌绳，王秀芬，吴友平．聚合物材料．北京：中国轻工业出版社，2000.
[4] 欧阳国恩．实用塑料材料学．北京：国防科技大学出版社，1991.
[5] 张克惠．塑料材料学．西安：西北工业大学出版社，2000.
[6] 何曼君，张红东，陈维孝．高分子物理．上海：复旦大学出版社：第三版，2007.
[7] 佟翠艳．高性能聚烯烃的微结构研究．长春：东北师范大学，2008.

第3章 橡 胶

内容提要：我们的生活到处都有橡胶的“身影”——轮胎、胶管、胶圈、乳胶手套等，那么这些形形色色的橡胶制品都有哪些区别？它们又都是采用哪些原料生产的呢？想了解更多内容，请耐心阅读本章，本章简要介绍了橡胶的概念及其分类，橡胶的结构特点，橡胶制品的制备方法，主要橡胶品种的分子结构及其性能、应用领域。

3.1 概述

橡胶可以用来做轮胎、橡皮擦、印章、鞋底、花园里浇水用的软管等，由这种用途极其广泛的材料制成的物品究竟有多少种，没有人知道准确的数字。蹦极用的绳索、发动机减震垫、密封圈、气球、体操垫子、印刷机辊筒等，如果有人试图把在日常生活中所遇到的所有含橡胶的物品都记录下来，那么他很快就会因变得筋疲力尽而放弃。实际上，列举出不含橡胶的物品要更容易些。毕竟，这种弹性材料几乎在任何地方都能够找到，只要这些地方需要传输能源、运送或盛放液体。橡胶还是十分重要的战略物资，这也是为什么在合成橡胶发展之前，天然橡胶的产地一直是世界列强争夺的目标。

橡胶一词源于由橡胶树汁（胶乳）制得的橡胶球。因为橡胶树是天然长成的，故称为天然橡胶。众所周知，天然橡胶受气候、地域、种植面积、割胶周期等因素的制约，往往产量和增产速度难以满足社会的需求。鉴于应用需求促使各国化学家从分析天然橡胶的组成开始，到研制采用二烯烃合成类似具有橡胶弹性的高分子。

3.1.1 橡胶的定义及其分类

“橡胶”术语在书刊和行业中已沿用了数百年，而且已派生出很多相关术语，诸如：天然橡胶、合成橡胶、合成天然橡胶、类橡胶（rubber-like body 或 rubber-like materials）、生橡胶（或原料胶）（raw rubber）、橡胶制品、弹性体及热塑性橡胶、热塑性弹性体等。长期以来，这些术语在行业使用中经常发生混淆。例如，橡胶有时指天然橡胶或合成橡胶（类橡胶）等生胶，有时又指硫化胶、熟橡胶或橡皮，在很多情况下又是泛指；由于生胶和硫化胶都俗称橡胶，导致生产生橡胶的合成橡胶工厂和生产橡胶制品（把生胶加工硫化成硫化胶）的橡胶加工厂同名都叫“橡胶厂”。由于“橡胶”一词沿用已久，所以一提起橡胶人们立即意识到它是一种弹性物质，于是又把橡胶与其特性（弹性）联系在一起，后来 ASTM D833 又推荐采用弹性体（elastomer）一词来涵盖原用的橡胶、生胶、熟胶和硫化胶等的含义。这样一来弹性体几乎又成为橡胶一词的同义词，由此导致目前在文献、书刊和实践中存在着共存、混用的局面。

随着科学技术的发展和现代命名原则的规范化、系列属性化，上述共存、混用的局面正在逐渐澄清，而且橡胶名称和橡胶弹性概念也日趋合理明确。

3.1.1.1 定义

（1）橡胶的定义　早期橡胶的定义是指：在很宽的温度（通常为－50～150℃）范围内，具有优异弹性的一类高分子。橡胶这种高弹性材料最大的特征就是，在外力作用下，很容易发生很大的形变；当除去外力后，又能很快恢复的高分子材料。

美国材料试验协会颁布的ASTM D1566—2007a标准（橡胶相关标准术语学）和国际标准化组织ISO 1382—1982（E/F/R）曾对橡胶做出如下几乎雷同的定义：橡胶是一类能从大形变迅速而强烈地（quickly and forcibly）恢复，且能够或已经被改性成不溶态（即在沸腾的苯、甲乙酮或乙醇-甲苯共沸物等溶剂中不溶解，但能被上述溶剂溶胀）的材料。这一定义包含两层意思，一是指橡胶在外力（如拉伸力）作用下可发生大形变（一般认为伸长率≥200%时称为大形变），解除外力后，大形变又可迅速恢复；二是这种材料能够或已经处在其改性状态（即交联成不溶物）。

（2）弹性体的定义　早在1939年，Fisher就对天然的和合成的可硫化产物采用弹性体专用术语，其定义是：弹性体是一类能在常温下反复拉伸至200%以上、除去外力后又能迅速恢复到（或接近）原来长度或形状的高分子；弹性体可看作是一类在低应力下容易发生很大可逆形变的高分子材料或制品。

弹性体包括：① 适度交联的天然橡胶和通用合成橡胶硫化胶；② 物理交联或化学交联（如热可逆共价交联、离子簇交联）的热塑性弹性体；③ 不用硫黄但可用相应交联剂交联的饱和橡胶或饱和主链的高分子。实际上，生胶则不属于弹性体范畴，因其受力发生的大形变只具有部分可逆性，这种形变不仅恢复速度慢，而且恢复能力也差。

（3）相关橡胶术语的含义

① 天然橡胶和合成天然橡胶　天然橡胶是指由天然橡胶树树汁（浓胶乳），经风干、熏干或凝聚干燥制得的生胶，俗称白绉片。其结构为顺式-1,4-结构含量≥98%的聚异戊二烯，是线形聚合物，其相对分子质量≥35万；从天然胶乳凝聚出来的固体橡胶除橡胶烃外，还含有少量非橡胶成分，如糖类、羧基物和变性蛋白等极性物质。橡胶行业和书刊中所说的天然橡胶就是专指这种橡胶。

合成天然橡胶是指异戊二烯经活性阴离子或配位聚合制备的顺式-1,4-聚异戊二烯，俗称异戊橡胶，其顺式-1,4-结构含量随引发剂不同而不同。由于这种橡胶的结构和性能都与天然橡胶近似，故在开发出异戊橡胶的早期就取名为合成天然橡胶。随后的大量试验研究和性能测试数据表明，这种人工合成的天然橡胶与天然橡胶之间存在很大的差别，不仅其结构参数（顺式-1,4-结构含量）不同，而且其性能也远不如天然橡胶。主要的原因在于，在合成天然橡胶中，不仅顺式-1,4-结构含量比天然橡胶低2%～4%，而且其中不含有天然橡胶中所特有的其他非橡胶成分，这些非橡胶成分中有3%～4%是由十八种不同氨基酸构成的变性蛋白质不溶物，还有约15%是可溶于水的糖类衍生物。前者变性蛋白质对提高强度起着重要的作用。

② 合成橡胶和类橡胶　合成橡胶（synthetic rubber）一词的含义比较明确，它是指来源不同于天然橡胶，而在性能上类似橡胶弹性的人工合成高分子。ISO对合成橡胶的定义是“由一种或多种单体聚合生产的橡胶”。该词在沿用过程中还曾创造过一个缩写“synrub”来简称这种高分子，它已成为表述所有合成橡胶，并被行业内外普遍采用的标准名词。

类橡胶的全称是类橡胶弹性材料（rubber-like elasticity material），是指由共轭二烯烃单体合成的类似橡胶弹性高分子的统称。例如1910～1932年Bayer公司以二甲基丁二烯经热聚合生产的甲基橡胶、Lebegev以丁二烯和钠经本体聚合生产的丁钠橡胶等。由于当时对聚合反应和聚合方法的知识了解甚少，因而无法控制聚合物的精细结构，仅以模拟出类似天然橡胶的弹性为目标来对产物取名，它已成为非立构规整橡胶的统一名称；其另一层含义是它们的综合物性不如天然橡胶，不过它们和天然橡胶一样都是高分子量的线形聚合物。

③ 生（橡）胶和原料胶　顾名思义，生橡胶是未经加工交联的原胶，原（料）胶明确

表明它是制造橡胶制品（硫化胶、熟橡胶）的初始基体物料；英文表达均为 raw rubber。显然它们都是线形长链分子。

④ 熟橡胶、硫化胶、橡皮和橡胶制品　熟橡胶（cured rubber）是指生胶经过加工熟化了的橡胶；硫化胶（vulcanization）最早是指生胶与硫黄发生交联架桥反应形成网络结构的橡胶，现在把不用硫黄作硫化剂（例如乙丙橡胶用过氧化物作交联剂，氯丁橡胶用 ZnO 作交联剂）的交联产物都称为硫化胶；橡皮的英文名称原来叫 rub 或 eraser，是擦除或抹迹物的意思，由于最有效的擦除物是高度交联的橡胶，所以后来有人就直接称之为橡皮或硫化胶；有的干脆把橡皮也称为橡胶（rubber），这就导致了结构、概念上的混乱。

上述术语虽名称不同，但它们在含义上都能准确地表达出线形生胶分子已转变成交联的网络结构，从而遇冷变硬、热则发黏的低强度生胶（＜0.5MPa）转变成有使用价值的、弹性得以充分发挥的交联橡胶。从分子结构的观点可以认定，熟橡胶、硫化胶、橡皮和橡胶制品都属于交联橡胶。不过“熟”只是相对于“生”而言的，虽容易接受，但缺乏结构转变内涵，目前在行业内已很少使用；硫化胶虽在行业和学术界得到广泛认同和采用，但有时会使人误认为：不用硫黄交联的橡胶不是硫化胶，橡皮大多是指低交联度的硫化胶，而不是原来用作擦除物的高交联度（加 32 份硫黄）的硫化胶；交联橡胶的结构含义非常明确，同时也更能说明它和生胶（线形分子）在结构和性能上的重大差异，因此被广泛采用。

⑤ 热塑性橡胶与热塑性弹性体　相对于 20 世纪 30～40 年代生产的丁苯橡胶、丁腈橡胶和氯丁橡胶等大品种橡胶而言，热塑性橡胶则是在 20 世纪 60 年代初随着热塑性聚氨酯橡胶的发现而创立的新术语。与交联橡胶的生胶必须经加热硫化才能使橡胶获得良好弹性不同，热塑（性）橡胶无需硫化，可用热塑性塑料的加工成型方法就可制得良好的弹性体，这显然是聚合反应和加工技术的一个巨大进步。这类橡胶之所以具备热塑性，是由于其分子链中同时含有软段和硬段，而由特定基团（如聚氨酯中的氨基甲酸酯基团）或链段（如 SBS 中的聚苯乙烯嵌段）构成的硬段在常温下可形成玻璃化或结晶微区，各微区又可因受热而发生塑性流动、降温后又可自动恢复成物理交联点的热可逆转化行为所导致的。20 世纪 60 年代以后出现的众多热塑性橡胶，为这一术语含义的正确性和持续沿用奠定了坚实的基础。不过，近年来在文献和书刊中广泛采用的术语是热塑性弹性体。这表明科学术语逐渐向更加准确地反映物质结构和本性方向发展。

3.1.1.2　橡胶的分类

橡胶的分类方法有多种，早期对橡胶的分类主要按其来源可分为两大类，即天然橡胶和合成橡胶。图 3-1 列出了一个可概括橡胶热性能、来源、组成、结构和用途的框架式分类。

其中天然橡胶（NR）主要有巴西三叶胶（顺式-1,4-结构含量≥98%的聚异戊二烯）和杜仲胶（反式-1,4-结构含量为 99%～100%的聚异戊二烯），由于前者是无定形高弹性橡胶，后者是结晶型硬橡胶，故书刊和工业中所说的天然橡胶几乎都专指巴西三叶胶。

而合成橡胶则是由低分子量单体经聚合而成的。按照用途，合成橡胶又可分为通用橡胶和特种橡胶，大批量生产的通用橡胶主要品种有：乳聚丁苯橡胶（E-SBR）、溶聚丁苯橡胶（S-SBR）、顺丁橡胶（BR）、异戊橡胶（IR）、氯丁橡胶（CR）、乙丙橡胶（EPR）和丁基橡胶（IIR）等，它们主要用来制造各种轮胎和一般橡胶制品；批量生产的特种橡胶包括丁腈橡胶（NBR）、硅橡胶（Q）、氟橡胶（FPM）、聚氨酯橡胶（PUR）、丁苯吡啶橡胶（PS-BR）和丙烯酸酯橡胶（ACM）等，主要用于制造特殊环境中使用的耐高温、耐低温、耐酸、耐碱和耐油等橡胶制品。应当说明的是，通用胶种中的氯丁橡胶（CR）、三元乙丙橡胶（EPDM）和丁基橡胶（IIR）虽产销量较大，但由于 CR 的特性是既耐臭氧龟裂，又具阻燃、耐油性，EPDM 耐热、耐氧性突出，IIR 的气密性和阻尼性能在合成橡胶中是最好的（是制造各种轮胎内胎的理想橡胶），故这三种橡胶又常被列为特种橡胶。按照橡胶的存在状态，可分为液体、粉体和块状三类。按照橡胶的分子结构的规整性可分为：立构规整橡胶、序列规整橡胶（如顺丁橡胶、异戊橡胶和 SBS、SIS 等）和无规立构橡胶（如丁苯、丁腈等无规共聚物）。对于均为碳链聚合物或共聚物，按其主链中是否有—C═C—双键，又可把合成橡胶分为不饱和橡胶（绝大多数通用橡胶）和饱和橡胶（如乙丙橡胶、丙烯酸酯橡胶等）。

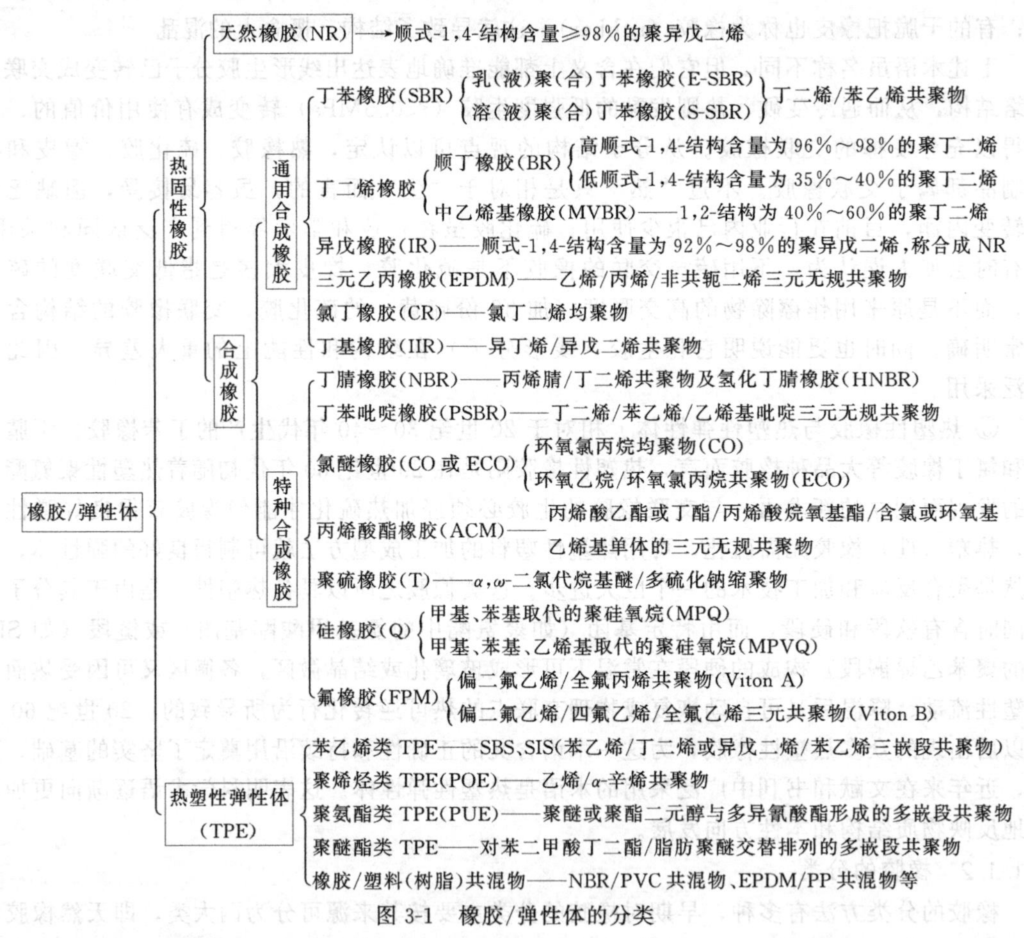

图 3-1　橡胶/弹性体的分类

3.1.2　橡胶的结构、性能及其选用

3.1.2.1　橡胶的结构与性能

（1）橡胶的相对分子质量大　天然橡胶的相对分子质量在 20 万～40 万之间，丁苯橡胶的相对分子质量也有 15 万～20 万。也就是说，它的长度至少是直径的 2 万～5 万倍。因此，在通常情况下，橡胶的分子总是卷曲成杂乱的“线团”。

（2）分子间的相互作用小　橡胶的主要成分，无论是聚异戊二烯还是聚丁二烯等都是由非极性的碳和氢组成的，分子间的相互作用以非极性的色散力为主，且都很小。分子间的相互作用越小，分子运动的阻力越小，因此越容易产生形变。不仅如此，弹性较好的橡胶在主链上所带的侧基都很小，如顺-1,4-聚丁二烯没有侧基，聚异戊二烯只带有一个不大的甲基。因此，橡胶分子链非常柔顺。

（3）分子的对称性小，不易形成结晶结构　结晶聚合物的高弹态不很明显，因为晶区中的分子链之间不易产生相对位移。因此，在自然状态下，橡胶分子几乎都是不结晶的，这样才会有较好的弹性。合成橡胶的单体主要是一类含有非共轭双键的化合物，如异戊二烯或丁二烯。它们在聚合时由于两对双键打开的方式不同，会形成三种不同的异构体：即顺式-1，4-加成物、反式-1，4-加成物和1，2-加成物。通常反式加成物的结构比较对称，容易结晶，不适宜做橡胶使用；1，2-加成物侧基较大，分子链刚性比较大，也不适宜做橡胶。只有顺式-1，4-加成物的弹性最好。因此，在聚合反应时，尽可能增加产品中顺式-1，4-加成物的含量是提高合成橡胶弹性的重要途径。

（4）具有交联结构 橡胶要有较好的弹性，还有一个相当重要的条件就是交联。由于橡胶分子间的作用力很小，如果不交联，在受到外界的拉伸作用力过程中，橡胶分子间就会产生滑动，就像小朋友玩的橡皮泥一样，结果是越拉越长，产生的形变不能恢复，因此是没有实用价值的。通过交联，分子的相对位移有了一定的限制，并能避免分子链间产生的相对滑动，这样才能使橡胶在外力作用下表现出很好的弹性。橡胶的交联度不同，所得橡胶的弹性也会不同，交联度越大，弹性越差。

由此可见，橡胶分子的柔性和分子间的交联是橡胶具有较好弹性的主要原因。硅橡胶有比普通橡胶更好的耐寒性就是因为Si—O键比C—C键更为柔顺的缘故。

3.1.2.2 橡胶的选用

橡胶的选用要根据使用的条件和具体要求，主要可参考下面的一些指标。

（1）弹性 橡胶是一种性能优异的弹性体，其形变大，伸长率可达1000%以上；而且橡胶的弹性模量较小，仅为1～10MPa。因此，选择橡胶时首先要考虑橡胶的弹性。衡量橡胶弹性的指标很多，如回弹率是指橡胶拉伸到一定长度后，能否100%地回复到原来长度的指标。回弹性越好，橡胶的弹性就越好。橡胶的弹性也可以用拉伸的倍数或相对伸长率来表示。

一般来讲，橡胶的弹性越好，缓冲性和防震性就越好，当做成汽车轮胎时，避震性会比较好。但是，由于轮胎在快速滚动时，是处在不断的压缩-松弛过程中，会造成能量损耗而发热，称之为内耗。往往弹性好的轮胎，其内耗大，发热也高，最后导致轮胎爆裂。因此，经常在高速公路上行驶的汽车要选择硬一点的轮胎。

（2）耐磨性 耐磨性是橡胶材料另一个重要的指标，轮胎、传送带、自动扶梯及日常生活中的鞋底都需要选择具有好的耐磨性的橡胶材料。橡胶的耐磨性是将橡胶片在15℃，加上2.72kg的负荷，用标准硬度砂轮摩擦1km时的磨损量，用cm^3/km来表示。磨损量越小，橡胶的耐磨性越好。而合成橡胶的耐磨性一般都优于天然橡胶。

（3）橡胶的玻璃化温度或脆化温度 如果橡胶要在低温下使用，例如在寒冷的冬天，在户外使用的橡胶要选择有较低的玻璃化温度的品种。如果橡胶的玻璃化温度比气温环境温度高，轮胎在使用时就会发生脆裂，如氯丁橡胶的玻璃化温度高，因此，不能做轮胎使用。而丁苯橡胶、顺丁橡胶的玻璃化温度很低，通用性就较强。

（4）其他 此外，要根据使用环境的具体要求来选择橡胶，需要考虑的主要有强度、硬度、绝缘性、耐燃性和耐油性等。用作轮胎和耐压胶管使用的橡胶，还必须考虑同帘子线的粘接性等，如果相互间的粘接性差，帘子线就起不到增强的作用。

3.1.3 橡胶组成及配方设计

3.1.3.1 橡胶的基本组成

橡胶配方原材料有数百种，所采用的配合剂越来越专用化，配方的组分可概括为以下五种。

（1）生胶　这是配方主体材料，一般以生胶为100质量份，其他材料品种用量根据生胶类型选择。

（2）性能体系　包括补强剂、防老剂、着色剂、芳香剂、增硬剂、增黏剂和其他助剂。

（3）成本体系　填充剂、增容剂等。

（4）增塑体系　增塑剂包括化学增塑剂和物理增塑剂等。

（5）硫化体系　硫化剂、促进剂、活性剂、防焦剂等。

3.1.3.2　配方设计

（1）基本要求与程序　配方设计是橡胶生产中的首要技术问题，其目的在于使产品达到优质高产。合理的配方，要求保证橡胶制品性能优良、胶料工艺性能良好并能获得最佳经济效益。因此，配方设计人员的任务主要是寻找配合组分的最适宜配比组合，使胶料在性能、成本和工艺实施性三方面取得最优的平衡。

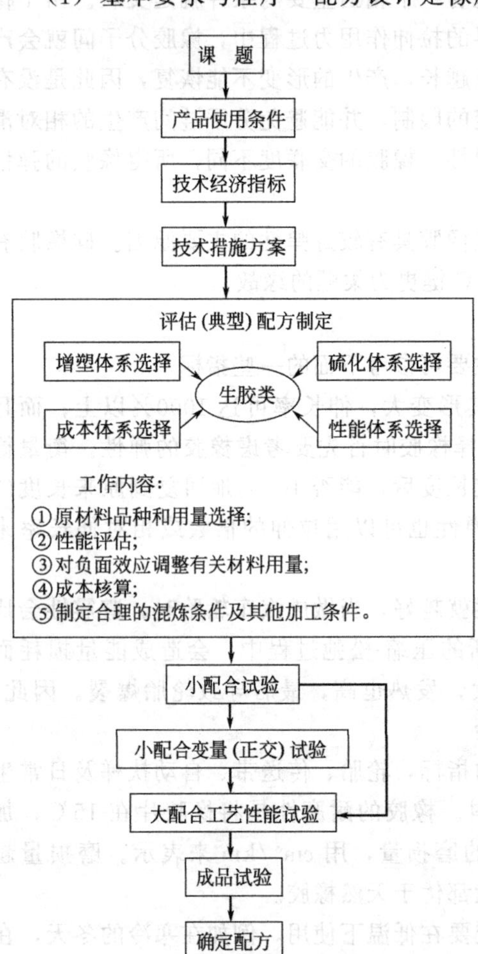

图 3-2　橡胶配方设计程序

配方设计工作要在继承前人经验的基础上，在实践中要勇于创新，并能通过试验得到验证。普遍使用的配方设计程序如图 3-2 所示。

（2）配方设计依据

① 产品使用条件（以载重轮胎胎面胶为例）　产品使用的气温范围、路面条件（如柏油路、水泥路、土路、碎石路，平原和山区分别所占百分率）、负荷、车速、一次性行驶里程、往返连续性行驶里程。

② 轮胎寿命　轮胎寿命必须满足用户最低要求，如载重汽车轮胎剩余花纹保持 2mm，轿车轮胎保持 1.6mm。

（3）配方设计要点　配方设计是从临时配方到实用配方的全过程，如图 3-3 所示，要使配方符合橡胶制品所要求的性能，还要掌握基本配方和原材料生产厂家的产品目录等有关技术资料。配方设计的方法，一般是按照“选择生胶──→选择硫化体系──→选择填充剂、软化剂──→选择防老剂”的顺序进行。

① 原材料品种选择的要求　首先确定配方主体材料生胶类型，其他体系的原材料都按生胶类型进行选择，根据不同材料间的相互作用，利用其中的协同效用，找出最优性能。

② 生胶选择　生胶（原料橡胶）一般可分为用于轮胎的通用橡胶和除此之外的特种橡胶两大类。橡胶制品的性能主要取决于生胶本身的性质。配方设计者需要参考橡胶生产厂商的技术资料和有关文献，使其改进成符合本身所需要的配方。

③ 高分子并用与高分子共混物的选择　高分子并用不仅限于橡胶之间以及橡胶与塑料之间等高分子材料的并用，现在已经扩大到橡胶与预聚物、橡胶与低聚物、橡胶与短链聚合物以及橡胶与单体之间的并用。近期还出现通过原位反应直接制备高分子共混物的新方法，这些高分子掺混体系也可用动态硫化的方法进行硫化。在橡胶并用体系中，高分子间的相容

性、分散状态、硫化剂和促进剂及填充剂的分布、共硫化性等在配方设计上还存在很多尚未解决的问题。

④ 硫化体系的选择　硫化体系是除了橡胶种类之外影响制品性能的第二大重要因素，其中硫化剂的选择最为关键。选择硫化体系应注意三个重要方面：a. 耐热、耐水蒸气性能要优异；b. 硫化速度与温度的相关性要密切；c. 硫化时产生的气体要少。

⑤ 填充剂、软化剂及增塑剂的选择　在配方设计中，补强剂——炭黑的种类和用量的选择对于硫化体系十分重要。丁苯橡胶、丁腈橡胶等许多合成橡胶与天然橡胶不同，其纯胶配合硫化胶的物理力学性能很差，但添加炭黑后可极大提高其物理力学性能和耐热性能。添加填充剂最重要的是其分散问题。软化剂和增塑剂被广泛用于提高橡胶制品的柔软性，协助配合剂混入和分散及改善加工操作性能。在选择时要考虑软化剂或增塑剂与橡胶的相容性、分散性、污染性和低温性能等。

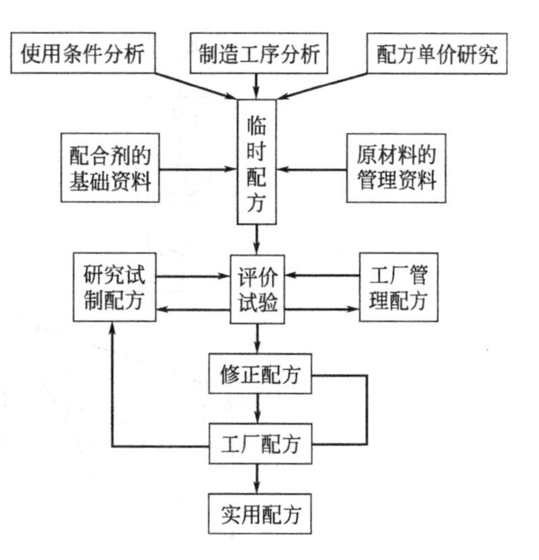

图 3-3　实用配方设计过程

⑥ 防老剂的选择　防老剂的效果具有加和性，因此一般采取几种并用的方式。在设计橡胶配方时，通常需要考虑硫化胶的耐热性、耐挠曲性能以及耐臭氧性等进行选择。如果制品与油类接触还要考虑溶解析出等问题，同时还要考虑在硫化过程中与其他配合剂的反应性问题。

⑦ 硫化胶性能与配方设计的关系　硫化胶的性能在很大程度上取决于结合硫的量，即使硫黄和促进剂的用量一定，但结合硫的量随硫化温度和硫化时间而变化。因此，交联结构对硫化胶物理性能的影响很大，在设计配方时必须考虑硫化胶的整体物理性能，根据橡胶制品的用途选择硫化体系。

3.1.4　橡胶加工工艺

橡胶加工的产品虽然种类繁多，但生产各种橡胶制品的原材料、工艺过程及设备等都有许多共同之处。橡胶制品生产的基本工艺过程包括塑炼、混炼、压延、成型和硫化等基本工序。其主要工艺流程如图 3-4 所示。

3.1.4.1　橡胶的加工工序简介

(1) 原料的准备

① 原材料的加工　生胶切碎、烘干以及配合剂的粉碎、筛选、熔化、过滤和蒸发等过程，统称为原材料加工。此工序的安全要点在于：生胶和配合剂的烘干不可采用明火加热，温度一般不超过 70℃，以免引起燃烧。

② 配料　配料是将生胶与其他配合剂按配方逐项称量，并存放于容器内，以备混炼。配料应尽量采用密闭自动称量，以减少对环境的污染。

(2) 塑炼与热炼　塑炼是使弹性橡胶变成可塑状态的工艺加工过程，橡胶加工工艺对生胶的可塑性有一定要求。塑炼通常可以在开炼机或密炼机中进行，在机械力作用下使橡胶大分子断链。这样橡胶由硬变软，可塑性增加。热炼与塑炼过程类似，只不过其加工对象为混炼过的停放胶片，主要在开炼机上进行。

(3) 混炼　混炼是指在开放式炼胶机或密闭式炼胶机上，使配合剂在胶料中均匀分散并

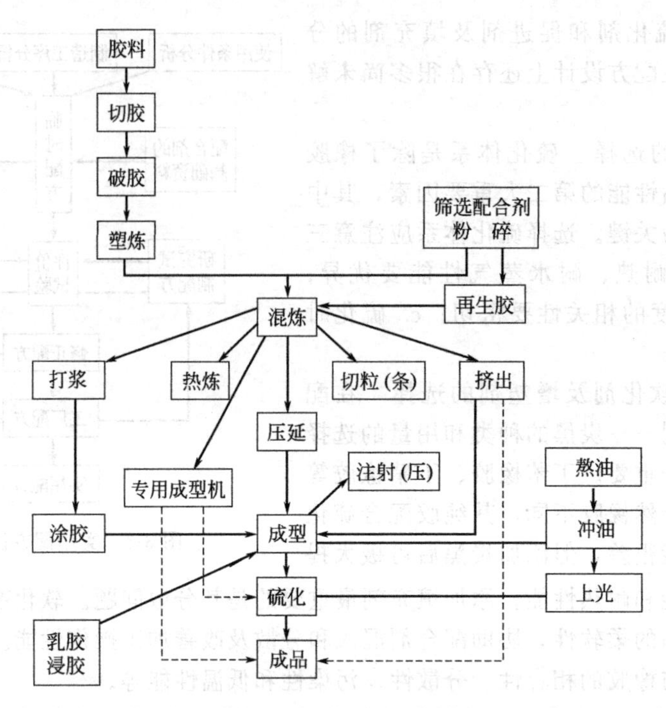

图 3-4 橡胶加工生产工艺流程

均匀混合。即在塑炼的基础上，按工艺要求加入其他配合剂，使其充分混炼并经压片机制成混炼胶片。

混炼与塑炼一样，能产生大量静电电荷，一旦放电产生火花，遇到可燃气体即可燃烧，并能引燃其他化学易燃品，容易发生火灾，应特别注意。在混炼场所，常有炭黑等粉尘沉积在电气装置上，电动机启动时的火花亦有引燃炭黑粉尘的危险，因而混炼应尽量采用密闭式炼胶机和封闭式防爆电机，并定期清理炭黑积尘，以消除隐患。

（4）压延　压延是通过压延机辊筒对胶料的作用，将胶料压制成一定厚度的胶片并使胶片贴合或在纺织物上擦胶和挂胶。压延过程也能产生大量静电，电压高达 10 万伏以上。因而，压延工序不允许放置橡胶溶剂，周围不准放易燃物，以防静电引起火灾。压延喂料应经磁力拣选，以防金属等杂物进入压延机辊隙，避免损坏辊筒及发生人身事故。

与其他加工方法相比，压延机成型的一个特殊功能是能将胶料直接擦覆在织物的表面（帘布或帆布等）上制成橡胶-织物复合半成品，俗称织物挂胶或胶布压延工艺。在织物挂胶中，还有一种“压力贴胶”工艺，这种工艺的操作方法与一般贴胶工艺基本相同，唯一的差别是在织物引入压延机辊隙处需要留有适宜量的积存胶料，借以增加胶料对织物的挤压和渗透，从而提高胶料对织物的附着黏合力。不过胶布表面的附胶层比贴胶法的厚度更薄一些。

（5）挤出　挤出是通过挤出机螺杆旋转产生挤压力将机筒内的胶料沿螺旋槽不断向前推进，同时，靠螺棱与机筒内壁的剪切作用使胶料进一步塑化和混合，并借助机头的口模及芯棒挤出各种断面的橡胶半成品，以达到初步成型或最终成型的目的。它具有连续、高效、不用金属模型即能制造多种橡胶制品等特点，并且压出效应比压延效应小。因此，目前广泛用于制造胎面、内胎、胶管、电线电缆和各种复杂断面形状的半成品等。操作时应按工艺规程进行加热或冷却，以防发生胶料的焦烧或机器事故。挤出喂料时应防止金属等杂物进入喂料口，以免损坏螺杆或机筒。当喂料不顺时，应避免螺杆咬手，不应用手去推压胶片。

挤出工艺是指胶料的挤出条件如喂料温度、挤出机温度、挤出速度和挤出物的冷却等操作环节的工艺指标。这些条件又与挤出机类型、螺杆结构和机头（口模）结构密切相关。

（6）浸浆　浸浆是将各种模型或纺织物，在胶浆中浸渍数次，使胶浆黏附在模型或纺织物表面上。在浸浆过程中应尽量避免用汽油作溶剂，以防火灾。对于含苯的溶剂，尤其要当心，避免发生苯中毒。浸浆操作时应当保持良好的通风。

（7）胶浆的制备　胶浆制备又叫打浆，是在生胶或混炼胶中加入溶剂汽油，在装有搅拌器的密封容器内不断搅拌而制成胶浆。打浆时须用汽油作溶剂，如果现场管理不善，非常容易发生火灾或爆炸。因此，打浆工序被列为具有火灾危险性的重点岗位。操作时宜采用不发生火花的地面；所用电气设备要有防爆装置；工具应采用铜合金制造；机械设备均应与地接触良好，以防静电沉积；工作场所一定要有良好的通风排气设施；打浆室内更不准存放汽油或其他易燃物。

（8）涂胶　涂胶是用手工或机械方法将胶浆涂在纺织物表面上。在涂胶过程中，会挥发大量的汽油蒸气，在设备运转时，摩擦又会产生大量的静电放电，因此，很容易导致火灾事故的发生。目前，各橡胶企业采用喷雾增湿法消除涂胶时的静电，效果很好，基本上消除了静电起火。

（9）熬油、冲油、上光　熬油、冲油是制造上光剂的两个工序。熬油采用明火，冲油采用汽油，一般在25℃以下进行。上光是敞开操作的，故有大量汽油蒸气挥发。所以，这三个工序都存在很大的火灾危险性，操作中需要严格遵守操作规程，防止火灾事故发生。

（10）成型　成型是将各种原材料或半成品加工造型，制成一定形状的初制品，经过硫化后即可成为橡胶制品。当然也有某些热塑性橡胶，不需要硫化即可成为最终制品。

各种橡胶制品在成型中常使用较多的胶浆或汽油溶剂，故成型工序必须有良好的通风，并杜绝火种，使用的胶浆和汽油要做好密封，尽量减少挥发。

（11）硫化　硫化是硫化剂与橡胶在促进剂的作用下，在一定的温度和压力下，经过一定的时间进行化学和某些物理作用，使橡胶分子由线形结构变成网络结构的交联过程。经过硫化的橡胶制品不仅能使强度增加，还可获得优良的使用性能。

硫化的方法有很多，传统的硫化方法是依不同制品而分别采用模压硫化、热空气硫化和连续硫化等方法，近年来新的硫化技术不断发展，又出现了充 N_2 硫化和变温硫化等新方法。如轮胎、力车胎、三角带和密封件等都是采用模压硫化生产；靴、鞋和胶布的硫化常采用热空气硫化；对于生产较长的胶带或条形胶料时则通常采用不受长度限制的连续硫化法。

硫化过程中，应经常注意检查压力表、安全阀等安全装置是否灵敏可靠，对于采用的易燃物质如脱模剂等也应妥善保管，以防发生意外事故。

3.1.4.2　几种典型橡胶制品的制造工艺简介

（1）轮胎　轮胎是汽车、拖拉机和工程车辆等的主要部件，其功用是支撑车辆重量，传递牵引力、转向力和制动力，吸收因道路不平而产生的震动。依工作原理不同，轮胎可分为充气轮胎和实心轮胎两大类，充气轮胎主要应用于汽车、电车、拖拉机、工程车辆和飞机等高速交通工具上；实心轮胎弹性较低，不适宜高速行驶，主要应用于起重汽车、载货拖车和装卸车等；图3-5为充气轮胎结构。此处仅就

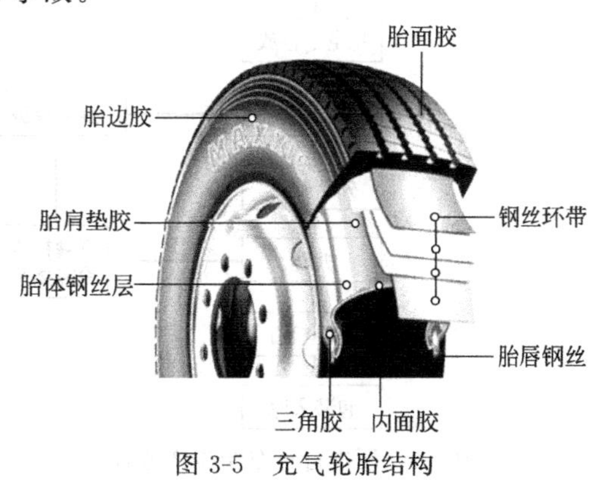

图3-5　充气轮胎结构

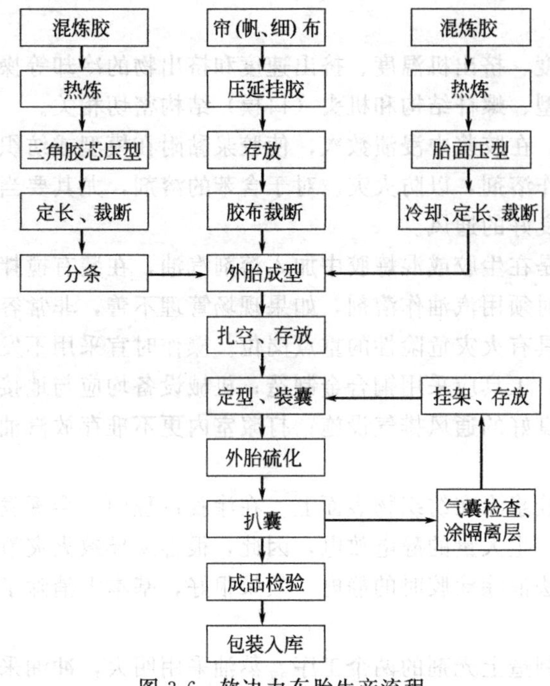

图 3-6　软边力车胎生产流程

与人们生活密切相关的力车胎制造工艺进行简要介绍。

力车胎包括手推车车胎和自行车车胎，包括外胎和内胎，根据结构不同，又分为软边胎和硬边胎。

① 力车外胎的生产工艺流程　软边胎（主要是手推车车胎，也包括软边自行车胎）和硬边胎（主要是硬边自行车胎）的生产流程有所不同，如图 3-6 和图 3-7 所示。

② 力车内胎的生产工艺流程　力车胎内胎有先接头后硫化和先硫化后接头两种工艺。前者为无接头内胎，后者为有接头内胎，目前已广泛采用无接头生产工艺。按照使用胶种不同又分为天然橡胶内胎和丁基橡胶内胎，二者生产工艺有所不同。如图 3-8 和图 3-9 所示。

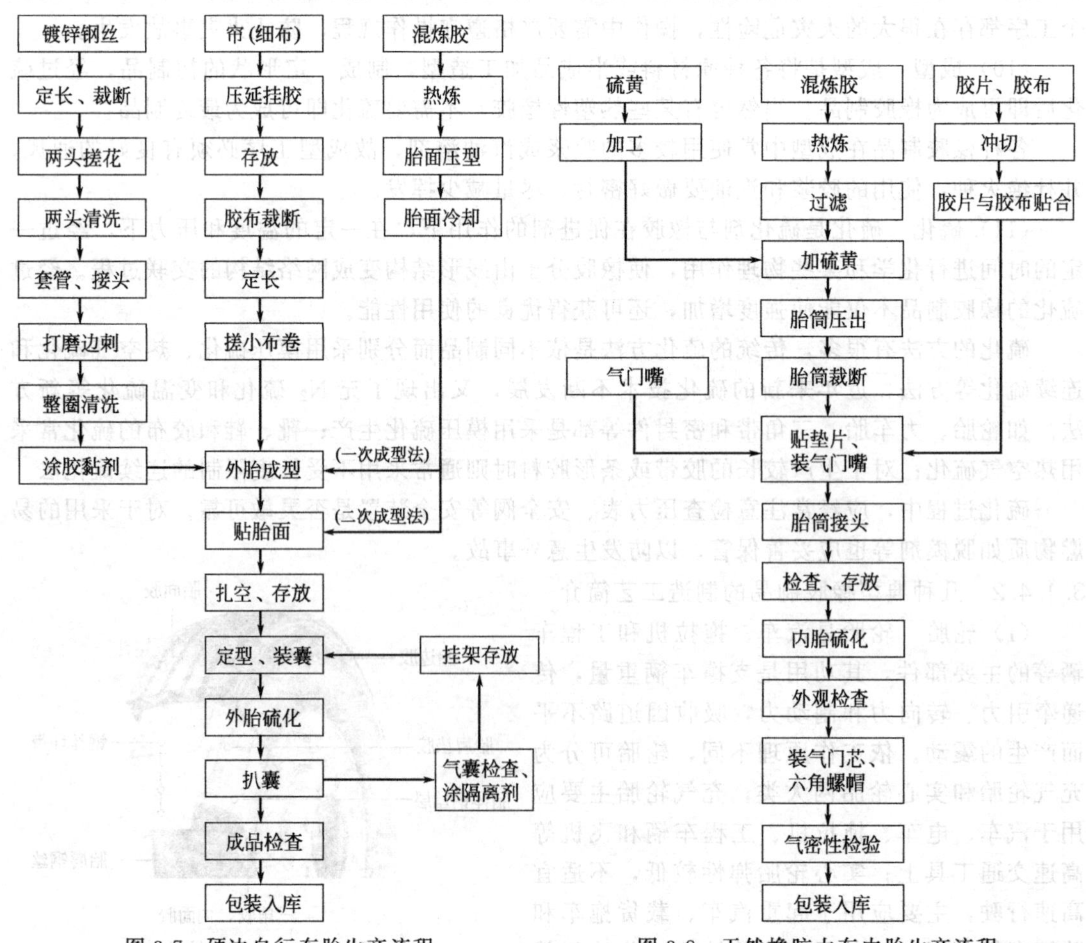

图 3-7　硬边自行车胎生产流程

图 3-8　天然橡胶力车内胎生产流程

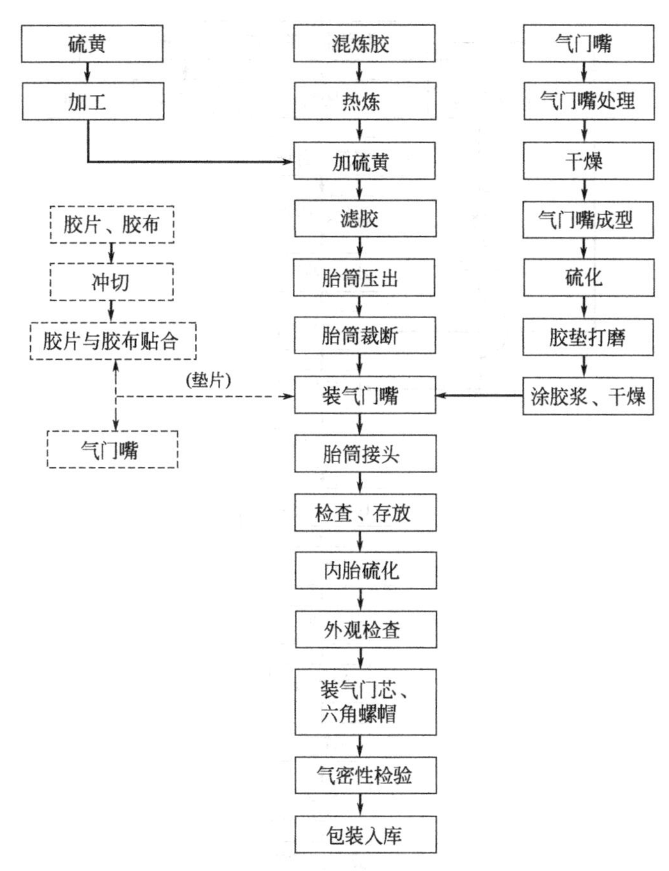

图 3-9 丁基橡胶力车内胎生产流程

图中实线部分系采用胶垫气门嘴，虚线部分表示采用普通气门嘴

(2) 胶管 图 3-10 是部分种类的胶管，可见胶管也是橡胶的一类重要产品。根据胶管的不同用途，橡胶生产分吸引胶管、夹布胶管、钢丝编织胶管、帘线编织胶管生产四类工艺，其生产工艺流程如图 3-11 所示。

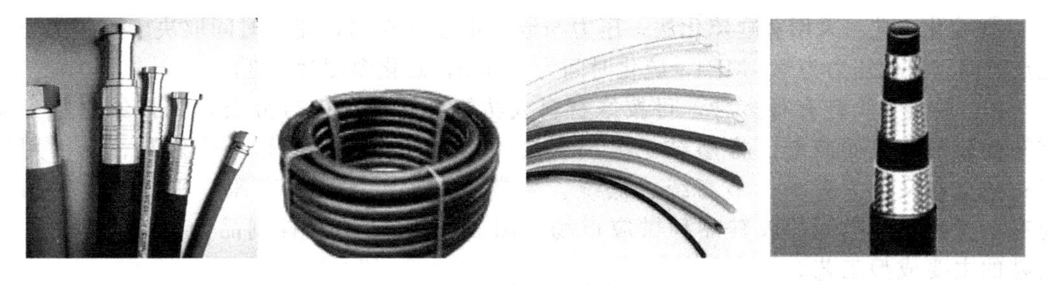

图 3-10 各种胶管类型

① 混炼工艺 为了使材料混合均匀，宜采用剪切力作用大的密炼机进行混炼。考虑到胶料生热大及热敏性强对胶料焦烧时间的影响，可采用两段混炼法，硫化剂、促进剂等配合剂在第二段混炼时加入，并严格控制两段胶料冷却、停储时间及混炼时密炼机的冷却水温度和排料温度。

② 压出工艺 内层胶管在 ϕ35mm 的螺旋压出机上直接压出，机身温度为 50～60℃，机头温度为 70～80℃。外层胶管在 ϕ65mm 螺旋压出机上直接压出，包贴在涂过胶浆的编织层上，内胶管、机身温度为 50～60℃，机头温度为 70～80℃。

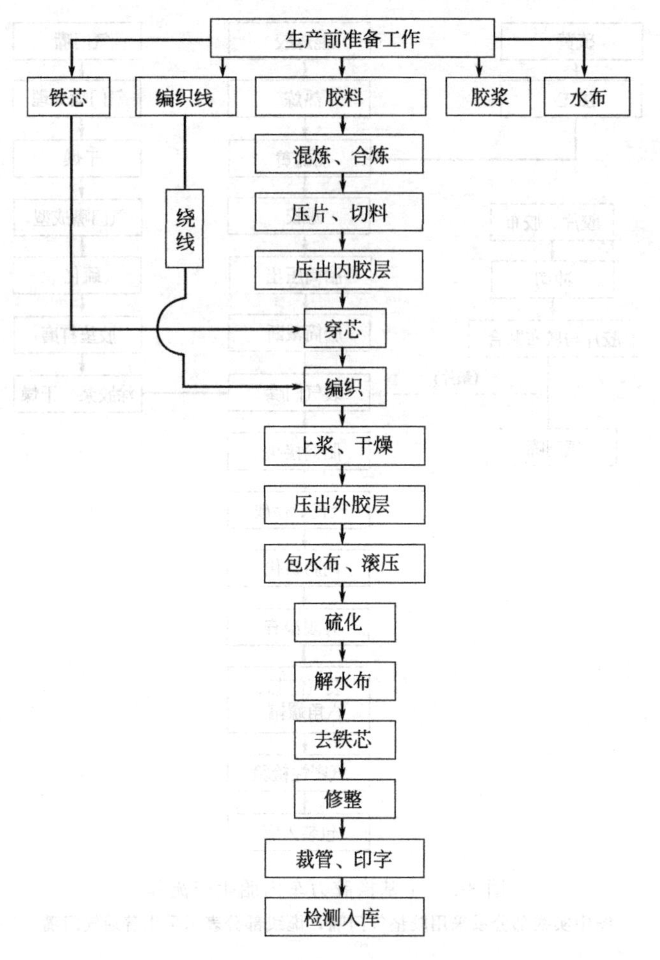

图 3-11 胶管生产工艺流程

③ 编织工艺 编织机为立式 24 锭 MGD-24 型，编织速度为 9r/min，编制角度约为 54°。

④ 硫化工艺 采用蒸缸硫化法，压力与温度由蒸汽控制，硫化时间取决于胶料的正硫化点时间。硫化压力为 0.5MPa，硫化时间为 60min，硫化温度为 153℃。

(3) 胶鞋 胶鞋有很多种，可按原材料或功能、结构等进行分类，如按原材料分类有布面胶鞋、胶面胶鞋、橡塑鞋三大类；按功能则可分为运动鞋、劳保鞋、生活用鞋等；按结构又分为高统、半高统、低统、系带、拉链、坡跟、高跟、平跟等。我国目前有上千种不同类型的胶鞋品种供应市场。图 3-12 为几种胶鞋制品的类型，表 3-1 为胶鞋的主要成型工艺。

图 3-12 部分种类胶鞋制品

表 3-1　胶鞋的主要成型工艺简介

工艺名称			简　　介
粘贴成型工艺	热硫化粘贴成型法		胶鞋各部件在粘贴成型后，送入硫化罐，采用混合气直接加热或间接加热，在胶制部件硫化定型的同时，让各部件互相粘合的工艺。其中，外底或底后跟等厚制品预先硫化成型后，再做粘贴工序部件的工艺称为二次硫化粘贴成型法
	冷粘成型法		胶鞋各部件(单元底、鞋帮等)粘贴后，让胶黏剂于室温下固化的成型工艺
	粘缝成型法		冷粘法制作的运动鞋等鞋类的围条周沿用线缝加固，提高其剥离强度的成型工艺
直接注模成型工艺	注压法		以较高压强、较低机筒温度，注压高黏度厚料(如橡胶料)，同时完成胶制部件硫化成型及整鞋粘接的工艺
	注塑法		以中等压强及较高的机筒温度，向模具腔内注入热塑性塑料或热塑性弹性体，部件的定型和整鞋粘接同时完成的工艺
	聚氨酯材料制鞋工艺	浇注法	将两种反应性原料液(如聚氨酯原料的 A、B 组分)，在混合机头内定量地高速搅匀后，浇注到模腔内，原料液在近于常压下反应、固化的同时，粘接成整鞋的工艺
		反应性注射法	加工反应性聚氨酯料液时采用的工艺。先将混合头注射口用针形阀封闭，原料液在循环回路中热压至 25.5MPa 左右，让模具腔进料口对准注射口，开启针形阀，让各组分进入混合室，高压转化为高速度，各组分相互混合，再经过节流，使之继续混合，并以层流方式射入模腔，原料液在固化的同时，粘接成整鞋的工艺
直接模压成型工艺			已绷鞋帮或套帮的鞋帮上贴合胶坯，放入鞋底模型腔，加热、加压，在胶制部件硫化定型的同时，使整鞋粘接的成型工艺
浸渍成型工艺			将阳模浸入胶乳或塑溶胶，取出后沥除多余料液，加热，使之干燥、固化、定型。常用来制备鞋套、水田用胶袜等薄型制品
搪塑成型工艺			塑溶胶倾入胶鞋的阴模腔，边加热边旋转阴模，塑溶胶在模腔壁上半胶凝成坯体后，倒掉多余的塑溶胶，再加热阴模，使坯体熟化、成型的工艺
装配成型工艺			将模压或注模成型的带有凸块和相应孔洞的部件，以嵌合等方法成型整鞋的工艺

注：此表引自《橡胶工业手册》第七分册。

胶鞋的品种繁多，仅以布面胶鞋中的辊筒底运动鞋为例，简要介绍其生产流程。其生产流程如图 3-13 所示。

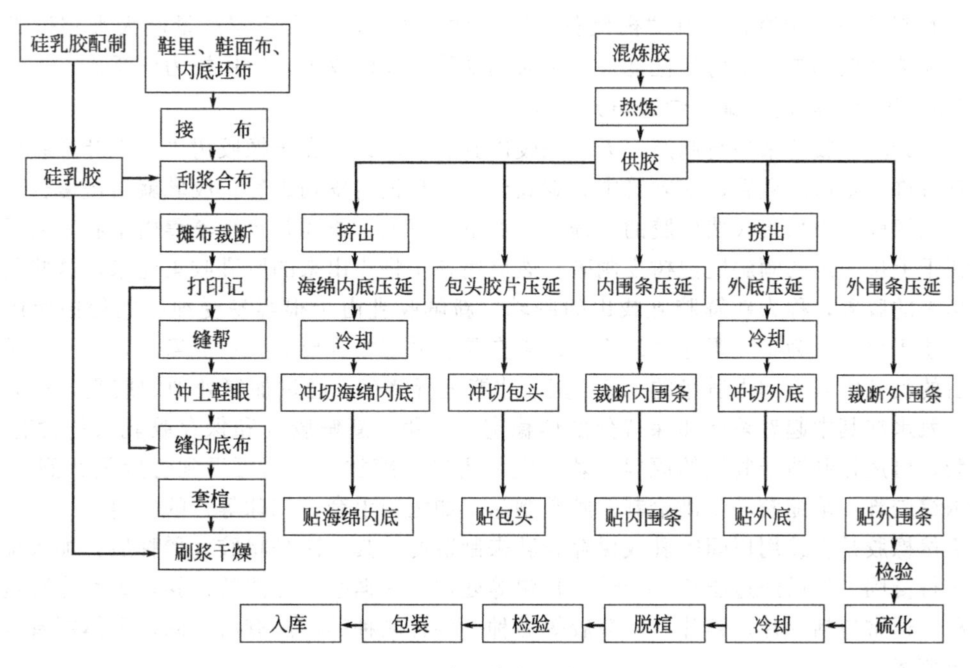

图 3-13　布面胶鞋生产流程

橡胶制品种类繁多，其生产方法也是多种多样，如要了解更多详细的内容，请参考橡胶制品生产方面的专著。

3.2 通用橡胶

3.2.1 天然橡胶

3.2.1.1 天然橡胶的来源

天然橡胶（natural rubber，NR）是一种从天然植物中采集出来的，以异戊二烯为主要成分的天然高弹性材料。在自然界中含橡胶成分的植物很多，约有两千来种，包括乔木类、灌木类、草本类和爬藤类等，其生长地区也分布很广，主要生长在热带、亚热带、温带地区，极少量品种生长在寒带地区。尽管含有橡胶成分的植物种类很多，但真正有经济价值的只有少数几种，包括三叶橡胶树、杜仲树、橡胶草，其中以三叶橡胶树产量最大，质量最好，图 3-14 是杜仲树叶中的胶乳丝。三叶橡胶树原产巴西，故又称为巴西橡胶，它是一种乔木，原来野生于巴西的亚马逊河流域一带的森林，后移植到欧洲、亚洲各国，成为人工栽培橡胶树。因为该种植物的叶片由三片组成，故称之为三叶橡胶树。在其树皮中含有大量的白色乳汁，这称为胶乳，将其收集起来便可制造橡胶块。杜仲树主要生长在中国的长江流域和马来半岛，是一种灌木，可从其枝叶和根基中提取橡胶。这种橡胶在我国称为杜仲胶，在国外则称为马来树胶、巴拉胶和古塔波胶等。橡胶草是一类草本植物，包括青蒲公英、银色橡胶菊等许多品种。主要产地是美国、墨西哥、俄罗斯和我国新疆等地，可从其根块中提取橡胶。

图 3-14 杜仲树树叶中的胶乳丝

工业上应用的天然橡胶主要来源是三叶橡胶。在合成橡胶大量生产前，天然橡胶是橡胶工业及其制品的万能原料，有“褐色黄金”之称。如今，合成橡胶产量已大大超过天然橡胶，但天然橡胶仍被公认为是性能最佳的通用橡胶，在橡胶工业应用极为广泛。

3.2.1.2 天然橡胶的采集、制造与分级

（1）天然橡胶的采集与制造　天然橡胶以胶乳的形式存在于橡胶树中。三叶橡胶树的树皮中含有许多细微的乳管，在乳管中充满胶乳，一旦把树皮划破后，胶乳就会慢慢自动地流出来。在橡胶园中采集天然橡胶的过程大致如下：每天（或隔几天）清晨由割胶工人用割胶刀在树干上按一定的倾斜度把树皮割破，然后用杯子将流出来的胶乳收集起来，这些刚从树上流出来的胶乳，称为新鲜胶乳或田间胶乳。新鲜胶乳由于很容易受细菌的侵蚀而产生凝固，不便于保存，为了克服这种缺陷，通常在胶乳采集时都要加入一点氨水，并且在送往收集站后的胶乳中需再加入适量的 0.8%氨水才能进行储存；经过加氨处理的胶乳，称为保存胶乳。氨水在其中起着杀菌和保持分散体稳定的作用。新鲜胶乳和保存胶乳大约含有 30%的橡胶，可用作制造干胶块的原料。若将它们再经浓缩加工，则可得到含胶量达到 60%左右的浓缩胶乳。浓缩胶乳是供给制造胶乳制品（如医用手套、气球等）的原料。

天然橡胶是直接用田间胶乳或保存胶乳来制造的，其制法是将胶乳稀释后，加入稀醋酸溶液进行凝固，然后经过压片、干燥、打包等处理。根据生产方法的差异，天然橡胶包括很多品种，通常包括烟片、绉片、颗粒胶等品种，各种品种的制法有所不同，具体制备方法这里不再赘述。

（2）天然橡胶的分级　对于天然橡胶的分级，过去是沿用外观分级标准（国际贸易天然橡胶分级标准）。1949 年曾有人提出改用“工艺分类规格”，即除按外观标准外，还增添了

塑性和硫化速度两项指标作为分级标准，但是这种方法由于检验麻烦，并未真正得到实施。1964年马来西亚提出了以工艺性能为分级基础的“马来西亚标准橡胶”分级标准，这个分级标准后来得到“国际标准化协会”的同意，作为国际标准的基础。因此，目前国际上对天然橡胶所采用的分级方法是：对于旧的品种（如烟片、绉片等）是按外观分级法进行分级，对于新的品种（如颗粒胶等）则按“马来西亚标准橡胶”的分级法。我国则一向是采用自定的分级方法（中国国家标准）进行分级，即按外观、化学成分和物理力学性能等三个方面的指标来进行分级。就烟片胶为例，我国国家标准分有一级、二级、三级、四级、五级。一级质量最高，以后质量逐级下降。例如要求一级胶片无霉、无氧化斑点、无熏不透、无熏过度、无不透明等。而二级烟片胶可允许胶片有少量干霉、轻微胶锈，无氧化斑点和熏不透胶等。各级烟片胶均有标准胶样，以便参照。

3.2.1.3 天然橡胶的化学组成及其与性能间的关系

天然橡胶的主要成分为橡胶烃，此外还含有少量的其他物质，如蛋白质、脂肪酸、灰分等（这些统称为非橡胶成分），橡胶烃和非橡胶成分的含量随各种天然橡胶的品种不同而不同。例如烟片和绉片的各种化学成分的含量如表3-2所示。

表3-2 天然橡胶的化学组成 单位：%

组成	烟片	绉片	组成	烟片	绉片
橡胶烃	93.30	93.50	水分	0.61	0.42
蛋白质	2.82	2.82	水溶物	<1	<1
丙酮抽出物	2.89	2.88	灰分	0.39	0.30

天然橡胶中的化学成分及其对橡胶性能的影响如下。

(1) 橡胶烃 橡胶烃是天然橡胶的主要成分，其含量一般为91%～94%，橡胶烃含量少的生胶，其杂质含量较多，质量较差。天然橡胶中的橡胶烃是由异戊二烯基所组成，分子式为$(C_5H_8)_n$，n约为1500～10000，其物质的相对分子质量一般为70万。橡胶烃相对分子质量的大小，对橡胶的性能有着重要的影响，相对分子质量小的，其可塑性较大，但物理力学性能较差；相对分子质量大的，其物理力学性能较好。试验表明，天然橡胶中的每个橡胶烃分子质量并不相等，有大有小，大小含量呈一定的分布。天然橡胶的相对分子质量分布范围较宽，这是造成它既有良好的物理力学性能，又有良好加工性能的原因。

异戊二烯基按其结合的方式，可分为顺式-1,4-结构、反式-1,4-结构、1,2-结构、3,4-结构等不同结构的聚合体，如图3-15所示。

顺式-1,4-结构：

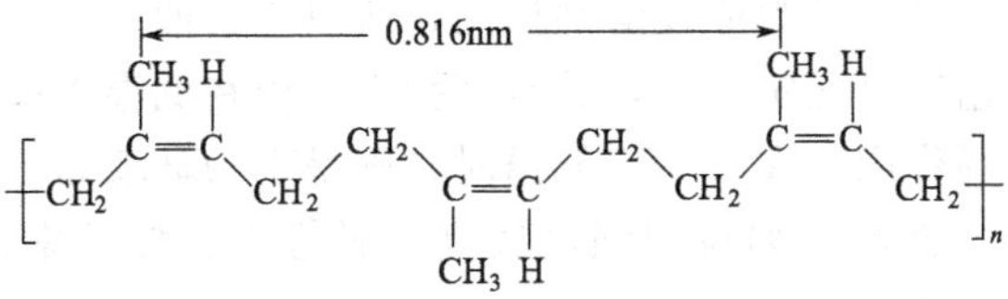

0.816nm

反式-1,4-结构：

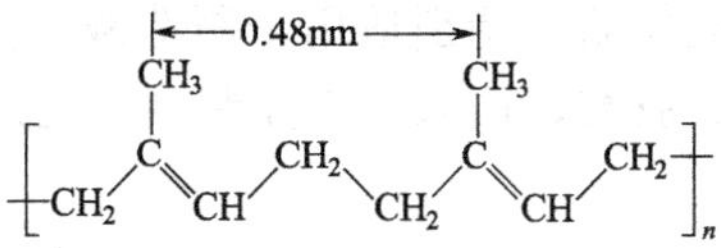

0.48nm

图3-15

1,2-结构：3,4-结构：

$$-CH-CH_2- \quad\quad -CH-CH_2-$$
$$\| \quad\quad\quad\quad |$$
$$C-CH_3 \quad\quad C-CH_3$$
$$| \quad\quad\quad\quad \|$$
$$CH_3 \quad\quad CH_3$$

图 3-15 异戊二烯基的结合方式

一般天然橡胶（三叶橡胶）的橡胶烃是由含 98%以上的顺式-1,4-聚异戊二烯所组成（其中含不到 2%的 3,4-结合体）。这种聚合体其空间结构视同周长大（为 0.816nm），分子链柔性大，具有较好的弹性和其他物理力学性能。杜仲胶、巴拉胶、古塔波胶等一类天然橡胶，其橡胶烃则是由反式-1,4-聚异戊二烯所组成，这种聚合体其空间结构视同周长短（为 0.48nm），分子链柔性小，弹性较差，在室温下呈皮革状。

（2）蛋白质　蛋白质存在于胶乳中的橡胶粒子表面，它起着稳定橡胶粒子分散于水介质中的作用。但当胶乳凝固后，它便与橡胶粒子凝聚在一起，而成为天然橡胶的成分之一。在天然橡胶中，蛋白质的含量一般在 3%以下（但胶清胶可达 8%～20%），含蛋白质多的胶料其吸水性大，绝缘性差。而且由于蛋白质在加热时会分解成氨基酸，它会加速橡胶的硫化，以及容易使制品产生气孔。含蛋白质多的胶料其硫化胶的硬度较大，生热性大。

（3）丙酮抽出物　这类组分主要是某些高级脂肪酸、水溶性脂肪酸、甾醇类等物质。它们能被丙酮抽提出来，故此得名。这类物质能对橡胶起增塑作用，以及活化硫化和抗老化的作用。因此，含丙酮抽出物多的生胶，其可塑性较大，硫化速率较快，但不易老化。

（4）水分　天然橡胶经干燥后，一般都含有 1%以下的水分，若含水分过多，则容易引起生胶发霉，硫化时容易起泡，绝缘性降低。

（5）水溶物　天然橡胶中的水溶物主要是一些糖类和一些水溶性的盐类。这些组分含量大时，胶料的吸水性大，绝缘性差。

（6）灰分　天然橡胶中的灰分主要为一些无机物质，其中包括钾、镁、钙、钠等的氧化物。碳酸盐和磷酸盐等物质以及含 Cu、Fe、Mn 等微量元素。其中的 Cu、Fe、Mn 等微量元素能促进橡胶的老化，所以其含量应严格控制。通常含 Cu 量应控制在 2mg/kg 以下，含 Mn 量应控制在 10mg/kg 以下。

3.2.1.4　天然橡胶的特性和用途

天然橡胶的主要特性如下。

（1）为不饱和性的橡胶，其化学性质活泼，能进行加成反应和环化反应，及与硫黄反应（硫化）和与氧反应（氧化）。其硫化反应速率较快，但也易氧化。

（2）为非极性橡胶，易与烃类油及溶剂作用，所以不耐油。

（3）天然橡胶在室温时呈无定形态，具有高弹性。当在低温下或伸长时能出现结晶，属结晶型橡胶，具有自补强作用，在−70℃低温时，则呈现为玻璃态。

（4）具有良好的综合性能，如拉伸强度较高、弹性大、伸长率高、耐磨性和耐疲劳性好、生热低等，而且其加工性好。

（5）具有良好的耐气透性和电绝缘性。

天然橡胶广泛用于制造各类轮胎（特别适用于制造载重量大的大型轮胎和卡车胎），此外天然橡胶还用于胶管、胶带、胶鞋、雨衣、工业制品及医疗卫生等橡胶制品的制造。

3.2.2　丁苯橡胶

丁苯橡胶（styrene-butadiene rubber，SBR）是最早工业化的通用合成橡胶，具有优异的物理力学性能和良好的加工性能，是天然橡胶最好的代用胶种之一，广泛应用于轮胎、制鞋、汽车零部件、胶管、胶带等各类橡胶制品，其年耗用量占合成橡胶的首位。目前，世界上有30多个国家和地区生产丁苯橡胶，2008年生产能力约521.5万吨，占全部合成橡胶生产能力的36.4%。预计2010年世界丁苯橡胶生产能力将达到约535.5万吨。

3.2.2.1 丁苯橡胶的生产方法及其分子结构

丁苯橡胶是由单体丁二烯和苯乙烯按一定的比例（70∶30），在一定的温度条件下采用乳液聚合法或溶液聚合法共聚而得，其中采用乳液聚合法制得的SBR称之为乳聚丁苯橡胶(emulsion styrene-butadiene rubber，ESBR)，而采用溶液聚合法制得的SBR则称之为溶聚丁苯橡胶（solution styrene-butadiene rubber，SSBR)。其共聚反应式如下：

$$nCH_2{=}CH{-}CH{=}CH_2 + nCH_2{=}\underset{\displaystyle C_6H_5}{CH} \xrightarrow{1,4\text{-结合}} \left[CH_2{-}CH{=}CH{-}CH_2\right]_x\left[CH_2{-}\underset{\displaystyle C_6H_5}{CH}\right]_y$$

$$\xrightarrow{1,2\text{-结合}} \left[CH_2{-}\underset{\displaystyle \underset{\displaystyle CH_2}{\overset{\|}{CH}}}{CH}{-}CH_2{-}\underset{\displaystyle C_6H_5}{CH}\right]_n$$

在上述共聚反应中，丁二烯单元可能以顺式-1,4-结构、反式-1,4-结构和1,2-结构等方式与苯乙烯单元进行连接。另外，丁二烯单元和苯乙烯单元可能是以交替间隔有规的方式进行排列；也可能是以非交替的无规方式进行排列。因此，共聚后所得的丁苯橡胶，其分子结构情况如何，要视聚合的条件而定。用乳液聚合法容易得到无规排列的橡胶；而用溶聚法生产的丁苯橡胶，则可分为无规型、嵌段型和星型，其中无规型溶聚丁苯橡胶具有相对分子质量分布窄、支化少、丁二烯单元结构中顺式含量高、非橡胶成分低等特点。在高温和低温聚合条件下得到的丁苯橡胶中，各种分子结构的含量如表3-3所示。

表3-3 高温、低温聚合丁苯橡胶中各种分子结构的含量

单位:%（质量分数）

丁苯橡胶类型	结合苯乙烯	顺式结构	反式结构	乙烯基
乳液高温丁苯(1000系列)	23.4	16.6	46.3	13.7
乳液低温丁苯(1500系列)	23.5	9.5	55	12

3.2.2.2 丁苯橡胶的品种、类型和牌号

丁苯橡胶的品种很多，通常根据聚合条件、填料含量和苯乙烯含量等分为几种类型，如表3-4所示。

表3-4 丁苯橡胶的类型及其特性

类 型	特 点
高温丁苯橡胶	在50℃下乳液聚合,含凝胶量多,性能较差
低温丁苯橡胶	在5℃下乳液聚合,无凝胶,性能较好
充油丁苯橡胶	充有矿物油,易加工,成本低,性能良好
充炭黑丁苯橡胶	加有炭黑,工艺性能好,性能较稳定
充油充炭黑丁苯橡胶	加有矿物油和炭黑,便于加工,性能也较好
高苯乙烯丁苯橡胶	含有40%~50%的苯乙烯,具有较高的耐磨性和硬度
羧基丁苯橡胶	加入少量(1%~3%)丙烯酸单体共聚而成,物性、耐老化性较好
溶聚丁苯橡胶	采用烷基锂催化剂溶液聚合而成,与低温丁苯橡胶性能相同
醇烯橡胶	用醇烯溶液聚合,性能优于低温丁苯橡胶

目前各国生产的丁苯橡胶其商品牌号很多，约有500余种。各种牌号都用符号和数字标明其特征。现摘其主要的介绍如下。

美国生产的丁苯橡胶的牌号为SBR（过去都用GB-S表示），并标以数字来表示其类型。根据国际合成橡胶生产者协会（IISRP）使用的术语，用数字表示乳聚丁苯橡胶，分为六大类。

(1) 1000系列，是50℃聚合的无填料丁苯橡胶。

(2) 1100系列，是50℃聚合的丁苯橡胶炭黑母炼胶。

(3) 1500系列，是5℃聚合的无填料丁苯橡胶。

(4) 1600系列，是5℃聚合的丁苯橡胶炭黑母炼胶。

(5) 1700系列，是5℃聚合的充油丁苯橡胶。

(6) 1800系列，是充油丁苯橡胶炭黑母炼胶。

日本生产的丁苯橡胶的牌号标为JSR，其后面标注的数字与SBR牌号的意义相同。

国产乳聚丁苯橡胶目前有丁苯1500、丁苯1502、丁苯1712、丁苯1778等系列牌号商品。其中SBR-1500是通用污染型低温丁苯的典型品种。生胶自黏性好，容易加工，硫化胶性能较好，适用于制造轮胎胎面、管带和模制品。SBR-1502是通用非污染型低温丁苯的典型品种。硫化胶的拉伸强度、耐磨、耐挠曲性较好。适用于制造轮胎胎侧、鞋类、胶布等。SBR-1712、SBR-1778分别是充37.5份（相对100份纯胶）高芳香烃油和环烷油的充油丁苯橡胶。

3.2.2.3 丁苯橡胶的特性和用途

丁苯橡胶的特性表现在以下几方面：

(1) 非极性橡胶，能溶于烃类溶剂中，不耐油；

(2) 属不饱和性橡胶，可用硫黄硫化，也可以氧化，但其化学活性较天然橡胶低，硫化速率较慢，耐热耐老化性较好；

(3) 为非结晶型橡胶，纯胶强度较低，需用炭黑补强；

(4) 具有良好的耐磨性能和耐气透性；

(5) 其弹性、耐寒性、自黏性较差，生热大，在加工中收缩性大。

丁苯橡胶主要用于制造轮胎胎面，此外也用于制造胶管、胶带、胶鞋大底等制品。在使用时，常将丁苯橡胶与天然橡胶并用，以弥补其性能上的不足。

3.2.3 异戊橡胶

异戊橡胶（IR）是聚异戊二烯橡胶的简称，它是由异戊二烯单体经特殊方法聚合而成的有规立构橡胶，其分子结构与天然橡胶相同。性能也相似，故有“合成天然橡胶”之称。

国外异戊橡胶的合成所用催化剂，通常分为钛型（高顺式）和锂型（中顺式）两类。我国则采用稀土催化剂体系来合成异戊橡胶，这种橡胶称为稀土胶，其顺式-1,4-结构含量约为94%。

异戊橡胶的微观结构和性质与天然橡胶比较列于表3-5中。

表3-5 异戊橡胶和天然橡胶的结构与性能对比

项目	天然橡胶	异戊橡胶(锂型)	异戊橡胶(钛型)
顺式-1,4-结构/%	98～99	92	96～97
反式-1,4-结构/%	0	4	0
3,4-结构/%	1.0～1.8	4	3～4
灰分/%	0.3～0.4	0.1	—
凝胶量/%	20～45	—	5～20
门尼黏度	90	55	70～90
相对分子质量分布	宽	较窄	宽

从表3-5中可知，异戊橡胶含凝胶和杂质量较少，质地较纯净，其颜色透明光亮，生胶门尼黏度较低，一般可不用塑炼。但实际应用结果表明，异戊橡胶的硫化速率通常比天然橡胶慢，定伸强度和硬度稍低，伸长率稍大。异戊橡胶的用途与天然橡胶相同，见天然橡胶部分，在此不再赘述。

3.2.4　氯丁橡胶

3.2.4.1　氯丁橡胶的生产方法及其分子结构

氯丁橡胶（chloroprene rubber，CR）是由氯丁二烯单体经乳液聚合而成的聚合物，是合成橡胶中最早研发的品种之一，其合成反应式：

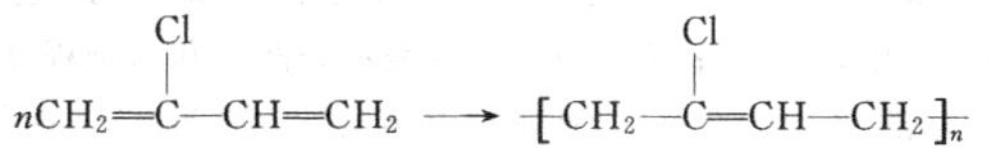

$$nCH_2{=}\underset{}{\overset{Cl}{\overset{|}{C}}}{-}CH{=}CH_2 \longrightarrow \left[CH_2{-}\overset{Cl}{\overset{|}{C}}{=}CH{-}CH_2\right]_n$$

与异戊橡胶相似，氯丁二烯在聚合时也能生成1,4-结构和1,2-结构及3,4-结构等，此外还可能生成环形-1,4-结构。如：

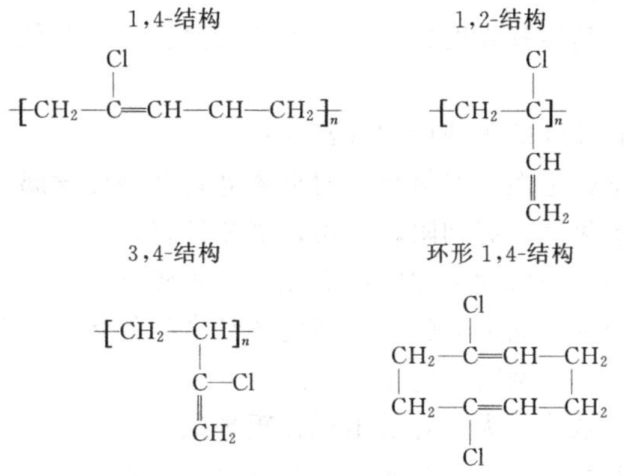

1,4-结构

$$\left[CH_2{-}\overset{Cl}{\overset{|}{C}}{=}CH{-}CH{-}CH_2\right]_n$$

1,2-结构

$$\left[CH_2{-}\overset{Cl}{\overset{|}{C}}\right]_n \text{（C 上连 } CH{=}CH_2\text{）}$$

3,4-结构

$$\left[CH_2{-}CH\right]_n \text{（CH 上连 } \overset{}{C}(Cl){=}CH_2\text{）}$$

环形1,4-结构

$$\begin{array}{c} Cl \\ | \\ CH_2{-}C{=}CH{-}CH_2 \\ |\qquad\qquad\qquad | \\ CH_2{-}C{=}CH{-}CH_2 \\ | \\ Cl \end{array}$$

一般来说，在聚合的初期主要生成1,4-结构的线形分子结构（称为α-聚合体），然后随着聚合程度的加深，逐渐生成其他类型的结构，并且还会转变成有支链或桥键的聚合物（称为μ-聚合体）。通常在实际生产中应使聚合反应生成有25％～30％α-聚合体时即停止。氯丁橡胶在存放中还会继续聚合，直至生成μ-聚合体。

氯丁橡胶分子的空间立体结构主要为反式-1,4-结构（约占85％～86％），从结构上看，氯丁橡胶分子链为碳链所组成，但在分子链中含有电负性强的侧基（氯原子），因而使之带有较强的极性。而且其视同周长短（0.48nm），因而在常温下容易结晶。

3.2.4.2　氯丁橡胶的品种、类型和牌号

氯丁橡胶分为通用型（其中包括硫黄调节型、非硫黄调节型）和专用型。

（1）G型（硫黄调节型）　它是以硫黄和TETD稳定的，商品牌号有GN和GN-A等，国产的通用型也属于这类。这类橡胶可单独用金属氧化物来进行硫化。

（2）W型（非硫黄调节型）　它仅是以TETD稳定的，不含硫黄。商品牌号有W、WD、WRT、WHV等。这类橡胶需用金属氧化物、硫黄和促进剂进行硫化。

（3）特种型　这类氯丁橡胶是专用于胶黏剂或耐油制品，国产氯丁橡胶牌号是由“CR”及后列四个数字表示，即CR-1211等，数字分别表示型号、结晶速率、分散剂及污染程度以及黏度大小等。

国产的部分品种及性能如表3-6所示。

表 3-6 国产氯丁橡胶的部分品种及性能①

类别	牌号②	调节剂	结晶速率	分散剂	污染程度	门尼黏度 $ML_{1+4}^{100℃}$
硫黄调节型	CR-1211	硫黄	低	石油磺酸钠	污	20～35
(G 型)	CR-1223	硫黄	低	石油磺酸钠	非污	60～75
氯丁橡胶	CR-1232	硫黄	低	二萘基甲烷磺酸钠	污	45～69
非硫调节型	CR-2322	调节剂丁	中	石油磺酸钠	非污	45～55
(W 型)	CR-2341	调节剂丁	中	二萘基甲烷磺酸钠	非污	35～45
氯丁橡胶	CR-2343	调节剂丁	中	二萘基甲烷磺酸钠	非污	55～65

①此表数据摘自王澜，王佩璋，陆晓中编《高分子材料》，北京：中国轻工业出版社，2009。

② 牌号中英文字母及数字含义如下：CR：氯丁橡胶；第一位数字：1—硫黄调节型，2—非硫黄调节型；第二位数字（表示结晶速率)：1—微，2—低，3—中，4—高；第三位数字（表示分散剂和污染程度)：1—石油磺酸钠（污)，2—石油磺酸钠（非污)，3—二萘基甲烷磺酸钠（污)，4—二萘基甲烷磺酸钠（非污)；第四位数字（表示门尼黏度)：按门尼黏度由低向高分挡，分别用 1,2,3 表示。

3.2.4.3 氯丁橡胶的特性和用途

氯丁橡胶的特性如下：

(1) 为结晶型橡胶，其纯胶强度较高，可不加炭黑补强。其他物理力学性能也很好，但耐寒性差；

(2) 为极性橡胶，有较好的耐油性和气密性；

(3) 具有良好的化学稳定性，耐氧化、耐臭氧老化和耐化学腐蚀；

(4) 燃烧时能产生氯化氢，起到阻燃作用，耐燃性好；

(5) 需用金属氧化物（一般为氧化锌或氧化镁）来硫化；

(6) 在储存时会逐渐变硬而失去弹性，因此各种类型的氯丁橡胶都有一定的储存期（其中 G 型储存期为 10 个月，W 型则可达 40 个月)；

(7) 加工时对温度的敏感性大，容易出现粘辊现象；

(8) 具有良好的黏着性，容易与金属、皮革等进行粘接。

氯丁橡胶主要用于制造耐油制品、耐热输送带、耐酸碱胶管、密封制品、汽车飞机部件、电线包皮、电缆护套、印刷胶辊、垫圈（片)、胶黏剂等制品。

3.2.5 乙丙橡胶

3.2.5.1 乙丙橡胶的主要品种及特性

乙丙橡胶（ethylene-propylene rubber，EPR）是以乙烯和丙烯为基础单体，采用齐格勒-纳塔催化剂由溶液聚合而成的无规共聚物。根据橡胶分子链中单体单元的组成不同，可分为二元乙丙橡胶（乙烯和丙烯的共聚物，EPM）和三元乙丙橡胶（乙烯、丙烯和少量第三单体的共聚物，EPDM 或 EPT)、改性乙丙橡胶和热塑性乙丙橡胶四大类。而每一类又按乙烯与丙烯比例、门尼黏度大小、碘值高低等分成不同品种和牌号。

(1) 二元乙丙橡胶（EPR） 二元乙丙橡胶是由乙烯和丙烯（含量约为 30%～50%）共聚而成。其结构式可表示为：

$$\text{-}\!\!\left[(CH_2-CH_2)_x(CH_2-\underset{\underset{CH_3}{|}}{CH})_y\right]\!\!\text{-}_n$$

从结构上看，可认为二元乙丙橡胶是在聚乙烯的结构中引入了丙烯链段，由于丙烯与乙烯的结合是无规的，因而使之成为无规共聚非结晶橡胶，同时又保留有聚乙烯的某些特性。二元乙丙橡胶在分子链中不含双键，属完全饱和性的橡胶，它具有优异的耐老化性能，但不能用硫黄硫化，只能用过氧化物来硫化。

(2) 三元乙丙橡胶（EPDM）　三元乙丙橡胶是在乙烯、丙烯共聚单体中加入非共轭二烯类作不饱和的第三单体共聚而成。常用的第三单体为亚乙基降冰片烯（ENB）、1,4-己二烯（1,4-HD）、双环戊二烯（DCPD）等几种。其共聚体结构式如下。

亚乙基型（E 型）：

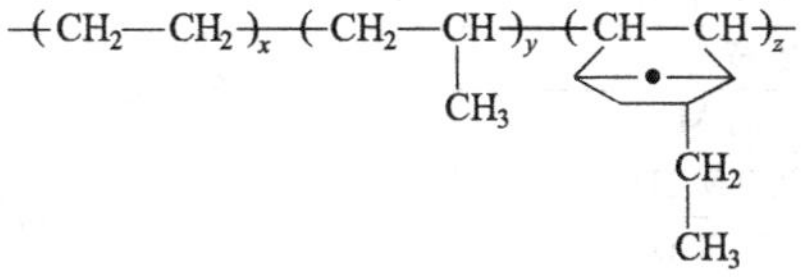

$$-\!\!(CH_2-CH_2)_x\!\!-\!\!(CH_2-\underset{CH_3}{CH})_y\!\!-\!\!(CH-CH)_z\!\!-$$

双环型（D 型）：

$$-\!\!(CH_2-CH_2)_x\!\!-\!\!(CH_2-\underset{CH_3}{CH})_y\!\!-\!\!(CH-CH)_z\!\!-$$

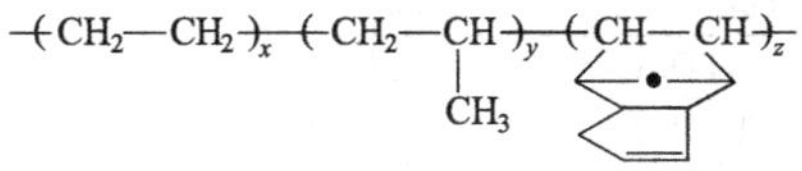

三元乙丙橡胶由于引入了少量的不饱和基团，因而能采用硫黄硫化，但又因其双键是处于侧链上，因此它基本上仍是一种饱和性的橡胶。在性质上与二元乙丙橡胶无大差异。

(3) 改性乙丙橡胶　三元乙丙橡胶可以改性制成溴化乙丙橡胶、氯化乙丙橡胶、氯磺化乙丙橡胶、丙烯腈及丙烯酸酯改性等品种。一般来说，乙丙橡胶经引入极性基团后都能改善耐油、耐化学腐蚀、耐燃及改善粘接性能，从而能扩大乙丙橡胶的应用范围。

乙丙橡胶的特点是具有优异的耐老化性能，其电绝缘性、耐化学腐蚀性、耐冲击性、耐寒性等也较好，但其硫化速率慢，机械强度不高，自黏性和互黏性都很差，可用硫黄硫化，也可用过氧化物来硫化。

3.2.5.2　乙丙橡胶制品的组成、加工与应用

(1) 组成　二元乙丙橡胶由于分子结构中不含双键，因此不能用硫黄进行硫化，而一般采用过氧化物硫化体系，如过氧化二异丙苯（DCP）等。同时，为提高交联效率，防止二元乙丙橡胶在硫化过程中主链上的丙烯链断裂，降低胶料黏度，改善加工性能，提高硫化胶的某些物理力学性能，在过氧化物硫化体系中通常还加入一些共交联剂，常用的共交联剂有硫黄、硫黄给予体、丙烯酸酯、醌类、马来酰亚胺等。

三元乙丙橡胶中由于引入第三单体引入了双键，因此，既可以采用普通的硫黄硫化体系，也可以采用过氧化物、醌肟及反应性树脂等其他硫化体系进行硫化。不同的硫化体系对其混炼胶的门尼黏度、焦烧时间、硫化速率以及硫化胶的交联键型、物理力学性能等有着直接的影响。因此，一般要根据所用三元乙丙橡胶的类型、制品的物理力学性能要求、胶料的操作安全性以及产品成本等因素来选择适当的硫化体系。不同硫化体系的基本特性如表 3-7 所示。

另外，乙丙橡胶是一种无定形的非结晶橡胶，其分子主链上的乙烯和丙烯单体单元呈无规排列，因此，其纯胶硫化胶的强度较低（约为 6～8MPa），一般情况下必须加入补强剂后才有实用价值。乙丙橡胶所用补强填充剂与其他通用橡胶基本相同，其规律也类似。各种炭黑对三元乙丙橡胶的补强效果如表 3-8 所示。

(2) 加工　乙丙橡胶的塑炼效果差，一般不经塑炼而直接混炼。二元乙丙橡胶的混炼比较容易进行，可以用一般方法在开炼机或密炼机上混炼，过氧化物一般在开炼机上 100℃以下加入，某些硫化速率慢的过氧化物（如 DCP）也可以在密炼机上加入。而三元乙丙橡胶则由于缺乏粘接性，混炼时不易“吃”炭黑，不易包辊，因此，应当选择适当的混炼工艺操作条件，在此不再详谈。

(3) 应用　乙丙橡胶常用于制造轮胎胎侧、内胎、汽车配件、蒸汽导管、耐热输送带、电线电缆、实心或海绵压出制品、建筑防水材料及要求耐化学腐蚀、耐候和耐低温的特殊制品等，另外还可用作聚丙烯等塑料的抗冲改性剂（可用作制造汽车保险杠）等。

表 3-7 三元乙丙橡胶不同硫化体系的基本特性

硫化体系	硫化体系举例		交联键型	基本特性
硫黄硫化体系	硫黄	1.5	C—S_x—C	硫化速率快，拉伸强度高，蒸气硫化时不喷霜
	促进剂 M	0.5		
	促进剂 TMTD	3.0		
硫黄硫化体系	硫黄	2.0		硫化速率快，易焦烧，拉伸强度高，平板和蒸气硫化时不喷霜
	促进剂 M	1.5		
	促进剂 TMTD	0.8		
	促进剂 TDD	0.8		
	促进剂 DPTT	0.8		
半有效硫化体系	硫黄	0.5	C—$S_{1\sim2}$—C	中等硫化速率，在非过氧化物硫化中具有最好的耐热老化性能和最小的压缩变形性能，蒸气硫化时稍有喷霜
	促进剂 DTDM	2.0		
	促进剂 TMTD	3.0		
	促进剂 ZDBC	3.0		
	促进剂 ZDMC	3.0		
过氧化物硫化体系	DCP	7.0	C—C	硫化速率快（高温下），优越的耐老化性能和最小的压缩变形性能，平板和蒸气硫化不喷霜
	TAC（氰尿酸三烯丙酯）	1.5		
树脂硫化体系	溴化烷基酚醛树脂（SP1055）		C—C	硫化速率慢，优良的耐热性能和较好的高温性能

注：此表数据摘自王澜，王佩璋，陆晓中编《高分子材料》，北京：中国轻工业出版社，2009。

表 3-8 各种炭黑对三元乙丙橡胶的补强效果（硫黄硫化体系）

炭黑品种	槽黑	超耐磨	炉黑（高耐磨）	快压出	热裂法炭黑
300%定伸应力/MPa	7.3	12.3	12.3	11.0	3.7
拉伸强度/MPa	30.4	30.9	24.5	19.6	8.2
断裂伸长率/%	670	500	500	500	540

注：数据摘自王澜，王佩璋，陆晓中编《高分子材料》，北京：中国轻工业出版社，2009。

3.3 特种橡胶

3.3.1 硅橡胶

3.3.1.1 硅橡胶的种类及其结构

硅橡胶的生胶是由各种硅氧烷缩聚而制成的聚硅氧烷，当它与二氧化硅细粉、硅藻土等填充剂混合，并添加适当的过氧化物作为硫化剂后，也可以像普通橡胶那样进行硫化定型和固化。硅橡胶依其烃基种类的不同，可做如下分类。

（1）二甲基硅橡胶

$$\text{—}\overset{CH_3}{\underset{CH_3}{Si}}\text{—O—}\overset{CH_3}{\underset{CH_3}{Si}}\text{—O—}\overset{CH_3}{\underset{CH_3}{Si}}\text{—}$$

（2）甲基乙烯基硅橡胶

$$\text{—}(\overset{CH_3}{\underset{CH_2=CH}{Si}}\text{—O})_m\text{—}(\overset{CH_3}{\underset{CH_3}{Si}}\text{—O})_n\text{—}$$

(3) 甲基苯基硅橡胶 在甲基乙烯基硅橡胶中加有$\left[\begin{array}{c}CH_3\\|\\Si\\|\\C_6H_5\end{array}\right]$或$\left[\begin{array}{c}C_6H_5\\|\\Si\\|\\C_6H_5\end{array}\right]$。

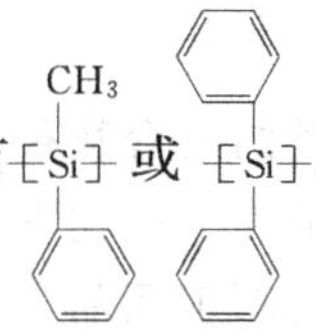

(4) 氟硅橡胶(或称氟化硅橡胶,含氟硅橡胶) 在甲基乙烯基硅橡胶中加有$\left[\begin{array}{c}CH_2CH_2CF_3\\|\\Si-O\\|\\CH_3\end{array}\right]$等。

其中二甲基硅橡胶和甲基乙烯基橡胶是通用型,使用比较广泛。下面以二甲基硅橡胶为例进行讨论。

二甲基硅橡胶是由二甲基二氯硅烷缩聚而成,其反应式为:

$$Cl-\underset{CH_3}{\overset{CH_3}{Si}}-Cl \xrightarrow[-HCl]{H_2O} HO-\underset{CH_3}{\overset{CH_3}{Si}}-OH \xrightarrow{H_2O} HO-\underset{CH_3}{\overset{CH_3}{Si}}-O-[\underset{CH_3}{\overset{CH_3}{Si}}-O]_n-\underset{CH_3}{\overset{CH_3}{Si}}-OH$$

若在硅橡胶的侧链引入氟代烷基可制成氟硅橡胶(MFQ或FVMQ),结构式如下:

$$-(\underset{CH_2CH_2F}{\overset{CH_3}{Si}}-O)_m-(\underset{CH=CH_2}{\overset{CH_3}{Si}}-O)_n-$$

这种橡胶能兼具硅、氟橡胶的优良性能。硅橡胶主链是由—Si—O—所组成,两个甲基对称地分布在Si—O键的两边。有趣的是,硅橡胶的相对分子质量即使达到50万,其柔性仍远较其他有机橡胶为好,这是由于硅原子比碳原子的体积大,从而使两个甲基之间的距离增大;又由于Si—O键的键长也比C—C键的大,这就使得相邻的两个甲基之间的相互作用减小。因此使主链上的每个链节都能自由旋转,分子链柔顺性好。但是从另外的角度来讲,正是由于其分子间的引力较小,所以没有配入填充剂的硫化胶拉伸强度极低,仅1.0~1.5MPa,伸长率约50%~80%。但由于硅橡胶的填充剂补强效率远较其他橡胶为高,故亦可制得完全可供实用的胶料。

3.3.1.2 硅橡胶的特性与应用

硅橡胶无味、无毒,具有生理惰性,对人体无不良影响,其主要特性如下:① 硅橡胶因相对分子质量不同,可呈固体、半流体或液体状态;② 硅橡胶是结晶型橡胶,但其结晶温度很低,而且分子间的作用力较小,在室温下难以生成晶体,所以其纯胶的强度极低。需用白炭黑补强(经补强后的胶料其拉伸强度仍不太高);③弹性好,玻璃化温度低,耐寒性好,有优异的电绝缘性;④具有优异的耐热性,能长时间的耐高温;⑤有优异的耐氧、耐臭氧及耐化学腐蚀的性能,也具有一定的耐油性;⑥是饱和性橡胶,不能用硫黄硫化,而需用过氧化物进行交联,硫化分两段进行。

此外,通用型的硅橡胶系以二甲基型硅橡胶或甲基乙烯基型硅橡胶为原料,硬度为30~90,拉伸强度为3~7MPa,伸长率为60%~300%左右;低压缩永久变形型的胶料以甲基乙烯基硅橡胶为原料,它经150℃×70h后压缩永久变形仅为7%~15%,而通用型的胶料经150℃×22h后压缩永久变形为25%左右;低温型硅橡胶采用引入了苯基的聚合物,在−90℃的低温下不丧失挠曲性;超耐热型胶料多采用甲基乙烯基型聚合物,可耐250~300℃的高温。

硅橡胶主要用于制造航空和工业用的耐高温、耐臭氧、耐油等密封制品和防霉制品,也可用作绝缘制品、医疗制品、人造器官等。

3.3.2 氟橡胶

目前可以称为氟橡胶的聚合物种类相当多，它们的共同特点是耐热性优异、耐化学品性卓越、特别是还具有耐油性。最初发展氟橡胶主要是作为喷气发动机用的耐热耐化学品的特种弹性体，因其主要作为军工用品，早期关于氟橡胶的报道很少，尤其是关于制造方法方面的报道极少，不明确的问题非常多。二次世界大战后，化学工业和机械工业的巨大发展，使得这些领域对所用橡胶状弹性体的性能要求也随之提高，从而使氟橡胶也不再为军工所专有，在这些一般性的工业中也逐渐有相当数量的应用。

3.3.2.1 氟橡胶的主要品种

氟橡胶的品种很多，主要分四大类：含氟烯烃类氟橡胶、亚硝基类氟橡胶、全氟醚类橡胶、氟化磷腈类橡胶。最常用的有凯尔（Kel-F）型和维通（Viton）型两种，是属含氟烯烃类橡胶。

（1）凯尔型氟橡胶（23 型）　氟橡胶 23，国内俗称 1 号胶，它是由三氟氯乙烯与偏氟乙烯在－20～50℃共聚而成。其含氟量为 50%，反应式如下：

$$nCF_2{=}CFCl+nCH_2{=}CF_2 \longrightarrow \left[\begin{array}{cccc} F & F & H & F \\ | & | & | & | \\ C- & C- & C- & C \\ | & | & | & | \\ F & Cl & H & F \end{array}\right]_n$$

从结构上来看，氟橡胶的主链为单链的碳原子相连，而氟原子位于碳链的两边呈对称分布，氟原子的半径又较小，故对碳链产生屏蔽作用。氟橡胶分子结构规整，且极性强，容易结晶，但分子链中引入氯原子后，可减少结晶的倾向而提高耐寒性；而且氯原子比较容易取代，因此，这种橡胶较容易进行硫化。

凯尔型氟橡胶的主要性能如下：

① 为结晶型；饱和、极性的橡胶，具有良好的耐热性，耐臭氧老化，耐化学腐蚀和耐油性等，但耐寒性差。

② 具有很好的气密性（与丁基橡胶相接近）。

③ 需用过氧化物、有机胺类及其衍生物等来硫化，硫化需分两段进行。

凯尔型氟橡胶主要用于制造耐高温、耐腐蚀、耐油的制品，如胶管、垫圈等。

（2）维通型氟橡胶（26 型）　氟橡胶 26，国内俗称 2 号胶，杜邦牌号 Viton A，是偏二氟乙烯与六氟丙烯的共聚体，其中含氟 65%。

$$nCH_2{=}CF_2+nCF_3{-}CF{=}CF_2 \longrightarrow \left[CH_2{-}CF_2{-}\underset{\displaystyle CF_3}{\underset{|}{CF}}{-}CF_2\right]_n$$

维通型氟橡胶性能与凯尔型氟橡胶相似，但其耐热性、耐溶剂作用及化学稳定性都比凯尔型的好。在中国市场上，进口氟橡胶供应商除了最大的美国杜邦公司外还有美国 3M，日本的大金和欧洲的 Solvay。我国生产的牌号有 3F、晨光、东岳等。

3.3.2.2 氟橡胶的结构与特性

（1）氟橡胶的结构　氟橡胶（FPM）是由含氟单体（通常是含氟烯烃）经过聚合或缩合而制成的。氟橡胶具有耐热、耐油和耐化学药品等优良的性能，这些不平凡的性能是由氟烃化合物分子结构的一系列特点所决定的。首先在这些化合物中 C—F 键能很大，达 485.7 kJ/mol，而 C—C 键能只有 347.5 kJ/mol，C—Cl 键能为 330.8 kJ/mol，C—H 键能为 414.5 kJ/mol。其次，由于氟是元素周期表中电负性最强的一个元素，因此，氟烃化合物处于最高的氧化程度，它不会被空气中的氧所氧化，消除了一般聚合物因氧化裂解使其热稳定性降低的这个主要因素，可在 300℃的较高温度下使用。氟原子的极性大，使氟橡胶具有优良的耐航空燃油、润滑油的性能。第三，氟原子的体积比氢原子大，其半径几乎相当于 C—

C键长的一半，能对C—C键起到屏蔽作用。但氟原子也带来了不利的影响，使氟橡胶低温性能变差和弹性低。

（2）氟橡胶的特性

① 化学稳定性佳 氟橡胶具有高度的化学稳定性，是目前所有弹性体中耐介质性能最好的一种。

② 耐高温性优异 氟橡胶的耐高温性能和硅橡胶一样，可以说是目前弹性体中最好的。

③ 耐老化性能好 氟橡胶具有极好的耐气候老化性能，耐臭氧性能。

④ 真空性能极佳 26型氟橡胶具有极好的真空性能；246氟橡胶基本配方的硫化胶真空放气率仅为37×10^{-6} mL/(s·cm^2)。246型氟橡胶已成功应用在10^{-9} Torr（1Torr＝133.3Pa）的真空条件下。

⑤ 机械性能优良 氟橡胶具有优良的物理力学性能。26型氟橡胶一般配合的压力在10～20MPa之间，断裂伸长率在150%～350%之间，撕裂强度在3～4kN/m之间。23型氟橡胶压力在15～25MPa之间，伸长率在200%～600%，撕裂强度在2～7MPa之间。

⑥ 电性能较好 23型氟橡胶的电性能较好，吸湿性比其他弹性体低，可作为较好的电绝缘材料。26型橡胶可在低频低压下使用。

⑦ 透气性小 氟橡胶对气体的溶解度比较大，但扩散速率却比较小，所以总体表现出来的透气性也小。

⑧ 低温性能不好 氟橡胶的低温性能不好，这是由于其本身的化学结构所致，如23-11型的氟橡胶$T_g>0$℃。

⑨ 耐辐射性能较差 氟橡胶的耐辐射性能是弹性体中比较差的一种，26型橡胶受辐射作用后表现为交联效应，23型氟橡胶则表现为裂解效应。

3.3.2.3 氟橡胶的应用

由于氟橡胶具有耐高温、耐油、耐高真空及耐酸碱、耐多种化学药品的特点，已应用于现代航空、导弹、火箭、宇宙航行、舰艇、原子能等尖端技术及汽车、造船、化学、石油、电信、仪器、机械等工业领域。制品包括密封圈、密封垫、防护衣、胶布、胶带、胶管、薄膜和浸渍制品，耐高温、耐油、耐压的电线电缆、涂料、衬里以及制作耐燃油、耐压油、润滑油系统的密封件等。

以下介绍几种氟橡胶的典型应用。

（1）氟橡胶密封件，用于发动机的密封时，可在200～250℃下长期工作，在300℃下短期工作，其工作寿命可与发动机返修寿命相同，达1000～5000飞行小时（时间5～10年）。

（2）在高真空方面应用。当飞行高度在200～300 km时，气压为133×10^{-6} Pa（10^{-6} mmHg），氯丁橡胶，丁腈橡胶、丁基橡胶均可应用；当飞行高度超过643km时，气压将下降为133×10^{-7} Pa（10^{-7}mmHg）以下，在这种高真空中只有氟橡胶能够应用。

（3）用氟橡胶制造的胶管适用于耐高温、耐油及耐特种介质场合，如用作飞机燃料油、液压油、合成双酯类油、高温热空气、热无机及其他特种介质（如氯化烃及其他氯化物）的输送、导引等。用氟橡胶制成的电线电缆挠曲性好，且有良好的绝缘性。

3.3.3 氯醚橡胶

3.3.3.1 概述

氯醚橡胶是指侧基上含有氯的聚醚型橡胶。过去习惯上又称作氯醇橡胶。这种橡胶根据聚合方式的不同，可分为均聚型和共聚型两种，前者是由环氧氯丙烷均聚而成，常用CHR表示，ASTM命名为CO；后者通常是由环氧氯丙烷与环氧乙烷共聚而成，常用CHC表示，

ASTM命名为ECO；或由环氧氯丙烷-环氧乙烷-烯丙基缩水甘油醚三元共聚而成的不饱和聚合物，ASTM命名为GCO。其结构式表示如下：

$$\left[\mathrm{CH_2{-}CH(CH_2CH_2Cl){-}O}\right]_n \qquad \left[\mathrm{CH_2{-}CH(CH_2CH_2Cl){-}O{-}CH_2{-}CH_2{-}O}\right]_n \qquad \left[\mathrm{CH_2{-}CH(CH_2CH_2Cl){-}O{-}CH_2{-}CH(CH_2{-}O{-}CH_2{=}CH{-}CH_3){-}O}\right]_n$$

CO(CHR)　　　　ECO(CHC)　　　　GCO

氯醚橡胶的开发始于1959年Hercules公司公布的专利，1965年在“Chemical Week”（《化学周刊》）上发表后迅即受到关注。1965年美国的Goodrich公司被授权许可生产，Hercules公司自己也开始生产。在日本瑞翁公司根据Hercules公司的技术于1957年开始工业化生产，大曹（Daiso）公司用自己开发的技术于1979年也开始了工业化生产。

3.3.3.2　氯醚橡胶的化学结构与性能

（1）氯醚橡胶的化学结构特征　氯醚橡胶的基本性质可认为是由于在主链上含有—C—O—C—键的旋转自由度，其分子链有较好的柔顺性，因而其弹性和耐寒性都很好（其结晶度仅为百分之几）；又因为分子链中含有—CH_2Cl极性基团的凝聚力，这又使其有相当好的耐油性；同时还因其主链不含不饱和键导致其良好的耐热老化性。引入烯丙基缩水甘油醚的目的，除了利用侧链上的不饱和基团进行硫黄交联外，还可改善耐臭氧性和防止软化老化（见图3-16）。

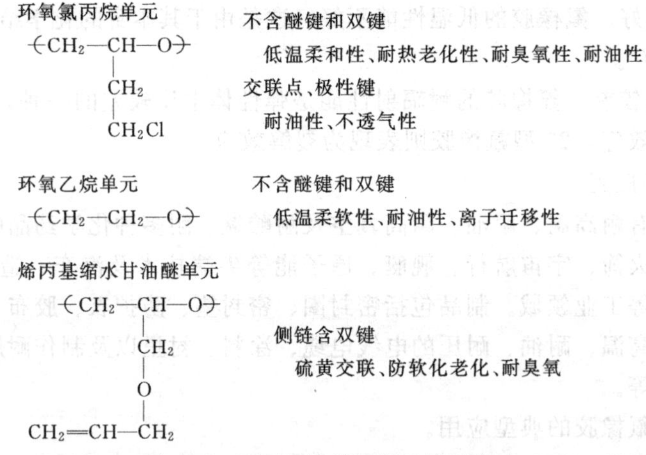

图3-16　氯醚橡胶的化学结构及特性

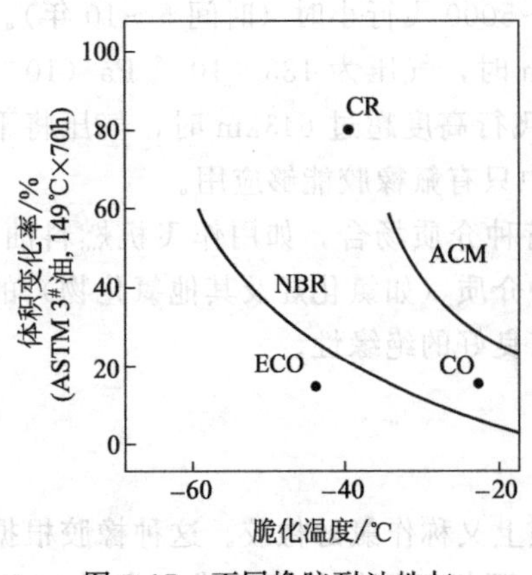

图3-17　不同橡胶耐油性与低温柔软性的关系

CO是兼具耐热老化性、耐油性、耐臭氧性、耐气体透过性的氯醚橡胶。但是，其侧链上氯甲基的内聚力阻碍了低温柔软性，这成为实际应用中的难题。ECO是为了改善CO这一缺点而另行开发的氯醚橡胶品种，它能在不影响原有耐油性的情况下达到改善低温柔软性的效果。在丙烯酸酯橡胶（ACM）和丁腈橡胶（NBR）中，一种共聚物系列无论怎么重组共聚物的成分，当低温柔软性提高时，其耐油性均变差。要同时满足这两种性能是比较困难的。这是因为两者的性质基本上决定于同一凝聚力。而对于氯醚橡胶来讲，提供低温柔软性的氧化乙烯单元也同时显现出一定的耐油性，所以，可以改善耐油性（见图3-17）。三元共聚氯醚橡胶GCO既防止了氯醚橡胶软化老化性这一缺点，同时，又改善了耐臭氧性。

(2) 氯醚橡胶的性能 氯醚橡胶的基本性能如表3-9所示。均聚型CO是耐热、耐油、耐候、耐气透性良好的橡胶；共聚型CO是耐油、耐寒、耐候、耐热性良好的橡胶，二者与树脂的共混性也均良好。氯醚橡胶的其他性能简单介绍如下。

表3-9 氯醚橡胶的基本性能

指 标	CO	ECO	GCO	指 标	CO	ECO	GCO
门尼黏度/$ML_{1+4}^{100℃}$	40～75	50～110	60～90	耐磨性	D	D	D
拉伸强度/MPa	18.0	20.0	20.0	耐臭氧性	A	A	A
断裂伸长率/%	350	350	350	耐气透性	A	B	B
最低使用温度/℃	−15	−35	−35	耐酸性	B	B	B
最高使用温度/℃	140	120	130	耐碱性	C	C	C
体积变化率/%				耐水性	B	C	B～C
100℃ ASTM 3#油浸泡70h后	6	7	—	耐燃性	A	B	B
室温 ASTM B燃料油浸泡70h后	22	23	—	压缩永久变形性	C	B	B
弹性	D	A	A	体积电阻/(Ω·cm)	10^9	10^9	10^9

注：A、B、C、D代表性能等级，A为最佳，D为最差；表中数据来自于郭守学、刘毓真的橡胶配合加工技术讲座(第十一讲 氯醚橡胶)，橡胶工业，1999，46：436-444。

均聚型CO的耐气透性优异，和典型的耐气透性丁基橡胶（IIR）相比，其气密性约为后者的3倍，气体透过量则为后者的1/3。利用这种特性可开展将其用作无内胎轮胎的气密层和各种气体胶管的研究。另外，其耐汽油透过性比NBR好，耐液化石油气透过性也好。共聚型CO的耐气透性和NBR大致相当。

均聚型CO因含有氯而具有难燃性，但因同时含有氧，其难燃性又受到一定损害。CO的动态性能比NBR好，在固特里奇挠曲生热试验中，NBR的压缩永久变形和生热随挠曲试验时间的延长变化较大，而CO却基本不随时间而变化。一般来说，CO的物理性能随温度变化而变化。CO在常温下的强度比其他特种橡胶低，但随着温度的上升而下降较少，当温度上升至100℃以上时，强度仅次于NR。

均聚型CO与NBR具有相近的耐水性，共聚型CO的耐水性介于NBR与ACM之间。配方对耐水性有较大影响，含四氧化三铅的胶料耐水性较好，含氧化镁的胶料耐水性明显较差，提高硫化程度也可以提高耐水性。均聚型CO的导电性与NBR相当或稍大，共聚型CO的导电性则比NBR大200倍以上。

氯醚橡胶与部分树脂如聚甲基丙烯酸甲酯（PMMA）、聚苯乙烯丙烯腈（SAN）等具有良好的相容性，改变共混比例可制得橡胶状、皮革状或树脂状（软化温度较低）的透明制品。将这些树脂少量掺混用于CO中，可改进其加工性能和物理性能。

3.3.3.3 氯醚橡胶的应用

氯醚橡胶作为一种特种橡胶，其综合性能良好，用途较广，具体如下。

(1) 可用于汽车、飞机及各种机械的配件中，用作垫圈、O形圈、隔膜等。采用CO做密封填料，用在压缩机和泵的轴承处。使用氟利昂（Freon）的冷冻机需使用弹性体密封件，而多数橡胶长期在Freon和冷冻机油的浸渍下将溶胀、变形，从而导致制品报废。能耐上述溶剂者当首推CO。

(2) 用作耐油胶管、印刷胶辊、胶板、衬里、充气房屋及其他充气制品等。

(3) 用于制造耐热制品电机引接线是电机工业大量使用的配套产品，其中对耐热性要求通常为F级（155℃），上海电线二厂采用CO作线护套，效果良好。

(4) 用作胶黏剂。CO因含有大量的氯甲基，具有优良的粘接性，可制作胶黏剂，用于纤维贴胶或用作柔韧印刷电路板的柔韧胶黏剂。

3.3.4 聚氨酯橡胶

3.3.4.1 聚氨酯橡胶的种类及其结构

聚氨酯橡胶是聚氨基甲酸酯橡胶的简称。它是由聚酯（或聚醚）与二异氰酸酯类化合物缩聚而成。例如，聚酯型的聚氨酯橡胶其缩聚反应式可表示为：

$$O{=}C{=}N-C_6H_4-C_6H_4-N{=}C{=}O + HOCH_2CH_2\left[O-\overset{O}{\overset{\|}{C}}-(CH_2)_4-\overset{O}{\overset{\|}{C}}-O-O-CH_2-CH_2\right]OH$$

4,4′-联苯二异氰酸酯　　　　聚酯

$$-O{=}C{=}N-C_6H_4-C_6H_4-\underset{H}{N}-\overset{O}{\overset{\|}{C}}-O-\text{聚酯链}-O-\overset{O}{\overset{\|}{C}}-\underset{H}{N}-C_6H_4-C_6H_4-\underset{H}{N}-\overset{O}{\overset{\|}{C}}-O-$$

$$-\text{聚酯链}-O-\underset{O}{\underset{\|}{C}}-\underset{H}{N}-C_6H_4-C_6H_4-NCO$$

从分子结构上看，聚氨酯橡胶的主链是一种由C、O、N等元素以单键形式组成的杂链，因此，其主链具有很好的柔顺性，但在分子链中又含有—NH—COO—和苯环以及在交联后形成的—NH—CONH—等基团。这些基团又赋予其分子链具有很好的刚性，再加之存在分子间氢键的作用，这就使得聚氨酯橡胶具有很高的强度和一系列优异的性能。

聚氨酯橡胶由于制造时所用的原料及制造条件不同，可得很多品种。这些品种，从化学结构上可分为聚酯型和聚醚型两类；从加工方法上则可分为浇注型、混炼型和热塑型三类。聚酯型（AU）的耐磨性、耐油性、耐氧性较好；聚醚型（EU）的耐寒性和耐水解性较佳。

浇注型聚氨酯橡胶是一种端基为异氰酸基的预聚体，可用多元醇或多元胺作扩链剂，通过浇注的方法进行成型，这种橡胶的物理性能较好，硬度变化范围较宽，加工简便，是最常用的一种聚氨酯橡胶。混炼型聚氨酯橡胶是一种端基为异氰酸基或羧基的预聚体。可用水、二元醇等含有活泼氢的化合物或多异氰酸酯作固化剂，经一般橡胶加工的方法制成硫化胶。这种橡胶的物理性能较差，硬度变化范围窄。

热塑性聚氨酯橡胶是由多异氰酸酯和多羟基化合物借助于扩链剂的加聚反应而形成的线形嵌段共聚物。柔性链段和刚性链段经过化学共价键尾-尾相连，软段是由脂肪族聚酯或聚醚所组成，硬段由二异氰酸酯与二元醇或二元胺聚合而成。这种橡胶的特点是硬度高、拉伸强度高、耐磨、耐油、耐有机溶剂、耐臭氧老化、不透气和易于加工。它可按热塑性塑料那样成型，不需经过硫化。但胶料永久变形较大，耐腐蚀性较差。

3.3.4.2 聚氨酯橡胶的特性与应用

若将聚氨酯橡胶的杨氏模量与其他材料比较，可以发现它居于橡胶和塑料之间。因而，聚氨酯橡胶的用途并不限于橡胶领域，而且涉入塑料领域。其最大的特点在于既可以为高硬度，又具有高弹性，这种性能是其他橡胶或塑料所不具备的。此外，耐磨耗性非常优异也是它的一大特征。

（1）聚氨酯橡胶的性能

① 耐高温性能　在高于室温的环境下，聚氨酯橡胶的性能会降低，这与分子间氢键所形成的二级交联键对机械强度的影响有关。随着温度升高，此氢键力逐渐减弱，物理性能降低，然而即使此时亦完全能够比得上普通橡胶的强度。据认为，聚氨酯性能的下降原因在于其主链中的酯键和醚键氧化断裂的结果。酯键和醚键相比，前者是更稳定的交联键。

② 耐低温性能　虽然低温影响到聚氨酯橡胶的性能，但不会出现大分子的降解，这种影响是完全可逆的。低于0℃杨氏模量增大，硬度、拉伸强度、撕裂强度的扭转刚性增大，

回弹性降低。

③ 耐水性能　聚氨酯橡胶的耐水性不太好，高温下尤甚，其中聚醚类优于聚酯类。水对聚氨酯橡胶有两种作用，第一种是由所吸之水产生增塑所用，即所吸入的水与聚氨酯中的极性基形成氢键，使聚合物本身分子间的氢键削弱，物理性能从而降低。但是此吸水过程是可逆的，干燥后又能复归如初。第二种作用是所吸之水使聚氨酯橡胶水解，此为不可逆过程。

④ 耐油和耐溶剂性能　聚氨酯橡胶的耐油和耐溶剂性一般是很好的。特适于耐润滑油和燃料油，但必须注意在芳族溶剂和极性溶剂中会发生溶胀。

⑤ 耐候性和耐臭氧性能　聚氨酯橡胶经长时间的日光照射会变色发暗，物理性能逐渐降低。因聚氨酯橡胶结构中不含不饱和键，故其耐臭氧性能极佳。

⑥ 其他性能　浇注型聚氨酯橡胶可用于电器件的嵌埋。此外人们很早就发现，聚酯型聚氨酯橡胶的抗霉菌性能很差，并成为它老化的原因之一，而聚醚型的抗霉菌性则很好。

（2）应用　聚氨酯橡胶有着卓越的性能，因此其应用范围甚广，图3-18为聚氨酯橡胶的硬度范围与用途的关系。按照其不同特性可将其用途分类如下。

① 利用其耐磨耗性可将其用来制造实心轮胎和车轮（注意：由于聚氨酯橡胶的高蓄热性导致其仍不能作为充气轮胎的材料）、鞋底和后跟、耐磨胶带、印刷胶辊以及工业泵体的衬里材料等。

② 利用其耐油性可将其用于制作印刷胶辊、油封、擦油圈和阀座等，也可用于制造密封圈、活塞皮碗及其他氯丁橡胶、聚四氟乙烯和天然胶所不能及的用途。但需要注意油中的添加剂可能对聚氨酯橡胶有侵蚀作用，故使用前应做试验。

③ 因聚氨酯橡胶具有高硬度、高弹性及良好的耐油性的同时，还具有较好的缓冲性能。利用其缓冲性能可将其用于制作各种压力机具中的模垫及冲孔用的模板、钣金加工用橡皮锤、各种机械的缓冲垫。

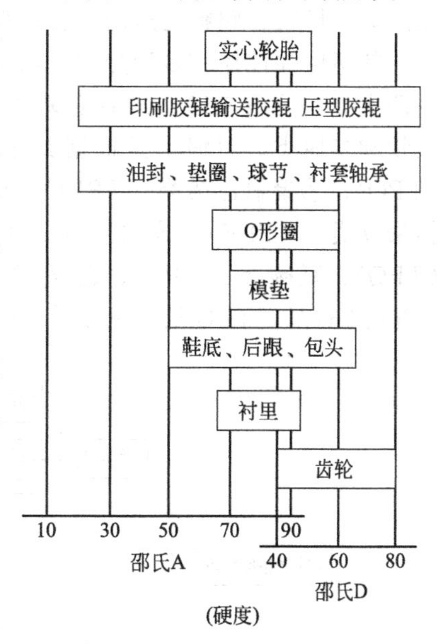

图3-18　聚氨酯橡胶的硬度范围与用途

④ 利用其低摩擦系数制作马达联轴节及汽车球承密封等。聚氨酯橡胶的摩擦系数一般偏高，但添加二硫化钼或硅油等后便会大大降低，而耐磨耗性则进一步提高，成为一种具有自润滑性的材料。

⑤ 利用其良好的绝缘性能，可将其用于电器件及电缆端等的嵌埋。当所要求的电性能甚高时，可采用在浇注型预聚体中加入环氧树脂并以二元胺将其固化的方法。

⑥ 其他用途，聚氨酯橡胶还可用溶液浸涂法或喷涂法对织物或金属挂衬，同时还可用作海绵胶、密封胶等很多方面，随着技术的改进，今后还有更加宽广的应用领域。

知识窗：门尼黏度

门尼黏度是衡量橡胶相对黏度的一项性能指标，其所用的测量仪器称为门尼黏度计。目前测定门尼黏度所用的门尼黏度计（mooney viscometer）是用恒定转速（2r/min，其剪切速率为1.57s^{-1}）的大转子在限定条件下（100℃预热1min、转动4min）测定生胶的转动力矩（门尼值）。这种门尼值可大体上反映出生胶的分子量大小、分子量分布宽窄和凝胶含量多少，但不能确切地表征出分子量分布和长链支化对门尼黏度的影响。这种黏度计测定的门尼黏度值随测定条件不同而变化，且不能反映出橡胶分子支化对其流变行为的影响。如果采用一种变速（多速）门尼黏度计，即可在接近加工时的条件下直接测定胶料的流变性能，还可将门尼黏度（转矩）-时间关系曲线转换成黏度-切变速率关系曲线来评价生胶的加工性能的优劣。

3.4　橡胶的新发展

3.4.1　热塑性弹性体

3.4.1.1　概述

热塑性弹性体（thermoplastic elastomers，简称 TPE）也称热塑性橡胶，它是指在常温下具有弹性，而在高温下具有塑性的一类聚合物。它能像塑料那样进行加工成各种制品，且不需经热炼和硫化，它可使橡胶工业生产流程缩短 1/4，节约能耗 25%～40%，提高效率 10～20 倍，堪称橡胶工业又一次材料和工艺技术革命。40 多年前作为介于橡胶和塑料之间的中间材料，因其具有不需硫化、自补性、成型性、循环利用性、节能性等优越特性，而今已成为继橡胶、塑料之后的一种新型材料，在世界各地的生产量急剧增长。

热塑性弹性体有多种分类方法，如果按照制备方法分类，可分为化学合成法和物理共混法两大类，见图 3-19；如果按聚合物的结构特点分类，又可将其分为嵌段共聚物、接枝共聚物和其他类。习惯上是根据其化学组成进行分类：①聚苯乙烯类（TPS）；②聚烯烃类（TPO）；③聚氯乙烯类（TPVC，TCPE）；④二烯烃类（TPB，TPI）；⑤工程塑料类，包括聚酯类（TPEE）、聚酰胺类（TPAE）、聚氨酯类（TPU）；⑥其他类，包括硅氧烷类（TPQ）、氟碳类（TPF）、乙烯类（EVA）。目前在 TPE 消费结构中，TPS 约占 44%，TPO 占 31%，TPU 约占 9.5%，其他 TPE 占 15%左右。

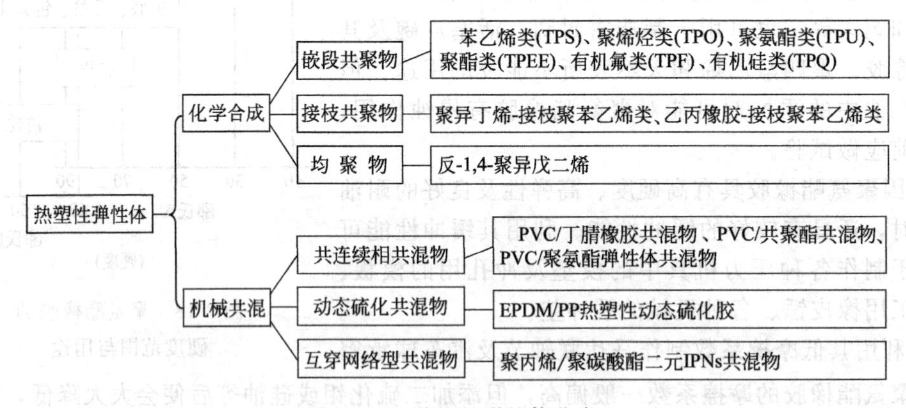

图 3-19　热塑性弹性体分类

热塑性弹性体是一种介于橡胶和塑料之间的材料，其结构既有别于橡胶，又有别于塑料。从其分子结构来说，在一个大分子链上，包含着硬链段和软链段两部分，以嵌段共聚或接枝共聚的形式聚合。如以苯乙烯与丁二烯嵌段共聚物 SBS 来说，其分子结构就是由作为硬链段的聚苯乙烯和作为软链段的聚丁二烯所组成，即聚苯乙烯-聚丁二烯-聚苯乙烯的结构。苯乙烯链段接在线形聚丁二烯的两端，成为双嵌段型共聚物。因此，聚丁二烯链段的两端都受到苯乙烯链段的约束。其中苯乙烯链段是热塑性聚合物，由于其分子内聚力很大，容易聚集在一起，形成聚集体，即物理交联区，同时还有补强作用。而中间的线形聚丁二烯则显示橡胶的弹性，所以热塑性弹性体在常温下能显出类似硫化胶的弹性，而在高温下，由于苯乙烯链段熔融发生流动，聚合物的整体就容易流动，因而又能显示出塑性。这种交联性质的可逆性是热塑性弹性体所必须具备的条件。

此外，热塑性弹性体的每一嵌段都具有足够的长度，硬链段不能过长，软链段不能过短，硬段和软段有适当的排列次序和排列方式。SBS型热塑性橡胶的结构模型如图3-20所示。

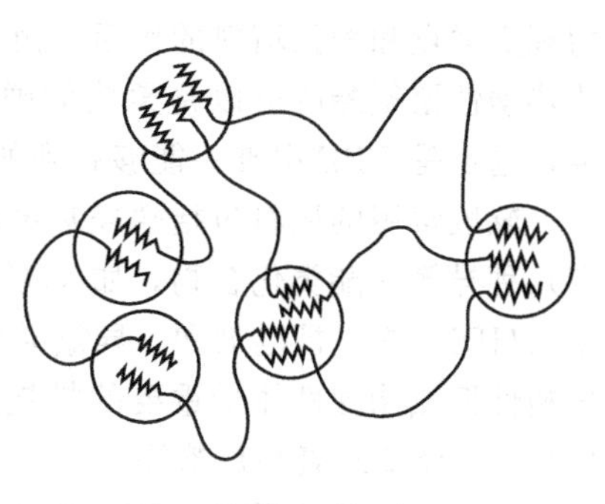

图3-20 热塑性弹性体分子结构

从微观结构上看，热塑性弹性体是一种双相体系，这一微相分离结构特点可通过差热分析法测出各嵌段仍然保持自己的玻璃化温度 T_g 来证实。其中软链段呈无定形态，由它构成连续相，而硬链段则呈玻璃态或结晶相，由它构成分散相。在室温下胶料具有较高的强度。但在高温下，由于结晶融解，结晶相消失，在外力作用下能发生塑性流动，因此可像塑料那样进行加工。

3.4.1.2 几种典型热塑性弹性体

(1) 苯乙烯类热塑性弹性体（TPS） 在热塑性弹性体中，苯乙烯类嵌段共聚物型热塑性弹性体是最早研究的热塑性弹性体之一，也是目前世界上产量最大、发展最快的热塑性弹性体材料之一。典型的TPS是采用苯乙烯和二烯烃单体通过定向阴离子聚合制备的嵌段共聚物，主要包括聚苯乙烯/聚丁二烯共聚物（SBS）和聚苯乙烯/聚异戊二烯共聚物（SIS）。这种嵌段共聚物与无规共聚物最大的差别在于它是两相分离体系，即聚苯乙烯和聚二烯烃两相保留了各自均聚物的许多性能，如此类共聚物具有两个玻璃化温度，分别对应于各自的均聚物，而无规共聚物只有一个玻璃化温度。

从应用的角度来看，苯乙烯类热塑性弹性体最令人感兴趣的是其室温下的性能与硫化橡胶相似，而其弹性模量异常高，且不随相对分子质量变化。TPS凭借其强度高、柔软、具有橡胶弹性、永久变形小等特点，在制鞋业、塑料改性、沥青改性、防水涂料、液封材料、电线电缆、汽车部件、医疗器械部件、家用电器、办公自动化和胶黏剂等方面都有广泛的应用。

SBS和SIS的最大问题是不耐热，使用温度一般不超过80℃。同时，其拉伸性、耐候性、耐油性、耐磨性等也都无法与橡胶相比。其加氢改性后的氢化SBS（SEBS）和氢化SIS（SEIS），在实际应用中的性能远高于普通的线形和星形SBS，使用温度可达130℃，尤其是具有优异的耐臭氧、耐氧化、耐紫外线和耐候性能，其在非动态用途方面可与乙丙橡胶媲美。

(2) 聚氨酯类热塑性弹性体（TPU） 热塑性聚氨酯一般是由平均相对分子质量为600～4000的长链多元醇、相对分子质量为61～400的扩链剂和多异氰酸酯为原料制得的。所得聚氨酯弹性体通常由两种嵌段构成，一种为硬嵌段，它是由扩链剂如丁二醇加成到二异氰酸酯如MDI上形成的；另一种为软嵌段，由镶嵌在两个硬段之间的柔软的长链聚醚或聚酯构成（图3-21）。室温下，低熔点的软段与极性、高熔点的硬段是不相容的，从而导致微相分离。当加热至硬段的熔点以上时，体系变为均一的熔体，可以用热塑加工技术进行加工，如注塑成型、挤出成型、吹塑成型等。而冷却或溶剂挥发后，软、硬段重新相分离，再次形成交联网络，从而恢复弹性。

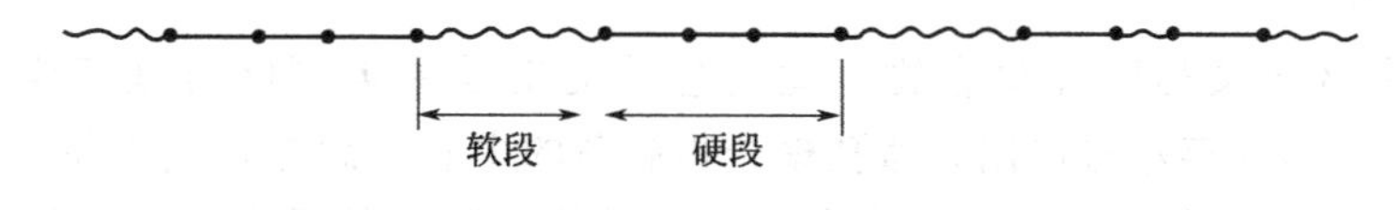

图3-21 由二异氰酸酯、长链二元醇和扩链剂组成的热塑性聚氨酯的分子结构

一般来说，软段形成连续相，主要控制其低温性能、耐溶剂性和耐候性，而硬段则起着

物理交联点和增强填料的作用。由于软、硬段的配比可以在很大范围内调整，因此，所得到的热塑性聚氨酯既可以是柔软的弹性体，又可以是脆性的高模量塑料，也可制成薄膜和纤维，这也是TPE中唯一能够做到的品种。

软段常用的原料包括端羟基聚酯类和端羟基聚醚类。能用于制备热塑性聚氨酯的硬段仅有几种异氰酸酯类化合物，如4,4′-二苯基甲烷二异氰酸酯（MDI）、1,6-六亚甲基二异氰酸酯（HDI）等。扩链剂和二异氰酸酯的种类决定了硬段的性质，进而影响整个材料的性能，热塑性聚氨酯弹性体最重要的扩链剂为线形二元醇，如乙二醇、1,4-丁二醇、1,6-己二醇、1,4-二（羟基乙氧基）苯等。

热塑性聚氨酯弹性体具有非常优异的性能，由于其具有良好的耐磨性、抗刺穿性、抗撕裂性、弹性等，常用来制作各种传送带；又由于其对空气的渗透性较低，可将其制成各种阻隔制品；用热塑性聚氨酯作为消防水管的内衬层可以减轻水管的重量，便于消防队员的操作。另外常利用聚氨酯弹性体材料的耐磨性好等特点，将其用于制作滑雪鞋的表层以及运动鞋的鞋底。其在汽车工业中也有广泛应用，如制备汽车的外部制品可通过注塑方法加工。热塑性聚氨酯与人体皮肤具有良好的相容性，因此，输血管即是采用TPU制作的，另外，人们甚至还开发了用热塑性聚氨酯制成的微孔型、可生物降解、柔性的且与血液相容的人造血管。

（3）聚烯烃类热塑性弹性体（TPO，TPV） 聚烯烃弹性体包括TPO和TPV两种，热塑性聚烯烃弹性体（TPO）是由软链段（大于20%）的橡胶和硬链段的聚烯烃构成的共混物；TPO硫化后的硫化弹性体称为TPV，是与TPO不可分割的、相辅相成的热塑性弹性体，也是今后TPO主要的发展趋势。TPO制备方法有两种，一种是原位合成法，另外一种则是机械共混法。所得TPO根据微观组成又可分为嵌段共聚物、接枝共聚物和共混物，其中嵌段共聚物又包括无规嵌段共聚物（例如乙烯/丙烯无规嵌段共聚物、乙烯/高级α-烯烃共聚物、丙烯/高级α-烯烃共聚物以及无规立构嵌段聚丙烯等）和规则嵌段共聚物［如A-B-A型三嵌段共聚物H（B-I-B)，即氢化聚丁二烯/异戊二烯/丁二烯三嵌段共聚物］。接枝共聚物包括聚异丁烯-g-聚苯乙烯、EPDM-g-聚新戊内酯等。TPO共混物包括EPDM/iPP共混物、动态硫化的EPDM/结晶聚烯烃共混物以及全同立构聚丙烯/EVA共混物等。

TPO是一种高性能的弹性体材料，作为橡胶的换代品种而得到广泛应用。TPO有三个主要的应用领域：汽车、电线电缆、机械制品。其中约60%以上用于汽车业，TPO在汽车业中的份额约占汽车橡胶用量的90%，如空气阀、保险杠护套、挡泥板、网床、胶条、导管、密封垫圈、内部装潢材料等。而其在电线电缆方面也已经在很多场合取代了PVC和硫化橡胶，如软线、升压电缆、仪表用线、低压护套等。

为了加工方便，市售的TPO为粒状产品，它可以采用大多数热塑性塑料的加工方法进行加工，例如注射成型、挤出成型、吹塑成型、真空成型、吹膜等。

3.4.2 微孔高分子材料

3.4.2.1 基本概念

微孔高分子材料又称微孔聚合物，此概念的提出是由美国麻省理工学院（MIT）的N. P. Suh教授于1980年左右提出，微孔聚合物制备的中心思想是，用大量比聚合物内已有的缺陷还小的微孔代替聚合物。微孔聚合物一般是特指孔的数量在10^9个/cm^3以上、孔径在0.1～10μm的多孔发泡材料。许多研究结果表明，微孔发泡材料可以在维持材料必要的机械性能的前提下，可以显著降低制品的重量，从而实现减少原料消耗和降低生产成本的目的。微孔发泡聚合物可视为以气体为填料的聚合物基复合材料，其密度可比发泡前减少

5%～98%，同时，孔密度较高、孔径较小的泡孔形态还赋予微孔发泡材料很多未发泡聚合物和传统发泡材料所无法比拟的优异性能，比如具有较高的冲击强度、韧性和抗疲劳寿命等。而传统的发泡聚合物因较宽的孔径分布、不足 10^6 个/cm^3 孔密度和超过 300μm 的孔径，这些大而尺寸不均的孔会导致产品力学性能下降，限制了其应用范围。

3.4.2.2　制备技术

根据聚合物发泡成型中发泡动力的来源，一般可将其分为三种类型：机械发泡、物理发泡和化学发泡。机械发泡是借助于机械的强烈搅拌，使气体均匀地混入液态树脂中，形成气泡再硬化定型。物理发泡是借助于发泡剂在树脂中物理状态的改变，形成大量的气泡。化学发泡是在发泡过程中使化学发泡剂发生化学反应，从而分解并产生气体，使树脂发泡的过程。

发泡剂是指使聚合物或其他材料形成海绵状结构或蜂窝状结构的物质，能在特定条件下产生大量气体，在聚合物或其他材料内形成多孔结构。发泡剂又分为物理发泡剂和化学发泡剂。物理发泡剂在参与发泡过程中，本身不发生化学变化，只是通过物理状态的改变来产生大量的气体，使聚合物发泡。按照发泡成型的特性，物理发泡剂又包括三种，即惰性气体、低沸点液体和固态空心微球。化学发泡剂的类型很多，一般可分为有机和无机两大类，无机化学发泡剂主要有碳酸氢钠、碳酸铵等。有机化学发泡剂主要包括偶氮类、亚硝基类和磺酰肼类的化合物，其中偶氮二甲酰胺（俗称 AC 发泡剂）应用很广，属于高效发泡剂。

国内外研制微孔聚合物的技术主要有三种，即间歇成型、连续挤出成型和注射成型。

（1）间歇成型法　间歇成型法是最早提出的微孔发泡聚合物成型方法，由 Jane Martini 在 1981 年提出的。图 3-22 为其工艺流程图：第一步是将已预成型的聚合物件或料坯放入充满高压气体的压力容器中，在温度低于聚合物玻璃化温度条件下，气体通过扩散渗透至溶解在固体聚合物中，得到聚合物-气体均相体系；第二步是将溶有大量气体的聚合物由压力容器中取出，放入温度控制在玻璃化温度附近的油浴中，由于外部压力急剧下降，使得聚合物内气体具有过高的饱和度，气体在聚合物内部瞬间形成大量的气泡核并且开始长大；第三步将泡孔长大到规定尺寸的聚合物件放入冷水槽中急冷，使气泡定形得到微孔发泡聚合物材料。

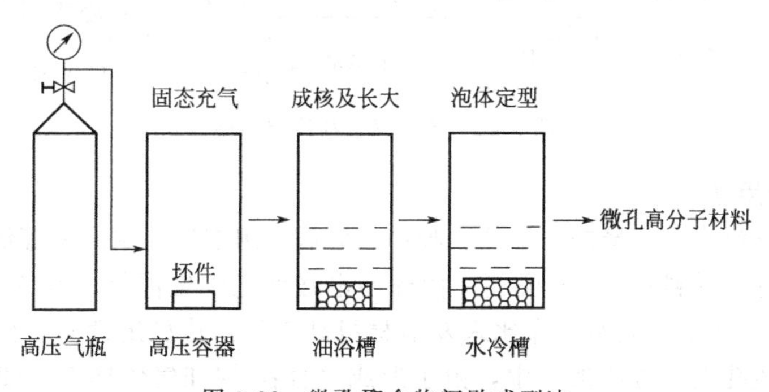

图 3-22　微孔聚合物间歇成型法

（2）连续挤出成型技术　Waldman 于 1982 年首次提出连续挤出微孔发泡聚合物的概念。图 3-23 为采用快速释压口模作压力降元件的微孔聚合物连续挤出系统，其工艺过程为：聚合物在挤出机中熔融，再用高压泵向挤出机内注入一定量的惰性气体（例如超临界 CO_2 气体）或者直接介入发泡剂母粒，利用挤出机良好的混合作用（可串联静态混合器增强混合效果），形成聚合物-气体均相体系，再使熔体通过特殊的成核口模（或毛细管口模），快速降低体系的压力或快速升温，使体系中的气体进入超饱和态，引发气泡核的形成，最后通过降低口模温度抑制泡孔长大，得到微孔发泡聚合物材料。尽管微孔发泡挤出成型原理与普通挤出发泡成型基本相似，但由于微孔发泡聚合物的发泡密度、泡孔尺寸与普通发泡聚合物相差好几个数量级，因此，生产装置在结构设计和工艺控制上都具有较高的难度。

(3) 注射成型技术　图 3-24 是典型的微孔发泡聚合物注射成型系统。微孔发泡注射成型技术的原理是利用快速改变模具型腔中聚合物熔体-气体体系的温度和压力进行微孔发泡的。由图 3-24 可见，聚合物熔体-气体均相体系由静态混合器进入扩散室内，在这里通过加热器快速加热，由于温度急剧升高使气体在熔体中的溶解度显著下降，过饱和气体从熔体中析出形成大量的微细气泡核。为了防止扩散室内已形成气泡核膨胀，扩散室内要保持高压。在进行注射操作前，型腔中充满压缩空气。当螺杆前移使含有大量微细气泡的聚合物熔体注入型腔时，由压缩空气提供的压力防止了气泡在充模过程中膨胀。与此同时，由于模具的冷却作用使泡体硬化定型。

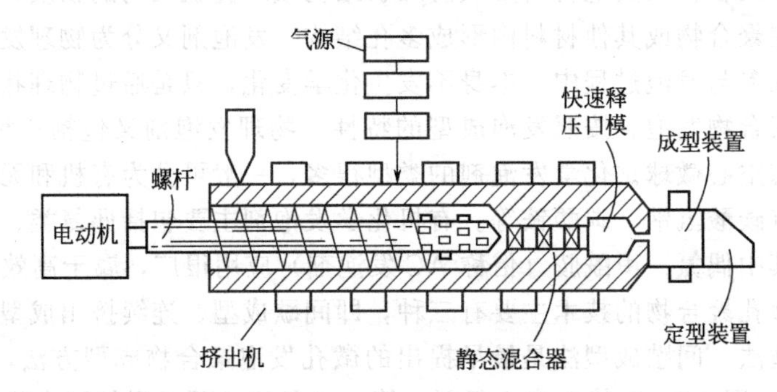

图 3-23　微孔聚合物连续挤出成型

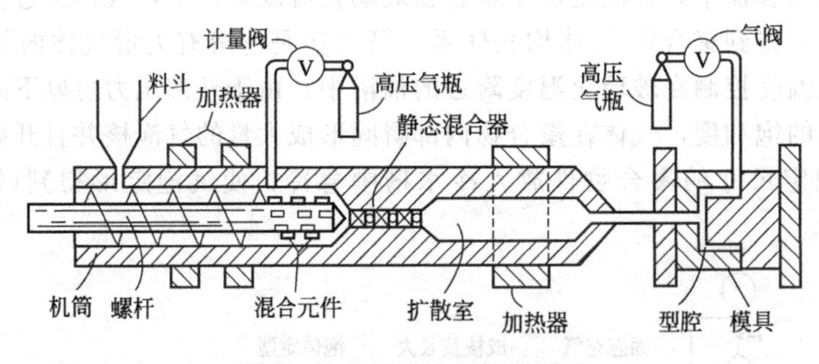

图 3-24　微孔聚合物注塑成型

3.4.2.3　特性及用途

微孔高分子材料具有质量轻、绝热、吸声、防震、耐潮湿、耐腐蚀等优良特性。其密度可比未发泡的高分子材料轻 5%～95%，摆锤冲击强度比未发泡材料高 5 倍，刚性/质量比比未发泡材料高 3～5 倍，疲劳寿命比未发泡材料高 5 倍，热稳定性高，介电常数小，热传导性更低。且在微孔发泡材料加工中，由于形成聚合物-饱和气体体系，使得聚合物熔体的加工温度、锁模力和加工周期下降。在微孔发泡的加工过程中，一般不使用化学和氟、氯等发泡剂，无环境污染的问题。由于微孔发泡的高分子材料中均匀分布着尺寸极小的泡孔，这实际起到了一种类似橡胶颗粒增韧塑料的作用，即微孔周围引发大量银纹和剪切带，吸收能量达到增韧的效果，使得微孔发泡材料的许多力学性能明显优于普通发泡材料及不发泡材料。因此，微孔发泡材料被认为是 21 世纪的新型材料。

根据微孔结构的不同，微孔高分子材料可用于不同的领域。如闭孔型微孔聚合物可应用于汽车零部件、运动器材、食品包装和微电子等要求材料质量轻、力学性能高和热稳定性高的场合；而开孔型微孔聚合物则可应用于膜分离、离子交换树脂、吸附、吸声、过滤和组织工程支架材料等领域。

知识窗：天然橡胶的发现及其发展简史

天然橡胶发现很早，考古发掘表明，远在11世纪，南美洲人民就已使用橡胶球做游戏和祭品。1493年，意大利航海家哥伦布第二次航行探险到美洲时，看到印第安人手拿一种黑色的球在玩，球落在地上弹得很高，它是由从树中取出的乳汁制成的。此后，西班牙和葡萄牙在征服墨西哥和南美洲的过程中，将橡胶知识陆续带到了欧洲。进入18世纪，法国连续派遣科学考察队奔赴南美洲。1736年法国科学家康达明（Charles de Condamine）参加了南美洲科学考察队，从秘鲁将一些橡胶制品及记载橡胶树的有关资料带回法国，出版了《南美洲内地旅行纪略》。该书详述了橡胶树的产地、当地居民采集胶乳的方法和利用橡胶制成壶和鞋的过程，引起了人们的重视。1768年，法国人麦加（P. J. Macquer）发现可用溶剂软化橡胶，制成医疗用品和软管。1828年，英国人马琴托士（C. Mackintosh）用胶乳制成防雨布，但制品热天发黏，冷天变脆，质量很差。

天然橡胶的工业研究和应用始于19世纪初。1819年苏格兰化学家马金托希发现橡胶能被煤焦油溶解，此后人们开始把橡胶用煤焦油、松节油等溶解，制造防水布。从此，世界上第一个橡胶工厂于1820年在英国哥拉斯格（Glasgow）建立。为使橡胶便于加工，1826年汉考克（Hancock）发明了用机械使天然橡胶获得塑性的方法。1839年美国人固特异（Charles Goodyear）发明了橡胶的硫化法，解决了生胶变黏发脆的问题，使橡胶具有较高的弹性和韧性，橡胶才真正进入工业实用阶段。由此，天然橡胶才成为重要的工业原料，橡胶的需要量亦随之急剧上升。在19世纪80年代西方国家的第二次产业革命过程中，1888年英国医生邓禄普（Dunlop）发明了充气轮胎。随着橡胶用途的开发，英国政府考虑到巴西野生橡胶树生产的橡胶终究不能满足工业的需要，决定在远东建立人工栽培橡胶树的基地。1876年，英国人魏克汉（H. A. Wickham）把橡胶树的种子和幼苗从巴西运回伦敦皇家植物园邱园（Kew Garden）繁殖，然后将培育的橡胶苗运往锡兰（即现在的斯里兰卡）、马来西亚、印度尼西亚等地种植均获成功，至此完成了将野生的橡胶树变成人工栽培种植的十分艰难的工作。

此后，马来西亚、斯里兰卡、印度尼西亚扩种建立胶园。1887年，新加坡植物园主任芮德勒（H. N. Ridley）发明了不伤橡胶树形成层组织的、在原割口上重复切割的连续割胶法，纠正了橡胶树原产地用斧头砍树取胶因而伤树、不能持久产胶的旧方法，使橡胶树能几十年连续割胶。

1904年，云南省德宏傣族景颇族自治州的土司刀印生由日本返国，途经新加坡（马来西亚的一个州，1965年8月9日独立）时，购买胶苗8000多株，带回国种植于北纬24度50分、海拔960m的云南省盈江县新城凤凰山东南坡，从此开始了中国的橡胶树种植历史。

合成橡胶之父——弗雷兹·霍夫曼的故事

100多年前，德国化学家弗雷兹·霍夫曼（Fritz Hofmann）研究合成橡胶的动力或许来自于德国拜耳公司前身弗里德里希·拜耳染料厂（Elberfelder Farbenfabriken Friedr. Bayer & Co.）的一个悬赏令：这家公司于1906年提出，如果有人能够在1909年11月1日之前成功“研制出制造橡胶或橡胶替代品的方法”，公司将奖励发明者2万马克。

合成橡胶之父：化学家弗雷兹·霍夫曼

当年，弗雷兹·霍夫曼在拜耳公司制药部任首席化学家，包括霍夫曼在内，那时化学界早已知道橡胶是什么。当时，借助于苏格兰兽医约翰·伯德·邓禄普和法国的米其林兄弟的发明创造，人们已经给自行车、公共马车以及刚刚诞生不久的汽车装上了轮胎。但是当时人们使用的还都是天然橡胶。这种在2000年前生活在赤道附近的人们就已经学会在热带雨林生长的树木中提取汁液或者乳状物来制成的东西，到了20世纪初已经远远不能满足当时轮胎以及电气工业对橡胶急剧增长的需求，而且天然橡胶在被用作轮胎时性能也谈不上优异。这时卡尔·杜伊斯堡预见到橡胶业务有利可图，于是促成拜耳公司对天然橡胶替代品的开发研究。在当时，他的这项提议类似于20世纪60年代初美国总统约翰·F·肯尼迪向美国人发起的到20世纪60年代末让人类登陆月球的号召。

2万马克在当时是一笔数目不小的金额，当时花50马克可以买一件时髦的套装，而1909年一名工人一年的薪水大约是1300马克。所以，如果霍夫曼想赢得这份奖金，他就必须抓紧时间。而更为麻烦的是，他对自己面对的任务只有一个模糊的概念。

霍夫曼面临的最大难题是，尽管当时许多实验室都在深入研究天然橡胶，但直到1905年人们才发现构成这种弹性材料的分子链实际上是由无数一排排的组分构成的，化学家称这些组分为橡胶基质。实际上，科学家在1860年时就已经认识了橡胶基质，但是没有人真正知道如何在实验室将橡胶基质以自然的方式连接起来。另外，尽管神秘的“天然橡胶组分”橡胶基质以乳液的形式生长在树上，但仍然很难以纯净的形式获取。尽管如此，霍夫曼仍然没有放弃合成橡胶的研究，并于1909年9月12日获得成功。

然而，将霍夫曼的设想转变为真正可用的，同时也可经济利用（最重要的一点）的橡胶还需要一些时间。尽管霍夫曼的团队具备专业技术，橡胶基本组分橡胶基质仍然很难制取。于是，霍夫曼不得不先撇开倍受珍视的橡胶基质，转而研制具有类似化学结构的物质，即通常所说的“甲基橡胶基质”。相对而言，当时这种物质较易制取。

霍夫曼把这种物质放到很多锡罐中加热，并耐心地等待了数周乃至数月。他最终打开其中一个罐子时说了些什么，人们至今仍不得而知。但清楚的是，他在罐子里发现了一种奇特的物质，它可以随聚合温度的变化而变得很软或很硬，但是始终保持弹性。这种物质被称为甲基橡胶，或合成橡胶。它的发现标志着我们今天所熟知的合成橡胶的诞生。

甲基橡胶发明以后，德国皇家专利局授予了弗里德里希·拜耳染料厂“合成橡胶制备方法”的专利，专利号是250690号。1910年，当时早已是橡胶生产巨头的大陆公司（Continental Company）则开始采用这种新型甲基橡胶制造轮胎。当时的德国皇帝威廉二世为自己的轿车配上了这种新轮胎，行驶中他发电报称自己“非常愉快”。

霍夫曼就此为合成橡胶打开了一扇门，人类就此开启了合成橡胶的历史。

本章小结：本章主要介绍了橡胶的基本概念和不同种类的橡胶产品，分别针对天然橡胶、通用合成橡胶、特种合成橡胶等进行了较为详细的介绍，尤其对常见橡胶制品的生产方法进行了阐述，使学生阅读后产生更大的求知欲望，并通过后附参考文献获得更多与橡胶有关的专业知识。

习题与思考题

1. 请说出橡胶与弹性体之间的相同点和区别。
2. 简述橡胶加工的基本工艺过程。
3. 橡胶常用的配合剂主要有哪些？
4. 是否所有橡胶分子链中均含有双键？其对橡胶的硫化工艺和硫化胶的性能有哪些影响？
5. 简述典型的天然橡胶制造工艺流程，并对不同产品之间的主要区别加以比较。
6. 简述天然橡胶和聚异戊二烯橡胶之间的共同点和不同点。
7. 丁苯橡胶中的苯乙烯链段主要起何种作用？
8. 氯丁橡胶有何基本特性？主要应用在哪些制品的生产上？
9. 氯丁橡胶为何一般不用硫黄硫化？
10. 三元乙丙橡胶与二元乙丙橡胶之间的主要区别是什么？工业上常用哪些第三单体生产EPDM？
11. 作为热塑性弹性体的必要条件是什么？目前市场上主要有哪些热塑性弹性体产品？
12. 简述热塑性弹性体的结构特点。
13. 何为微孔发泡高分子材料？它们与传统发泡高分子材料的主要区别在哪里？

参考文献

[1] 冯新德. 高分子辞典. 北京：中国石化出版社，1998.

[2] [德] 霍夫曼 W 著. 橡胶硫化 . 王梦蛟，曾泽新等合译 . 北京：石油化工出版社，1975.
[3] 焦书科. 橡胶化学与物理导论. 北京：化学工业出版社，2009.
[4] 张玉龙，齐贵亮. 橡胶制品配方. 北京：中国纺织出版社，2009.
[5] 朱敏庄 . 橡胶工艺学 . 广州：华南理工大学出版社，1993.
[6] 杨秀霞. 国内合成橡胶市场分析及展望. 当代石油石化，2009，17 (11)：17-22，27-28.
[7] 于建宁，胡杰，潘广勤 . 世界合成橡胶技术发展趋势与中国石油的发展对策. 合成橡胶工业，2010，33 (1)：2-4.
[8] 王澜，王佩璋，陆晓中. 高分子材料. 北京：中国轻工业出版社，2009.
[9] [日] 日本橡胶协会. 特种合成橡胶. 江伟，纪奎江译. 北京：石油化学工业出版社，1977.
[10] 王作龄编译. 橡胶百科 (二十五). 世界橡胶工业，2010，37 (4)：46-50.
[11] 关颖. 热塑性聚烯烃弹性体技术及市场分析. 化工技术经济，2005，23 (7)：44-49.
[12] Park C B，Baldwin D F，Suh N P. Research in Engineering Design，1996，8 (3)：166-177.
[13] Lee Y H，Park C B，Wang K I H，et al. Journal of Cellular Plastics，2005，41 (5)：487-502.
[14] Wang D，Jiang W，Gao H，et al. Journal of Polymer Science：Part B：Polymer Physics，2007，45：173-183.
[15] 鲁德平，管蓉，刘剑洪 . 微孔发泡高分子材料. 高分子材料科学与工程，2002，18 (4)：30-33.
[16] Reverchon E，Cardea S. Journal of Supercritical Fluids，2007，40 (1)：144-152.
[17] Serry A M Y，Lee Y H，Park C B，et al. Effect of nano-clay on the microcellular structure and properties of high internal phase emulsion (HIPE) foams [C] . ANTEC，2007.
[18] Colton J S，Suh N P. Polymer Engineer & Science，1987，27 (7)：493-499.
[19] Martini J E，Suh N P，Baldwin D F. U S Patent. 4473665，1984-9-25.
[20] Park C B，Baldwin D F，Suh N P. Polymer Engineering & Science，1995，35 (5)：432-440.
[21] Baldwin D F，Park C B，Suh N P. Polymer Engineering & Science，1996，36 (11)：1446-1453.
[22] Cha S W，Suh N P，Baldwin D F，Park C B. U S Patent. 5，158，986. 1992-10-27.
[23] Colton J S，Suh N P. Polymer Engineering & Science，1987，27 (7)：500.
[24] Baldwin D F，Suh N P. SPE ANTEC Tech Papers，1992，38：1503.
[25] Sleer K A，Kumar Y. ASME，Cellular Polymers，1992，38：93.
[26] Sleer K A，Kumar V. J Reinf Plast Compos，1993，12：359.
[27] 张鹰，郑安呐，韩哲文 . 微孔发泡塑料的研究进展. 功能高分子学报，1999，12 (2)：207.

第4章　纤　维

内容提要：本章主要涉及纤维的概念及其分类、成纤聚合物的结构特点、纤维制备的主要工艺方法，主要合成纤维品种的分子结构及其性能特点、使用领域。

4.1　引言

众所周知，人类用来保暖与彰显时尚的衣服、床铺被褥，还有拓展攀岩用的绳索、娱乐方面用的钓鱼渔具，土工用的无纺布，甚至我们吃的食品，都与纤维有关，当然，食品中的纤维在这里是广义的。由此可见，在我们的日常生活中，无论衣、食、住、行，还是身心娱乐的一些事情，全都离不开纤维。

当然，除这些方面外，纤维的用处还要广泛重要得多，如传递信息的光纤材料、在汽车工业与航空航天工业上应用的碳纤维材料，军工方面的防弹衣等。图 4-1 所示为发光纤维与光导纤维。

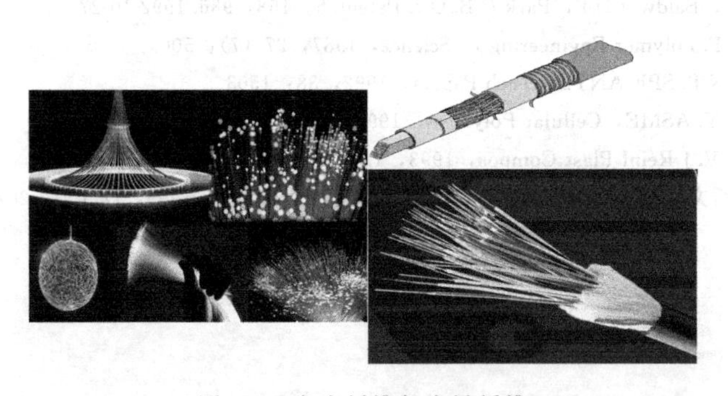

图 4-1　发光纤维与光导纤维

那么，什么是纤维？纤维都有哪些品种？每种纤维的制备、结构、性能及用途有哪些？在本章我们将以常见的品种给予系统的介绍。

4.2　纤维及其分类

4.2.1　纤维的定义

纤维是指长度比其直径大很多倍，并具有一定柔韧性的纤细物质。本章只是讨论供纺织用的纤维，这类纤维长度与直径之比一般大于 1000：1，典型的纺织纤维的直径为几微米至几十微米，而长度通常超过 25mm。

4.2.2　纤维的分类

根据来源纤维可分为两大类，一类是天然纤维，如棉花、羊毛、蚕丝和桑麻等；另一类为化学纤维，化学纤维又可分成人造化学纤维和合成化学纤维（简称为合成纤维）。纤维的主要类型如图 4-2 所示。

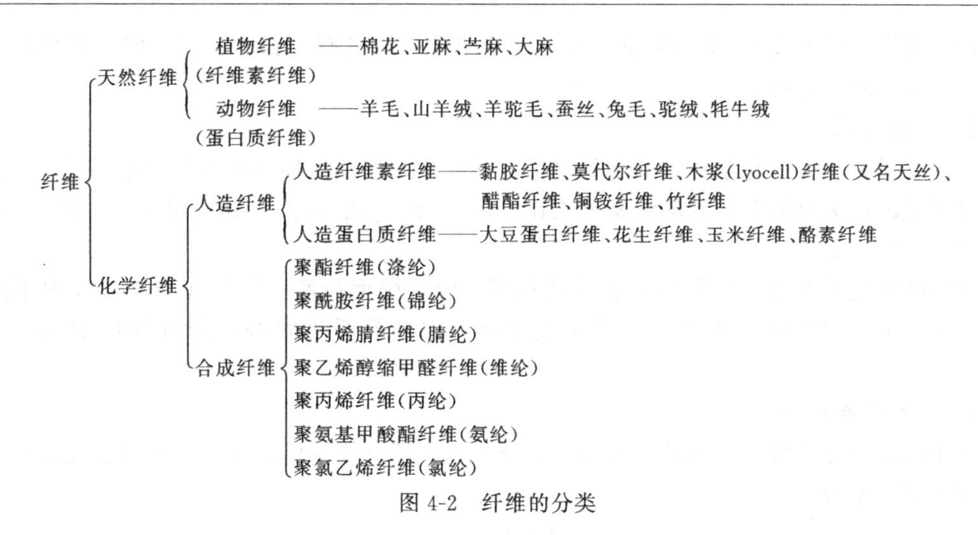

图 4-2 纤维的分类

人造纤维是以天然高聚物为原料，经过化学处理与机械加工而制得的纤维。其中以含有纤维素的物质如棉短绒、木材等为原料的称纤维素纤维；以蛋白质为原料的称再生蛋白质纤维。

合成纤维是由合成高分子化合物加工制成的纤维。根据大分子主链的化学组成，又分为杂链纤维和碳链纤维两类。合成纤维品种繁多，已经投入工业生产的约有三四十种。其中最主要的是聚酯纤维（涤纶）、聚酰胺纤维（锦纶）和聚丙烯腈纤维（腈纶）三大类，这三大类纤维的产量占合成纤维总产量的90%以上。

4.3 成纤聚合物的基本性能与纤维衡量标准

4.3.1 成纤聚合物的基本性能

纤维的性质既取决于原料聚合物的性质，也取决于纺丝成形及后加工条件所决定的纤维结构。

作为成纤的聚合物有其独特的结构和性质，具体要求如下：

(1) 成纤聚合物大分子必须是线形的，能伸直，大分子上支链尽可能少，且没有庞大侧基及大分子间没有化学键；

(2) 聚合物分子之间有适当的相互作用力，或具有一定规律性的化学结构和空间构型；

(3) 聚合物应具有适当高的相对分子质量和较窄的分子量分布；

(4) 聚合物应具有较好的热稳定性，且具有可溶性或可熔性，其熔点或软化点应比允许使用的温度高得多。

4.3.2 纤维主要性能衡量标准

一种纤维质量的优劣，可以从多个方面去进行衡量，但主要有以下几个方面。

4.3.2.1 线密度（纤度）

表示纤维粗细程度的指标，简称“纤度”，在我国的法定计量单位中称“线密度”。纤维的粗细或截面可用直径或截面积表示，但测量较繁、误差较大，一般采用与粗细有关的间接指标——线密度和支数表示。

(1) 线密度　指一定长度纤维所具有的质量，单位名称为特［克斯］，单位符号为tex，其1/10称为分特［克斯］，单位符号为dtex。1000m长纤维质量的克数即为该纤维的特数。线密度是纤维材料的重要指标。纤维越细，手感也越柔软，光泽柔和且易变形加工。

（2）支数（或公支） 单位质量（以克计）的纤维所具有的长度。对于同一种纤维，支数越高，表示纤维越细。

4.3.2.2 断裂强度

常用相对强度表示化学纤维的断裂强度，即纤维在连续增加负荷的外力作用下，直至断裂所能承受的最大负荷与纤维的线密度之比。单位为牛[顿]/特[克斯](N/tex)、厘牛[顿]/特[克斯](cN/tex)。

断裂强度是反映纤维质量的一项重要指标。断裂强度越高，纤维在加工过程中不易断头、绕辊，最终制成的纱线和织物的牢度也高；但断裂强度太高，纤维刚性增加，手感变硬。

4.3.2.3 断裂伸长率

纤维的断裂伸长率一般用断裂时的相对伸长率，即纤维在伸长至断裂时的长度比原来长度增加的百分率表示：

$$Y=\frac{L-L_0}{L_0}\times 100\%$$

式中 L_0——纤维的原长；

L——纤维伸长至断裂时的长度。

纤维的断裂伸长率是决定纤维加工条件及其制品使用性能的重要指标之一。断裂伸长率大的纤维手感比较柔软，在纺织加工时，可以缓冲所受到的力，出现毛丝、断头较少；但断裂伸长率也不宜过大，否则织物易变形，一般在10%～30%的范围内。

4.3.2.4 初始模量

模量是纤维抵抗外力作用下形变能力的量度。纤维的初始模量即弹性模量是指纤维受拉伸而当伸长为原长的1%时所需的应力。

初始模量表征纤维对小形变的抵抗能力。纤维的初始模量越大，越不易变形，亦即在纤维制品的使用过程中形状的改变就越小。纤维的初始模量取决于聚合物的化学结构以及分子间相互作用力的大小。也与纤维的取向度或结晶度有关。例如在主要的合成纤维品种中，以涤纶的初始模量为最大，其次为腈纶，锦纶则较小；因此，涤纶织物挺括，不易起皱，而锦则易起皱，保形性差。

4.3.2.5 回弹率

将纤维拉伸至产生一定伸长，然后撤去负荷，经松弛一定时间后，测定纤维弹性回缩后的剩余伸长。可回复的弹性伸长与总伸长之比称为回弹率。回弹率可用下式表示：

$$回弹率=\frac{\varepsilon_{弹}}{\varepsilon_{总}}\times 100\%=\frac{\varepsilon_{总}-\varepsilon_{塑}}{\varepsilon_{总}}\times 100\%$$

式中 $\varepsilon_{弹}$——可回复的弹性伸长；

$\varepsilon_{塑}$——不能回复的塑性伸长或剩余伸长；

$\varepsilon_{总}$——总伸长。

需要说明的是，除以上衡量纤维性能的主要指标外，还可以从纤维所承受的耐溶剂性、耐酸碱性、使用温度范围、阻燃性等方面来考察纤维的性能。

4.4 合成纤维的生产工艺

4.4.1 合成纤维的生产过程

合成纤维的品种繁多，原料及生产方法各异，其生产过程可概括为以下四个工序。

① 原料制备　即纤维用聚合物的合成，此部分在高分子化学课程中系统讲授，在此不再赘述。

② 纺前准备　即纺丝液的制备过程。此工艺过程主要是将成纤聚合物制成可进行纺丝的溶液或熔融成黏稠的液体（称纺丝液），以备下步纺丝。

③ 纺丝　即将上步工序中的纺丝液用纺丝泵连续、定量而均匀地从喷丝头小孔压出，形成的黏液细流经凝固或冷凝而成纤维。

④ 初生纤维的后加工　由于初纺成的纤维，强度较低，手感粗硬，甚至发脆，不能直接用于纺织加工制成织物，所以必须经过一系列后加工工序，才能得到结构稳定、性能优良、可以进行纺织加工的纤维。另外，目前化学纤维还大量用于与天然纤维混纺，因此，在后加工过程中有时需将连续不断的丝条切断，而得到与棉花、羊毛等天然纤维相似的、具有一定长度和卷曲度的纤维，以适应纺织加工的要求。后加工的具体过程，根据所纺纤维的品种和纺织加工的具体要求而有所不同。但基本可分为短纤维与长纤维两大类。另外，通过某些特殊的后加工，还可得到具有特殊性能的纤维，如弹力丝、膨体纱等。

4.4.2　纺丝方法

纺丝是化学纤维生产过程的核心工序，它对纤维的结构以及纤维的物理力学性能具有重要影响。

工业上常用的纺丝方法主要是熔融纺丝和溶液纺丝。熔融纺丝法是将高聚物加热熔融制成熔体，并经喷丝头喷成细流，在空气或水中冷却而凝固成纤维的方法，如图4-3所示。

溶液纺丝是将聚合物溶解在溶剂中以制得黏稠的纺丝液，由喷丝头喷成细流，通过凝固介质使之凝固而形成纤维，这种方法称为溶液纺丝法。根据凝固介质的不同又可分为湿法纺丝和干法纺丝两种。

① 湿法纺丝　凝固介质为液体，故称湿法纺丝。它是使从喷丝头小孔中压出的黏液细流在液体中通过，这时细流中的成纤高聚物便被凝固成细丝，如图4-4所示。

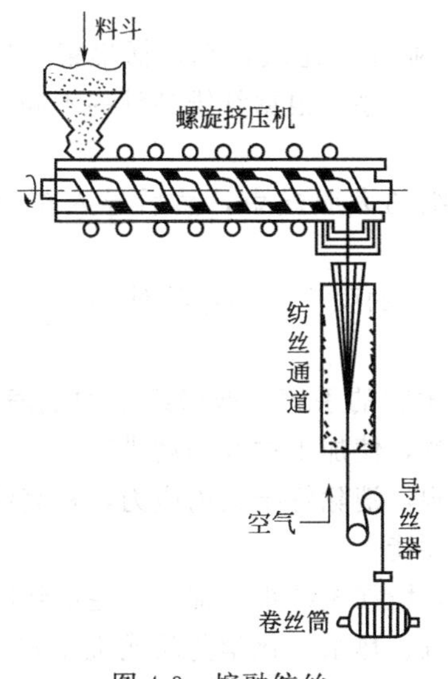

图4-3　熔融纺丝

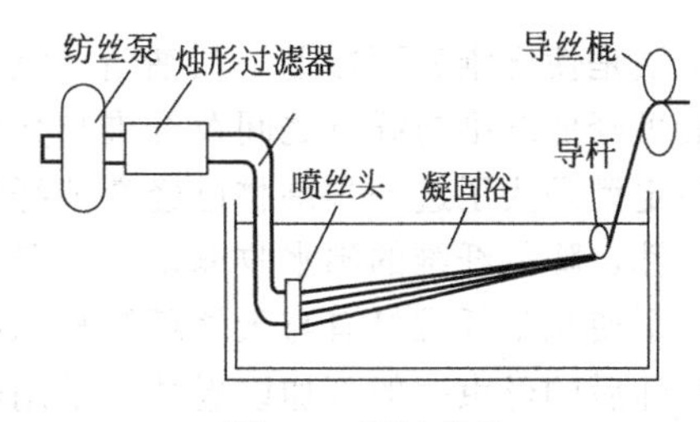

图4-4　湿法纺丝

② 干法纺丝　凝固介质为干态的气相介质。从喷丝头小孔中压出的黏液细流，被引入热空气气流的通道中，热空气将使黏液细流中的溶剂快速挥发，挥发出来的溶剂蒸气被热空

气流带走，而黏液细流脱去溶剂后很快转变成细丝。如图 4-5 所示。

合成纤维的主要纺丝方法除熔融纺丝、溶液纺丝等常规纺丝法外，随着航空、空间技术、国防等工业的发展，对合成纤维的性能提出了新的要求，合成了许多新的成纤高聚物，它们往往不能用常规纺丝方法进行加工。因此出现了一系列新的纺丝方法，如干湿法纺丝、液晶纺丝、冻胶纺丝、相分离法纺丝、乳液或悬浮液纺丝、反应纺丝等。

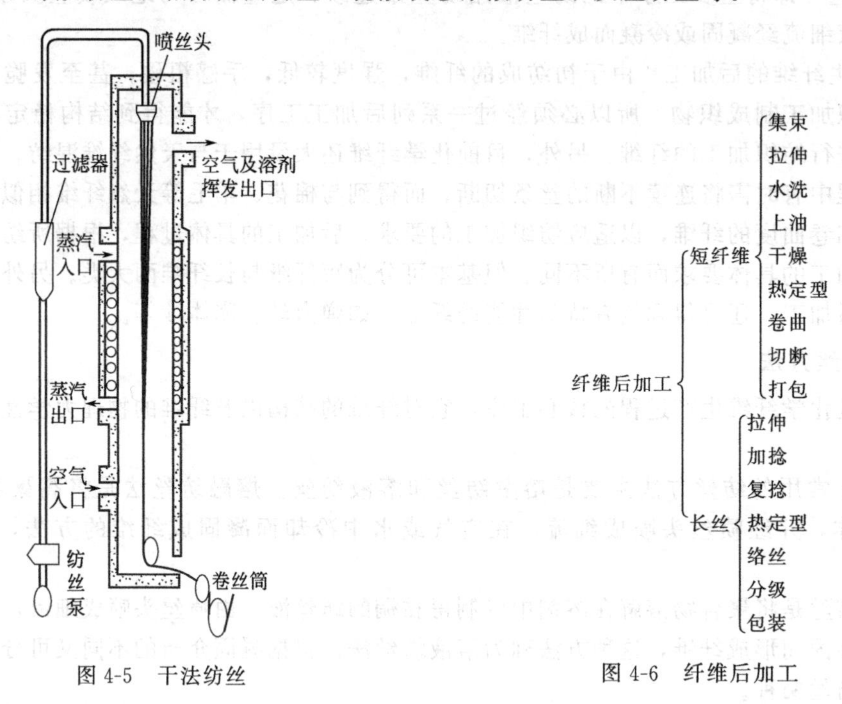

图 4-5 干法纺丝

图 4-6 纤维后加工

4.4.3 纤维后加工

纤维的后加工如图 4-6 所示，主要分为短纤维、弹力丝、膨体纱与长丝的后加工，主要介绍如下。

① 短纤维的后加工 通常在一条相当长的流水作业线上完成，它包括集束、拉伸、水洗、上油、干燥、热定型、卷曲、切断、打包等一系列工序。根据纤维品种的不同，后加工工序的内容和顺序可能有所不同。

集束工序是将纺制出的若干丝束合并成一定粗细的大股丝束，然后导入拉伸机进行拉伸。

拉伸是使大分子沿纤维轴向取向排列，以提高纤维的强度。一般拉伸强度可提高 4～10 倍。

上油是使纤维表面覆上一层油脂，赋予纤维平滑柔软的手感，改善纤维的抗静电性能。上油后可降低纤维与纤维之间及纤维与金属之间的摩擦，使加工过程顺利进行。

热定型是为了进一步调整已经牵伸纤维的内部结构，消除纤维的内应力，提高纤维的尺寸稳定性，降低纤维的沸水收缩率以改善纤维的使用性能。

为了使化学纤维具有与天然纤维相似的褶皱表面，增加短纤维与棉、羊毛混纺时的抱合力，拉伸后的丝束一般都加以卷曲。采用热空气、蒸汽、热水、化学药品或机械方法都能使纤维进行卷曲。

② 长丝后加工 与短纤维后加工相比，长丝后加工的工艺和设备结构都比较复杂，这是由于长丝后加工需要一缕缕丝（细度为几十特至一百多特）分别进行，而不是像短纤维那

样集束而成为大股丝束进行后加工。这就要求每缕丝都能经受相同条件的处理。长丝的后加工过程包括拉伸、加捻、复捻、热定型、络丝、分级、包装等工序。

加捻是长丝后加工的特有工序。加捻的目的是增加单根纤维间的抱合力，避免在加工时发生断头和紊乱现象，同时提高纤维的断裂强度。纤维的捻度以每米长度的捻回数表示。通常经拉伸-加捻后得到的捻度为10～40捻/m。需要更高捻度，则再进行复捻。

长丝后加工中，拉伸和热定型的目的与短纤维后加工基本相同。

以上为长丝后加工的一般过程，根据纤维品种不同，其后加工内容品种也可能有所不同。如纺制黏胶纤维长丝时，纤维已经受了足够的牵伸，并在卷曲时已获得了一定的捻度，因此黏胶纤维后加工可省去拉伸和加捻工序。

③ 弹力丝的加工　热塑性合成纤维长丝（主要是涤纶和锦纶）经过特殊的热变形处理，便可制得富有弹性的弹力丝。弹力丝在长度上的伸缩性可达原丝的数十倍。

弹力丝的加工方法有多种，有假捻法、填塞箱法、空气喷射法等。其中以假捻法应用最为广泛，目前世界上约有80%的弹力丝是用该法生产的。

4.5　天然纤维与人造纤维

4.5.1　天然纤维

如前所述，在人类发展的历史上，天然纤维很早就被人们所掌握和利用。天然纤维包括植物纤维和动物纤维。植物纤维主要是棉纤维和麻纤维；动物纤维主要是羊毛和蚕丝。

4.5.1.1　棉纤维

棉纤维主要成分是纤维素，占90%～94%，其次是水分、脂肪、蜡质及灰分等。纤维素是由许多失水β-葡萄糖基连接而成的天然高分子，分子式可表示为$(C_6H_{10}O_5)_n$，式中n为平均聚合度，一般可达1000～15000。棉纤维的截面是由许多同心层组成，外形层为纺锤形，纤维长度与直径之比为1000～3000，如图4-7所示。

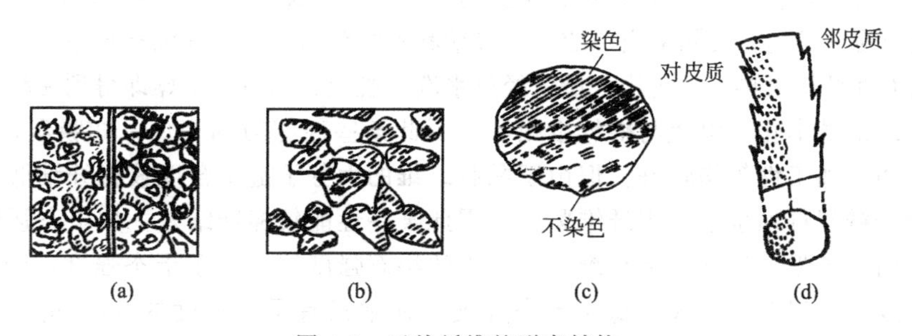

图4-7　天然纤维的形态结构

（a）棉花的横截面；（b）蚕丝的横截面；

（c）羊毛不同染色的横截面；（d）羊毛不对称皮质的名称和性质

棉纤维强度较低，延伸率较低，但湿强度较高。

4.5.1.2　麻纤维

麻纤维是一年或多年生草本双子叶植物的韧皮纤维和单子叶植物的叶纤维的总称。以苎麻纤维和亚麻纤维为主。

麻纤维的组成物质与棉纤维相似。纤维细胞的断面形状有扁圆形、椭圆形、多角形等。

苎麻纤维和亚麻纤维的性能特点是：干、湿强度均较高，延伸率低，初始模量高，耐腐蚀性好。

4.5.1.3 毛纤维

毛纤维以羊毛纤维为主，其组成物质主要是蛋白质。毛纤维弹性好，吸湿率较高，耐酸性好。但强度低，耐热性和耐碱性较差。

4.5.1.4 蚕丝

蚕丝又称为天然丝。生丝是由两根丝纤朊（约75%～82%）被丝胶朊（约18%～25%）粘接而成。丝胶朊能溶于热水或弱碱性溶液中。除去丝胶朊而得的丝纤朊，俗称熟丝，白色，柔软，有光泽，强度高，是热和电的不良导体。

4.5.2 人造纤维

人造纤维是以天然聚合物为原料，经过化学处理与机械加工而制得的化学纤维。人造纤维有良好的吸湿性、透气性和染色性，手感柔软，富有光泽，是一类重要的纺织材料。

人造纤维按化学组成可分为：再生纤维素纤维、纤维素酯纤维、再生蛋白质纤维三类。再生纤维素纤维是以含纤维素的农林产物，如木材、棉短绒等为原料制得，纤维的化学组成与原料相同，但物理结构发生变化。纤维素酯纤维是以纤维素为原料，经酯化后纺丝制得的纤维，纤维的化学组成与原料不同。再生蛋白质纤维的原料则是玉米、大豆、花生以及牛乳酪素等蛋白质。

下面介绍几种重要的人造纤维。

4.5.2.1 黏胶纤维

黏胶纤维于1905年开始工业化生产，是化学纤维中发展最早的品种。由于原料易得，成本低廉，应用广泛。至今，在合成纤维生产中仍占有相当重要的地位。

黏胶纤维是以木材、棉短绒、甘蔗渣、芦苇为原料，以纤维素磺酸酯为溶液，经湿法纺丝制成的。先将原料经预处理提纯，得到α-纤维素含量较高的“浆粕”，再依次通过浓碱液和二硫化碳处理，得到纤维素磺原酸钠，再溶于稀氢氧化钠溶液中而成为黏稠的纺丝液，称为黏胶。黏胶经过滤、熟化（在一定温度下放置约18～30h，以降低纤维素磺原酸酯的酯化度）、脱泡后，进行湿法纺丝，凝固浴由硫酸、硫酸钠和硫酸锌组成。其纤维素磺原酸钠与硫酸作用而分解，从而使纤维素再生而析出。最后经过水洗、脱硫、漂白、干燥即得到黏胶纤维。

黏胶纤维的基本化学组成与棉纤维相同，因此某些性能与棉相似，如吸湿性与透气性，染色性以及纺织加工性等均较好。但由于黏胶纤维的大分子链聚合度较棉纤维低，分子取向度较小，分子链间排列也不如棉纤维紧密，因此某些性能较棉纤维差，如干态强度比较接近于棉纤维，而湿态强度远低于棉纤维。棉纤维的湿态强度往往大于干态强度，约增加2%～10%，而黏胶纤维湿态强度大大低于干态强度，通常只有干态强度的60%左右。另外，黏胶纤维缩水率较大，可高达10%。同时由于黏胶纤维吸水后膨化，使黏胶纤维织物在水中变硬。此外，黏胶纤维的弹性、耐磨性、耐碱性较差。

黏胶纤维可以纯纺，也可与天然纤维或其他化学纤维混纺。黏胶纤维应用广泛，黏胶纤维长丝又称人造丝，可织成各种平滑柔软的丝织品。毛型短纤维俗称人造毛，是毛纺厂不可缺少的原料。棉型黏胶短纤维俗称人造棉，可以织成各种色彩绚丽的人造棉布，适用于做内衣、外衣以及各种装饰织物。

近年来发展起来的新型黏胶纤维——高湿模量黏胶纤维，中国称之为富强纤维。其大分子取向度高、结构均匀；在坚牢度、耐水洗性、抗皱性和形状稳定性方面更接近优质棉。黏胶强力丝则有高的强度，适用于轮胎的帘子线。

4.5.2.2 铜铵纤维

铜铵纤维是经提纯的纤维素溶解于铜铵溶液中，纺制而成的一种再生纤维素纤维。与黏胶纤维相同，一般采用经提纯的α-纤维素含量高的“浆粕”作原料，溶于铜铵溶液中，制成浓度很高的纺丝液，采用溶液法纺丝。由喷丝头的细口压入纯水或稀酸的凝固浴中，在高度拉伸（约400倍）的同时，逐渐固化形成纤维。可制得极细的单丝。

铜铵纤维在外观、手感和柔软性方面与蚕丝很近似，它的柔韧性大，富有弹性和极好的悬垂性。其他性质和黏胶纤维相似，纤维截面呈圆形。一般铜铵纤维纺制成长纤维，特别适合于制造变形竹节丝，纺成很像蚕丝的粗节丝。铜铵纤维适于织成薄如蝉翼的织物和针织内衣，穿用舒适。

4.5.2.3 醋酯纤维

醋酯纤维又称醋酸纤维素纤维，是以醋酸纤维素为原料、乙酰化后再经纺丝而制得的人造纤维。醋酸纤维素是以精制棉短绒为原料，与醋酐进行酯化反应得到三醋酸纤维素（酯化度为93%～100%）。将三醋酸纤维素用稀醋酸液进行部分水解，可得到二醋酸纤维素（酯化度为75%～80%）。因此，醋酸纤维依所用原料、醋酸纤维素的酯化度不同，分为二醋酯纤维和三醋酯纤维两类。通常醋酯纤维即指二醋酯纤维，目前，醋酯纤维不仅用于制造工业用品，其长丝正广泛应用于我国丝绸工业。

4.5.2.4 再生蛋白质纤维

再生蛋白质纤维简称蛋白质纤维，是用动物或植物蛋白质为原料制成。主要品种有酪朊纤维、大豆蛋白质纤维、玉米蛋白质纤维和花生蛋白质纤维。其物理和化学性质与羊毛相近似，染色性能很好。但一般强度较低，湿强度更差，因而应用不普遍。通常切断成短纤维，可以纯纺或与羊毛、黏胶纤维和锦纶短纤维等混纺。

4.6 合成纤维的主要品种

合成纤维工业是20世纪40年代才发展起来的，由于合成纤维性能优异，用途广泛，原料来源丰富易得，其生产不受自然条件限制，因此，发展速度十分迅速。

合成纤维具有优良的物理、机械性能和化学性能，如强度高、密度小、弹性高、耐磨性好、吸水性低、保暖性好、耐酸碱性好、不会发霉或虫蛀等。某些特种合成纤维还具有耐高温、耐辐射、高弹力、高模量等特殊性能。因此，合成纤维的应用已远远超出了纺织工业的传统概念的范围，而深入到国防工业、航空航天、交通运输、医疗卫生、海洋水产、通信联络等重要领域，成为不可缺少的重要材料。不仅可以纺制轻暖、耐穿、易洗快干的各种衣料，而且可用作轮胎帘子线、运输带、传送带、渔网、绳索、耐酸碱的滤布和工作服等。高性能的特种合成纤维则用作高空降落伞、飞行服，飞机、导弹和雷达的绝缘材料，原子能工业中做特殊的防护材料等。

合成纤维品种繁多，但从性能、应用范围和技术成熟程度方面看，重点发展的是聚酰胺、聚酯和聚丙烯腈纤维三类。

4.6.1 聚酰胺纤维

聚酰胺纤维（polyamide fiber，PA）是指分子主链含有酰胺键$\left(\begin{array}{c}\mathrm{O}\\ \|\\ \mathrm{—C—NH—}\end{array}\right)$的一类合成纤维。美国和英国称之为“尼龙（Nylon）或耐纶”，前苏联称其为“卡普隆（Kapron）”，德国称“贝纶（Perlon）”，日本称之为“阿米纶（Amilon）”等。聚酰胺品种很多，我国主

要生产聚酰胺 6、聚酰胺 66 和聚酰胺 1010 等。后者以蓖麻油（castor oil）为原料，是我国特有的品种。聚酰胺纤维的主要品种见表 4-1。

表 4-1 聚酰胺纤维的主要品种和命名

纤维名称	分子结构	系统命名
聚酰胺 4	$\text{⁅}NH(CH_2)_3CO\text{⁆}_n$	聚 α-吡咯烷酮纤维
聚酰胺 6	$\text{⁅}NH(CH_2)_5CO\text{⁆}_n$	聚己内酰胺纤维
聚酰胺 7	$\text{⁅}NH(CH_2)_6CO\text{⁆}_n$	聚 ω-氨基庚酸纤维
聚酰胺 8	$\text{⁅}NH(CH_2)_7CO\text{⁆}_n$	聚辛内酰胺纤维
聚酰胺 9	$\text{⁅}NH(CH_2)_8CO\text{⁆}_n$	聚 ω-氨基壬酸纤维
聚酰胺 11	$\text{⁅}NH(CH_2)_{10}CO\text{⁆}_n$	聚 ω-氨基十一酸纤维
聚酰胺 12	$\text{⁅}NH(CH_2)_{11}CO\text{⁆}_n$	聚十二内酰胺纤维
聚酰胺 66	$\text{⁅}NH(CH_2)_6NHCO(CH_2)_4CO\text{⁆}_n$	聚己二酸己二胺纤维
聚酰胺 610	$\text{⁅}NH(CH_2)_6NHCO(CH_2)_8CO\text{⁆}_n$	聚癸二酸己二胺纤维
聚酰胺 1010	$\text{⁅}NH(CH_2)_{10}NHCO(CH_2)_8CO\text{⁆}_n$	聚癸二酸癸二胺纤维
聚酰胺 6T	$\text{⁅}NH(CH_2)_6NHCO-C_6H_4-CO\text{⁆}_n$（对位苯环）	聚对苯二甲酸己二胺纤维
MXD-6	$\text{⁅}NHCH_2-C_6H_4-CH_2NHCO(CH_2)_4CO\text{⁆}_n$（间位苯环）	聚己二酸间亚苯基二甲基胺纤维
奎阿纳（qiana）	$\text{⁅}NH-C_6H_{10}-CH_2-C_6H_{10}-NHCO(CH_2)_{10}CO\text{⁆}_n$	聚十二烷二酰双环己基甲烷二胺纤维
聚酰胺 612	$\text{⁅}NH(CH_2)_6NHCO(CH_2)_{10}CO\text{⁆}_n$	聚十二酸己二胺纤维

（1）性能特点

① 耐磨性好　优于其他天然纤维，比棉花高 10 倍，比羊毛高 20 倍，是黏胶纤维的 50 倍。

② 强度高、耐冲击性好　聚酰胺纤维的结晶度、取向度以及分子间作用力大，因此它是强度较高的合成纤维品种之一。纺织用聚酰胺长丝的断裂强度为 4.4～5.7cN/dtex，作为特殊用途的聚酰胺强力丝的断裂强度可高达 6.2～8.4cN/dtex。

③ 弹性高，耐疲劳性好　聚酰胺纤维的回弹性极好，例如尼龙 6 长丝在伸长 10%的情况下，回弹率为 99%，可经受数万次双挠曲，比棉花高 7～8 倍。

④ 密度小　除聚丙烯和聚乙烯纤维外，它是所有纤维中最轻的，密度仅为 1.04×10^3～$1.14\times10^3 kg/m^3$。

⑤ 聚酰胺纤维的缺点　其缺点是弹性模量小，使用过程中易变形，耐热性及耐光性较差。

（2）聚酰胺纤维应用　聚酰胺纤维可以纯纺和混纺，用作各种衣料及针织品，特别适用于制造单丝、复丝弹力丝袜，耐磨又耐穿。工业上主要用作轮胎帘子线、工业滤布、渔网、安全网、运输带、绳索以及降落伞、宇宙飞行服等军用物品。

知识窗：EDELRID 公司及其品牌索具

- Edelrid 于 1863 年由 Julius Edelmann 和 Carl Ridder 在德国创建。
- 1880 年 Edelrid 推出全球第一款双绞绳索。
- 1953 年 Edelrid 发明全球第一款聚酰胺纤维夹心攀登绳索。
- 1957 年 Edelrid 研发成功全球第一条有弹力的绳索，并在 1958 年获得布鲁塞尔世界博览会金奖。
- Edelrid 也是安全带的鼻祖，它在 20 世纪 60 年代末研发成功世界第一款胸系式绳索安全带。
- 1964 年创建登山绳索的国际测试标准；1965～1969 年，Edelrid 研发多种夹心绳并推向市场。
- 1973 年绳索制造工厂毁于大火，但同年 Edelrid 推出全球第一款防水夹心绳。

· 1974年工厂重建。

· 1977年Edelrid推出全球第一款耐用防水绳索并可承受10次冲坠。

· 1985年在双绳技术上有了重大技术突破。

· 1988年Edelrid的Dynaloc XMD Dry绳索成为当时全球最轻量、能承受多次冲坠的绳索。

· 1990年，Edelrid成功研发出更轻、更细、更耐用的双绳产品，并在登山、攀岩、体育及室内运动领域广泛应用。

· 2001年与世界最大的绳索制造商The Rope Company Ltd. 合并。

· 2005年推出Edelrid整合后的全新CI形象。

· 2008年获得了Slide-Rail-System®、Traid-System®和E-Turn®扣锁等多项专利。

如今，Edelrid已成长为年营业额超过1000万欧元的公司，并且是攀登绳索方面的领军品牌产品，它的种类超过1000种，行销全球50多个国家。Edelrid的绳索制造技术已经可以在绝大多数严酷环境下仍然保持性能的稳定，这些先进的技术也在被全球其他绳索制造商所使用。此外，美国太空总署（NASA）的宇航员在太空行走时也采用Edelrid安全绳索。

安全的攀登绳不只是要求某一项特性的最佳化，还需要集合各种特性才能带来真正的安全保障。主要的衡量标准有：绳套滑动性（sheath slippage）、静态延伸性（static elongation）、坠落次数（number of falls held）等。

4.6.2 聚酯纤维

聚酯纤维（polyester fiber）是由聚酯树脂经熔融纺丝和后加工处理制成的一种合成纤维。聚酯树脂是由二元酸和二元醇经缩聚而制得。其大分子主链中含有酯基$\left(\begin{array}{c}-\mathrm{C}-\mathrm{O}-\\ \| \\ \mathrm{O}\end{array}\right)$，故称聚酯纤维。

4.6.2.1 聚酯纤维的品种

聚酯纤维的品种很多，但目前主要品种是聚对苯二甲酸乙二酯（polyethylene terephthalate，PET）纤维，其是由对苯二甲酸或对苯二甲酸二甲酯和乙二醇缩聚制得的。我国聚酯纤维的商品名称为“涤纶”，俗称“的确良”。国外商品名称有“达柯纶（Dacron）”、“帝特纶（テトロン）”、“特丽纶（Terylene）”、“拉芙桑（ΠaBcaH）”等。目前已工业化生产的新型聚酯纤维如表4-2所示，但通常说的“聚酯纤维”是指聚对苯二甲酸乙二酯。

聚酯纤维于1953年投入工业化生产，由于性能优良、用途广泛，是合成纤维中发展最快的品种，产量居第一位。

表4-2 已工业化生产的各种聚酯纤维

名 称	生 产 方 式	性能特点
聚对苯二甲酸-1,4-环己烷二甲酯纤维	1,4-环己烷二甲醇 $HOH_2C-C_6H_{10}-CH_2OH$ 与对苯二甲酸 $HOOC-C_6H_4-COOH$ 缩聚	耐热性高，熔点290～295℃
聚对、间苯二甲酸乙二酯纤维	对苯二甲酸、间苯二甲酸与乙二醇共缩聚	易染色
低聚合度聚对苯二甲酸乙二酯纤维	降低聚合度	抗起球
聚醚酯纤维	添加5%～10%对羟乙基苯甲酸（$HOCH_2CH_2-C_6H_4-COOH$）共缩聚	易染色
	添加5%～10%(摩尔分数)对羟基苯甲酸共缩聚	易染色
含有二羧基苯磺酸钠的聚对苯二甲酸乙二酯纤维	添加2%(摩尔分数)3,5-二羧基苯磺酸钠共缩聚	易染色，抗起球

4.6.2.2 聚酯纤维的性能

(1) 强度高　短纤维强度为 2.6～5.7cN/dtex，高强力纤维为 5.6～8.0cN/dtex。它的湿态强度与干态强度基本相同。耐冲击强度比锦纶高 4 倍，比黏胶纤维高 20 倍。

(2) 弹性好　弹性接近羊毛，当伸长 5%～6%时，几乎可以完全恢复。耐皱性超过其他纤维，即织物不褶皱，尺寸稳定性好。在大规模生产的合成纤维中，以聚酯纤维的初始模量最高，其值可高达 14.01～17.55GPa，这使织物的尺寸稳定、不变形、不走样、褶裥持久。

(3) 吸湿性较低　涤纶表面光滑，内部分子排列紧密，分子间缺少亲水结构，因此，回潮率很小，吸湿性较低。聚酯纤维的回潮率仅为 0.4%～0.5%，低于腈纶（1%～2%）和锦纶（4%），因而电绝缘性好，织物易洗易干。

(4) 耐热性好　聚酯纤维软化点为 230～240℃，熔点为 255～260℃，分解点为 300℃，比聚酰胺耐热性好。

(5) 耐磨性好　耐磨性仅次于耐磨性最好的锦纶，比其他天然纤维和合成纤维都好。

(6) 耐光性好　耐光性仅次于腈纶。

(7) 耐腐蚀　可耐漂白剂、氧化剂、烃类、酮类、石油产品及无机酸。耐稀碱，不怕霉，但热碱可使其分解。

(8) 染色性较差。

4.6.2.3 聚酯纤维的应用

由于聚酯纤维弹性好，织物有易洗易干、保形性好、免熨烫等特点，所以是理想的纺织材料。可纯纺或与其他纤维混纺制成服装及针织品。

在工业上，可作为电绝缘材料、运输带、绳索、渔网、轮胎帘子线等，如图 4-8 所示。

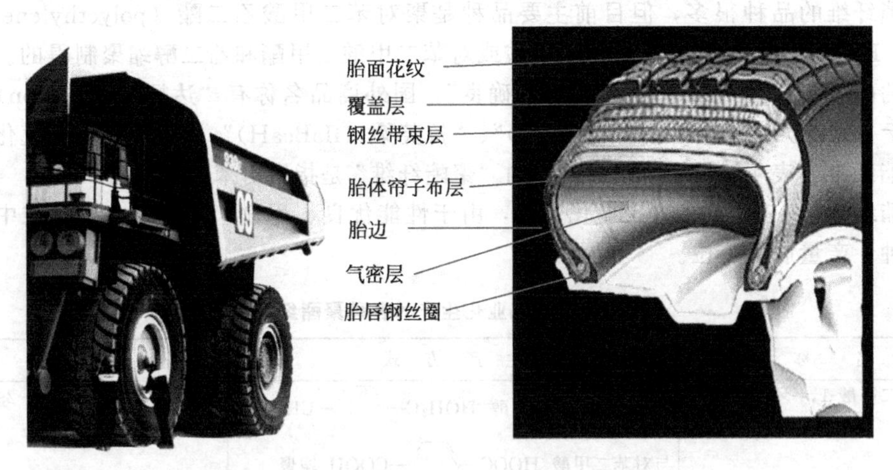

图 4-8　聚酯纤维在汽车外胎中的应用

4.6.3 聚丙烯腈纤维

聚丙烯腈纤维（polyacrylonitrile fibre，简称 PAN）是以丙烯腈（ $\begin{array}{l}CH_2{=}CH\\ \qquad\ \ |\\ \qquad\ CN\end{array}$ ）为原料聚合成聚丙烯腈，而后纺制成的合成纤维。我国商品名称为“腈纶”，国外商品名称有“奥纶”、“珀纶”、“开司米纶”等。

早在 100 多年前人们就已制得聚丙烯腈，但因没有合适的溶剂，未能制成纤维。1942 年，德国人莱因与美国人莱瑟姆几乎同时发现了二甲基甲酰胺溶剂，并成功地得到了聚丙烯腈纤维。1950年，美国杜邦公司首先进行工业生产。此后，又发现了多种溶剂，形成了多种生产工艺。

聚丙烯腈纤维自1950年投入工业生产以来，发展速度一直很快，目前产量仅次于聚酯纤维和聚酰胺纤维，其世界产量居合成纤维第三位。

由于聚丙烯腈大分子链上的氰基极性大，使分子间的作用力强，分子排列紧密，因此其纺织的纤维硬而脆，难以染色。1954年，德国法本-拜耳公司用丙烯酸甲酯与丙烯腈的共聚物制得纤维，改进了纤维性能，提高了实用性，促进了聚丙烯腈纤维的发展。目前大量生产的聚丙烯腈纤维大多由丙烯腈的三元共聚物制得，图4-9为一些腈纶成品。

(a) 腈纶筒纱

(b) 腈纶针织纱

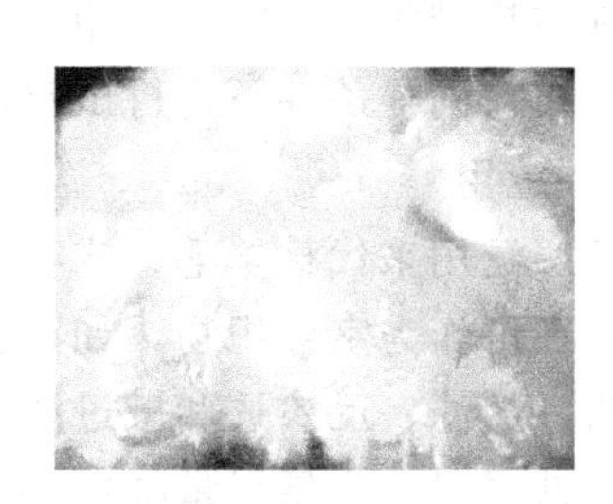

(c) 腈纶纤维

图4-9　几种腈纶纤维成品

4.6.3.1　生产方法

聚丙烯腈纤维对原料丙烯腈的纯度要求较高，杂质的总含量应低于0.005%。聚合的第二单体主要用丙烯酸甲酯，也可用甲基丙烯酸甲酯，目的是改善可纺性及纤维的手感、柔软性和弹性；第三单体主要是改进纤维的染色性，一般为含有弱酸性染色基团的衣康酸，含强酸性染色基团的丙烯磺酸钠、甲基丙烯磺酸钠、对甲基丙烯酰胺苯磺酸钠，含有碱性染色基团的α-甲基乙烯吡啶等。

(1) 聚合　聚合工艺分为以水为介质的悬浮聚合和以其他溶剂为介质的溶液聚合两类。悬浮聚合所得聚合体以絮状沉淀析出，需再溶解于溶剂中制成纺丝溶液。溶液聚合所用溶剂既能溶解单体，又能溶解聚合物，所得聚合液直接用于纺丝。溶液聚合所用溶剂有二甲基甲酰胺、二甲基亚砜、硫氰酸钠和氯化锌等。采用前两种有机溶剂的聚合时间一般在10h以上，但溶解力强，纺丝溶液的浓度较高，可适当提高纺丝速度，溶剂回收也较简便，所得纤维性能较好，且对设备的材质要求较低；而用后两种无机溶剂，聚合时间仅需2h，所得纤维白度较好。

(2) 纺丝　纺丝液一般为聚丙烯腈聚合体，数均分子量为53000～106000，其纤维白度较好，热分解温度为200～250℃，熔点达317℃。通常，聚丙烯腈纤维用高聚物溶液的湿法纺丝或干法纺丝制得。

干法纺丝的纺丝液含量为25%～30%，纺丝速度快，但因喷丝头喷出的细流凝固慢，凝固前易粘接，不能采用孔数较多的喷丝头，纺丝溶剂仅为二甲基甲酰胺一种，所得纤维结构均匀致密，适于纺制仿真丝织物。

湿法纺丝适于制作短纤维，纤维蓬松柔软，宜织制仿毛织物，所用的纺丝溶剂除溶液聚合用的溶剂外，还有二甲基乙酰胺、碳酸乙烯酯、硝酸等；不利因素是大部分溶剂的沸点较高，在纺丝过程中不易蒸出。

4.6.3.2 性能

（1）柔软性和保暖性好　外观和手感都很像羊毛，因此有“合成羊毛”之称。

（2）耐光性和耐辐射性优异　在所有大规模生产的合成纤维中，以腈纶对日光及大气作用的稳定性最好。经日光和大气作用一年后，大多数纤维均损失原强度的90%～95%，而腈纶的强度仅下降20%左右。

（3）弹性模量高　腈纶的弹性模量仅次于聚酯纤维，比聚酰胺纤维高2倍，因此腈纶的保型性好。

（4）很高的化学稳定性和较好的耐热性　腈纶对酸、氧化剂及有机溶剂极为稳定。

（5）优良的耐霉菌和耐虫蛀性　腈纶对空气、土壤、淡水和海水中的霉菌都能抵抗。如将腈纶埋在热带气候（31℃，相对湿度97%）的土壤中，经6个月后未发现受损伤的痕迹，而棉制帆布在同样条件下进行试验，10天内即完全腐烂。腈纶通常不发生虫蛀现象。

4.6.3.3 应用

腈纶广泛用来代替羊毛，或与羊毛混纺制成毛织物等，可代替部分羊毛制作毛毯和地毯等织物，还可作为室外织物，如滑雪外衣、船帆、军用帆布、帐篷等。聚丙烯腈中空纤维膜具有透析、超滤、反渗透和微过滤等功能，可用于医用器具、人工器官、超纯水制造、污水处理等。共聚单体含量尽量降低的普通腈纶，经预氧化和碳化，可获得含碳量93%左右的耐1000℃高温碳纤维，在更高温度下热处理可得到耐3000℃高温的石墨纤维。

4.6.4 聚乙烯醇纤维

聚乙烯醇纤维（polyvinyl acetals，简称PVA）是以聚乙烯醇原料纺丝制得的合成纤维。因其具有水溶性，起初无法用作纺织纤维，将这种纤维经甲醛处理所得到的聚乙烯醇缩甲醛纤维，具有良好的耐热性能和机械性能，于1950年进行工业化生产。我国商品名为“维纶”，国外商品名有“维尼纶”、“维纳纶”等。低分子量聚乙烯醇为原料经纺丝制得的纤维是水溶性的，称为水溶性聚乙烯醇纤维。一般的聚乙烯醇纤维不具备必要的耐热水性，实际应用价值不大。

20世纪30年代初期，德国瓦克化学公司首先制得聚乙烯醇纤维。1939年，日本的樱田一郎、矢泽将英，朝鲜的李升基将这种纤维用甲醛处理，制得耐热水的聚乙烯醇缩甲醛纤维，1950年由日本仓敷人造丝公司（现为可乐丽公司）建成工业化生产装置。1984年聚乙烯醇纤维世界产量为94kt。20世纪60年代初，日本维尼纶公司和可乐丽公司将生产的水溶性聚乙烯醇纤维投放市场。

4.6.4.1 生产方法

聚乙烯醇纤维所用的原料聚乙烯醇的平均分子量为60000～150000，热分解温度为200～220℃，熔点为225～230℃。

聚乙烯醇纤维可用湿法纺丝和干法纺丝制得。将热处理后的聚乙烯醇纤维经缩醛化处理可得聚乙烯醇缩甲醛纤维。缩醛化处理过程是将丝束经水洗除去芒硝（硫酸钠）后，从醛化溶液（由醛化剂甲醛、稀释剂水、催化剂硫酸、阻溶胀剂硫酸钠组成）中通过，再经水洗的过程。也可将丝束切成短纤维，用气流输送至后处理机，在不锈钢网上进行缩醛化处理。

为改善纤维性能，可将含有交联剂硼酸的聚乙烯醇溶液（含量为16%）进行湿法纺丝，所得初生纤维在碱性凝固浴中凝固，经中和、水洗和多段高倍拉伸和热处理，则可获得强度达106～115cN/dtex的长丝。这种产品称为含硼湿法长丝。

4.6.4.2 性能特点

由于聚乙烯醇纤维原料易得、性能良好，用途广泛，性能近似棉花，因此有“合成棉花”之称。该产品的最大特点是吸湿性好，可达5%，与棉花（7%）接近；是高强度纤维，强度为棉花的1.5～2倍，不亚于以强度高著称的锦纶与涤纶。此外，耐化学腐蚀、耐日晒、耐虫蛀等性能均很好。

聚乙烯醇纤维的缺点是弹性较差，织物易皱，染色性能较差，并且颜色不鲜艳；耐热性差，软化点只有120℃；耐水性不好，不宜在热水中长时间浸泡。

4.6.4.3　主要用途

聚乙烯醇缩甲醛纤维在工业领域中可用于制作帆布、防水布、滤布、运输带、包装材料、工作服、渔网和海上作业用缆绳。高强度、高模量长丝可用作运输带的骨架材料、胶管、胶布和胶鞋的衬里材料，还可制作自行车胎帘子线。由于这种纤维能耐水泥的碱性，且与水泥的粘接性和亲和性好，可代替石棉作为水泥制品的增强材料。

可与棉混纺，制作各种衣料和室内用品，也可生产针织品。但耐热性差，制得的织物不挺括，且不能在热水中洗涤。此外，在无纺布、造纸等方面也有使用价值。

水溶性聚乙烯醇纤维可与其他纤维混纺，再在纺织加工后被溶去，得到细纱高档纺织品，也可制得无捻纱或无纬毯。还可作为胶黏剂用于造纸，以提高纸的强度和韧性。此外，还可制特殊用途的工作服、手术缝合线等。

4.7　高性能合成纤维

高性能合成纤维分为差别化纤维和特种纤维。差别化纤维一般泛指对常规化纤品种有所创新或具有某一特性的化学纤维，主要是改进其使用性能。如易染性合成纤维、亲水性纤维、高收缩纤维、异形纤维、变形纱等。

特种纤维是具有特殊的物理化学结构、性能和用途，或具有特殊功能的化学纤维的统称，用于尖端技术。特种纤维又可分为功能纤维和高性能纤维两大类。医用功能纤维、中空纤维膜、离子交换纤维以及塑料光导纤维属功能纤维；而耐高温纤维、弹性纤维、高强度高模量纤维以及碳纤维为高性能纤维。

4.7.1　耐高温纤维

耐高温纤维是指在250～300℃温度范围内可长期使用的纤维。主要特点是在高温环境下尺寸稳定性好和物理力学性能变化小、软化点或热分解温度高等。

耐高温纤维可分为无机耐高温纤维和有机耐高温纤维。与无机耐高温纤维相比，有机耐高温纤维具有密度小、强度高、延伸度较大、柔软性好、伸长回弹率较高等特点。

按照聚合物的结构特性，耐高温聚合物主要有五大类：

① 主链含芳环的聚合物，如聚苯、聚对二甲苯等；

② 主链含芳环和杂原子的聚合物，如聚苯醚、聚苯甲酰胺、聚芳砜等；

③ 主链含杂环的聚合物，这类聚合物的耐热性能较高，其中有聚酰亚胺、聚苯并咪唑、聚苯并噻唑等；

④ 梯形聚合物；

⑤ 元素有机聚合物。

目前已应用的耐高温纤维有十几种，如聚间苯二甲酰间苯二胺（Nomex）、聚苯并咪唑（PBI）、聚酰亚胺（PI）、芳香族酰胺-酰亚胺（Kermel）、聚苯砜酰胺（Sulfon-T）等。其中应用最广的是聚间苯二甲酰间苯二胺纤维，其次是聚酰胺-酰亚胺纤维。

4.7.1.1　芳香族聚酰胺纤维

芳香族聚酰胺纤维是大分子由酰胺基和芳基连接的一类合成纤维。我国商品名为“芳纶”。几种主要的芳香族聚酰胺纤维列于表 4-3 中。

表 4-3 几种主要的芳香族聚酰胺纤维

学　名	结 构 式	商 品 名
聚间苯二甲酰间苯二胺纤维	$\left[\mathrm{-\overset{O}{\overset{\|}{C}}-(\textit{m}\text{-}C_6H_4)-\overset{O}{\overset{\|}{C}}-HN-(\textit{m}\text{-}C_6H_4)-NH-}\right]_n$	HT-1，芳纶 1313
聚对苯二甲酰对苯二胺纤维	$\left[\mathrm{-\overset{O}{\overset{\|}{C}}-(\textit{p}\text{-}C_6H_4)-\overset{O}{\overset{\|}{C}}-NH-(\textit{p}\text{-}C_6H_4)-NH-}\right]_n$	纤维-B，芳纶 1414
聚对氨基苯甲酰纤维	$\left[\mathrm{-NH-(\textit{p}\text{-}C_6H_4)-\overset{O}{\overset{\|}{C}}-}\right]_n$	PRD-49，芳纶 14
聚对苯二甲酰己二胺纤维	$\left[\mathrm{-\overset{O}{\overset{\|}{C}}-(\textit{p}\text{-}C_6H_4)-\overset{O}{\overset{\|}{C}}-HN-(CH_2)_6-NH-}\right]_n$	尼龙 6T
聚对苯二甲酰对氨基苯甲酰甲酰肼纤维	$\left[\mathrm{-\overset{O}{\overset{\|}{C}}-(\textit{p}\text{-}C_6H_4)-\overset{O}{\overset{\|}{C}}-HN-HN-\overset{O}{\overset{\|}{C}}-(\textit{p}\text{-}C_6H_4)-NH-}\right]_n$	X-500

(1) 芳纶 1313　芳纶 1313 即聚间苯二甲酰间苯二胺（polymetaphenylene isophthalamide，PMIA）纤维，是杜邦公司 1967 年开始生产的一种间位型芳香族聚酰胺纤维，其商品名为 Nomex，日本帝人公司于 1972 年开发出类似产品，商品名为 Conex。前者采用界面缩聚和干法纺丝，后者采用低温溶液缩聚和湿法纺丝。是目前所有耐高温纤维中产量最大、应用最广的一个品种。

芳纶 1313 结构为：

$$\left[\mathrm{-\overset{O}{\overset{\|}{C}}-(\textit{m}\text{-}C_6H_4)-\overset{O}{\overset{\|}{C}}-\overset{H}{\overset{|}{N}}-(\textit{m}\text{-}C_6H_4)-\overset{H}{\overset{|}{N}}-}\right]_n$$

其是由酰胺桥键互相连接的芳基所构成的线形大分子。在它的晶体中氢键在两个平面内排列，从而形成了氢桥的三维结构。由于极强的氢键作用，使之结构稳定，具有优良的耐热性能，可在大多数合成纤维的熔点以上的高温条件下长期使用，在 220℃持续使用十年之久，仍可保留相当高的力学强度。图 4-10 是该种纤维与涤纶、尼龙 66 纤维的耐热性比较。

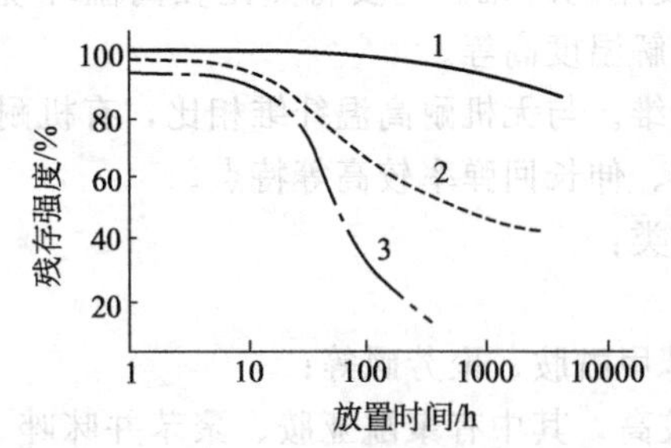

图 4-10　几种纤维在 175℃空气中放置不同时间后的强度变化

1—芳纶 1313；2—涤纶；3—PA-66

通过结构分析可知，这种纤维具有优良的综合性能，耐磨、耐多次曲折性好，在高温下不熔融，耐穿透、抗氧性和耐辐射性优良，并耐各种化学试剂，因此它的首要用途是制作易燃易爆环境中的工作服，尽管在价格上比棉织品贵三倍，但寿命却高过 6～12 倍。这类工作服已广泛应用于铁矿、金属、化学、石油及石油化工诸领域中。也可用作赛车服、宇航服和消防服。它的另一类用途是高温下使用的过滤材料、输送带以及电绝缘材料等，也可用于制作民航客机或某些高级轿车用的装饰织物等。

(2) 芳纶 1414　芳纶 1414 即聚对苯二甲酰对苯二胺（PPTA）纤维，最早由美国杜邦公司于1971年试制成功，美国商品名为Kevlar。

PPTA的结构式为：

$$\left[\!-\overset{\overset{\large O}{\|}}{C}-\!\!\bigcirc\!\!-\overset{\overset{\large O}{\|}}{C}-\overset{\overset{\large H}{|}}{N}-\!\!\bigcirc\!\!-\overset{\overset{\large H}{|}}{N}\!-\right]_n$$

Kevlar纤维的结构特征使它具有极好的力学性能，强度可达22.07cN/dtex以上，弹性模量可达476.82cN/dtex，约为锦纶的9～10倍，涤纶的3～4倍；另外它的密度不大，和橡胶有良好的黏着力，被认为是一种比较理想的帘线纤维。此外，这种纤维还具有高韧性和高抗冲击性。由于芳链的刚性结构，使高聚物具有晶体的本质和高度的尺寸稳定性，玻璃化温度很高（300℃），且制成的纤维不发生高温分解，因此，Kevlar纤维是优秀的耐高温纤维之一。

Kevlar纤维的优良物理力学性能和耐高温性，使其应用范围十分广泛。在工业方面如轮胎帘子线、高强度绳索、传送带及耐压容器等；军事方面如防弹衣、防弹头盔、降落伞、装甲板等；航空航天方面如飞机结构和内部装饰材料、机身、机翼、火箭发动机外壳等；体育器材如高尔夫球杆、网球拍、钓鱼竿、滑雪板、游艇等。

4.7.1.2　碳纤维

碳纤维是主要的耐高温纤维之一，是用再生纤维素纤维或聚丙烯腈纤维高温碳化而制得的。依据含碳量，碳纤维可分为碳素纤维和石墨纤维两种，前者含碳量为80%～95%，后者含碳量在99%以上。

碳纤维可耐1000℃高温，石墨纤维可耐3000℃高温。并具有高强度、高模量、高温下持久不变形、很高的化学稳定性、良好的导电性和导热性。碳纤维是宇宙航行、飞机制造、原子能工业的优良材料。图4-11即为碳纤维产品。

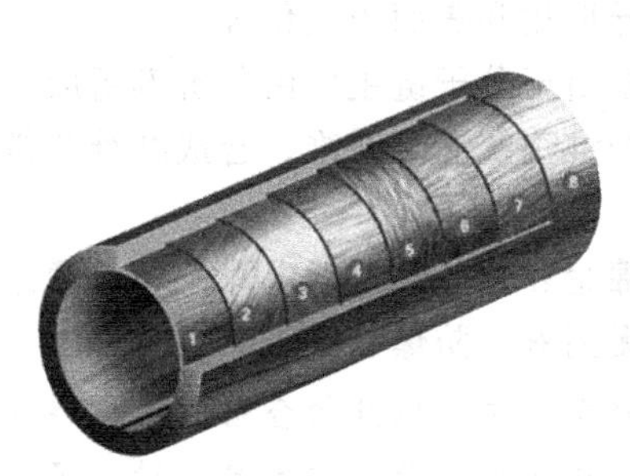

图4-11　碳纤维产品

4.7.2　弹性纤维

弹性纤维是指具有类似橡胶丝的高伸长性（>400%）和回弹力的一类纤维。通常用于制作各种紧身衣、运动衣、游泳衣及各种弹性织物。目前主要品种有聚氨酯弹性纤维和聚丙烯酸酯弹性纤维。

4.7.2.1　聚氨酯弹性纤维

聚氨酯弹性纤维在我国的商品名为“氨纶”。它是由柔性的聚醚或聚酯链段和刚性的芳香族二异氰酸酯链段组成的嵌段共聚物，再用脂肪族二胺进行交联，因而获得了似橡胶的高伸长性和回弹力。当聚氨酯弹性纤维伸长600%～750%时，其回弹率仍可达95%以上。

4.7.2.2　聚丙烯酸酯弹性纤维

丙烯酸酯类弹性纤维商品名为“阿尼姆8”。此类纤维是由丙烯酸乙酯或丁酯与某些交联性单体乳液共聚后，再与偏二氯乙烯等接枝共聚，经乳液纺丝法制得。

这类纤维的强度和伸长特性不如聚氨酯类弹性纤维，但是它的耐光性、抗老化性和耐磨性、耐溶剂及漂白剂等性能均比聚氨酯类纤维好，而且还具有难燃性。

乳液纺丝包括乳液和悬浮液纺丝在内的合成纤维纺丝方法，是20世纪40～50年代发展起来的新纺丝技术。把某种难以用溶液或熔体纺丝成纤的高聚物分散在易成纤的载体中，形成均匀的纺丝乳液，借助于载体成纤，称载体纺丝法。这种方法适用于某些不能用干法纺丝、湿法纺丝成型的成纤高聚物。这一类高聚物在熔融成黏流态以前就已剧烈分解，而且没有合适的溶剂能使它溶解或塑化，聚四氟乙烯（PTFE）便是一例。

为了纺制聚四氟乙烯纤维，将单体在压力釜中进行乳液聚合，得到水相聚四氟乙烯分散液，用聚乙烯醇（PVA）水溶液或黏胶作为载体，与聚四氟乙烯分散液混合成均匀的乳液，把它作为纺丝原液，经过滤、脱泡后用通常的维纶纺丝法或黏胶纺丝法制成纤维。初生纤维经水洗和干燥后，进行高温烧结，这时载体分解而被除去，而聚四氟乙烯粒子则发生粘接（或称“连续化”）而形成纤维。然后进行高温拉伸，以提高纤维的强度。

改性聚乙烯醇纤维——维氯纶也是采用乳液纺丝法成纤的。将氯乙烯在原乙烯醇水溶液中进行乳液聚合（产品中含有一部分聚氯乙烯与聚乙烯醇接枝共聚物），把所得的乳液再分散在聚乙烯醇水溶液中配制成一定浓度、一定黏度的纺丝原液进行纺丝。维氯纶的纺丝和后处理工艺与维纶基本相同，这种纤维兼具维纶和氯纶的特性。

采用乳液纺丝扩大了化学纤维的品种，开阔了化学纤维改性的途径。

4.7.3 吸湿性纤维和抗静电纤维

合成纤维的缺点之一是吸湿性差。吸湿性纤维主要品种是聚酰胺4，由于分子链上的酰胺基比例较大，吸湿性优于目前所有的聚酰胺品种，比聚酰胺6高一倍，与棉花相似，兼有棉花和聚酰胺6的优点。近年来还出现了高吸湿性腈纶、亲水丙纶，主要是改变纤维的物理结构，如增加纤维的内部微孔，使纤维截面异形化和表面粗糙化等。

容易带静电是合成纤维的又一缺点，这是由于分子链主要由共价键组成，不能传递电子之故。通常把经过改性而具有良好导电性的纤维称抗静电纤维。合成纤维的带静电性与疏水性密切相关，吸湿性越大，则导电性越好。

目前，抗静电纤维主要有耐久性抗静电锦纶和耐久性抗静电涤纶，是通过添加抗静电组分共聚等方法制得。主要用于制作无尘衣、无菌衣、防爆衣等。

本章小结：本章介绍了纤维的概念与分类方法；成纤聚合物的结构特征性能，衡量纤维性能优劣的测试标准：纤度、断裂伸长率、初始模量及回弹率等。讨论了纤维的纺丝及其后加工。详细介绍了天然纤维与人造纤维的成分及性能与应用，并重点介绍了合成纤维聚酰胺、聚丙烯腈、聚乙烯醇等合成纤维的生产、结构特点、性能及应用。对一些特种纤维给予了介绍。

习题与思考题

1. 名词解释：纺织纤维，天然纤维，动物纤维，植物纤维，化学纤维，人造纤维（再生纤维），合成纤维，短纤维，长丝，线密度（纤度），支数，高性能纤维，聚合度，结晶度，取向度，初始模量。
2. 什么叫纤维？具备什么条件才能作为纺织工程加工用的纺织纤维？纤维的种类有哪些？
3. 人造纤维与合成纤维有哪些不同？
4. 黏胶纤维、醋酯纤维、涤纶、腈纶、锦纶、维纶各有什么主要特点（性）？它们的学名、一般的国外定名和商品名是什么？
5. 高聚物要成为合成纤维原料应具备哪些基本条件？
6. 常见的化学纤维纺丝方法有哪几种？各有什么特点？常见化学纤维各是采用什么方法纺丝的？

7. 化学纤维后加工过程中为何要上油？上油起何作用？为何要使化学纤维具有卷曲性？

8. 简述化学纤维在后加工过程中的集束、拉伸、上油、卷曲、定型等工序的作用及其与纤维性能的关系。

9. 写出聚酰胺6和聚酰胺66的分子结构，并写出它们的基本合成反应。

10. 试说明涤纶纤维的性能，为何将其制成的布料称为“的确良”？

11. 试说明聚丙烯腈纤维生产过程中加入共聚单体的目的和作用。

12. 目前，居合成纤维产量之首的是什么纤维？它的主要性能特点以及最大的不足是什么？

13. 被称为“合成羊毛”的是什么纤维？为什么称为“合成羊毛”？

14. 了解维纶纤维的结构特点和性能。如何理解聚乙烯醇纤维被称为“合成棉花”？

15. 为何要对聚乙烯醇纤维进行缩醛化处理？若不进行缩醛化处理，聚乙烯醇纤维能在哪些方面得到应用？

16. 试了解芳纶1313和芳纶1414的结构及性能。

17. 试叙述弹性纤维的性能及其主要应用。常见的弹性纤维有哪几种？

18. 如何理解纤维的导电性和静电现象？

19. 根据着装经验，列出不同类型服装所用的纤维成分，并评述使用这些纤维成分的原因及优缺点。

参考文献

[1] 中国石油化工与销售分公司．中国石油化工产品生产工艺及加工应用：第2版．北京：石油工业出版社，2010.
[2] 肖长发，尹翠玉，张华等．化学纤维概论．北京：中国纺织出版社，1997.
[3] 蔡再生．纤维化学与物理．北京：中国纺织出版社，2009.
[4] 詹怀宇．纤维化学与物理．北京：科学出版社，2005.
[5] 邢声远，江锡夏，文永奋，邹渝胜．纺织新材料及其识别：第2版．北京：中国纺织出版社，2010.
[6] [英] J. E. 麦金太尔编著．合成纤维．付中玉译．北京：中国纺织出版社，2006.
[7] 沈新元．化学纤维手册．北京：中国纺织出版社，2008.
[8] 逢奉建．新型再生纤维素纤维．沈阳：辽宁科学技术出版社，2009.
[9] 李栋高，蒋蕙钧．丝绸材料学．北京：中国纺织出版社，1994.
[10] 邓如生，魏运方．聚酰胺树脂及其应用．北京：化学工业出版社，2002.
[11] 郭大生，王文科．聚酯纤维科学与工程．北京：中国纺织出版社，2001.
[12] [美] JAMES C. MASSON 编．腈纶生产工艺及应用．陈国康等译．北京：中国纺织出版社，2004.
[13] 李青山，沈新元．腈纶生产工学．北京：中国纺织出版社，2000.
[14] [朝] 李升基著．维尼纶：上册　聚乙烯醇制造．冯宝胜译．北京：纺织工业出版社，1985.
[15] 刘国联．服装新材料．北京：中国纺织出版社，2005.
[16] 孙晋良．纤维新材料．上海：上海大学出版社，2007.
[17] 李栋高．纤维材料学．北京：中国纺织出版社，2006.
[18] 张大省，王锐．超细纤维生产技术及应用．北京：中国纺织出版社，2007.
[19] 朱平．功能纤维及功能纺织品．北京：中国纺织出版社，2006.
[20] 王建坤．新型服用纺织纤维及其产品开发．北京：中国纺织出版社，2006.
[21] 胡金莲等．形状记忆纺织材料．北京：中国纺织出版社，2006.
[22] 西鹏，高晶，李文刚．高技术纤维．北京：化学工业出版社，2004.
[23] 徐谷仓，沈淦清．含氨纶弹性织物染整．北京：中国纺织出版社，2004.
[24] 高绪珊，童俨编译．导电纤维及抗静电纤维．北京：纺织工业出版社，1991.

第5章　涂料及胶黏剂

内容提要： 我们生活在一个五颜六色的世界中，要知道这其中很多都要用到涂料和胶黏剂来装扮，想了解更多，请仔细阅读本章内容。本章介绍了涂料及胶黏剂的概念及其分类，对常用的涂料及胶黏剂的组成及作用等进行了详细的介绍，同时涉及部分环境保护方面的基本知识。

5.1　涂料

5.1.1　概述

涂料通常是一种流动状态的物质，将其涂覆在物体（被保护和被装饰对象）表面并能形成牢固附着的连续薄膜的配套性工程材料。早期的涂料是以油脂和天然树脂为原料制备的，所以习惯称其为“油漆”。随着科学的进展，高分子合成树脂广泛用作涂料的原料，使油漆产品的面貌发生了根本变化。因此，沿用油漆一词就显得不很恰当，准确的名称应为“有机涂料”，简称涂料。涂料在使用之前，是一种有机高分子溶液（如清漆）或胶体（色漆），或是粉末，以及近年来发展的胶乳，添加或不加颜料、填料调制而成的。

5.1.1.1　涂料的组成

不论涂料品种的形态如何，其基本组成如图5-1所示。

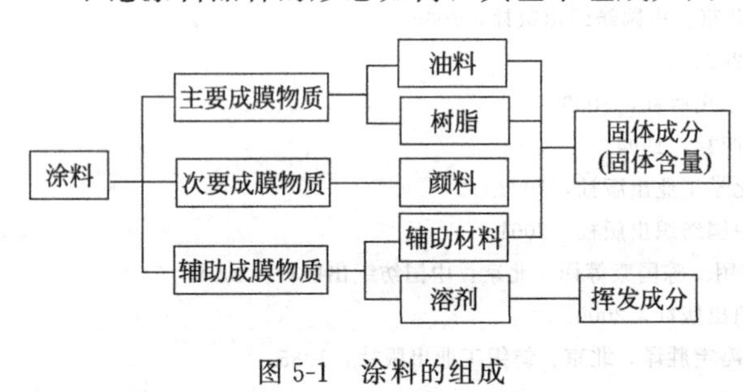

图5-1　涂料的组成

国内涂料中的基本质量比例为：油脂20%～30%，树脂10%～20%，有机溶剂或水33%～47%，颜（填）料4%～25%，助剂2%～5%。

（1）成膜物质　成膜物质主要由树脂或油脂组成，此外还包括部分不挥发的活性稀释剂。它是使涂料牢固附着于被涂物表面上形成连续薄膜的主要物质，是构成涂料的基础，决定着涂料的基本特性。作为成膜物质必须与物体表面和颜料有良好的结合力（附着力）。原则上天然的和合成的聚合物都可作为成膜物质，与塑料、纤维、橡胶等所用聚合物的区别在于，涂料用聚合物的平均分子量一般较低。

成膜物质可分为转化型（反应性）和非转化型（非反应性）两种类型。植物油或具有反应活性的低聚物、单体等所构成的成膜物质称为反应性成膜物质，将其涂在物体表面后，在一定条件下进行聚合反应后形成坚韧的漆膜。非反应性成膜物质是由溶解或分散于液体介质中的线形聚合物构成的，涂布后，由于液体的挥发形成聚合物膜层。

反应性成膜物质有植物油、天然树脂、环氧树脂、醇酸树脂、氨基树脂等。非反应性成膜物质有纤维素衍生物、氯化橡胶、乙烯基聚合物、丙烯酸树脂等。

（2）有机溶剂或水　有机溶剂或水是分散介质，主要作用在于使成膜物质基料分散而形成黏稠液体，不是成膜物质。它有助于施工和改善涂膜的某些性能。平时，常将成膜物质和分散介质的混合物称为漆料。

（3）颜料和填料　颜料和填料本身不能单独成膜，主要用于着色和改善涂膜性能，增强涂膜的保护、装饰和防锈作用，亦有降低涂料成本的作用。

(4) 助剂　助剂是原料的辅助材料，种类较多，根据不同的作用常包括催干剂、流平剂、防结皮剂、防沉剂、抗老化剂、防霉剂、固化剂、增塑剂等。这些物质一般不能成膜，但对基料形成涂膜的过程与耐久性起着相当重要的作用。

5.1.1.2　涂料的作用

(1) 保护作用　物体暴露在大气中，受大气中的湿气、氧、H_2S、CO_2、CO、NO_2、NO、NH_3 和其他化学气体、酸、碱、盐水溶液和有机溶剂等的侵蚀，从而发生金属锈蚀、木材腐朽、水泥风化等破坏现象。物体表面涂上涂料，可以使物体免遭侵蚀，延长使用寿命，这就是涂料的保护作用。

(2) 装饰作用　俗话说："人要衣装"，一个人外表漂亮大方，翩翩风度，"衣装"得体是重要的原因之一。涂料对于物体作用犹如美丽衣着对人的装扮作用，各种制品采用各色鲜艳的涂装就显得美观大方、色彩宜人，起到美化环境、美化生活的作用。

(3) 标志作用　标志作用是利用了不同色彩的明度与反差强烈的特性。通常是用红、橙、黄、绿、蓝、白、黑等明度与反差强烈的几种色彩，用在交通管理、化工管路和容器、大型或特殊机械设备上进行标识，指示道路交通，引起人们的警觉，避免危险事故的发生，保障人们的安全。

有些公用设施，如医院、消防车、救护车、邮局等，也常用它来标识，方便人们辨识。另外，它还有广告标志作用，以引起人们的注意。

(4) 特殊作用　各种专用涂料还具有其特殊作用，如输油管道内壁防结蜡涂料，除防腐蚀作用外，还可以减少石蜡黏结在管壁上，减少输送阻力，提高输送能力；船底防污涂料，可以杀死黏附船底的海洋微生物，保证航速；示温涂料可以在不同温度下显示不同颜色，涂装在储罐、管道外壁，可以测知罐内和管道内液体的温度。人造卫星穿过大气层时高度的摩擦力，可使人造卫星表面在瞬间产生极高的温度，使涂装的外层涂料燃烧而保护卫星不致烧毁，起这种作用的涂料称为"烧蚀涂料"。另如伪装涂料、防辐照涂料等都起着特殊作用。

5.1.1.3　涂料的分类及命名

涂料品种繁多，目前在我国市场上销售的涂料品种约有1000种以上，其中科技部已颁发型号的有940多种，已有部颁标准的百余种，今后随着经济建设、国防需要和工业的发展，新的涂料品种还将不断出现。

(1) 涂料的分类　涂料的分类方法很多，按其有否颜料可分为清漆和色漆等；按其形态可分为水性涂料、溶剂型涂料、粉末涂料、高固体分涂料、无溶剂涂料等；按其用途可分为建筑涂料、汽车漆、飞机蒙皮漆、木器漆等；按其施工方法可分为喷漆、浸漆、烘漆、电泳漆等；按其效果可分为绝缘漆、防锈漆、防污漆、防腐蚀漆。

上述各种分类侧重点不同，哪类都不能全面反映涂料的本质。涂料的主要类别及名称列于表5-1、表5-2中。

表5-1　涂料的类别

代号	涂料类别	代号	涂料类别
Y	油脂漆类	X	烯树脂漆类
T	天然树脂漆类	B	丙烯酸漆类
F	酚醛树脂漆类	Z	聚酯漆类
L	沥青漆类	H	环氧树脂漆类
C	醇酸树脂漆类	S	聚氨酯漆类
A	氨基树脂漆类	W	元素有机漆类
Q	硝基漆类	J	橡胶漆类
M	纤维素漆类	E	其他
G	过氯乙烯漆类		

表 5-2 涂料名称

代号	涂料名称	代号	涂料名称	代号	涂料名称
00	清油	12	乳胶漆	55	耐水漆
01	清漆	13	其他水溶性漆	60	耐火漆
02	厚漆	17	皱纹漆	61	耐热漆
03	调和漆	22	木器漆	67	隔热涂料
04	磁漆	50	耐酸漆	80	地板漆
05	粉末涂料	51	耐碱漆	83	烟囱漆
06	底漆	52	防腐漆	85	调色漆
07	腻子	53	防锈漆	86	标志漆
09	大漆	54	耐油漆	99	其他

(2) 涂料的命名原则　为了简化起见，同时也为了与过去的命名相一致，在涂料命名时，除了粉末涂料外仍采用“漆”一词，而在统称时采用“涂料”而不用“漆”一词。涂料命名原则规定如下。

① 全名＝颜料或颜色名称＋成膜物质名称＋基本名称，例如红醇酸磁漆、锌黄酚醛防锈漆。

② 对于某些有专业用途及特性的产品，必要时在成膜物质后面加以阐明，例如醇酸导电磁漆、白硝基外用磁漆。

5.1.1.4　涂料工业的特点及发展趋势

(1) 涂料工业的特点　所谓涂料工业就是以油脂、天然树脂、合成树脂、颜料、填料、溶剂和助剂为基本原料，生产各种产品并提供其应用的工业。其实质包括了涂料制造和涂料施工应用两大部分。前者主要指油脂熬炼、树脂和色漆制造，以及质量管理等，广义地讲还应包括颜料的制造和使用，后者指涂料施工前的处理、施工设备和方法、涂料的干燥成膜与检测等。这两部分内容是密切联系、互相有别的，对于涂料的使用与耐久性来说，不能偏废任何一方面。

涂料工业除具有化学工业共同的特点之外，还有如下特点。

① 广泛性和专用性　涂料广泛地应用于国民经济各部门、国防和人民生活中，无所不在。但是每个部门对涂料性能的要求各不相同，必须生产不同性能、不同规格的多品种涂料产品，以满足不同的使用要求，所以决定了其既具有广泛性，有兼具专用性。

② 投资少，见效快　涂料属于精细化工产品（fine chemicals）之列，与大宗化工产品（mass chemicals）相比，具有投资少、利润高、返本期短和见效快的特点。

③ 带有加工工业的性质　涂料工业生产品种多、使用原料多。除了少数专用树脂之外，大部分原料需要其他工业部门供应。如颜料需由颜料工业供应，大多数合成树脂、溶剂、助剂和化工原料等需由高分子工业、基本有机合成工业、炼焦工业、石油化工、化工原料工业等供应，从而使涂料带有“来料加工”工业的性质。

涂料工业是从小作坊手工业发展起来的，设备工艺简单，很多涂料品种可以在相同的设备上采用不同原料、不同配方生产，生产工艺过程大致相同，如图 5-2 所示，从生产过程看，涂料工业也带有加工工业的性质。

④ 技术密集度高、涉及学科多　虽然涂料生产过程类同、生产周期短、工艺设备简单，但产品多性能、多用途。由于品种繁多，所用原材料多，在原料选择、产品配方设计方面具有很高的技术性。在涂料制造过程中，涉及的学科较多，一个优秀的涂料工作者，不仅要具有无机、有机、物化、流变分析等化学知识，还要懂得物理学、机械、计算机等多学科的知识。由于知识密集度高，要求分工合作，掌握复杂的生产工艺技术。

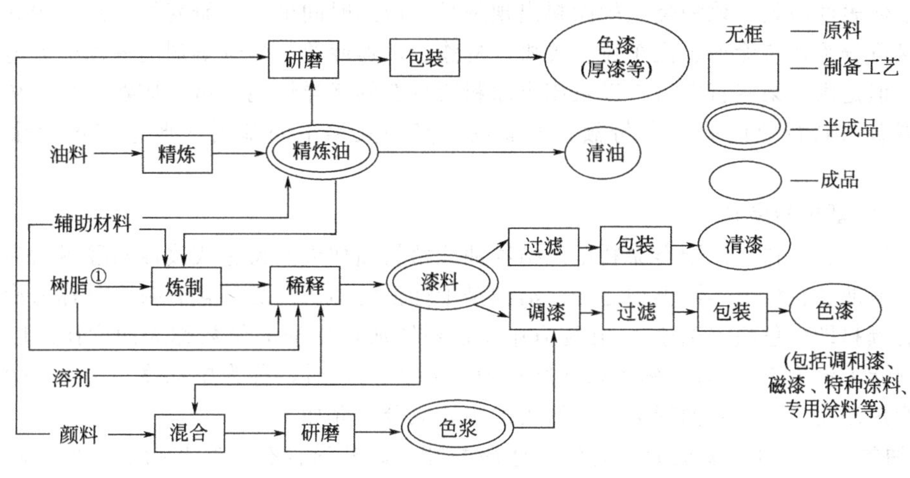

图 5-2　涂料生产过程与产品关系

① 此处系指天然树脂如松香等，合成树脂可直接稀释为漆料

(2) 涂料工业的发展趋势

① 涂料用原料的来源多渠道化　在涂料的发展史上，以天然物质为原料的涂料经历了较长的历史，随着科技的进步，逐渐采用改性天然材料、化工合成材料作为涂料的主要原料。从利用太阳能和减少污染的角度出发，发展各种原料产品至关重要。

② 涂料的品种结构变化

a. 合成树脂所占比例越来越大，涂料的耗油量逐渐下降；

b. 发展省溶剂、省资源、低污染的节约型涂料，如水性涂料、高固含量涂料和粉末涂料。

我国在涂料品种的结构上变化相比国外发达国家还有差距，亟待提高节约型涂料在整个涂料品种中的份额。

③ 施工应用技术发展，生产和检测逐步自动化、现代化　施工应用从手工操作逐步机械化自动化，根据涂料品种的发展，发展了静电喷涂、电沉积法涂装、静电粉末涂装等；机器人在施工中也开始应用；固化方法发展了紫外线固化、电子束固化、蒸汽固化等。生产设备也逐渐趋向于密闭化、管道化和自动化，电子计算机在配漆、合成树脂和涂料储运中逐渐得到应用，生产和中间控制均实现自动化，产品包装也逐步自动化。与国外相比，目前国内的水平还有很大差距。

④ 生产效率大幅度提高　日本、美国等一般都是 70～80t/（人·年），个别企业高达数百吨/（人·年）。国内的生产效率还相对偏低，少数大、中型企业近年来已逐渐接近国外生产效率的平均水平。

5.1.2　溶剂型涂料

此类涂料是以有机高分子合成树脂为主要成膜物质，以有机溶剂如脂烃、芳香烃、酯类等为分散介质（稀释剂），加入适当的颜料、填料及辅助材料，经研磨等加工制成，涂装后溶剂挥发而成膜。传统的以干性油为基础的油性涂料（或称油基涂料）——油漆，也属于溶剂型涂料。

溶剂型涂料施工后所产生的涂膜细腻坚硬、结构致密、表面光泽度高，具有一定的耐水及耐污染性能。但是，溶剂型涂料有其突出的缺点和局限性，一是该类产品所含的有机溶剂易燃且挥发后有损于大气环境和人体健康；二是由于其涂膜的透气性差，故不宜使用在容易潮湿的墙体表面涂装。该种类型的涂料出现最早，应用时间最长，研究最成熟。按其用途进行分类又可分为建筑涂料、汽车漆、飞机蒙皮漆、木器漆等。尽管溶剂的挥发极大地影响大气环境，但是由于某些特殊需求以及该类涂料所特有的优异性能及市场成熟度高，从而使其仍然占据着涂料行业内的很大份额。下面仅就其中几类不同基料的典型溶剂型涂料加以介绍。

5.1.2.1 油基树脂涂料

(1) 油脂类涂料 油脂类涂料是以植物油或植物油加天然树脂或改性酚醛树脂为基料的涂料，有清油、色漆等不同类型之分。清油是干性油的加工产品，含有树脂时称为清漆，清漆中加有颜料即为色漆（磁漆）。在配方中1份树脂所使用油的份数称为油度比。以质量比计算，树脂：油为1：3时，称为长油度；为1：(2～3)时，称为中油度；为1：(0.5～2)时，称为短油度。下面对油脂类涂料所用的主要成分简介如下。

① 油类 植物油主要成分为甘油三脂肪酸酯，此外尚含有一些非脂肪成分如磷脂、固醇、色素等杂质，这类物质通常对制漆不利，生产时需除去。形成甘油三脂肪酸酯的脂肪酸分为饱和、不饱和两种。饱和脂肪酸分子内不含双键，因而不能发生聚合反应；不饱和脂肪酸如油酸、桐油酸等含有双键，可在空气中氧的作用下进行聚合与交联反应。含有不饱和脂肪酸的植物油，可进行氧化聚合而干燥成膜，故称为干性油，不能进行氧化聚合的植物油称为不干性油。涂料工业应用的植物油可分为干性油、半干性油和不干性油三种，是依碘值进行划分的。在100g油中，所能吸收碘的克数称为碘值。碘值是油性涂料的一项重要物理化学指标，它反映油脂的不饱和键数目的多少。碘值在140以上的为干性油，如桐油、梓油、亚麻油、大麻油等。碘值在100～140的为半干性油，如豆油、花生油、棉籽油等，它们干燥的速度小于干性油。不干性油包括蓖麻油、椰子油、米糠油等，一般用作增塑剂和制造合成树脂。

② 松香加工树脂 松香的主要成分为树脂酸 $C_{19}H_{29}COOH$。树脂酸有多种异构体，包括松香酸、新松香酸、海松酸等，其中最主要的是松香酸，它是一种不饱和酸。涂料中用的松香加工树脂是松香经加工处理可制得的松香皂类、酯类或其他材料改性的树脂，如松香改性酚醛树脂。

③ 催干剂 催干剂即油类氧化聚合的催化剂，常用的有钴、锰的有机酸皂类，其中最重要的是环烷酸钴。钙和锌的有机酸皂常用作助催干剂。

④ 其他树脂 油性涂料常用的其他树脂有松香改性酚醛树脂、丁醇醚化酚醛树脂、酚醛树脂、石油树脂、古马隆树脂等。

⑤ 溶剂 油基树脂涂料主要使用油漆溶剂油、二甲苯及松节油。

(2) 大漆 大漆是一种天然漆，俗称土漆或生漆。生漆经加工即成熟漆。生漆是漆树的分泌物，是一种天然水乳胶漆。生漆的主要成分是漆酚。漆酚是含有不同脂肪烃取代基的邻苯二酚混合物，其在生漆中的含量为50%～80%，是生漆的成膜物质。生漆中含有不到1%的漆酶，它是一种氧化酶，为生漆的天然有机催干剂。生漆中还含有20%～40%的水分，1%～5%的油分，3.5%～9%的树脂质。树脂质即松香质，是一种多糖类化合物，在生漆中起悬浮剂和稳定剂的作用。生漆可用油类改性或其他树脂改性。

(3) 沥青漆 沥青漆是以沥青为基料加有植物油、树脂、催干剂、颜料、填料等助剂而制成的涂料。沥青漆具有耐水、耐酸、耐碱和电绝缘性。因其成本低，用途比较广泛。

5.1.2.2 合成树脂涂料

(1) 醇酸树脂涂料 以醇酸树脂为基料加入植物油类而成的涂料称为醇酸树脂涂料。醇酸树脂是由多元醇、多元酸与脂肪酸制得的，常用的多元醇有甘油、季戊四醇，常用的多元酸有邻苯二甲酸酐，常用的油类有椰子油、蓖麻油、豆油、亚麻油、桐油等。醇酸树脂约占用于涂料的合成树脂量的一半。醇酸树脂又分为两类，一类是干性油醇酸树脂，是采用不饱和脂肪酸制成的，能直接固化成膜。另一类是不干性油醇酸树脂，它不能直接做涂料用，需与其他树脂混合使用。

醇酸树脂涂料的特点是附着力强、光泽好、硬度大、保光性和耐候性好等，可制成清漆、磁漆、底漆和腻子，用途十分广泛。醇酸树脂可与硝基纤维素、过氧乙烯树脂、氨基树脂、氯化橡胶并用改性，也可在制备过程中加入其他成分制成改性的醇酸树脂，如松香改性醇酸树脂、酚醛改性醇酸树脂、苯乙烯改性醇酸树脂、丙烯酸酯改性醇酸树脂等。

(2) 氨基树脂涂料　涂料中使用的氨基树脂有三聚氰胺甲醛树脂、脲醛树脂、烃基三聚氰胺甲醛树脂以及改性的、共聚的氨基树脂。氨基树脂也可以与醇酸树脂、丙烯酸树脂、环氧树脂、有机硅树脂等并用制得改性的氨基树脂涂料。氨基树脂烘漆是应用最广的一种工业用漆。

(3) 环氧树脂涂料　环氧树脂涂料可根据固化剂的类型分为：胺交联型涂料、合成树脂交联型涂料、脂肪酸酯交联型涂料等。环氧树脂涂料性能优异，广泛应用于汽车工业、造船业以及化工和电气工业中。

环氧树脂涂料常为双组分的，一种是树脂组分，另一种是交联组分，使用时将二者按比例混合。表 5-3 列出了一种用于钢质储罐内壁的环氧树脂涂料的配方（以质量份计）。

表 5-3　用于钢质储罐内壁的环氧树脂涂料配方

组　分	用　量	组　分	用　量
组分 A(树脂组分)		丁醇醚化三聚氰胺甲醛树脂	0.85
环氧树脂(E-20)	28.00	甲苯/丁醇(8/2)	25.00
红丹	59.90	组分 B(交联组分)	
硅藻土	5.65	己二胺	1.63
滑石粉	4.65	乙醇	1.63

(4) 聚氨酯涂料　选用不同的异氰酸酯与不同的聚酯、聚醚、多元醇或与其他树脂配用可制得许多品种的聚氨酯涂料。例如，先将干性油与多元醇进行酯交换再与二异氰酸酯反应，加入催干剂，即制得单组分的氨酯油，它是通过油脂中的双键氧化聚合而固化的。除氨酯油外，聚氨酯涂料主要有几种类型：多异氰酸酯/含羟基树脂，双组分漆；封端型多异氰酸酯/含羟基树脂，单组分烘干漆；预聚物，潮气固化型，单组分漆；预聚物，催化固化型，双组分漆；聚氨酯沥青漆；聚氨酯弹性涂料（用于皮革、纺织品等）。

聚氨酯漆具有耐磨性优异、附着力强、耐化学腐蚀等优点，广泛用于地板漆、甲板漆、纱管漆等。其他合成树脂漆还有很多，这里不再赘述，如需了解详细生产方法及产品特性请参阅相关涂料专著。

5.1.3　水性涂料

5.1.3.1　水性涂料的类型与特点

以水为溶剂或分散介质的涂料均称为水性涂料，包括水溶性涂料和水乳液即通常所说的乳胶漆。水性涂料具有一定的环保性，其研究工作最早是在第二次世界大战期间开始的，但正式用于工业涂装，还是 1963 年从美国福特公司开始，之后英国、德国、日本等国家也相继发展。我国在 20 世纪 60 年代也进行了研究和推广工作，但开发进展比较缓慢，直到 20 世纪 80 年代后期才得到了较快的发展。到目前为止，水性涂料已形成一个多品种、多功能、

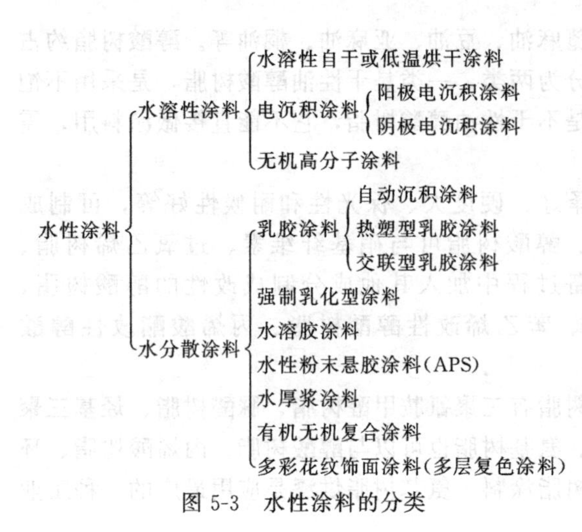

图 5-3 水性涂料的分类

多用途、庞大而完整的体系，如图 5-3 所示。

涂料树脂的水性化可通过三个途径来实现：① 在分子链上引入相当数量的阳离子或阴离子基团，使之具有水溶性或增溶分散性；② 在分子链中引入一定数量的强亲水基团（如羧基、羟基、醚基、氨基、酰胺基等），通过自乳化分散于水中；③ 外加乳化剂乳液聚合或树脂强制乳化形成水分散乳液。有时几种方法并用，以提高树脂水分散液的稳定性。

由于树脂分子量及水性化途径的不同，水性涂料又可细分为水溶性、胶束分散型及乳液型三种。它们的特性如表 5-4 所示。

表 5-4 水性涂料的性能比较

项　目		乳液	胶束分散	水溶液
物理性能	外观	不透明	半透明	清澈透明
	粒径/μm	0.1～1.0	0.01～0.1	<0.01
	相对分子质量	0.1×10^6～1×10^6	1×10^4～5×10^4	5×10^3～1×10^4
	黏度	稀，与相对分子质量无关	稀到稠，与相对分子质量有关	取决于相对分子质量大小
配方特性	颜料分散性	差	好到优	优
	颜料稳定性	一般	由颜料决定	由颜料决定
	黏度控制	需增稠剂	加助溶剂增稠	由分子量控制
	成膜能力	需成膜助剂	好，需少量成膜助剂	优良
使用性能	施工黏度下固体分	高	中等	低
	光泽	最低	高	最高
	抗介质性	优	好到优	差到好
	坚韧性	优	中等	最低
	耐久性	优良	很好到优	很好

为了提高树脂的水溶性，调节水溶性涂料的黏度和漆膜的流平性，必须加入少量的亲水性有机溶剂如低级的醇和醚醇类，通常称这种溶剂为助溶剂，见表 5-5。助溶剂（亦称共溶剂）的作用是增加树脂在水中的溶解度，同时用于调节树脂溶液的黏度，提高漆液的稳定性，改善漆膜的流平性和外观。在水溶性的醇类中，碳链长的醇比碳链短的醇助溶效果好，含醚基的醇比不含醚基的效果好。因此，丁醇比乙醇好，丁基溶纤剂比丁醇更好。助溶剂的加入量通常为树脂量的 30%以下。

表 5-5 常用的助溶剂

名称	沸点/℃	在水中的溶解度/(g/100g 水)	名称	沸点/℃	在水中的溶解度/(g/100g 水)
乙醇	76	∞	乙基溶纤剂	135.1	∞
异丙醇	82.3	∞	丁基溶纤剂	171.2	∞
正丁醇	118	8	仲丁醇	100	12.5
叔丁醇	82	∞			

注：表中“∞”表示混溶。

水性涂料与溶剂型涂料相比较，具有如下特点：

① 水性涂料仅含有百分之几的助溶剂或成膜助剂，施工作业时对大气污染低，并避免了溶剂性漆的易燃易爆危险性；另外，节省了大量的石油资源。涂装工具可用水洗，省去了清洗溶剂。

② 涂膜均匀平整，展平性好。电泳涂膜在内腔、焊缝、边角部位都有较厚的涂膜，整体防锈性良好；可在潮湿表面施工，对底材表面适应性好，附着力强。

水性涂料存在的主要问题有：①稳定性差，有的耐水性差；②烘烤型能耗大，自干型涂料干燥慢；③表面污物易使涂膜产生缩孔；④涂料的施工管理要求较严。

不管怎样，建筑乳胶涂料已经是涂料品种中产量最大的，工业化大批量涂底漆已经全部被电泳漆所代替，水性浸漆、水性中涂及水性底色漆等已经在汽车行业得到了成功应用；高品质的汽车用水性面漆在国外已进入试用阶段；现场施工的水性重防腐涂料研究也取得了一定的进展，并显示出很大的市场潜力和更大实际意义。就目前来说，水性涂料可分成乳胶漆、自干水性漆、烘干型水性漆、电泳漆和自泳漆等几大类。

5.1.3.2 几种典型的水性涂料简介

(1) 乳胶漆 乳胶漆是合成树脂乳胶漆的简称。属于水性涂料之一，是以合成聚合物乳液为基础，使颜料、填料、助剂分散其中而组成的水分散系统。建筑涂料用聚合物乳液主要是苯丙乳液和丙烯酸酯乳液两类。苯丙乳液用于配制室内乳胶漆，丙烯酸酯乳液用于户外乳胶漆。聚合物乳液还少量地用于配制金属防锈漆，并往往采用交联性乳液，以增强漆膜的耐水、防锈性能。乳液品种也不局限于上述两种，还包括环氧乳液、聚氨酯乳液、氯磺化聚乙烯树脂乳液等。

颜料水浆是采用分散剂将颜料填料分散于水中，不采用乳胶作为展色剂，防止乳液在强机械作用力下失去稳定性。由于乳胶漆成膜是通过胶团间接触、形变而融合成均匀连续的致密涂层，从使用性能来说需要高的玻璃化温度（T_g），从施工性来说希望有较低的最低成膜温度（MFT），两者恰好是一对矛盾。为了解决这一问题，必须添加一定量的助成膜剂，促进胶团间在较低环境温度下具有形变融合作用。另外，乳胶漆还需要添加增稠剂来提高储存稳定性和改善施工性能；加入消泡剂改善涂层外观；加入多元醇提高冻融稳定性；由于乳胶漆容易霉变，还应加入防霉剂。对于金属用乳胶漆还需加入“闪蚀”抑制剂，预防涂膜初期产生的“泛锈”现象。

乳胶漆配方示例如下：TiO_2 24.2%，滑石粉 15.8%，浓度为 2.5%的羟乙基纤维素溶液 7.2%，10%聚磷酸盐溶液 1.2%，消泡剂 0.1%，水 7.8%，50%的丙烯酸乳胶 38.8%，丙二醇醚 2.8%，乙二醇 2.0%，防霉剂 0.1%。

(2) 自干型水性涂料 自干型水性涂料早期品种主要是醇酸及其改性树脂的水溶性涂料，未改性的抗水解稳定性、耐水性和干燥性都较差，经丙烯酸、聚氨酯、有机硅或松香树脂改性，可做一般防腐蚀底漆和面漆及木材用涂漆。现在已开始开发成功双组分水稀释型涂料，如环氧和聚氨酯涂膜性能接近于溶剂型涂料，可做防腐蚀涂料、维护涂料及汽车维修涂料等。双组分环氧是将环氧树脂乳液与低黏度聚酰胺树脂混合，具有水可稀释性；双组分聚氨酯是将羟基丙烯酸树脂乳液与低黏度多异氰酸酯树脂（如三聚体）混合，水稀释后喷涂施工。由于配方经过精心设计和试验，成膜过程中羟基与异氰酸酯间的反应比水分子占优势，可得性能和外观都良好的涂层。

配方示例如下：

A组分 100%HDI三聚体 19.2%，丙二醇醚醋酸酯 10.23%。

B组分 43%羟基丙烯酸聚氨酯水分散液 70.27%，消泡剂 0.28%，有机锡 0.02%。

其中羟基树脂含 7%非醇助溶剂，A/B 配比按 NCO/OH＝(1.5～3.0)/1 的比例混合，过量的 NCO 基用于补偿水消耗部分，使 OH 基完全反应转化。

(3) 烘干型水性涂料　烘干型水性涂料又称为水性烘漆，主要包括水性浸漆、中涂及面漆。当然电泳底漆也属于烘干型水性漆，但由于它涂覆机理的特殊性，另归成一类。水性烘漆主要靠离子化基团和强极性基团赋予水溶性、增溶分散和自乳化；同时，这些基团又具有交联性，如羟基、酰胺基等。主要品种有丙烯酸和聚酯两类。

水性丙烯酸涂料由水性羟丙树脂和交联配成，烘烤时，羟丙树脂中的羧基亦能参与酯化交联，加上水性树脂的分子量比溶剂性高，故涂膜物理性能优于溶剂性漆。这类涂料多数用作水性浸漆、底色漆、面漆及中涂。

水性丙烯酸漆的介质 pH 控制在 8～8.5。保证树脂既有良好的分散稳定性，又不至于侧酯基被皂化水解，影响涂膜的柔韧性。喷涂型漆采用高挥发性氨中和，浸渍型漆采用低挥发性胺中和，用量仅为理论量的 70%左右，因一部分羧基被深埋于树脂胶团内部，无法参与中和反应。由于水性漆特殊的胶团分散形式，稀释过程中往往有反常的黏度上升，达到最高黏度后又急剧下降，这一稀释峰又出现在通常的施工固体分范围内，它的存在给水性漆施工带来很大麻烦，易造成过厚、雾化不良或太稀易流挂，故水性漆的黏度控制要特别细心。对涂料本身来说，可适当降低树脂分子量及添加适宜的助溶剂和用量来改进。

水性聚酯漆涂膜的坚韧性优于水性丙烯酸酯漆，多用于配制卷材涂料、抗冲击性优良的中涂、闪光效果优良的底色漆等，亦用于配制轻工产品的装饰性面漆。水性聚酯利用挥发性胺中和羧基赋予水溶性。为了确保酯基的抗水解稳定性，树脂合成通过分子设计，形成具有空间位阻作用大的酯基来达到预定目的，因而它的树脂合成配方和工艺不同于溶剂性涂料，所得树脂分子量也比溶剂性高，从而确保了该类涂料的实用性。

(4) 自泳涂料　自泳涂料由聚合物乳液、颜料、酸、氧化剂等配制而成，待涂覆金属被漆液化学溶解产生多价金属离子，使接触界面乳液胶团絮凝而沉积形成涂膜。由于它的沉积过程靠化学反应来推动，故又称之为化学泳涂，以区别于电泳涂料，但同样具有良好的平整度、膜厚均一性和防护性，且沉积时间短（2min），烘烤温度低（约 100℃）。主要品种有丙烯酸和偏氯乙烯等，偏氯乙烯自泳涂料有更好的防护性，详见表 5-6。

表 5-6　偏氯乙烯自泳涂料的主要性能

项　目	偏氯乙烯自泳涂料	苯丙乳胶涂料	项　目	偏氯乙烯自泳涂料	苯丙乳胶涂料
干燥	90～105℃,20min	25℃实干 24h,105℃,1h	柔韧性/mm	1	1
膜厚/μm	14～24	—	铅笔硬度	≥4H	—
附着力/级	1～2	—	盐雾试验/h	≥500	—
冲击强度/N·cm	490	490	耐盐水(24h)	—	无变化

由于沉积析出的湿膜可以水冲洗，故涂膜中不残留表面活性剂或其他水溶性物质，耐水防锈性远比普通乳胶漆优越。

① 自泳涂装原理　自泳涂料由聚合物乳液、炭黑轻质颜料、HF 酸性物质及 H_2O_2 氧化剂等组成。当钢铁件浸于酸性自泳涂料中时，铁表面被溶解活化并产生 Fe^{3+} 凝集剂：

$$Fe+2HF \longrightarrow Fe^{2+}+H_2\uparrow+2F^-$$

$$2Fe^{2+}+H_2O+2H^+ \longrightarrow 2Fe^{3+}+2H_2O$$

氧化剂的另一个作用是减少金属表面气泡：

$$2[H]+H_2O_2 \longrightarrow 2H_2O$$

随着金属界面附近槽液中 Fe^{3+} 的富集，树脂乳液将被凝集而沉积在活化的金属表面上形成涂膜，有足够的强度可以用水冲洗。

② 自泳涂装的特点　相对于电泳涂装，自泳涂装的特点如下。

a. 节能：因自泳涂装利用化学作用过程，不耗电能，能耗比电泳涂装少 50%。

b. 高防护性能：在自泳沉积过程中，金属的表面处理（活化）与涂膜沉积同时进行，涂膜的附着力很强，经适当处理以后，涂膜耐盐雾性能约 600h，可与阴极电泳涂膜相媲美。

c. 工艺过程短：自泳涂装不需要磷化处理，工序数少，设备投资可减少 30%～60%，占地空间可减少 20%～50%。

d. 生产效率高：自泳时间一般为 1～2min，适合于流水线生产方式。

e. 无泳透力问题：只要工件表面任何部位与槽液接触，都能得到一层厚度十分均匀的覆盖层，厚度误差在±1.3μm 以内，有更好的装饰性和防护性能。

f. 挂具不需要清理：涂膜固化后耐酸耐碱，因而不必清除掉挂具上的涂膜，大大减少了工作量。

g. 漆液不含任何有机溶剂：从根本上消除了有机挥发物对环境的污染问题。

h. 表面活性剂等水溶性物质：不会大量地与成膜物质一起沉积，从根本上解决了一般乳胶涂料耐水性差的问题。

但自泳涂料毕竟是一种水性涂料，同样存在槽液稳定性问题，特别是金属离子在槽液中持续积累，对槽液稳定性是不利的，但只要槽液更新次数在 15 次以上，就有实用性。

5.1.4　粉末涂料

粉末涂料是一种含有 100%固体分的、以粉末形态进行涂装并形成涂层的涂料。它与一般溶剂性涂料和水性涂料不同，不使用溶剂或水作为分散媒介，而是借助于空气作为分散媒介。

粉末涂料作为无溶剂涂料的代表与水性涂料一样在涂料涂装产业界引起世界的瞩目。近年来，全世界粉末涂料的生产量逐年增长，尤其欧洲和美国的涂料制造厂是以环境保护为优先考虑产品开发目标，低 VOC 的涂料始终保持高增长率。日本还是以品质和经济因素为优先，故其工业涂装在环保方面仍落后欧洲。在未来若干年，随着全球环境变化对人类生存条件的影响越来越明显，相信各国都将会逐渐重视对环境的保护，可以预见不久的将来，粉末涂料和水性涂料必将占领涂装市场的制高点！

5.1.4.1　粉末涂料的种类及特点

粉末涂料不含任何溶剂，涂膜厚度最厚可达数百微米，并有良好的物理力学性能，涂料利用率高达 95%以上，是节省资源的环境性涂料。粉末涂料分为热塑性和热固性两大类。热塑性粉末涂料的主要品种有聚氯乙烯（PVC）、聚乙烯（PE）、聚丙烯（PP）、聚酰胺（尼龙）、氟树脂、氯化聚醚、聚苯硫醚等，涂料由树脂、颜（填）料、流平剂、稳定剂等组成；热固性粉末涂料的品种主要有环氧树脂类、环氧树脂-聚酯类、聚酯、聚氨酯、丙烯酸等，涂料中含有固化剂。

热固性粉末涂料的熔融温度、熔体黏度都较热塑性粉末涂料低，涂膜的附着力和平整度都比热塑性粉末涂层好。热塑性粉末涂料的树脂很多具有结晶型，在烘烤以后需进行淬火处理，以保证涂层有足够的附着力。热塑性粉末涂料是 20 世纪 70 年代以前粉末涂料的主要产品，它是采用火焰喷涂和流化床施工，对金属进行防腐蚀保护。粉末涂料的缺点是需要专用涂覆设备，换色困难，薄涂难，外观装饰性差，烘烤温度高。鉴于热固性粉末涂料树脂的分子量低，带有较多的极性基团，它比热塑性树脂有更好的粉碎加工性、低加热温度和熔融黏度，较强的附着力。20世纪70年代以后，开发了性能更好的热固性粉末涂料和静电喷涂施工方法，纯粹的防护性涂层转向装饰性涂层，热塑性粉末涂料大多被热固性粉末涂料所代替，粉末涂料的应用范围不断得到拓展，在机械零件和轻工产品的涂饰与保护领域占有相当的份额。20世纪90年代以后，粉末涂料的开发重点正从厚涂层向装饰性薄层转移。

5.1.4.2 粉末涂料的主要组分及作用

粉末涂料用树脂应在熔融温度与黏度、荷电性能、稳定性、润湿与附着力、粉碎性能等方面都满足要求。树脂的玻璃化温度应在50℃以上，熔融温度应远高于树脂的分解温度；熔融黏度要低，熔体的热致稀释作用强，便于在较低加热温度下流平及空气等气体的逸出，环氧树脂和聚酯树脂都有较低的熔融黏度。粉末涂料一般都有适宜的荷电性，使之通过静电吸附在被涂金属表面。在用摩擦静电喷枪喷涂时，有些树脂需加改性剂。

固化剂应确保粉末涂料有良好的储存稳定性且不结块，故都选用粉末或其他固态，但在熔融混合过程中不得起化学反应；固化剂的反应温度要低，固化反应产生的气体副产物少。

颜料应选用耐热无毒的无机或有机颜料，防止粉末制造和使用过程中粉末飘散对人体健康的危害；颜料的分散性影响涂层的光泽与力学性能，树脂对颜料的分散性依聚酯、环氧、丙烯酸酯递减。

粉末涂料必须采用专用的助剂，主要有流平剂、边角覆盖力改性剂、消光剂、花纹助剂等。其中最重要的是流平剂，因粉末涂料熔体的黏度比溶剂型涂料的大得多，涂膜容易产生缩孔和不平整。流平剂都采用聚丙烯酸酯树脂或有机硅树脂流平剂的分子量较低，由于它与粉末涂料树脂的混溶性受限，能迁移到涂膜表面降低表面张力，一般用量为0.2%～2%，但用量过多会降低光泽。

对于熔体黏度低的粉末涂料，还需要添加微细二氧化硅或聚乙烯醇缩丁醛来提高边角覆盖力。若制造半光或无光粉末涂料可以添加有消光作用的固化剂或非反应性消光剂。消光性固化剂由两个固化反应性有差异的固化剂组成，反应活性大的固化剂的先期固化反应破坏了最终涂膜表面的微观平整度。非反应性消光剂有硬脂酸金属盐和低分子量热塑性树脂。硬脂酸金属盐在粉末涂料熔融时因与粉末涂料树脂不相容而析出，使表面消光。硬脂酸金属盐适用的是锌盐和镁盐，用量为10%～20%，由于用量大，不太适宜粉末涂料的熔融挤出加工。相对而言，低分子量热塑性树脂消光剂比较重要，它在高温下与粉末涂料熔融树脂相容，降温时析出，品种有聚乙烯蜡、聚丙烯蜡、聚乙烯共聚物蜡等。其他的消光剂还有脂肪族酰胺蜡，需与锌盐促进剂配合使用。添加片状颜料及特殊助剂，可制造闪光、锤纹、皱纹型美术涂料。

5.1.4.3 粉末涂料的制造方法

传统的粉末涂料的制造方法是使用熔融混炼粉碎法（俗称干法）。这种方法的工艺流程长，且分散不充分，调色也困难，制成后若不合格，无法修正。

美国Ferro公司开发了新的粉末涂料制造方法，称为VAMP法（the vede advanced manufacturing process），它是使用超临界液体二氧化碳的湿式制造法。所谓超临界液体（流体）是临界状态的蒸气，既不是气相也不是液相，显示出特异的形状和性质。VAMP法的制造工艺简单，将粉末涂料用的全部原料投入料箱中，加超临界液体二氧化碳混合搅拌，使树脂软化，制成膨润的液状涂料。充分搅拌后，向常压容器中排出，即可得到粉碎的粉末涂料。小粒径的粉末涂料就是用此法制造。

5.1.4.4 几种典型的粉末涂料

(1) 环氧粉末涂料　环氧粉末涂料在热固性粉末涂料中占有相当高的比例，主要是由于该涂料具有很多优异的性能，如涂膜具有较好的外观、涂膜的物理力学性能及耐化学药品性能好，并且还具有良好的电气绝缘性，通过选择合适的固化剂，可以得到常温储存稳定性好的粉末涂料，静电作业性好等，因此环氧粉末涂料被广泛用于电气绝缘、防腐及对装饰要求不太苛刻的产品上涂覆。

环氧粉末涂料的组成是由专用的树脂、固化剂、流平剂、颜料、填料和其他助剂配成，一般采用软化点在 70～110℃的环氧树脂，如环氧 604（E-12）。这样的树脂容易粉碎，不易结块，熔融黏度低。粉末涂料的生产方法与传统的溶剂型涂料有所不同，粉末涂料的生产工艺仅是物理混溶过程，它不存在复杂的化学反应，而且要尽可能控制其不发生化学反应，以保持产品具有相对的稳定性。其生产过程可分为物料混合、熔融分散、热挤压、冷却、压片、破碎、分级筛选和包装等工序。

粉末涂料的固化剂采用双氰胺、酸酐、二羧酸二酰肼、咪唑类。选用双氰胺固化剂涂膜色浅；咪唑类促进剂仍需高温固化；酸酐固化剂固化快，涂膜交联密度高，整体防护性能好，是重要的固化剂，但涂膜光泽低；二羧酸二酰肼固化剂具有较好的韧性、快固化性和抗黄变性，适宜配制白色涂料；咪唑类固化剂固化温度低，高温固化时光泽低。

由于环氧树脂的耐候性差，主要用作防腐蚀，做一般装饰性涂料时，可用羧基聚酯树脂代替酸酐作为交联剂，成本也得到降低。环氧-聚酯粉末涂料的组成见表 5-7，其主要性能如下：固化条件为 180℃，10min；柔韧性为 2mm；光泽为≥85%；附着力为 1 级；铅笔硬度为 2H；冲击强度为 392N/cm；盐雾试验（240h）为 1 级。

表 5-7　环氧-聚酯粉末涂料举例

组　　成	质量份	组　　成	质量份
E-12 环氧树脂	45	钛白粉	43
聚酯(酸值 55mg KOH/g)	55	咪唑类	0.3
安息香	0.5	群青	0.2
流平剂	0.5		

（2）热固性聚酯粉末涂料　热固性聚酯粉末涂料具有良好的防护性和装饰性，易于薄膜化。装饰性涂料采用羟值 30～100mg KOH/g 的聚酯或酸值 30～60mg KOH/g 的聚酯，树脂的玻璃化温度应在 50℃以上。分别用异氰尿酸三缩水甘油酯或封闭型异福尔酮二异氰酸酯作交联剂；防护性涂料采用羟基聚酯与封闭型芳香族二异氰酸酯交联。配方举例见表 5-8。

表 5-8　热固性聚酯粉末涂料的典型配方

组　　成	质量份	组　　成	质量份
聚酯(羟值 40mg KOH/g)	78	安息香	0.3
己内酰胺封闭异福尔酮二异氰酸酯	19	流平剂	0.5
		钛白	67
环氧树脂	3	有机锡	0.2

这类涂料在烘烤固化时，由于封闭剂挥发释放，易产生气孔，需添加脱气剂。聚酯粉末涂料的主要性能如下：固化条件为 180℃，10min；柔韧性为 2mm；60℃光泽≥85%；冲击强度为 392N/cm。

聚酯型粉末涂料有着优良的耐候性，这就决定其可在户外使用的特征，主要应用场合有：

① 建筑材料　欧洲铝材建筑材料采用粉末涂装是比较普遍的，门窗用铝挤出型材料的

60%是采用聚酯粉末涂料涂装的。

② 道路标志桩　在静电粉末喷涂方法实用化初期，应用实例之一就是道路标志桩。因为粉末涂装远比溶剂型涂装涂膜的抗腐蚀性好，所以国外道路标志桩大多采用粉末涂料。

③ 汽车工业　国外已有采用聚酯或丙烯酸粉末作为轻型卡车面漆的工艺投产。

④ 交通器材　汽车和摩托车的附件或轮毂、自行车车身和道路隔离栅栏等。

⑤ 家用电器　空调外壳和煤气护板等。

⑥ 家庭用具　庭院用具、扶手和栅栏等。

⑦ 其他　农业器械和电线杆等。

(3) 热固性丙烯酸酯粉末涂料　丙烯酸酯粉末涂料系由丙烯酸酯树脂和相应的固化剂配制而成，从粉末涂料的储存稳定性、涂膜的耐候性、物理力学性能和耐化学药品性能等综合起来评述。国外有人认为：应以发展含缩水甘油醚基的丙烯酸酯树脂，采用多元羧酸固化的体系作为丙烯酸酯粉末涂料的主流。这种粉末涂料的耐候性、耐污染性、硬度、光泽都比环氧和聚酯粉末好，但是颜料/基料比小，遮盖力低，涂装成本高。而西欧等国家和地区则发展含羧基丙烯酸酯树脂，采用二噁烷固化体系作为丙烯酸酯粉末涂料的发展方向，这种粉末涂料的最大缺点是夏季储存稳定性差。

丙烯酸酯粉末涂料最大的特点就是它比环氧粉末涂料和聚酯粉末涂料的装饰性好，特别是保光性、保色性和户外耐久性非常好，非常适合于户外涂装。此外，丙烯酸酯粉末涂料由于其体积电阻率比其他粉末涂料大，所以可以薄涂。另外，丙烯酸酯粉末涂料还具有良好的物理力学性能。

由于丙烯酸酯粉末涂料生产成本较高，所以其商品售价也贵。目前国外丙烯酸酯粉末涂料主要生产国家有美国、德国和日本。近年来，为了降低成本，大日本油墨化学公司开发成功丙烯酸酯-聚酯粉末涂料，该类丙烯酸酯-聚酯粉末涂料的主要特性是：

① 在烘烤时无挥发分产生，促成了无公害化。

② 该涂料具有丙烯酸粉末涂料的优良耐候性和耐污染性，兼有聚酯粉末涂料的耐腐蚀性。

③ 可于160℃下固化。

④ 一次涂覆厚度在100μm以上，且无气泡产生。

丙烯酸酯粉末涂料具有优良的保光、保色和耐候性能，主要应用场合如下。建筑材料：建筑门窗和部件。汽车工业：轻型卡车表层。交通器材：汽车和摩托车的附件，自行车本身和道路隔离栏等。家庭用具：庭院用具，扶手和栅栏等。家用电器：空调器、冰箱、洗衣机和微波炉等。金属预涂材料：PCM钢板。其他：农业机械、交通标志和路灯。

配方实例：丙烯酸酯树脂100；癸二酸17.5；流平剂0.5；钛白粉30（均为质量份）。

将上述原料投入混合器中混合均匀，经熔融挤出、冷却、粉碎、过筛（180目）制得粉末涂料。可采用静电喷涂，将粉末涂料喷涂到先经磷化处理的铁板上，固化条件为180℃、20min，涂膜厚度为30～75μm。

5.1.5　涂料的环保问题

涂料工业作为一个独特的原料密集型工业，不仅使用了大量对人体和环境有害的原料，而且耗费了大量的自然资源。随着涂料工业的发展，一方面满足了现代社会不断升级的各种需求，给人们的生产和生活带来了很多方便的同时，另外一方面也随之带来一些负面的影响，尤其是涂料中的有机挥发分完全挥发到大气中，严重地影响着大气环境。曾有报道：长期从事油漆装修的某工人的后代为“怪胎”；近年来，我们会经常在各种媒体中看到或听到油漆工患血液病的报道；北京某医院统计数据表明，患白血病的儿童家庭有三分之一以上发病前都曾装修过。因此，涂料的安全使用及环保型产品的开发已成为人们十分关心的问题。因此在人类文明的21世纪，涂料工业的发展必须遵循可持续发展的理念。

随着人们环境保护和健康意识的加强，世界各国都在积极开发可生产有益于人体健康、有利于环境保护的产品。

5.1.5.1　涂料中的有机挥发分（VOC）对环境的危害

几种涂料中有机物释放量如表5-9所示，从表中数字可以看出，涂料中含固率越高，释放出的有机物比例越低，溶剂量也越少。水基涂料的有机物释放量主要与涂料中使用的辅助有机溶剂和易挥发组分有关。当然，有机物释放量也与最后的成膜厚度有关。

表5-9　涂料中有机物的释放量

涂料体系	有机物释放量(占固体的含量)/%
传统的液体涂料(固体含量大于50%)	100
中等固体含量液体涂料(固体含量大于60%)	67
一类固体含量液体涂料(固体含量大于70%)	43
二类固体含量液体涂料(固体含量大于80%)	25
水溶性树脂涂料	5～25
水基分散液涂料	3
粉末涂料	0.1～4

VOC对人体的影响可分为三种类型：①气味和感官效应，包括感官刺激，感官干燥；②黏膜刺激和其他系统毒性导致的病态。刺激眼黏膜、鼻黏膜、呼吸道和皮肤等；挥发性有机化合物很容易通过血液-大脑的障碍，从而导致中枢神经系统受到抑制，使人产生头痛、乏力、昏昏欲睡和不舒服的感觉；③基因毒性和致癌性。很多挥发性有机化合物被证明是致癌物或可疑致癌物（如苯、四氯乙烯、三氯乙烷、三氯乙烯等）。

人们往往只认识到VOC对人体和环境的直接危害，例如人们熟知的甲醛是一种长期而且毒害面比较广的污染物：当空气中甲醛含量在0.1×10^{-6}时，可刺激咽部和肺部；超过3×10^{-6}时刺激就会增强；$4\times10^{-6}\sim5\times10^{-6}$接触30min会引起流泪和不适；$10\times10^{-6}\sim20\times10^{-6}$时会引起呼吸困难、头痛、胸闷；大于$20\times10^{-6}$可引起肺气肿，甚至死亡。美国环境保护署（EPA）已经宣布它为人类可疑致癌物。同时，室内VOC含量高会损害人们的视觉和听觉等感官性能，长期处于这种环境甚至会引起神经质和忧郁症。

其实，VOC对环境的危害也是不容忽视的。大部分有机挥发物降解的半衰期较短，一般在几个小时到2～3个月内。它们在地表空气层中受到紫外线的催化作用，发生分解或参加化学反应，并与氮氧化合物反应而产生臭氧。臭氧存在于地表空气层中不利于植物生长，会导致农作物减产，同时臭氧浓度增高还会有害人类健康，造成肺和眼睛的损伤，还可能降低人体的免疫力。小部分VOC的降解速率慢，可穿过地表空气层而进入中、高空气层。它们与臭氧反应产生氧气，因此被称为臭氧杀手。存在于中、高空气层的臭氧可以起到呼吸和屏蔽紫外线的作用，从而防止过量紫外线达到地表层，以减少对皮肤的灼伤、基因突变及皮肤瘤致病概率。因此，VOC导致中、高空气层中臭氧浓度下降也会造成对人体和动植物的伤害。

欧洲有报告指出，在夏季影响人体健康的臭氧最高限量是$110\mu g/m^3$（8h平均值），但是实测表明，大部分西欧国家都已超标。为了降低空气中的臭氧浓度，需严格控制VOC的排放。

VOC的来源众多，包括溶剂的使用、汽车尾气的排放、工业生产和燃料的燃烧等。德

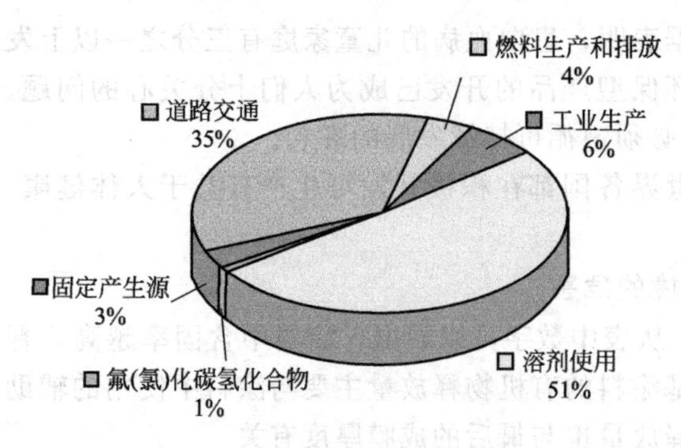

图 5-4 VOC 排放源（1995 德国）

国统计表明，51%的 VOC 来源于溶剂的使用（图 5-4）。换言之，全世界有近 20%的 VOC 是由涂料溶剂产生的。由于涂料已成为大气环境主要污染源之一，因此各国（区域）纷纷出台法律法规，严格限制 VOC 含量。

5.1.5.2 涂料环保政策

各级化学品制造商受到越来越多规章制度的影响，涂料供应商、经销商和生产商也不例外，化学品制造商们意识到全球需要更环保的产品，他们正致力于这方面的研究和生产。2006 年 11 月初在新奥尔良举办的国际涂料展览会（ICE）上，环保巨头们已经开始行动了。环保的主题贯穿整个展会，在参展商、与会人士和讲演者中引起了极大的反响。

对于为涂料领域提供产品的生产商，如何得到低/无挥发性有机化合物（VOCs）以及从溶剂型产品转向到水性产品正成为他们关注的焦点。这在一定程度上是由于他们受到国内外规章条例的限制。欧盟委员会（EC）第 1999 号 VOCs 溶剂指令包含了溶剂在各方面的应用，例如印刷、表面清洁、车辆涂装、干洗以及鞋类和药品的生产，也为使用溶剂的企业制定了废气中 VOCs 的排放限值和最大排放量。欧盟委员会还专门为油漆和车辆抛光产品制定了第 2004 号指令，该指令对原有的法规进行了修改，并为每升可直接使用的产品中所含 VOC 量（克）的最大值制定了两组限值。第一组限值已于 2007 年 1 月 1 日开始实施，第二组限值要求更为严格，已于 2010 年生效。

5.1.5.3 可持续发展涂料技术

过去十多年中，涂料技术的发展已经明显降低了由涂料工业引起的有害溶剂及有毒物质的排放量（削减量高达 10%），同时涂料性能亦有所提高。新型低 VOC 涂料技术包括水性涂料、高固体分涂料、无溶剂液体树脂涂料、粉末涂料及辐射固化涂料技术等。涂料 VOC 释放量按照溶剂型、高固体分型、水性、丰满型、辐射固化型的顺序依次降低。但是，各种低 VOC 涂料产品的性能各有千秋，应用场合尚有待拓宽，某些使用性能尚需改进。以目前的技术而言，完全取缔溶剂型涂料还需要技术上的进一步突破。

如何获得环保、节能和经济的高品质涂料成为目前最大的挑战。最近的调查统计显示，48%的人认为水性涂料性能已与溶剂型涂料相当，52%的人认为尚有差距。在发展包括水性涂料在内的新型涂料技术的同时，不应完全放弃溶剂型涂料的研究。溶剂型涂料溢出的 VOC 可以用多种技术予以控制、回收或转化，包括焚烧法、表面吸附法、冷凝回收法、微生物处理法、CO_2 超临界流体施工法、气体分离法、改进涂刷效率法、环境友好脱漆剂等技术的采用，即可大量减少排放入大气中的 VOC，有效促进环保型溶剂型涂料的发展。一方面可以通过发展溶剂分离、回收技术解决溶剂型涂料的环保问题，另一方面采用低毒、低 VOC 或高沸点溶剂替代传统溶剂也可在一定程度上缓解这一问题。

5.2 胶黏剂

5.2.1 概述

胶黏剂又称胶黏剂、粘接剂或胶水，是一种能把各种材料紧密地结合在一起的物质。借助胶黏剂将各种物件连接起来的技术称为粘接（胶接、黏合）技术。胶黏剂都是具有良好粘接能力的物质，其中最有代表性的是高分子材料。其主要成分包括主体材料和辅助材料，主体材料又称基料，是在胶黏剂中起黏合作用并赋予胶层一定机械强度的物质，如各种树脂、橡胶等合成高分子材料以及淀粉、蛋白质、磷酸盐、硅酸盐等。辅助材料是胶黏剂中用于改善主体材料性能或为施工而加入的物质，常用的有固化剂（curing agent）、促进剂（accelerator）、增塑剂（plasticizer）、增韧剂（flexibilizer）、填料（filler）、稀释剂（diluents）、偶联剂（coupler）、防老剂等。除基料不可缺少之外，其余组分可根据性能要求决定是否加入。

5.2.1.1　胶黏剂的分类及组成

（1）分类　迄今为止，已经问世的胶黏剂牌号混杂、品种繁多，为便于掌握，需要加以分门别类。分类方法尚未统一，常见的分类方法有以下几种。

① 按胶黏剂的基料性质分类　这是一种常用的比较科学的分类方法，它将胶黏剂分为有机胶黏剂和无机胶黏剂两大类，有机胶黏剂又分为天然胶黏剂和合成胶黏剂两种，如表 5-10 所示。

② 按固化过程中的物理化学变化分类　胶黏剂可分为反应型（reaction）、溶液型（solvent）、热熔型（hot-melt）、压敏型（pressure-sensitive）等。

③ 按胶黏剂的用途分类　胶黏剂按基本用途，可分为结构胶黏剂、非结构胶黏剂和特种胶黏剂三大类。结构胶黏剂粘接强度高、耐久性好，能够用于承受较大应力的场合。非结构胶黏剂用于非受力或次要受力的部位。特种胶黏剂主要是满足特殊的需要，如耐高温、超低温、耐磨、耐腐蚀、导电、导磁、密封、水中粘接等。

表 5-10　胶黏剂的分类

分　类				典型代表
有机胶黏剂	合成胶黏剂	树脂型	热固性胶黏剂	酚醛树脂、环氧树脂、不饱和聚酯
			热塑性胶黏剂	α-氰基丙烯酸酯
		橡胶型	单一橡胶	氯丁胶浆
			树脂改性	氯丁-酚醛
		混合型	橡胶与橡胶	氯丁-丁腈
			树脂与橡胶	酚醛-丁腈，环氧-聚硫
			热固性树脂与热塑性树脂	酚醛-缩醛，环氧-尼龙

分　类			典型代表
有机胶黏剂	天然胶黏剂	动物胶黏剂	骨胶，虫胶
		植物胶黏剂	淀粉，松香，桃胶
		矿物胶黏剂	沥青
		天然橡胶胶黏剂	橡胶水
无机胶黏剂		磷酸盐	磷酸-氧化铜
		硅酸盐	玻璃水
		硫酸盐	石膏
		硼酸盐	

（2）组成　胶黏剂一般是以聚合物为基本组分的多组分体系。除基本组分聚合物（即黏料）外，根据配方及用途的不同，尚包含下面的辅料中的一种或多种。

① 增塑剂及增韧剂　主要用于提高韧性。

② 固化剂（交联剂）　用于使胶黏剂交联、固化。

③ 填料　用于降低固化时的收缩率，降低成本，提高刚度、粘接强度，提高耐热性能等。有时则是为了胶黏剂具有某些指定性能，如导电性、耐温性等。

④ 溶剂　胶黏剂有溶剂型和无溶剂型之分，加入溶剂是用于溶解黏料以及调节黏度，以便于施工。溶剂的种类与用量、粘接工艺密切相关。

⑤ 其他辅料　如稀释剂、稳定剂、偶联剂、色料等。

5.2.1.2　粘接技术的特点

近年来，粘接技术之所以发展较快，应用十分广泛，主要是它与铆接、焊接、螺纹连接等方法比较有许多独特的优点，主要表现在以下几方面。

① 可以粘接不同性质的材料。两种性质完全不同的金属是很难焊接的，若采用铆接或

螺纹连接容易产生电化学腐蚀。至于陶瓷等脆性材料既不易打孔，也不能焊接，而采用粘接方法常获得事半功倍的效果。

② 可以粘接异型、复杂部件及大的薄板结构件。有些结构复杂的部件的制造和组装，如采用粘接方法，通常比采用焊接、铆接等工艺既省工又方便，并可以避免焊接时产生的热变形和铆接时产生的机械变形。大面积的薄板结构件如果不采用粘接方法是难以制造的。

③ 粘接件外形平滑。粘接的这一特点对航空工业和导弹、火箭等尖端工业是非常重要的。

④ 粘接接头有较高的剪切强度。相同面积的粘接接头与铆接、焊接接头相比，其剪切强度可高出 40%～100%。

⑤ 粘接接头有良好的疲劳强度。粘接是面连接，不易产生应力集中现象，它的疲劳强度要比铆接高几十倍。

⑥ 粘接接头具有优异的密封、绝缘和抗腐蚀等性能。

除以上优点之外，粘接也有以下不足。

① 粘接接头剥离强度、不均匀扯离强度和冲击强度较低。一般只有焊接、铆接强度的 1/2～1/10 左右。仅有个别品种的胶黏剂其不均匀扯离强度与焊接、铆接相近。

② 有些胶黏剂如天然和有机胶黏剂耐老化性能较差。

③ 多数胶黏剂的耐热性不高，只有少数胶黏剂如芳杂环类和有机硅类胶黏剂可以在 300℃以上使用；无机胶黏剂虽然具有较好的耐热性，但太脆，经不起冲击。

④ 粘接工艺中，对被黏材料的表面处理要求较严格。

⑤ 目前还没有简便可行的无损检验方法。

5.2.1.3　胶黏剂的选用

目前市场上供应的胶黏剂没有一种是“万能胶”。选用时必须根据被黏物质的材质、结构、形状、承受载荷的大小、方向和使用条件，以及粘接工艺条件的可能性等，选择合适的胶黏剂。如被黏物表面致密、强度高，可选用改性酚醛胶、改性环氧胶、聚氨酯胶或丙烯酸酯胶等结构胶；橡胶材料粘接或与其他材料粘接时，应选用橡胶性胶黏剂或橡胶改性的韧性胶黏剂；热塑性的塑料粘接可用溶剂型或热熔性胶黏剂；热固性塑料的粘接，必须选用与粘接材料相同的胶黏剂；膨胀系数小的材料，如玻璃、陶瓷材料的自身粘接，或与膨胀系数相差较大的材料，如铝等材料粘接时，应选用弹性好、又能在室温固化的胶黏剂；当被粘物表面接触不紧密、间隙较大时，应选用剥离强度较大而有填料的胶黏剂。粘接各种材料时可选用的胶黏剂见表 5-11，供参考。

表 5-11　粘接各种材料时可选用的胶黏剂

材料名称	软质材料	木材	热固性塑料	热塑性塑料	橡胶制品	玻璃、陶瓷	金属
金属	3、6、8、10	1、2、5	2、4、5、7	5、6、7、8	3、6、8、10	2、3、6、7	2、4、6、7
玻璃、陶瓷	2、3、6、8	1、2、5	2、4、5、7	2、5、7、8	3、6、8	2、4、5、7	
橡胶制品	3、8、10	2、5、8	2、4、6、8	5、7、8	3、8、10		
热塑性塑料	3、8、9	1、5	5、7	5、7、9			
热固性塑料	2、3、6、8	1、2、5	2、4、5、7				
木材	1、2、5	1、2、5					
软质材料	3、8、9、10						

注：表中数字为胶黏剂种类代号，1 为酚醛树脂胶；2 为酚醛-缩醛胶；3 为酚醛-氯丁胶；4 为酚醛-丁腈胶；5 为环氧树脂胶；6 为环氧-丁腈胶；7 为聚丙烯酸酯胶；8 为聚氨酯胶；9 为热塑性树脂溶液胶；10 为橡皮胶浆。

5.2.2　热固性胶黏剂

所谓热固性胶黏剂是指基料在固化过程中发生化学交联反应形成网状结构的体型大分子，其微观结构见图 5-5。该种胶黏剂形成的粘接层受热后不熔不溶，类似热固性树脂材料。常见的包括环氧树脂胶黏剂、酚醛树脂胶黏剂和不饱和聚酯胶黏剂。

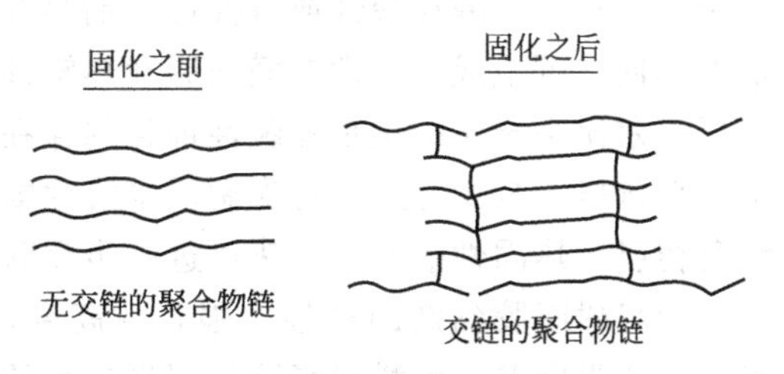

图 5-5　热固性胶黏剂固化机理

5.2.2.1　环氧树脂胶黏剂

组成材料中的合成树脂采用环氧树脂或者环氧树脂与其他树脂的混合物，配以不同的固化剂、填料、稀释剂等助剂，可以得到不同品种和用途的环氧树脂胶黏剂。这类胶黏剂由于树脂中含有极活泼的环氧基$\left(\begin{matrix}-CH-CH_2\\ \diagdown\ O\ \diagup\end{matrix}\right)$和多种极性基（特别是羟基），对金属、木材、玻璃、硬塑料和混凝土都有很高的黏附力。环氧树脂胶黏剂如今已用于粘接金属及非金属建筑材料，在粘接混凝土方面，其性能远远超过其他胶黏剂。

同其他类型胶黏剂相比较，环氧树脂胶黏剂有很多优点：① 适应性强，应用范围广泛；② 不含挥发性溶剂；③ 低压粘接（接触压即可）；④ 固化收缩率低；⑤ 固化产物蠕变小，抗疲劳性好；⑥ 耐腐蚀、耐湿性、耐化学药品及电气绝缘性优良。它也存在一些不足：① 对结晶型或极性小的聚合物（如聚烯烃、有机硅、氟化物、丙烯酸塑料、聚氯乙烯等）粘接力差；② 抗剥离、抗开裂性、抗冲击性和韧性不良。但是这些缺点是可以克服的，缺点①可以通过打底（对被黏物进行表面处理）解决；缺点②可以采用改性环氧树脂使性能得到改善。

通常采用双组分包装提供使用（主剂和固化剂），对于使用自动粘接机生产的应用多采用单组分胶黏剂。胶黏剂用的环氧树脂广泛采用双酚 A 型树脂；有耐热要求或其他特殊条件的，也可采用耐热性优良的环氧树脂品种和特种环氧树脂。

环氧胶黏剂的供应形态基本上是液态胶种，单组分胶黏剂根据用途和使用方式的不同，也可供应固态（主要是粉末状）、带状或膜状（主要是预聚物）。

按使用形式可分为双组分胶黏剂和单组分胶黏剂。按照固化剂种类可分为常温、中温、高温和超高温固化型。显然，固化温度提高，其胶黏剂的耐热温度也随之提高。使用双组分胶黏剂时需要注意两点：①按规定的比例将两组分均匀混合；②注意胶黏剂的适用期（混合体系黏度上升到不能使用的时间）。混合比例不同，粘接强度也不同，一般固化剂过量时，粘接强度下降的程度比固化剂不足时大。单组分胶黏剂的出现是为了克服双组分胶黏剂的一些缺点，例如，双组分需要两个包装容器分别盛装不同组分；使用时混合比例的准确性要求较高，且混合的均一性也将影响粘接强度；另外在树脂和固化剂混合后便只有很短的使用寿命（不同固化剂寿命不同，短的包括脂肪胺类固化剂只有数十分钟，长得像酸酐类也只有数天）。因此，配制单组分胶黏剂可以使粘接工艺简化，并适用于自动化操作工序中。

将固化剂和环氧树脂混合起来配制单组分胶黏剂，主要是依靠固化剂的化学结构或者是采用某种技术把固化剂对环氧树脂的开环活化作用暂时冻结起来，然后在热、光、机械力或化学作用（如遇水分解）下固化剂活性被激发，便迅速固化环氧树脂。单组分化的方法有低温储存法、分子筛法、微胶囊法、湿气固化法、潜伏性固化激发、自固化环氧树脂等。目前国内外市场上出售的单组分环氧树脂胶黏剂几乎都是采用潜伏性固化剂或自固化性环氧树脂，产品的形态有液态、糊状、粉末状和膜状等。

5.2.2.2 酚醛树脂胶黏剂

酚醛树脂是最早用于胶黏剂工业的合成树脂品种之一，它是由苯酚（或甲酚、二甲酚、间苯二酚）与甲醛在酸性或碱性催化剂存在下缩聚而成的。随着苯酚与甲醛用量配比和催化剂的不同，可生成热固性酚醛树脂和热塑性酚醛树脂两大类。热固性酚醛树脂是用苯酚与甲醛以摩尔比小于1的用量在碱性催化剂存在下反应制成的。它一般能溶于酒精和丙酮中，为了降低价格、减少污染，可配制成水溶性酚醛树脂；另外也可和其他材料改性配制成油溶性酚醛树脂。热固性酚醛经加热可进一步交联固化成不熔不溶物。

酚醛树脂胶黏剂的粘接力强，耐高温，优良配方胶可在300℃以下使用；其缺点是性脆，剥离强度差。酚醛树脂胶是用量最大的品种之一。

未改性的酚醛树脂胶黏剂主要以甲阶酚醛树脂为黏料，以酸类如石油磺酸、对甲苯磺酸、磷酸的乙二醇溶液、盐酸的酒精溶液等为固化催化剂而组成的，在室温或加热条件下固化。主要用于粘接木材、木质层压板、胶合板、泡沫塑料，也可用于粘接金属、陶瓷。通常还可以加入其他填料以改善其性能。如采用某些柔性聚合物，如橡胶、聚乙烯醇缩醛等来提高酚醛树脂胶黏剂的韧性和剥离强度，从而可制得一系列性能优异的改性酚醛树脂胶黏剂。

5.2.3 热熔性胶黏剂

热熔性胶黏剂是一种在热熔状态下进行涂布，再借助冷却固化实现粘接的高分子胶黏剂。它不含溶剂，百分之百固含量，主要由热塑性高分子聚合物所组成，常温时为固体，加热熔融为流体，冷却时迅速硬化而实现粘接，通常简称其为热熔胶。除了热熔性聚合物之外，热熔胶配方中常常还包括增黏剂、增塑剂、填料等。

5.2.3.1 热熔胶的种类及特点

热熔胶有天然热熔胶（如石蜡、松香、沥青等）和合成热熔胶（如共聚烯烃、聚酰胺、聚酯、聚氨酯等）两类，其中以合成热熔胶尤为重要。热熔胶近年来之所以得到较快的发展，是因为它具有很多溶液型和乳液型胶黏剂所不具备的特点，其主要特点是：

① 粘接迅速，整个粘接过程仅需几秒钟，不需要固化加压设备，适用于自动化连续生产，生产效率高；

② 不含溶剂，粘接时一般无有害物质放出，所以对操作者无害，对环境无污染，无火灾危险，储存和运输也方便。

③ 可以反复熔化粘接，适用于一些特殊工艺要求构件的粘接，某些文物的粘接修复；

④ 可以粘接多种材料，表面处理也不很严格，加之胶无溶剂，粘接迅速，生产效率高，所以经济效益显著。

热熔胶的缺点是热稳定性差，粘接强度偏低，不宜用于粘接对热敏感的材料，使用时要达到好的效果都必须使用专门设备，从而也在一定程度上限制了其应用范围。

5.2.3.2 热熔胶的组成及作用

热熔胶是由基本聚合物、增黏树脂（增黏剂）、蜡类和抗氧剂等混合配制而成的，为了改善其粘接性、流动性、耐热性、耐寒性和韧性等，也可适当加入一定量的增塑剂、填料以及其他低分子聚合物。

(1) 基本聚合物　基本聚合物是热熔胶的黏料，它的作用是使胶具有必要的粘接强度和内聚强度。热熔胶的基本聚合物是热塑性树脂。使用较多的基本聚合物有聚烯烃及其共聚物，如乙烯-醋酸乙烯酯共聚树脂（EVA）、低分子量聚乙烯（PE）、乙烯-丙烯酸乙酯共聚树脂（EEA）、无规聚丙烯（APP）、聚丙烯酸酯等。

目前热熔胶种产量最大且在木材工业中应用最多的是以乙烯-醋酸乙烯酯共聚物树脂为基本聚合物的热熔胶。此外，聚酰胺树脂及聚酯树脂的使用量也在逐渐增加。国外也出现了乙烯-丙烯酸乙酯作为基本聚合物的热熔胶。

(2) 增黏剂　由于基本聚合物的熔融黏度一般都相当高，对被粘接面的润湿性和初黏性不太好，因此不宜单独使用，常加入与之相容性好的增黏剂混合使用。其主要作用就是降低热熔胶的熔融黏度，提高对被粘接面的润湿性和初黏性，以达到提高粘接强度，改善操作性能及降低成本的目的。此外，还可借以调整胶的耐热温度及晾置时间。

对增黏剂的要求是：必须与基本聚合物有良好的相容性；对被粘接物有良好的黏附性；在热熔胶的熔融温度下有良好的热稳定性。增黏剂的用量一般为基本聚合物的20%～150%。常用的增黏剂包括松香及其衍生物、萜烯树脂及其改性树脂、石油树脂等。

(3) 蜡类　蜡类的主要作用是降低热熔胶的熔点和熔融黏度，改善胶液的流动性和湿润性，提高粘接强度，防止热熔胶结块，降低成本。除聚酯、聚酰胺热熔胶可以不用蜡外，大部分热熔胶均需要加入一定的蜡。常用的蜡类有烷烃石蜡、微晶石蜡及合成蜡等。蜡的用量通常不超过基本聚合物的30%。

(4) 填料　填料的作用是降低热熔胶的收缩性，防止对多孔性被粘接物表面的过度渗透，提高热熔胶的耐热性和热容量，延长可操作时间，降低成本。但其用量不能太多，否则会提高熔体的熔融黏度，湿润性和初黏性变差，从而降低粘接强度。

木材工业用的热熔胶大多加填料。常用的填料有碳酸钙、碳酸钡、碳酸镁、癸酸铝、氧化锌、氧化钡、黏土、滑石粉、石棉粉、炭黑等。

(5) 增塑剂　增塑剂的作用是加快熔融速率，降低熔融黏度，改善对被粘接物的湿润性，提高热熔胶的柔韧性和耐寒性。但若增塑剂用量过多，会使胶层的内聚强度降低。同时由于增塑剂的迁移和挥发也会降低粘接强度和胶层的耐热性。因此，热熔胶中只加入少量甚至不加增塑剂。常用的增塑剂有邻苯二甲酸二丁酯（DBP)、邻苯二甲酸二辛酯（DOP)、邻苯二甲酸丁苄酯（BBP）等。

(6) 抗氧剂　抗氧剂的作用是防止热熔胶在长时间处于高的熔融温度下发生氧化和热分解。一般认为热熔胶在180～230℃加热10h以上或所用的组分热稳定性较差（如烷烃石蜡、脂松香等）时，有必要加抗氧剂。如果使用耐热性好的组分，并且不在高温下长时间加热，则可不加抗氧剂。常用的抗氧剂有2,6-二叔丁基对甲苯酚和4,4′-巯基双（6-叔丁基间甲苯酚)、2,5-二叔丁基对苯二酚等。

5.2.3.3　热熔胶的应用

热熔胶因其所有聚合物的种类不同而有很多种，目前热熔胶广泛应用于书籍装订、包装、汽车、电器、纤维、金属、制鞋等方面。在木材工业中，热熔胶主要用于人造板封边、单板拼接、装饰薄木拼接，还可用于人造板的装饰贴面加工。

5.2.4　压敏型胶黏剂

压敏胶黏剂（pressure sensitive adhesive，PSA）是一类对压力有敏感性的自粘接型胶黏剂，在较小的作用力下就能形成比较牢固的粘接力，俗称压敏胶。

压敏胶在两物体表面之间形成的粘接力主要是范德华力，因此，粘接面形成后，粘接表面的结构不会被破坏。压敏胶是对压力敏感、不需加热、不需溶剂、不需较大的压力、只需稍微加压或用手指一按就能实现粘接的一种胶黏剂，其特点是粘之容易、揭之不难、剥而不损且在较长的时间内胶层不会干燥固化，所以压敏胶也称为不干胶。具有近一个世纪历史的医用橡皮膏，就属于此类胶黏剂。压敏胶的最常见的使用形式是将其涂于塑料薄膜、织物、纸张或金属箔上制成胶黏带。压敏胶应用制品，从胶黏带发展到胶黏标签、胶黏相册、捕蟑螂胶黏片等，应用范围越来越广。

5.2.4.1 压敏胶的种类

按照化学成分来分，压敏胶可分为橡胶型压敏胶、热塑性弹性体压敏胶、丙烯酸酯类压敏胶、聚乙烯基醚压敏胶和有机硅压敏胶等，其中丙烯酸酯类压敏胶是目前研究和发展的热点。从形态上又可将压敏胶分为溶剂型压敏胶、乳液型压敏胶、热熔型压敏胶和辐射固化型压敏胶。压敏胶的配方是按照胶黏带的使用目的制定的，各生产厂家都有自己的配方技术秘密，这里不可能进行详细地阐述。按物理形态分类见表 5-12 所示。

(1) 溶剂型压敏胶黏剂　溶剂型压敏胶黏剂使用有机溶剂作为介质，使用过程中溶剂从粘接表面挥发，或者被粘物自身吸收而消失，形成粘接膜而发挥粘接力。这一过程称为固化。固化速率随环境的温度、湿度、被粘物的疏松程度、含水量以及粘接面的大小、加压方法等而变化。溶剂型压敏胶黏剂使用方便，易于涂布，用途广泛且具有优异的耐水性。但是由于环境保护的限定，压敏胶的非溶剂型发展是必然的趋势。

(2) 热熔型压敏胶黏剂　固体热熔胶，以热塑性的高聚物为主要成分，辅以增黏树脂，是不含水或溶剂的粒状、圆柱状、块状、棒状、带状或线状的固体聚合物。通过加热熔融粘接，随后冷却固化发挥粘接力。这一类型的胶黏剂运输、储存方便，无溶剂，使用安全，是持续快速增长的胶种之一。

(3) 水乳型压敏胶黏剂　水乳型压敏胶黏剂即水分散型压敏胶黏剂，树脂在水中分散称为乳液，橡胶在水中分散称作乳胶。这种压敏胶黏剂多用乳液聚合方式得到。乳液聚合方法为聚合物组分的设计提供了广阔的空间，不论是单体的选择还是聚合产物分子量的控制，都可以在压敏胶乳液的制备过程中实现。

在胶黏剂向非溶剂型转化过程中，水乳胶黏剂有广阔的发展前景，还因为其生产工艺和产品具有“环境友好”的特点。水乳型压敏胶的生产原料便宜易得，生产能耗低（常压、聚合温度低于 80℃），产品使用方便，无毒，不燃烧。但要达到与溶剂型相近的工艺及使用性能，还得解决有关的技术问题，如水乳型压敏胶的耐湿性、力学性能、浸润性等与溶剂型的相比处于劣势，以及涂布过程中容易起沫等。

表 5-12　压敏胶黏剂按物理形态分类

形态类别	粘接原理	主体高聚物种类	主要用途
溶剂型	溶剂从粘接端面挥发或被粘物自身吸收而消失形成粘接膜而粘接	天然橡胶，丁苯橡胶，聚异戊二烯，聚异丁烯，丁基橡胶，聚丙烯酸酯，有机硅聚合物，热塑弹性体，聚乙烯基链等	包装，固定，办公事务，电气绝缘，表面保护装饰，粘接，印刷标签等
水乳型	水分散型，树脂分散为乳液，橡胶分散为乳胶	聚丙烯酸酯，天然橡胶，丁苯橡胶，氯丁橡胶等	包装，固定，办公事务，印刷标签，表面保护和装饰等
热熔型	主要为热塑性高聚物，不含水或溶剂，加热熔融粘接，冷却固化粘接	SIS、SBS 等热塑弹性体，聚丙烯酸酯，EVA 等	包装，固定，办公事务，印刷标签，表面保护和装饰等
压延型		再生橡胶，聚异戊二烯，聚异丁烯等	医疗卫生，电工绝缘，表面保护等
水溶液型		聚丙烯酸酯	印刷标签，医疗卫生等
反应型	聚合物化学反应固化	聚丙烯酸酯，聚丁二烯，聚氨酯	粘接，永久性标签等

5.2.4.2 压敏胶的组成及制备

(1) 胶液的组成　常用压敏胶的组成及主要作用如表 5-13 所示。

表 5-13　压敏胶的组成

组分	聚合物	增黏剂	增塑剂	填料	黏度调节剂	防老剂	硫化剂	溶剂
用量	30%～50%	20%～40%	0～10%	0～40%	0～10%	0～2%	0～2%	适量
作用	给予胶层足够内聚强度和粘接力	增加胶层黏附力	增加胶层快粘性	增加胶层内聚强度、降低成本	调节胶层黏度	提高使用寿命	提高胶层内聚强度和耐热性	便于涂布施工
常用原料	各种橡胶、无规聚丙烯、聚乙烯基醚、氟树脂等	松香、萜烯树脂、石油树脂等	邻苯二甲酸酯、癸二酸酯等	氧化锌、二氧化钛、二氧化锰、黏土等	蓖麻油、大豆油、液体石蜡、机油等	防老剂甲、防老剂丁等	硫黄、过氧化物等	汽油、甲苯、醋酸乙酯、丙酮等

(2) 基材的选用　很多压敏胶黏剂制成胶带使用，因此选择合适的基材是制备优良压敏胶带的重要一环。基材的选择要根据使用要求，如透明度、厚度、拉伸强度和价格来决定。

(3) 压敏胶黏剂及压敏胶带的制造

① 压敏胶黏剂的配制　压敏胶黏剂的主要成分是，分子量较高的橡胶或树脂与低分子树脂的混合物。这两种物质混溶后即可成为有压敏性质的胶状物，如天然橡胶和萜烯树脂。有些分子量适中的树脂，也可单独配制成压敏胶，如聚丙烯酸丁酯。压敏胶的配制主要是制备一定分子量的树脂、橡胶及将低分子量树脂、防老剂等混入胶中。

② 胶带的涂布　将压敏胶黏剂以一定方式涂覆在基材上，除去溶剂后绕成卷盘，切断即得胶带。一般胶层厚度为 0.02～0.03mm 为宜，涂覆方法有溶剂法和滚贴法两种。

(4) 防粘纸（层）的涂布　为了保护压敏胶带及各种不干胶铭牌，胶层在使用前不受污染，使用时能方便取下，涂胶时往往还需要有一层防粘纸保护。制造防粘纸的防粘液一般由含氢硅油或硅橡胶配制而成，其配方是甲基（苯基）含氢硅油 4 份、钛酸正丁酯 1 份和适量的甲苯和汽油等溶剂。涂布方法一般采用溶剂法。有的防粘液也以硅油水乳液配制而成。

5.2.4.3　压敏胶的粘接特性及用途

(1) 特性　压敏胶黏剂不需加热，用指压便可粘接，是一种有一定抗剥离强度的胶黏剂。它通常制成胶液或胶带使用。压敏胶的物理性质如图 5-6 所示。胶黏带粘贴于被粘物上，当剥开时，压敏胶必须完全脱离被粘物而无残留。好的压敏胶胶黏剂必须形成如下的平衡关系：

快粘力(tack)＜黏合力(adhesion)＜内聚力(cohesion)＜粘基力(keying)

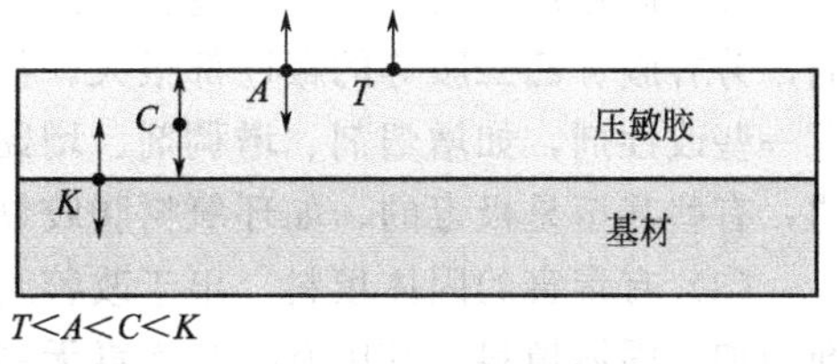

图 5-6　压敏胶构造

T—快粘力；A—黏合力；C—内聚力；K—粘基力

在这种情况下，粘基力是背材和压敏胶之间的粘接力。在实际工艺中，背材和压敏胶之间用底涂剂来解决粘基力。所以要求压敏胶有快粘力、粘接力、内聚力，并且要求这三种力建立上述平衡关系。

内聚力是压敏胶的内部聚集之力，它与分子间的力、分子间的交联、分子的缠绕、分子量等有关。粘接力是剥离力，即压敏胶与被粘物表面的结合力，它和压敏胶的黏弹性形变能有很大关系。在实际应用中，粘接力以粘贴好的胶黏带能否脱落为衡量指标。快粘力，换句话说，也是润湿能力，或表面黏性、初始黏性。也可以认为是胶黏带粘贴被粘物时，对被粘物表面粘贴难易程度的值。

压敏胶有以下几个特点：

① 压敏胶使用极为简便，尤其是压敏胶带根据不同需要可选用不同种类胶带（如单面、

双面聚乙烯胶带和涤纶胶带等)。使用时按所需面积大小可剪裁下来用手一按即可。

② 压敏胶对极性、非极性及高度结晶的材料如金属、聚乙烯、聚丙烯、尼龙涤纶等都有一定的粘接力。

③ 大多数压敏胶和胶带均没有溶剂，这样不但运输储存方便，使用时也比较安全。

④ 很多压敏胶和胶带都有多次重复使用的特性，它既不污染被粘接物件，又可节约材料。

(2) 用途　压敏胶主要有以下用途：

① 一般用压敏胶带进行纸箱、桶、瓶和纸盒等的封口和捆扎及商品标签粘贴。

② 办公、制图、账面修补及电器绝缘和医疗。

③ 石油管道用防腐胶带包覆作业。

5.2.5 胶黏剂环保问题

近年来，胶黏剂工业得到了迅速发展，新产品层出不穷，性能不断完善，应用范围日益扩大，无论是在高精尖技术中，还是在百姓生活中，胶黏剂都发挥了极其重大、不可替代的作用，但是也引发了一系列的环境保护问题，例如生产过程中的废水、废气以及危害废弃物的处置问题，产品使用过程中的有害物质的挥发问题，产品废弃物后处理过程的污染问题等。

5.2.5.1 胶黏剂对环境的污染

胶黏剂的组成中有很多成分对环境及人类健康是不利的，改变原材料的构成和提高企业的管理水平刻不容缓。

(1) 挥发性有机物质　胶黏剂中的挥发性有机物，是指在产品生产或使用过程中从产品中挥发出去的物质。随着胶黏剂使用范围的扩大、性能的完善，胶黏剂的化学组分越来越复杂，挥发性有机物的种类也越来越多，其依胶黏剂种类及制备方法不同而异。从溶剂到未反应的单体、中间产物、副产物，以及产品中游离出来的挥发分等，有很多是危害人类健康的，如苯、甲苯、二甲苯、三氯甲烷等。

(2) 固化剂及改性剂　有些胶黏剂的固化剂是有毒的，如胺类是环氧树脂胶黏剂的固化剂，芳香胺、乙二胺等的毒性都很大，甚至致癌。为了改善胶黏剂的某些性能，常在其中加入一些改性剂，如增塑剂、增稠剂、增黏剂、乳化剂、防老化剂等，这些物质中有些是有毒的，有些甚至是极毒的，如环氧树脂胶黏剂中的磷酸三甲酚酯等。

(3) 有毒害的固体填料　出于改善胶黏剂的某些性能或降低成本等原因，常需要在胶黏剂中加入固体填料，其中有些是无毒无害、低毒低害的，但也有一些是属于有毒害的，如石棉粉具有致癌性，石英粉会引起硅沉着病等。该类物质的污染主要发生在胶黏剂的生产过程中和废弃物处置中，在使用过程中的污染相对小一些。

5.2.5.2 消除污染的主要对策

改革开放以后，我国胶黏剂工业得到了迅速发展，但是从企业规模上看，还是以中小型企业居多，他们受知识水平、认识水平和技术水平以及经济能力的限制，还没有把污染的防治和治理工作放在重要的位置，有些企业甚至仍然采用很原始的、毫无环保设施的生产工艺。要保护环境需要很长的一段路要走。目前可行的消除污染的措施主要包括如下方面的内容：①低光化学反应性溶剂的使用可以有效地减少污染；②溶剂回收装置和溶剂燃烧装置的设置；③无溶剂型胶黏剂的开发和使用；④胶黏剂制造工艺的合理化也可以有效地减少污染。此外，还要加强对人们的环保意识的宣传力度，提高人们的知识水平和认识水平，走可持续发展的道路才是最终的选择。

本章小结： 本章介绍了涂料和胶黏剂的基本概念及其主要分类；涂料方面分别介绍了溶剂型涂料、水性涂料、粉末涂料的常用品种；胶黏剂主要介绍了热固性、热熔性和压敏性胶黏剂，并针对涂料及胶黏剂的环保问题做了分析，使同学们认识到环保的重要性。

习题与思考题

1. 常用的涂料都有哪些主要类型？请按照不同的分类方法对涂料进行分类。

2. 涂料的主要组成有哪些？各自都发挥何种作用？

3. 举例说明涂料都有哪些功能？

4. 与其他工业相比较，涂料工业有何独特之处？未来的发展趋势如何？

5. 根据你的理解，哪种涂料会占据未来的主导地位？为什么？

6. 溶剂型涂料的危害有哪些？该类涂料未来会被其他类型涂料所取代么？根据所看资料对其原因加以论述。

7. 何谓 VOC？甲醛为何对人体有很多伤害？除此之外涂料中还有哪些物质可能对环境及人类造成危害？你认为采取哪些措施可以减少涂料生产和使用过程中对环境的污染？

8. 针对需要涂饰的表面材料的不同，如何选择合适的涂料？试举几例加以说明。

9. 胶黏剂是如何进行分类的？

10. 作为木材胶黏剂应具备哪些条件？胶黏剂的选择应遵循哪些原则？

11. 什么是热熔性胶黏剂？它具备哪些优点，在哪些方面应用较好？有何缺点需要改进？

12. 热塑性胶黏剂和热固性胶黏剂在性质上有何区别？它们分别包括哪些胶黏剂类型？

13. 何谓压敏胶黏剂？哪些方面用到此类产品？

14. 胶黏剂中哪些组分具有毒性或是对环境有危害？如何消除？

参　考　文　献

[1] 刘国杰，耿耀宗．涂料应用科学与工艺学．北京：中国轻工业出版社，1994.
[2] 温元凯．中国涂料手册．杭州：浙江科学技术出版社，1988.
[3] 张学敏，郑化，魏铭．涂料与涂装技术．北京：化学工业出版社，2005.
[4] 张留成，瞿雄伟，丁会利．高分子材料基础．北京：化学工业出版社，2007.
[5] 刘国杰．现代涂料与涂装技术．北京：中国轻工业出版社，2002.
[6] 陈安迪，陈振发．粉末涂料与涂装技术．合肥：安徽科技出版社，1986.
[7] 徐修成编．高分子工程材料．北京：北京航空航天大学出版社，1990.
[8] 魏小胜，严捍东，张长清．工程材料．武汉：武汉理工大学出版社，2008.
[9] 李宝库，钮竹安主编．胶粘剂应用技术．北京：中国商业出版社，1989.
[10] 顾继友．胶粘剂与涂料．北京：中国林业出版社，1999.
[11] [日] 福沢敬司著，压敏胶技术．吕凤亭译．北京：新时代出版社，1985.
[12] 孙道兴，魏燕彦．涂料调制与配色技术．北京：中国纺织出版社，2008.
[13] 周松盛．油漆工入门．合肥：安徽科技出版社，2007.
[14] 李建．涂料和胶粘剂中有毒物质及其监测技术．北京：中国计划出版社，2002.
[15] Mari de Meijer. Review on the durability of exterior wood coatings with reduced VOC-content. Progress in Organic Coatings，2001，43：217-225.
[16] Voevodin A A. Zabinski J S，Muratore C. Recent Advances in Hard，Tough，and Low Friction Nanocomposite Coatings. Tsinghua Science and Technology，2005，10 (6)：665-679.
[17] 韩永奇．我国涂料工业 60 年发展之路．现代涂料与涂装，2009，12 (12)：38-43.
[18] 徐峰．我国溶剂型建筑涂料的应用与发展综述．现代涂料与涂装，2009，12 (2)：28-31.
[19] 夏新．胶粘剂的环保问题与对策．环境保护，2001，6：40-41.
[20] 杨宝武．关于胶粘剂的环保问题．胶体与聚合物，2002，20 (4)：28-31.
[21] Vaidyanathan T K，Vaidyanathan J. Recent Advances in the Theory and Mechanism of Adhesive Resin Bonding to Dentin：A Critical Review. Journal of Biomedical Materials Research Part B：Applied Biomaterials，2008，88B (2)：

558-578.

[22] Seref Kurt, Burhanettin Uysal. Bond Strength/Disbonding Behavior and Dimensional Stability of Wood Materials with Different Adhesives. Journal of Applied Polymer Science, 2010, 115 (1): 438-450.

[23] Shaw S J. Adhesives in demanding applications. Polymer International, 1996, 41 (2): 193-207.

[24] Kammer H W. Adhesion between polymers. Review. Acta Polymerica, 1983, 34 (2): 112-118.

[25] Sjöberg A, Ramnäs O. An experimental parametric study of VOC from flooring systems exposed to alkaline solutions. Indoor Air, 2007, 17 (6): 450-457.

[26] Amancio-Filho S T, J F dos Santos. Joining of polymers and polymer-metal hybrid structures: Recent developments and trends. Polymer Engineering & Science, 2009, 49 (8): 1461-1476.

[27] Roger Tout. A review of adhesives for furniture. International Journal of Adhesion and Adhesives, 2000, 20 (4): 269-272.

[28] Wake W C. Theories of adhesion and uses of adhesives: a review. Polymer, 1978, 19 (3): 291-308.

[29] James J Licari, Dale W Swanson. Functions and Theory of Adhesives. Adhesives Technology for Electronic Applications, 2005, 39-94.

第6章　高分子共混和复合材料

内容提要： 目前绝大多数高分子材料是通过高分子共混和高分子复合方法制备和使用的；同时在了解单一高分子材料和填料、增强材料的基础上，更重要的是需要对两或三种组分间的界面有清晰而全面的认识，这对于选材、共混和复合工艺，以至获得最后材料的性能等都具有重要的意义。

6.1　概述

现如今高分子材料在工农业生产以及人们的日常生活中扮演着越来越重要的角色，各种不同结构的高分子材料不断被研究开发并获得应用。但是，随着高分子材料使用范围的日益扩大和对它们要求的不断提高，常规的高分子材料已经不能满足要求了。为了解决这个矛盾，广大科技人员从两方面入手，一方面不断设计、制备新的高分子品种；另一方面通过对现有的品种进行共混或复合改性，以获得性能优异的材料。前一种手段已在前面几章所学的各种单一高分子材料中详细阐述，这一章将介绍后一种通过高分子共混和复合改性等方法来获得满足要求材料的制备方法，同时介绍目前应用越来越广泛的复合材料的制备、性能及其应用。

6.1.1　基本概念

通过物理或化学的方法使高分子材料的原有性能得到改善，以满足使用要求的过程，称为高分子材料改性。高分子材料改性的含义很广泛，在改性过程中既可以发生物理变化，也可以发生化学变化，或者两种变化同时存在。

高分子材料改性的原则是：在保持材料原有优异性能的前提下，赋予其更强的性能或新的功能。然而，由于高分子材料结构与性能的关系错综复杂，当采用某种方法改善其某一性能时，可能会引起其他性能的改变。因此，在改性实践中，必须防止高分子材料有价值的性能受到过多的影响，在相互矛盾的效应中求得综合平衡。

6.1.2　高分子材料改性方法

6.1.2.1　共混改性

共混改性是指两种或两种以上高分子经过混合制成宏观均匀材料的过程。通常包括物理共混、化学共混和物理化学共混三种情况。物理共混是通常意义上的共混，在这种高分子改性中，大分子链的化学结构没有发生明显的变化，主要是体系组成与微观结构发生变化。化学共混（如互穿聚合物网络）是化学改性的研究范畴。物理化学共混是指在共混过程中发生某些化学反应（如共混中发生链转移反应），但只要此反应比例不大，也属于共混改性的研究范围。

高分子材料共混改性是最简单而又直接的改性方法，通过共混技术将具有不同性能的高分子材料共混在一起，可以大幅提高单一高分子的性能，也可以利用高分子材料在性能上的互补性，制备性能优良的新型高分子材料。还可以将价格昂贵一些的高分子材料与另一些相对便宜的高分子材料共混，在满足制品性能要求的前提下，可起到降低成本、扩大应用范围的作用。因此，共混改性具有工艺过程简单方便、可操作性强、应用范围广等优点，是最为广泛应用的改性方法。

6.1.2.2 共聚改性

共聚改性，即通过化学反应改变高分子材料的物理和化学性质的方法，如聚苯乙烯的硬链段，刚性太强，可引进聚乙烯软链段，增加韧性；尼龙、聚酯等高分子的端基（如氨基、羧基、羟基等），可用酸（苯甲酸或醋酸酐）、醇（环己醇、丁醇或苯甲醇）等进行端基封闭；由多元醇与多元酸缩聚而成的醇酸聚酯，它的耐水性及韧性差，加入脂肪酸进行改性后，可以显著提高它的耐湿性和耐水性，弹性也相应提高。

共聚改性可以赋予高分子材料更好的物理、化学和力学性能，常用的改性方法有无规共聚、交替共聚、嵌段共聚、接枝共聚、交联和互穿聚合物网络等技术。

6.1.2.3 复合改性

(1) 填充与纤维增强改性 填充与纤维增强改性是指在高分子材料中，添加无机物或纤维材料等手段，来达到提高高分子材料性能或降低成本的目的。纤维增强改性是将纤维作为增强剂、高分子材料作为基体材料，通过手糊成型、喷射成型、纤维缠绕成型、模压成型、拉挤成型、热压罐成型、隔膜成型、迁移成型、反应注射成型、冲压成型等方法获得复合材料的过程。根据基体材料的不同，纤维增强复合材料分为：纤维增强热固性塑料（FRP）、纤维增强热塑性塑料（FRTP）。常用的增强纤维有玻璃纤维、碳纤维、芳纶纤维（Kevlar）等；而高分子基体材料如聚丙烯、聚酰胺、聚酰亚胺、聚碳酸酯、聚砜、聚醚砜、聚苯硫醚、聚醚醚酮、聚芳酯等，目前应用最多的是纤维增强塑料。纤维增强塑料的复合材料有许多优良的性能，如韧性好、耐腐蚀性高，还有成型工艺简单，周期短，抗震性优良等。因而其应用领域非常广泛，包括航空航天、汽车工业、化工、医学、体育运动器件和建筑材料等。

(2) 表面改性 表面改性是指在保持材料或制品原有性能的前提下，采用化学或（和）物理方法改变材料表面的化学成分或组织结构，以赋予材料表面新的性能，如亲水性、生物相容性、抗静电性能、染色性能等。具体措施包括表面电晕放电、等离子体处理、光辐射处理、电镀、物理气相沉积法、化学气相沉积法、渗氮、渗碳及接枝聚合等处理方法。这些用来强化材料表面的技术，赋予其耐高温、防腐蚀、耐磨损、抗疲劳、防辐射、导电、导磁等新的特性。目前，表面改性已经成为高分子复合材料不可或缺的重要组成部分。

(3) 共挤出复合改性 共挤出复合改性是多组分复合材料制品的重要改性方法。高分子材料共挤出工艺就是使用数台挤出机，分别供给不同的熔融物料流，再在同一个复合机头内汇合，然后共挤出得到多层复合制品的加工过程。它能使复合材料兼有几种不同材料的优良性能，进行互补，从而得到具有某些特殊性能和外观要求的制品，如防氧和防湿的阻隔性能、着色性、保温性，以及强度、刚度、硬度等机械性能。这些综合性能优良的复合材料具有非常广泛的应用领域，并且还可以降低制品成本、简化流程、减少设备投资、不产生三废物质。因此，共挤出复合改性技术被广泛用于复合纤维、薄板、板材、管材、异型材和电线电缆的生产。

6.2 共混改性

高分子共混材料，是指两种或两种以上分子结构不同的均聚物、共聚物或均聚物和共聚物的物理混合物。一般两组分的大分子之间没有共价键的作用，高分子间的混合是吸热过程，是由一种高分子分散在另一种高分子中的非均相体系；共混的目的是制备在某些性能上有所改进的或具有独特性能的高分子材料。高分子共混最早出现的是一种多相高分子，早在

20世纪初，就有通过共混制得抗冲击聚苯乙烯的专利报道。1942年，丁腈橡胶改性聚氯乙烯和橡胶增韧聚苯乙烯开发成功并开始工业化生产。到目前为止，已有上百种重要的高分子共混物相继问世，并在工程领域起着非常重要的作用。共混在工艺上较为简单，组分的选择范围较广，可方便地制成具有特殊性能的新材料。因此，获得了快速的发展。

高分子共混改性是高分子材料科学与工程领域的一个重要分支。目前要想开发一种新型的高分子相当困难，因为需要很大的投资和很长的时间。据资料显示，一种工业化的新型高分子材料从研制到生产需要高达2亿美元的投资；而研制并工业化一种新型的高分子共混物材料大约需要数百万美元。因而高分子材料共混改性技术，在提高材料的综合性能、改善加工性能、降低生产成本、制备新型材料以满足特殊需要方面具有非常重要的意义。

6.2.1　高分子共混物及其制备方法

6.2.1.1　概述

最早的高分子共混物仅限于异种高分子组分的简单物理混合，20世纪50年代ABS树脂的出现，形成了接枝共聚-共混这一新的概念。随着对高分子共混体系形态结构研究的深入，发现存在两相结构是此种体系的普遍特征。所以，广义而言，凡具有复相结构的聚合体系均属于高分子共混物的范畴。这就是说，具有复相结构的接枝共聚物、嵌段共聚物、互穿聚合物网络（IPN）、复合的聚合物（复合聚合物薄膜，复合聚合物纤维），甚至含有晶相与非晶相的均聚物、含有不同晶型结构的结晶聚合物均可看作高分子共混物。两种高分子不同的组合方式见图6-1。

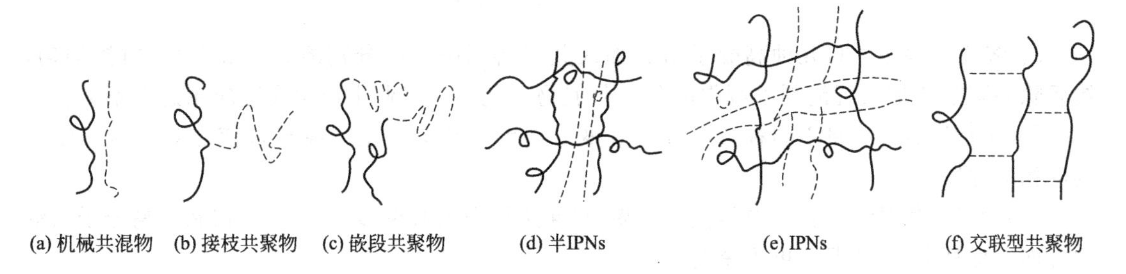

图6-1　两种高分子组分间不同组合方式

———高分子1；---------高分子2

高分子共混物有许多种类型，但一般是指塑料与塑料的共混物以及在塑料组分中掺混橡胶，在工业上常称之为高分子合金或塑料合金。对于在塑料中掺混少量橡胶的共混物，由于在冲击性能上获得很大提高，亦称为橡胶增韧塑料。

为简单而又明确地表示高分子共混物的组成情况，对由基体高分子A和高分子B按x/y的比例而组成的共混物可表示为A/B(x/y)。例如聚丙烯/聚乙烯（85/15）即表示由85份聚丙烯和15份聚乙烯所组成的共混物。若是三元共混物，例如PP/HDPE/EPDM（85/10/5），则表示在PP基体高分子中加入HDPE和EPDM，质量比为85∶15∶5。

6.2.1.2　制备方法

高分子共混物的制备方法主要有机械共混法、共溶剂法、乳液共混法、共聚-共混法和互穿聚合物网络技术。高分子共混根据所应用高分子的种类不同可以分为橡胶共混、塑料共混及橡胶和塑料并用；根据所形成高分子共混物的相态，可以分为均相共混物和多相共混物；根据制备工艺的不同可以分为物理共混、共聚共混、交联聚合及复合等。交联聚合技术包括形成互穿聚合物网络（IPNs）和AB交联聚合物（ABCP），交联聚合形成的是一种特殊的高分子共混物。

下面介绍一些常用的制备高分子共混物的主要方法。

(1) 物理共混法　物理共混法又称为机械共混法，是将不同种类高分子在混合（或混炼）设备中实现共混的方法。共混过程一般包括混合作用和分散作用。在共混操作中，通过各种混合机械供给的能量（机械能、热能等）的作用，使被混物料粒子不断减小并相互分散，最终形成均匀分散的混合物。由于高分子颗粒很大，在机械共混过程中，主要是靠对流和剪切两种作用完成共混的，扩散作用相对次要些。

在机械共混操作中，一般仅发生物理变化。但在强烈的机械剪切作用下可能会使少量高分子降解，产生大分子自由基，继而形成接枝或嵌段共聚物，即伴随一定的力化学过程。

物理共混法包括干粉共混、熔体共混、溶液共混及乳液共混等方法。

① 干粉共混法　将两种或两种以上细粉状高分子，在混合设备中进行混合，以制备高分子共混物的方法，在混合时可加入各种配合剂。常用的混合设备有球磨机、混合机、捏合机等。干粉共混效果一般不好，不宜单独使用，而只是作为熔融共混的初混过程。

② 熔体共混法　将几种高分子组分在其黏流温度以上进行分散、混合以制备高分子共混物的方法。工艺流程如图 6-2 所示。

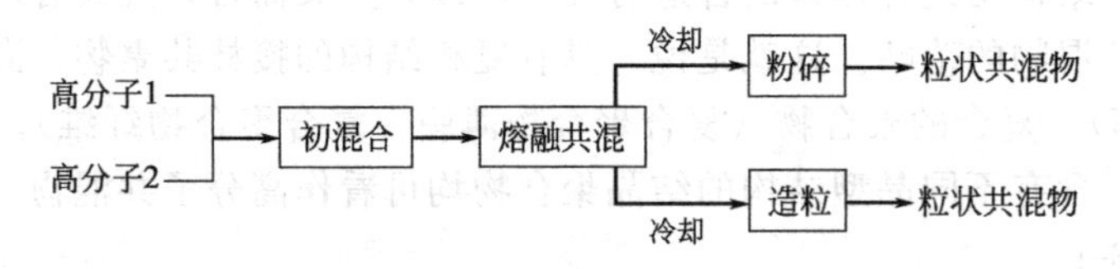

图 6-2　熔融共混过程

③ 溶液共混法　将几种高分子组分加入共同溶剂中（或分别溶解再混合），搅拌均匀，然后除去溶剂或加入沉淀剂以制得高分子共混物。此法在工业生产中实际应用意义不大。

④ 乳液共混法　将不同种类高分子乳液一起混合均匀，加入凝聚剂使之共沉析以制得共混物的方法。

(2) 共聚-共混法　其中包括接枝共聚-共混法与嵌段共聚-共混之分。在制备高分子共混物方面，接枝共聚-共混法更为重要。

接枝共聚-共混法，首先是制备高分子 1，然后将其溶于另一种单体 2 中，使单体 2 聚合并与高分子 1 发生接枝共聚。制得的高分子共混物通常包含 3 种组分，高分子 1、高分子 2 以及高分子 1 骨架上接枝有高分子 2 的接枝共聚物。两种高分子的比例、接枝链的长短、数量及分布对共混物的性能有决定性影响。

接枝共聚物的存在改进了高分子 1 及高分子 2 之间的混溶性，增强了相之间的作用力，因此，共聚-共混法制得的高分子共混物，其性能优于机械共混物。共聚-共混法近年来发展很快，一些重要的高分子共混材料，如抗冲击聚苯乙烯（HIPS）、ABS 树脂、MBS 树脂等，都是采用这种方法制备的。

(3) 互穿聚合物网络　互穿聚合物网络 [interpenetrating polymer network (s)，简称为 IPN (s)]，是用化学方法将两种或两种以上的高分子相互贯穿成交织网络状的一类新型复相高分子共混材料，IPN 技术是制备高分子共混物的新方法。

互穿聚合物网络从制备方法上接近于接枝共聚-共混法，从相间化学结合看，则接近于机械共混法（见图 6-1）。因此，可把 IPN 视为用化学方法实现的机械共混物。

由 x 份高分子 A 和 y 份高分子 B 所组成的互穿聚合物网络，简记为 IPN A/B (x/y)。

IPN 有分步型、同步型、互穿网络弹性体及胶乳-IPN 等不同类型，它们是用不同的合成方法制备的。

① 分步型IPN　简记为IPN，它是先合成交联的聚合物1，再用含有引发剂和交联剂的单体2使之溶胀，然后使单体2就地聚合并交联而得。例如先合成交联的聚醋酸乙烯酯（PEA），再用含有引发剂和交联剂的等量苯乙烯单体使其溶胀，待溶胀均匀后将苯乙烯聚合并交联即制得白色革状的IPN PEA/PS（50/50）。

由于最先合成的IPN是弹性体为聚合物1、塑料为聚合物2，因此，当以塑料为聚合物1而以弹性体为聚合物2时，就称为逆-IPN。

若构成IPN的两种聚合物成分中仅有一种聚合物是交联的，则称为半-IPN。

上述分步IPN都是指单体2对聚合物1的溶胀已达到平衡状态，因此，制得的IPN具有宏观上均一的组成。若在溶胀达到平衡之前就使单体2迅速聚合，由于从聚合物1的表面至内部，单体2的浓度逐渐降低，因此，产物的宏观组成具有一定的变化梯度，如此制得的产物称为渐变IPN（gradient IPN）。

② 同步型IPN　若两种聚合物网络是同时生成的，不存在先后次序，则称为同步IPN，简记为SIN。其制备方法是，将两种单体混溶在一起，使两者以互不干扰的方式各自聚合并交联。当一种单体进行加聚而另一种单体进行缩聚时，即可达此目的，如由环氧树脂（epoxy）和交联聚丙烯酸酯（acrylic）构成的同步IPN，即SIN epoxy/acrylic就是一例，半-SIN亦常称作间充复相聚合物，生成半-SIN的反应称为间充聚合反应。

③ 互穿网络弹性体　由两种线形弹性体胶乳混合在一起，再进行凝聚并同时进行交联，如此制得的IPN称为互穿网络弹性体，简记为IEN，例如将氨酯脲（PU）胶乳与聚丙烯酸（PA）胶乳混合、凝聚并交联，即制成IEN PU/PA。

④ 胶乳-IPN　当IPN、SIN及IEN为热固性材料时，因难以成型加工，可采用乳液聚合法加以克服。胶乳-IPN，简记为LIPN，就是用乳液聚合的方法制得的IPN。将交联的聚合物1作为“种子”胶乳，加入单体2、交联剂和引发剂，使单体2在“种子”乳胶粒表面进行聚合和交联，如此制得的IPN具有核-壳状结构。因为互穿网络仅限于各个乳胶粒范围之内，所以，又称为微观IPN。LIPN可采用注射或挤出法成型，并能制成薄膜。

IPNs的特点在于：含有能起到“强迫增容”作用的互穿网络，不同聚合物分子相互缠结形成一个整体，不能解脱。在IPNs中，不同聚合物存在各自的相，也未发生化学结合，因此，IPNs不同于接枝或嵌段共聚物，也不同于一般高分子共混物或高分子复合材料。IPNs具有广阔的发展前景，通过原材料的选择、配比和加工工艺的改变，制取具有预期性能的高分子材料。以聚丁二烯/聚苯乙烯IPNs为例，若以聚丁二烯为主制得的IPNs，得到的是增强弹性体；若以聚苯乙烯为主要组分，则得高抗冲塑料。又如由聚硅氧烷和热塑性树脂组成的IPNs（聚硅氧烷/尼龙66或尼龙12、聚硅氧烷/聚氨酯、聚硅氧烷/脂肪族聚氨酯、聚硅氧烷/聚甲基丙烯酸羟乙酯等），既有热塑性塑料提供的加工性、撕裂强度、拉伸强度、弯曲强度和低延伸范围的弹性回复，又有聚硅氧烷提供的脱模、润滑、绝缘、高温稳定性、高延伸弹性回复、化学惰性、生物相容性和透氧性等特点。

6.2.2　共混物相容性

所谓共混物的相容性是指两种不同高分子在外力作用下的混合，移去外力后仍能相互容纳并保持宏观均相形态的能力。高分子的相容性不只是相容与不相容，还存在相容性好坏的问题。有三种情况：极少数的高分子之间能达到链段级相容；绝大多数高分子间只有有限的相容性；某些高分子间完全不相容。高分子相容性对高分子相互混合的工艺能否顺利实施、高分子混合物的凝聚态结构和共混物材料的性能有决定性影响。掌握高分子间相容性的原理，学会预测高分子相容性的方法，是做好高分子共混改性的重要前提。表6-1和表6-2列出了一些常见的完全互溶和不互溶高分子的例子。

表 6-1 室温下可以任意比互溶的高分子

高分子 1	高分子 2	高分子 1	高分子 2
硝基纤维素	聚醋酸乙烯酯	聚苯乙烯	聚 2,6-二乙基-1,4-亚苯基醚
硝基纤维素	聚甲基丙烯酸甲酯	聚苯乙烯	聚 2-甲基-6-乙基-1,4-亚苯基醚
硝基纤维素	聚丙烯酸甲酯	聚苯乙烯	聚 2,6-二丙基-1,4-亚苯基醚
聚醋酸乙烯酯	聚硝酸乙烯酯	聚丙烯酸异丙酯	聚甲基丙烯酸异丙酯

表 6-2 某些不互溶的高分子

高分子 1	高分子 2	高分子 1	高分子 2
聚苯乙烯	聚异丁烯	尼龙 6	聚甲基丙烯酸甲酯
聚甲基丙烯酸甲酯	聚醋酸乙烯酯	尼龙 66	聚对苯二甲酸乙二酯
天然橡胶	丁苯橡胶	聚苯乙烯	聚丙烯酸乙酯
聚苯乙烯	聚丁二烯	聚苯乙烯	聚异戊二烯

由于高分子共混体系中各组分间的相容性是影响高分子共混体系形态结构和性能的重要因素，所以，在设计和开发新型共混材料的过程中，首先要考虑共混体系的相容性问题。现代的相容性概念通常指高分子在链段水平或分子水平上的相容，因此，一般从热力学角度讨论其相容性。如果两种高分子在热力学上是完全不相容的，那么共混时就会发生宏观的相分离，高分子界面间的粘接力很低，没有实用价值；如果两种高分子在热力学上完全相容，共混物为均相体系，其最终性能一般为原始高分子性能的加和。实践中发现：这种均相体系并不利于提高材料的力学性能，而某些具有相分离结构的高分子共混体系，则具有优异的性能。根据高分子共混理论，对于性能优异的高分子共混物，应具有宏观均匀而微观相分离的形态结构，即形成具有较强界面作用的部分相容体系。

6.2.2.1 高分子共混物相容性的特点

高分子之间的相容性是指两种高分子材料形成均相体系的能力。两种高分子材料是否相容，取决于共混过程吉布斯（Gibbs）自由能的变化，对于相容的高分子共混物，有式（6-1）：

$$\Delta G_{\mathrm{m}}=\Delta H_{\mathrm{m}}-T\Delta S_{\mathrm{m}}\leqslant 0 \tag{6-1}$$

式中，ΔG_{m}、ΔH_{m}和ΔS_{m}分别为高分子共混体系的 Gibbs 混合自由能、混合焓和混合熵；T为高分子共混体系的温度。

由于高分子的相对分子质量很大，在共混过程中，熵变很小；若高分子材料之间不存在特殊（如氢键）的相互作用，共混过程通常为吸热过程（$\Delta H_{\mathrm{m}}>0$），因此，满足式（6-1）的条件非常困难。因此，实际上绝大多数高分子共混物都不能达到分子水平的共混，但在较低温度下，由于动力学的原因，使得高分子共混物无法像小分子那样完全分相，这也是高分子共混物具有很多特性的原因。

由于高分子体系的复杂性，使它的相态行为有以下几种形式。

（1）具有高临界混溶温度（upper critical solution temperature，UCST） 如图 6-3(a) 所示。高临界相容温度是指这样的温度，即超过此温度，体系完全相容，为热力学稳定的均相体系；低于此温度为部分相容，在一定的组成范围内产生相分离，如天然橡胶/丁苯橡胶、聚异丁烯/聚二甲基硅氧烷、聚苯乙烯/聚异戊二烯、聚氯化乙烯/聚氧化丙烯等混合体系。

（2）具有低临界混溶温度（lower critical solution temperature，LCST） 如图 6-3(b) 所示。低临界相容温度是这样的温度，即低于此温度，体系完全相容，高于此温度为部分相容。如聚苯乙烯/聚甲基乙烯基醚、聚己内酯/苯乙烯-丙烯腈共聚物、聚甲基丙烯酸甲酯/苯乙烯-丙烯腈共聚物、聚苯乙烯/聚甲基丙烯酸甲酯等混合体系。

（3）同时出现高临界混溶温度 UCST 和低临界混溶温度 LCST　如图 6-3(c)所示。聚甲基丙烯酸甲酯/氯化聚乙烯以及聚苯乙烯/聚苯醚、苯乙烯/丙烯腈共聚物/丁腈橡胶等共混体系。

（4）UCST 和 LCST 相互交叠，形成封闭的两相区　如图 6-3(d) 所示。

（5）多重 UCST 和 LCST　如图 6-3(e) 所示。

小分子共混体系一般具有高临界混溶温度 UCST，但大多数高分子共混体系具有低临界混溶温度 LCST，这是高分子共混物相容性的一个重要特点。

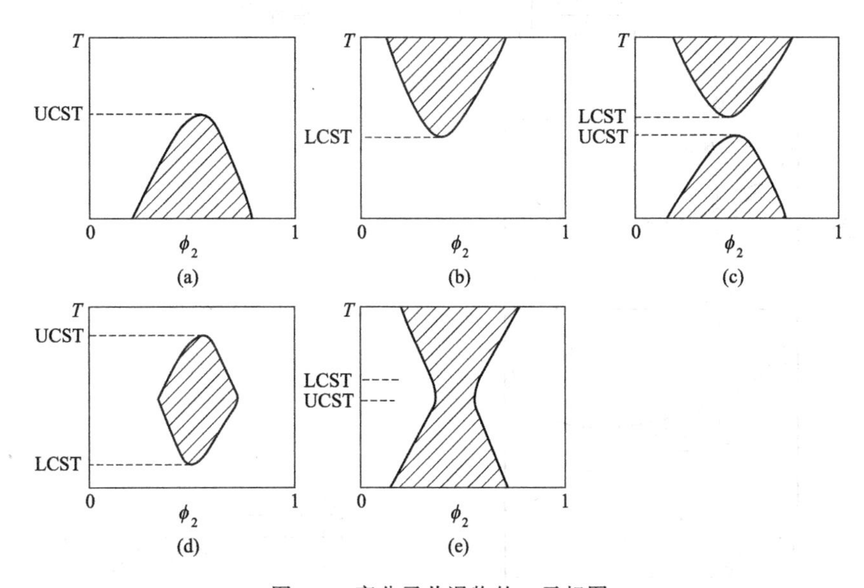

图 6-3　高分子共混物的二元相图

（注：阴影部分为相分离区，ϕ_2 为高分子 2 的体积分数，T 为热力学温度）

图 6-4 给出了在不同温度下，Gibbs 混合自由能 ΔG_m 与共混物组成 ϕ_2 之间的关系。在温度 T 下，为使 A（ϕ_2）点处的 Gibbs 混合自由能最小，必然发生相分离，成为 B、C 两相。将不同温度下的 B（ϕ_2'）、C（ϕ''_2）两点相连，即可得到图 6-5 中的双节线（binodal curve，又称两相共存线），此即高分子共混物液-液平衡相图，在此曲线上的点满足式（6-2）：

$$\left(\frac{\partial \Delta G_m}{\partial \phi_2}\right)_{T,P}=0 \tag{6-2}$$

若 ΔG_m 对组成 ϕ_2 的二阶导数满足式（6-3）：

$$\left(\frac{\partial^2 \Delta G_m}{\partial \phi_2^2}\right)_{T,P}=0 \tag{6-3}$$

便可得到 ΔG_m-ϕ_2 曲线的拐点 D（$\phi''_{2,sp}$）和 E（$\phi''_{2,sp}$）。将不同温度下的 D、E 两点相连，便可得到图 6-5 中的旋节线（spinodal curve，又称亚稳极限线）。旋节线以内的区域是两相区，双节线以外的区域是均相区，介于二者之间的区域为亚稳区，很多高分子共混物便处于这一区域。图 6-3 中，若 $T_1>T_c>T_2$，即为 UCST 型相图；若 $T_1<T_c<T_2$，即为 LCST 型相图。后者在高分子共混物中更为常见。

$$\left(\frac{\partial \Delta G_m}{\partial \phi_2}\right)_{T,P}=\left(\frac{\partial^2 \Delta G_m}{\partial \phi_2^2}\right)_{T,P}=\left(\frac{\partial^3 \Delta G_m}{\partial \phi_2^3}\right)_{T,P}=0 \tag{6-4}$$

由式（6-4）可求得，混溶温度 T_c 和组成 $\phi'_{2,c}$。

图 6-4 表示一种具有最高临界相容温度的部分相容二元高分子体系在恒温恒压下的混合自由能 ΔG_m 与组成 ϕ_2 的关系。图 6-5 表示二元体系的相图。ΔG_m 随 ϕ_2 的平衡变量由 B 和 C 表示。

$$\left(\frac{\partial \Delta G_m}{\partial \phi_2}\right)_{T,P}=0 \qquad \text{双节线}$$

$$\left(\frac{\partial^2 \Delta G_m}{\partial {\phi_2}^2}\right)_{T,P}=0 \qquad \text{旋节线}$$

$$\left(\frac{\partial^3 \Delta G_m}{\partial {\phi_2}^3}\right)_{T,P}=0 \qquad \text{临界点}$$

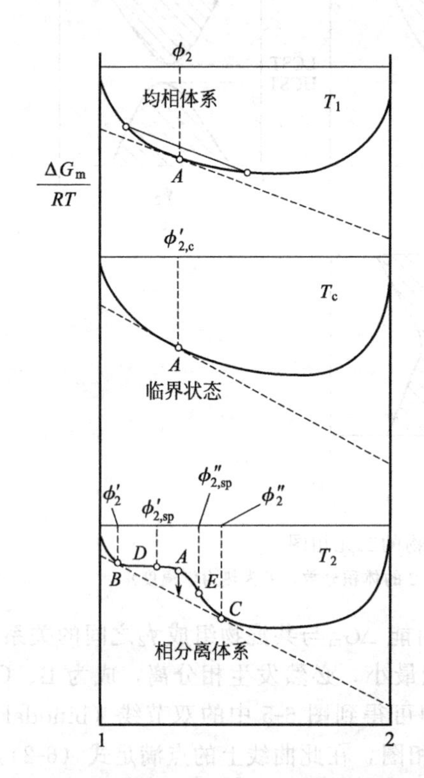

图 6-4　Gibbs 混合自由能与高分子共混物组成的关系

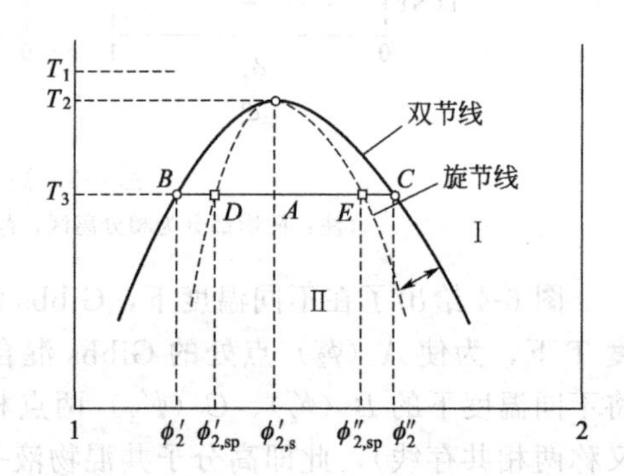

图 6-5　双节线与双旋线

当组成在两拐点 D 及 E 之间时，体系不稳定，会自发分离成组成为 B 及 C 的两个相。这种相分离过程是通过反向扩散（即向浓度较大的方向扩散）完成的，称为旋节分离 (SD)。因此，拐点 D 及 E 亦称为旋节点。图 6-5 的虚线称为旋节线，旋节分离常倾向于产生两相交错的形态结构，相畴较小，两相界面较为模糊常有利于高分子共混物性能的提高。

当组成在 B 和 C 以及 D 及 E 之间时，为介稳态，组成微小波动会使体系自由焓增大，所以，相分离不能自发进行，需成核作用促成相的分离。这种相分离过程包括核的形成和核的增长两个阶段，称为成核-增长相分离过程 (NG)。这种相分离过程较慢，所形成的分散相常为较规则的球形颗粒。

6.2.2.2　高分子共混体系的相容热力学

所谓共混物的热力学相容性是指共混组分在一定温度下，以任何比例共混都是相容的。对于相容性，不同研究者的观点不同，在工程上认为，相容意味着共混物应具有所希望的力学性能；在理论上则认为，均相才是共混物相容的判断依据。因此，高分子共混物的相容性一般可分为完全相容、完全不相容和部分相容。

高分子共混物之间的相容性直接关系到共混体系的加工性能、形态结构和使用性能，因此，自从高分子共混物问世以来，相容性问题一直是高分子共混研究的一个重要组成部分。目前已经发展了很多关于高分子共混相容性的理论，如 Flory-Huggins 理论、状态方程理论、气体晶格模型理论、强相互作用模型理论、混合热理论等。上述各种理论都还存在着各自的不足，有待于进一步发展和完善。

热力学相容的两种高分子能达到分子链段水平的混合，并形成均一的相态。在恒温、恒压下，根据热力学理论，两种高分子共混时，体系相容的必要条件是混合自由能小于零，充分条件则是其二阶导数大于零，即

$$\Delta G_m = \Delta H_m - T\Delta S_m < 0 \tag{6-5}$$

$$\left(\frac{\partial^2 \Delta G_m}{\partial \phi_i^2}\right)_{T,P} > 0 \tag{6-6}$$

式中，ΔG_m为混合自由能；ΔH_m为混合热；T 为温度；ΔS_m为混合熵；P 为压力；ϕ_i为体系组成。

如果体系只满足式（6-5）而不满足式（6-6），体系为部分相容；如果式（6-5）、式（6-6）均不满足，则为非相容体系。高分子共混体系的自由能 ΔG_m随组成 ϕ_i的变化曲线如图 6-6 所示，共混体系的相容性与组成存在三种情况。图中曲线 A 表示两组分不相容（$\Delta G_m > 0$）；曲线 B 表示两组分完全相容；而曲线 C 则表示体系为部分相容，最低点为相分离所形成两相的组成。曲线 C 的情况对于高分子共混物是最普遍的，也是最复杂的，而且直接关系到高分子共混物的性能。

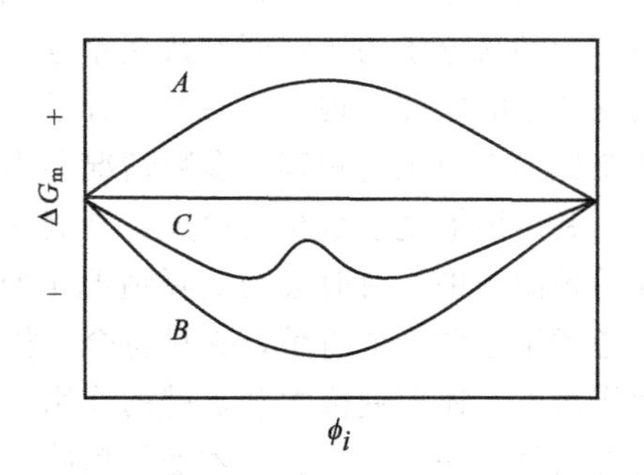

图 6-6　高分子共混体系的 ΔG_m-ϕ_i 曲线

两元高分子共混时，混合熵可以用式（6-7）来表示。

$$\Delta S_m = -R(n_1 \ln\phi_1 + n_2 \ln\phi_2) \tag{6-7}$$

式中　n_1、n_2——共混高分子组分的物质的量；

ϕ_1、ϕ_2——共混高分子组分的体积分数；

R——气体常数。

由式（6-7）看到，由于 ϕ_1、ϕ_2 总是小于 1，所以，共混过程的混合熵总是正值，但由于高分子分子量很大，混合时，熵的变化很小，且分子量越大，变化越小，ΔS_m 甚至趋于零。所以，高分子共混时，ΔG_m 的大小主要取决于混合热 ΔH_m 的变化。ΔH_m 表示在混合过程中体系能量的变化，这种能量变化由高分子的相互作用能决定。当高分子 A、B 之间相互作用能 W_{ab}大于高分子组分自身分子间相互作用能 W_a 或 W_b 时，混合时发生放热效应，$\Delta H_m < 0$ 则 $\Delta G_m < 0$，说明两种高分子是完全热力学相容的，此种情况只发生在极少数强极性的、能形成氢键或有电子交换效应的高分子之间。反之，$W_{ab} < W_a$ 或 W_b，两种高分子不能实现热力学相容，混合体系只有从外部吸收能量（$\Delta H_m > 0$）才能发生相容。实际上绝大多数高分子彼此不能实现热力学相容，只有有限的相容性，因此，共混物在宏观上是均相的，微观上是非均相的。

对非极性高分子共混时，若不发生体积变化，则混合热可以用式（6-8）来表示。

$$\Delta H_m = V_m(\delta_a - \delta_b)^2 \phi_a \phi_b \tag{6-8}$$

式中　V_m——共混物的总体积；

δ_a，δ_b——分别为共混物中两种高分子的溶解度参数；

ϕ_a，ϕ_b——分别为共混物中两种高分子的体积分数。

由式（6-8）可以看出，两种高分子的溶解度参数差值越大，ΔH_m 越大，离实现热力学相容条件越远，相容性越差；反之亦然。

6.2.2.3 高分子的工艺相容性

高分子的工艺相容性与热力学相容性有密切的关系，距离热力学相容条件比较相近的，才具有良好的工艺相容性。在高分子共混改性中，看重的是工艺相容性，热力学上完全相容的两种高分子共混，虽然混合工艺容易实施，但共混材料只能给出组分高分子性能的平均值，起不到改性的效果；热力学上完全不相容的两种高分子，由于不同大分子之间有强烈的相互排斥作用，即使强行混合，暂时产生一定的相容性，外力解除以后会很快发生相分离，使共混物内部出现许多薄弱部位，力学性能很差。因此，热力学上完全不相容的两种高分子，只有经过增容使之达到必要的工艺相容性后，共混才有意义。

6.2.2.4 高分子相容性的理论预测

预测高分子是否相容的最常用的方法是：溶解度参数相近程度判断法，原理如式（6-8）。两种高分子的溶解度参数相差越小，越有利于 $\Delta G_m < 0$，故相容性越好。对大量高分子共混体系的研究发现，当两种高分子的溶解度参数之差大于 0.5 以后，两种高分子便不能以任意比例实现工艺相容，多数情况会出现相分离。

利用溶解度参数相近原理，预测非极性高分子的相容性是可信的，但对极性高分子相容性的预测结果，有时会与实际情况不符。这是因为现有文献中提供的溶解度参数（表 6-3）只考虑了色散力的贡献，它只符合非极性高分子的情况。极性高分子之间除了有色散力的相互作用外，还有偶极力和氢键的作用，因此，对极性高分子的溶解度参数，只有把三种作用力的贡献一并考虑进去，才是可信的，用其判断高分子的相容性才具有普适性。

表 6-3 常见橡胶和合成树脂的溶解度参数

高分子	$\delta/(J/cm^3)^{1/2}$	高分子	$\delta/(J/cm^3)^{1/2}$
天然橡胶	16.1～16.8	聚甲基丙烯酸正丁酯	17.0～17.8
聚异戊二烯橡胶	17.0	聚乙烯	16.2～16.6
顺丁橡胶	16.5	聚丙烯	16.2～16.6
丁苯橡胶		聚苯乙烯	18.6
(B/S=85/15)	17.3	聚氯乙烯	19.4
(B/S=75/25)	17.4	聚偏氯乙烯	20.3～25.0
(B/S=60/40)	17.6	聚乙烯醇	25.8～29.1
丁腈橡胶		聚醋酸乙烯酯	19.2
(B/AN=82/18)	17.8	聚四氟乙烯	12.7
(B/AN=75/25)	19.1	聚氨酯	20.4
(B/AN=70/30)	19.7	聚对苯二甲酸乙二酯	21.0
(B/AN=60/40)	21.0	聚酰胺 66	27.8
氯丁橡胶	16.8～19.2	酚醛树脂	21.4～23.9
乙丙橡胶	16.3	脲醛树脂	19.6～20.6
丁基橡胶	16.5	双酚 A 型环氧树脂	19.8～22.2
氯磺化聚乙烯	18.2	双酚 A 型聚碳酸酯	19.4
聚硫橡胶	18.4～19.2	聚丙烯腈	26.0～31.5
聚甲基丙烯酸甲酯	18.4～19.4	醋酸纤维素	23.3
聚丙烯酸甲酯	20.1～20.7	聚碳酸酯	19.4～20.1
聚醋酸乙烯酯	19.0～22.6	环氧树脂	19.8～22.3

6.2.2.5 不相容共混体系的相分离

高分子共混体系的相分离理论基于冶金学的平均场理论，其研究始于 20 世纪 60 年代。

由于高分子共混物的相分离过程比小分子体系要慢得多，因此，可以考察相分离不同阶段的动力学行为。从图 6-5 可以看出，高分子共混物相分离有两种方式：①从均相降温直接冷却到亚稳区（即从双节线上部进入双节线与旋节线之间的亚稳区），这时的相分离是由浓度或密度的局部涨落引起的，相分离的机理是成核-增长机理（nucleation and growth），简记为 NG。②迅速降温，从双节线上部越过亚稳区直接进入旋节区，导致大范围的自动相分离，此时的相分离称为旋节分离机理（spinodal decomposition），简记为 SD。

(1) 成核-增长机理 NG　亚稳区位于 ΔG_m-x_2 曲线相分离区域的凹部，此时：

$$\left(\frac{\partial^2 \Delta G_m}{\partial^2 x_2}\right)_{P,T} > 0$$

在亚稳区发生相分离，首先需沿图 6-4 中的切线上面的连接线跳跃，以越过$\partial \Delta G_m$-x 曲线上与其相邻的、位置比它高的部分。这种跳跃所需的活化能即成核活化能。此后分离成组成为双节线所决定的两个相是自发进行的。

成核是由浓度的局部升落引发的。成核活化能与形成一个核所需的界面能有关，即依赖于界面张力系数 γ 和核的表面积 S。成核之后，因大分子向成核微区的扩散而使珠滴增大，此过程的速度可近似地表示为：

$$\frac{dV_d}{dt} \propto \frac{V x_e V_m D_t}{RT} \text{ 或 } d \propto t^{\frac{1}{n_e}}$$

式中，n_e 为粗化指数，其值取 3；d 或 V_d 为球滴的直径和体积；x_e 为平衡浓度，其值为图 6-7 中的 b；V_m 为珠滴相的摩尔体积；D_t 为扩散系数。

如图 6-7 所示，在 NG 区，x_e 为常数，与时间无关。珠滴的增长分扩散和凝聚粗化两个阶段，每一个阶段都决定于界面能的平衡。

由 NG 机理进行相分离而形成的形态结构主要为珠滴/基体型，即一种相为连续相，另一相以球状颗粒的形式分散其中。

如上所述，成核的原因是浓度的局部升落。这种升落可表示为能量或浓度波，波的幅度依赖于到达临界条件的距离。当接近旋节线时，相分离可依 NG 机理亦可按 SD 机理进行。

(2) 旋节分离 SD　在共混物的温度低于其下临界混溶温度时，即产生相分离并形成平衡组成 x_e 分别为 B 及 C 的两个独立相。但是，在相分离的初期阶段，SD 和 NG 是完全不同的。在 NG 区，相分离微区的组成是常数，仅是成核珠滴的直径及其分布随时间而改变；而在 SD 区组成和微区尺寸都依时间而改变（图 6-7）。按 SD 机理进行的相分离相畴（微区）尺寸的增长可分为扩散、液体流动和粗化三个阶段。

① 扩散阶段　在扩散阶段，高分子共混物相分离的初期阶段的动力学过程可以用 Cahn 理论来描述。Cahn 理论能很好地描述相分离的初期阶段，有人利用光散射技术证实了有争议的相分离速率极大值的存在。

② 液体流动阶段　相分离中期，体系的浓度涨落增大，相区形成。流动区之后的粗化阶段可使相畴进一步增大。

图 6-8 为 SD 过程中形成结构发展的例子，图 6-8(f) ～(h) 是粗化阶段产生的形态结构。

③ 粗化阶段　相分离后期，浓度涨落达到平衡值，不随时间而变化。

一般而言，SD 机理可以形成三维共连续的形态结构。这种形态结构赋予高分子共混物优异的力学性能和化学稳定性，是某些高分子共混物具有明显协同效应的原因。应当指出，当一种高分子含量较少时，SD 机理分离也可形成珠滴/基体型形态结构，但分散相的精细结构与 NG 的情况往往不同，以上主要讨论的是温度对形成结构的影响。实际上，压力、应力

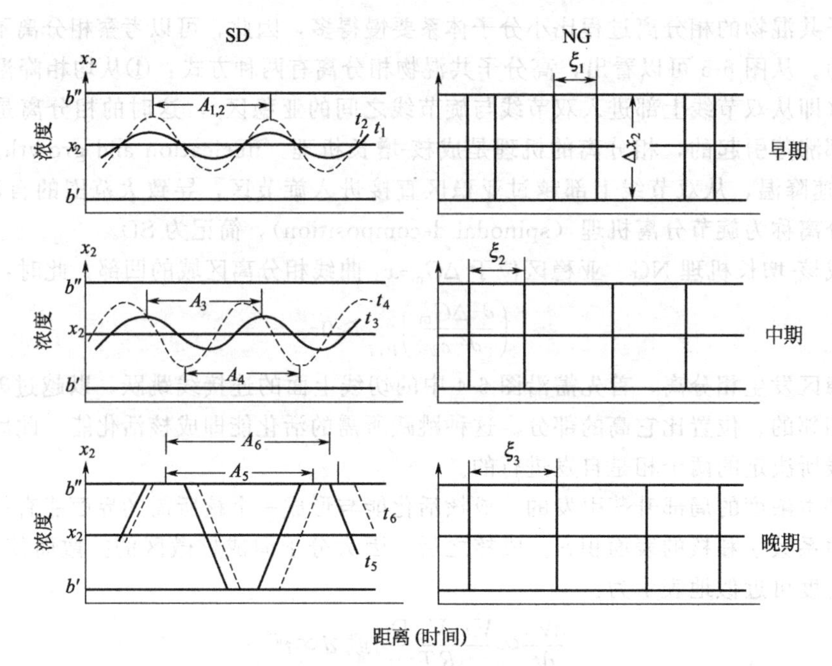

图 6-7 相分离的不同阶段

（A 为浓度升温波长，t 为混合时间，ξ 为粒子尺寸，Δx_2 为浓度变化）

等参数对相平衡及与之相关的相分离过程也有显著影响，也可以通过控制过程的压力、应力等因素对共混物的形态结构加以控制，获得期望性能的高分子共混物。

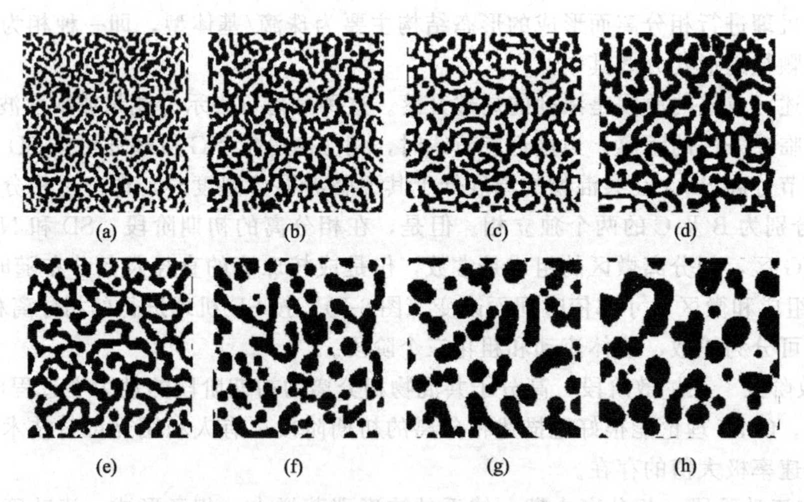

图 6-8 SD 分离时形态结构的变化

相逆转（高分子 A 或高分子 B 从分散相到连续相的转变称为相逆转）也可产生两相并连续的形态结构。但是，相逆转和 SD 相分离之间有本质区别，具体表现在以下三个方面：

a. SD 起始于均相的、混溶的体系，经过冷却进入旋节区而产生相分离，相逆转主要是在不混溶共混物体系中形态结构的变化；

b. SD 可以发生于任意浓度，而相逆转仅限于较高的浓度范围，如梯形聚甲基倍半硅氧烷（PMSQ）/聚氯乙烯共混物中聚氯乙烯含量增至 70％时，发生相逆转；

c. SD 产生的相畴尺寸微细，在最初阶段为纳米级，而相逆转导致较粗大的相畴，尺寸为 0.1～10μm。

与相逆转相比，SD 可在更宽的浓度范围内对高分子共混物性能进行更好地控制，但仅限于相容体系，而相逆转是不相容高分子共混物的一般现象，通常发生于高浓度范围。

(3) 含结晶性高分子共混物的相分离　高分子加工与改性中也涉及结晶性高分子及其共混物的情况，如 PE/PP、PP/PA、PE/PA 等，因此有必要了解含结晶性高分子共混体系相分离的特点。

含结晶高分子的共混体系可划分为两类，一是结晶高分子与非晶高分子共混体系（C/A 共混体系），二是结晶高分子与结晶高分子共混体系（C/C 共混体系）。

结晶高分子的结晶过程包括成核、片晶生长、球晶生长和晶体聚集生长等过程。结晶形态与成核机理、结晶速率和结晶程度有关。不同的成型条件可获得不同的结晶结构，如单晶、球晶、树枝状晶、伸直链片晶、横晶（transcrystalline）以及串晶（shish-kebab）等。有三种成核机理：

a. 由热运动形成分子链局部有序而生成晶核的均相成核；

b. 依靠外来杂质，或特意加入的成核剂，或容器壁作为晶体的生长点的非均相成核；

c. 大分子取向诱发的成核。

在制备热塑性高分子共混物时，机理 b. 及 c. 最重要。如在剪切应力作用下聚烯烃甚至可在平衡熔点以上 20～30℃结晶。

非相容性的高分子共混物可直接应用纯高分子的结晶理论。但应指出结晶作用不仅形成有序的晶相结构，也会使非晶相产生一定程度的有序结构。

相容性高分子共混物的结晶是一种组分在双组分的均相熔体中进行的结晶过程，此时体系总的自由焓 ΔG 变化为：

$$\Delta G = \Delta G_m + \Delta G_c \phi_c$$

式中，ΔG_c 为结晶作用引起的自由焓变化；ΔG_m 为混合自由焓；ϕ_c 为晶相的体积分数。

显然，对于相容共混体系 $\Delta G_m < 0$，因此，只要 $\Delta G_c < 0$，结晶就能发生，而产生液-固相分离。

由于两组分是完全相容的，所以二者互为稀释剂。对 A/C 体系，非晶高分子为结晶高分子的稀释剂，晶体熔点下降，如图 6-9 所示。对 C/C 体系两种高分子晶体的熔点都会改变，如图 6-10 所示。

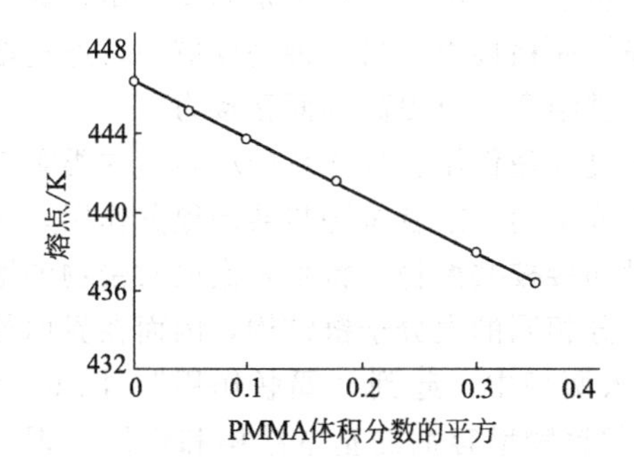

图 6-9　聚偏四氟乙烯熔点与 PMMA 体积分数平方的关系

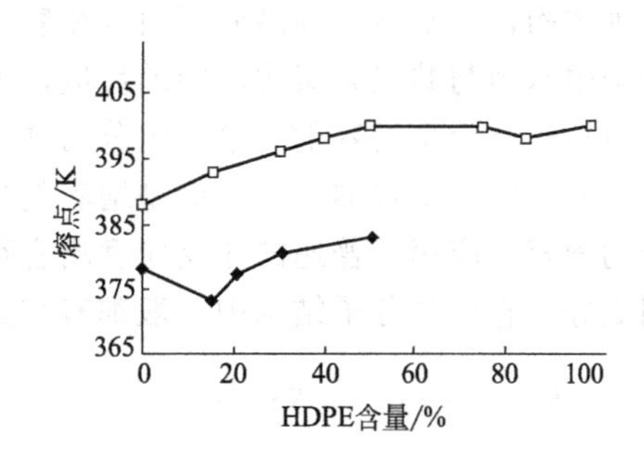

图 6-10　LDPE/HDPE 共混物熔点与组成的关系

◆—LDPE；□—HDPE

少数 C/C 体系如聚氯乙烯/聚偏氟乙烯，会发生共晶现象，生成类质同晶体。这种共混物也称为类质同晶共混物。此时，无论在熔融状态或是结晶状态，两组分都是相容的，整个共混物表现出单一的玻璃化温度 T_g 和单一的熔点 T_m。

对部分相容的高分子共混物，结晶过程及形态结构的受控因素更多。如 PCL/PS 共混物的结晶形态和晶粒大小与共混比和结晶条件直接相关，如图 6-11 所示。当 PCL 浓度一定时，PCL 产生结晶的同时，PS 被排斥于所形成的球晶之外，形成围绕球晶的皮层，如图 6-11(c) 所示。

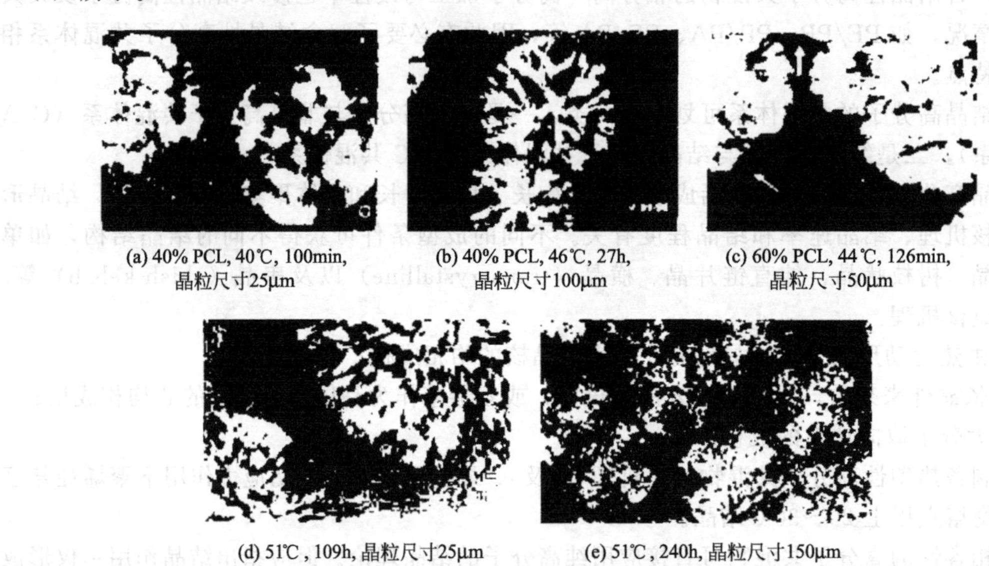

(a) 40% PCL, 40℃, 100min, 晶粒尺寸25μm (b) 40% PCL, 46℃, 27h, 晶粒尺寸100μm (c) 60% PCL, 44℃, 126min, 晶粒尺寸50μm

(d) 51℃, 109h, 晶粒尺寸25μm (e) 51℃, 240h, 晶粒尺寸150μm

图 6-11 PCL/PS 共混物的结晶形态

6.2.2.6 不相容高分子的增容

当两种高分子的相容性很差，以至不具有工艺相容性时，若强行共混在一起，因两组分缺乏亲和性，界面粘接力低，会导致共混物材料在加工或产品在使用过程中发生分离现象。这样的共混体系过去曾被视为禁区。随着高分子增容技术的出现，不相容高分子体系可以转变为工艺相容体系。改善不相容高分子相容性的方法有两种：一是向共混体系中添加相容剂（增溶剂）一起共混；二是预先对高分子进行化学改性，在分子链中引入能发生相互作用或反应性的基团，实际生产中多采用前法。

所谓增容剂是指能有效提高界面粘接力，减小共混物中分散相粒子尺寸，提高材料性能的组分。传统的增容剂一般为有机高分子增容剂，包括两种类型：一种是非反应型，其分子有两种结构，分别与两种高分子组分相容，以增强界面粘接力；另一种是反应型，通过增容剂分子中基团与共混高聚物基团的反应，形成化学键结合，以提高界面粘接力。

(1) 非反应型增容剂 第三组分与共混组分通过物理作用实现体系的增容，这类第三组分称为非反应型增容剂。非反应型增容剂主要是靠分子间力或者氢键与共混组分作用，实现组分的增容，应用最普遍的非反应型增容剂是嵌段和接枝共聚物。特别是嵌段共聚物的增容作用更好，它们的分子结构中一般都有与共混物组分相同的大分子链结构，因而在界面处分别进入两相中，起到“偶联作用”。图 6-12 表明了共聚物增容剂的基本结构和作用机理，其中 A-X-B 代表有 A、B 两种链段的嵌段或接枝共聚物。A、B、C、D 则分别表示不同的共聚物。毫无疑问，A-X-B 将是 A/B 共混体系的增容剂，即使是结构不同的共聚物，只要 A 与 D 或 C 与 B 的溶解度参数相同，A-X-B 同样可以

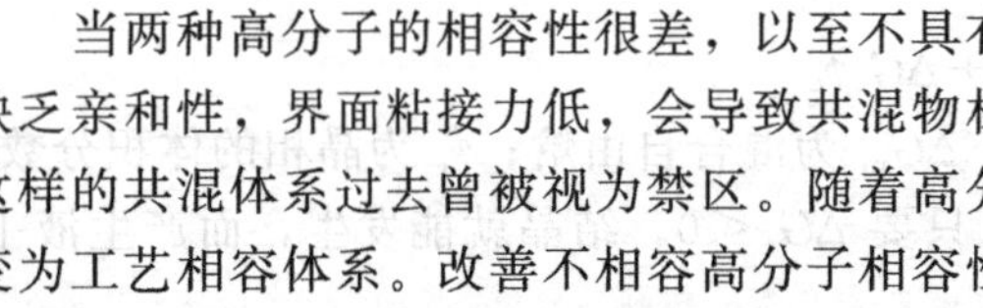

A~~~~~~~~~~~~ X ~~~~~~~~~~~ B

A + B
A + C
$\delta_D=\delta_A$ D + B $\delta_C=\delta_B$
D + C

图 6-12 共聚物增容剂基本结构

δ—溶解度参数；+—可形成的共混物组合

增容 A/C、D/B 和 D/C 共混体系。

例如，二元乙丙橡胶（EPM），其分子链中既含有乙烯均聚物链段，又含有丙烯均聚物链段，故是 PE/PP 共混体系良好的相容剂。同理，NBR 可充当 SBR/PVC 共混体系的相容剂，EVA-14 树脂可充当 NBR/EPDM 体系的相容剂，其他非反应型相容剂见表 6-4。

表 6-4　非反应型相容剂实例

基体	分散相	增容剂
PE 或 PS	PS 或 PE	S-B、S-EP、BD、S-I-S
PP	PS 或 PMMA	S-EB-S
PE 或 PP	PP 或 PE	EPM
EPDM	PMMA	EPDM-g-MMA
PS	PA6 或 EPDM 或 PPE	S-EB-S、PS/PA6 嵌段共聚物
PET	HDPE	S-EB-S
PF	PMMA 或 PS	PF-g-MMA 或 PF-g-PS

（2）反应性增容剂　反应型增容剂的增容原理与非反应型增容剂有显著不同，这类增容剂与共混的高分子组分间形成了新的化学键，所以，可称之为化学增容。反应型增容剂主要是带有反应型基团的高分子。这类增容剂增容的共混物应具备如下特点：① 共混物应具有足够的共混程度；② 两种组分间具有彼此可反应的官能团；③ 反应能在短时间内完成。反应增容的概念包括：外加反应型增容剂与共混高分子组分反应而增容；以及使共混物组分官能化，并凭借相互反应而增容。

例如，聚丙烯与马来酸酐接枝共聚物（PP-g-MA）被用作 PA/PP 共混体系的相容剂，其分子中的马来酸酐基能与聚酰胺（PA）的端氨基发生如下反应：

$$\underset{\text{(PP-g-MA)}}{\text{PP}\sim\overset{H}{C}H(-C(=O)-O-C(=O)-)CH_2} + H_2N\sim PA6\sim NH_2 \longrightarrow \text{PP}\sim\overset{H}{C}(-CH_2-COOH)-\overset{O}{\overset{\|}{C}}-NH\sim PA6\sim NH_2$$

除了商品化和预制的相容剂之外，有些相容剂还可以在共混时就地生成。例如为了改善 EPDM/PMMA 体系的相容性，在用双螺杆混合挤出机共混时，添加有机过氧化物和甲基丙烯酸甲酯，在强机械剪切力的作用下，EPDM 与 MMA 发生接枝共聚反应，生成 EPDM-g-MMA，有效地改善了 EPDM 与 PMMA 的相容性。

除了上述高分子相容剂之外，商品化的化学改性高分子如氯化聚乙烯（CPE）、氯磺化聚乙烯（CSM）、环氧化天然橡胶（ENR）、氢化丁腈橡胶（HNBR）等，也都具有相容剂的功能。如 ENR 就是 NR/NBR 共混体系的良好相容剂。表 6-5 列举了常见的反应型相容剂。

表 6-5　反应型相容剂实例

基体相	分散相	增容剂
ABS	PA6/PA66 共聚物	SAN/MA 的共聚物
PP 或 PA6	PA6 或 PP	EPM/MA 的共聚物
PE	PA6 或 PA66	羧基化 PE
PP 或 PE	PET	PP-g-MA，羧基化 PE
PA66	EPM	SMA，EPM-g-MA
PPE/PS	受阻 EPDM 或 EPM 的磷酸酯	受阻 PS 加硬脂酸锌

6.2.3　高分子共混物的形态结构

高分子共混物是由两种或两种以上的高分子组成的，因而可以形成两个或两个以上的相态，通常以双组分共混物最为常见。按照有无相分离现象，高分子共混物的形态结构可分为：均相结构和两相结构。理论上的均相结构是指组分高分子达到链段级水平的混合而不会发生相分离，这种情况极少见。通常说的均相结构，往往只是在一个特定的判断标准下，得到的结论，如只有一个 T_g 的共混物就看作是均相结构，因此，谈论均相结构意义似乎并不大。更有意义的应该是两相结构，在两相高分子体系中，每一相都以一定的聚集形态存在，因为相互之间的交错，所以连续性较小的相或不连续的相就被分成许许多多的区域，这些区域称为相畴（phase domain）或微区，不同的体系，相畴的形状和大小亦不同。

由双组分构成的两相高分子共混物，按相的连续性可分成单相连续、两相连续及两相交错三种类型。

6.2.3.1 单相连续结构

单相连续结构是指组成高分子共混物中的一个相为连续相（海相），另一相为不连续的形式分散在连续相中，这种不连续相称为分散相（岛相）；这种结构又被形象地称为海-岛结构。根据分散相相畴的形态，又分为分散相不规则、规则和胞状等三种情况。

（1）分散相形状不规则 分散相由大小不一、形状极不规则的颗粒组成。机械共混法制得的产物一般具有这种形态结构，如机械共混法 HIPS 的情况（见图 6-13）。

（2）分散相颗粒规则 分散相颗粒比较规则，一般为球形，亦有柱状的情况。颗粒内不包含或只含极少量连续相成分。用羧酸丁腈橡胶（CTBN）增韧的双酚 A 二缩水甘油醚类环氧树脂即为这种形态结构的一例（见图 6-14）。

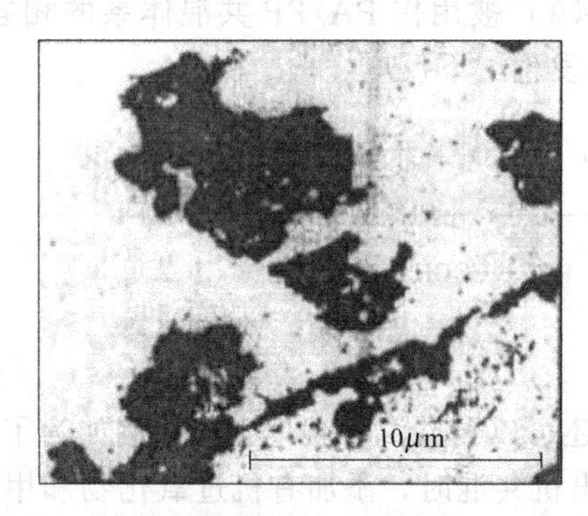

图 6-13 机械共混法 HIPS 显微电镜照片

（黑色不规则颗粒为橡胶分散相）

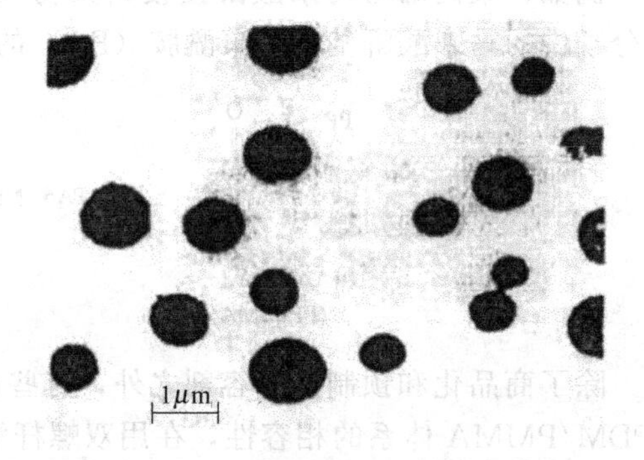

图 6-14 橡胶增韧环氧树脂结构

（黑色小球为橡胶颗粒）

（3）分散相为胞状结构或香肠状结构 这类形态结构较为复杂，其特点是分散相颗粒内尚包含有连续相成分所构成的（黑色不规则颗粒为橡胶分散相）更小的颗粒，其截面类似香肠，所以称为香肠结构。也可把分散相颗粒当作胞，胞壁由连续相成分构成，胞内又包含连续相成分构成的更小的颗粒，又称为胞状结构。接枝共聚-共混法制得的共混物大多具有这种结构，例如乳液接枝共聚-共混法制得的 ABS 树脂（图 6-15）。

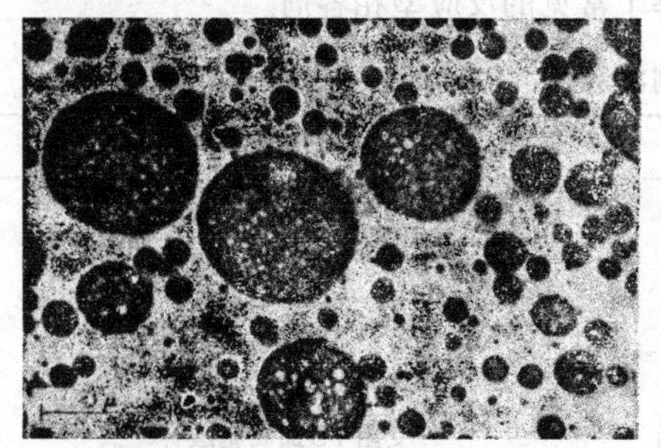

图 6-15 G 型 ABS 的电子显微镜照片（黑色部分为聚丁二烯）

6.2.3.2 两相连续结构

两相连续结构是指两种高分子网络相互贯穿交叉形成的相态结构。由于两相交叉比较均匀，以至无法区分哪个是连续相，哪个是分散相。此种相态结构又形象地被称为海-海结构。图 6-16 为 IPN cis-

PB/PS的电子显微镜照片。

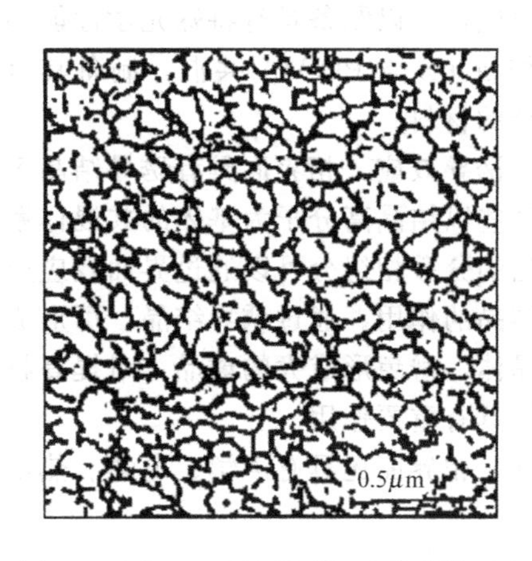

图6-16　IPN cis-PB/PS的电子显微镜照片
（cis-PB/PS=24/50，黑色部分为PB）

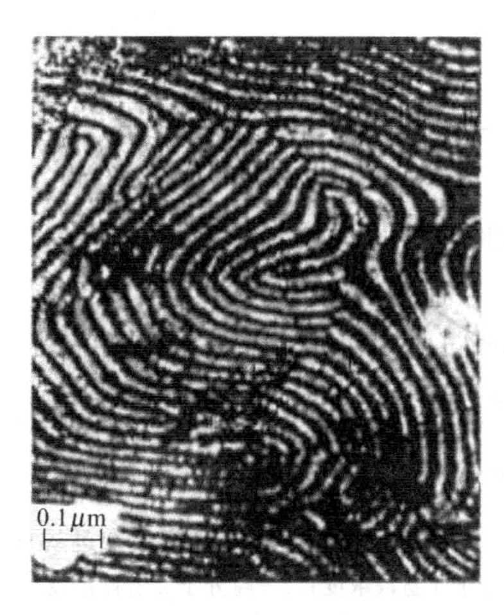

图6-17　SBS（丁二烯60%）的形态结构
（样品以甲苯为溶剂的浇铸薄膜，黑色部分为丁二烯，白色为苯乙烯相）

6.2.3.3　两相互锁或交错结构

这种形态结构的特点是每一组分都没有形成贯穿整个样品的连续相。当两组分含量相近时常会生成这种结构，例如SBS三嵌段共聚物，当丁二烯含量为60%左右时即生成两相交错的层状结构（见图6-17）。

6.2.4　高分子共混物的界面层

两种高分子的共混物中存在三种区域结构：两种高分子各自独立的相和这两相之间的界面层。界面层亦称为过渡区，在此区域发生两相的结合和相互影响，对共混物的性能有重要的影响。

6.2.4.1　相界面形态

高分子共混物相界面的形成分为两个步骤。第一步是两相之间的相互接触；第二步是两种高分子的大分子链段之间的相互扩散。当两种高分子相互接触时即发生链段之间的相互扩散，扩散结果使两种高分子在相界面两边产生明显的浓度梯度（见图6-18）。相界面的厚度主要取决于两种高分子的相容性、大分子链段尺寸、组成及相分离条件。基本上不混溶的高分子，链段之间只有轻微的相互扩散，因而两相之间有非常明显的相界面。随着混溶性的增加，扩散程度越来越高，相界面也随之越来越模糊，相界面厚度越来越大，两相之间的粘接力增大。完全相容的两种高分子最终形成均相，相界面消失。

增加两相之间的接触面积将有利于大分子链段之间的相互扩散，提高两相之间的粘接力。工程上可通过使用高效率的共混机械（如双螺杆挤出机和静态混合器）、采用IPN技术和增容技术等提高分散效果。

6.2.4.2　相界面的性质

相界面的玻璃化温度介于两种高分子组分玻璃化温度之间。相界面的力学松弛性能与本体相是不同的。相界面都可以看成是介于两种高分子组分单独相之间的第三相，特殊结构导致高分子共混物具有很多特殊性质。

（1）力的传递性　共混材料受到外力作用时，相界面可以起到力的传递作用，如材料受到外力作用时，作用于连续相的外力会通过相界面传递给分散相；分散相粒子受到外力作用后会发生变形，又会通过相界面传递给连续相。为实现力的传递，一般要求两相具有很好的

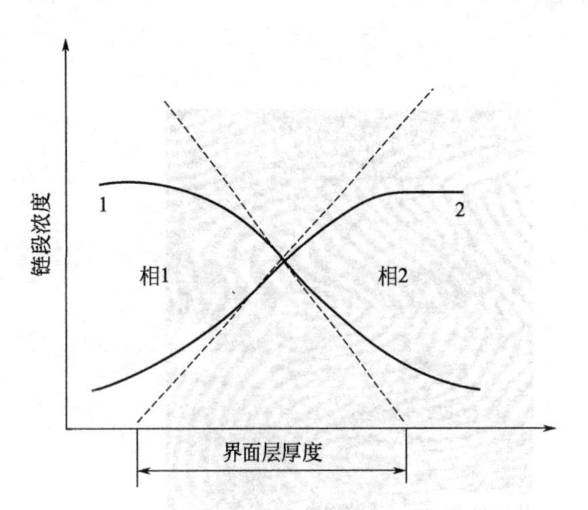

图 6-18 界面层中两种高分子链段的浓度梯度
1—高分子 1 链段浓度；2—高分子 2 链段浓度

界面结合。

(2) 光学效应 利用两相高分子体系的相界面效应，可以制备具有特殊光学性能的材料。如将 PS 与 PMMA 共混，制备具有珍珠光泽的材料。

(3) 诱导效应 相界面具有诱导结晶等效应。某些以结晶高分子为基体的共混体系中，适当的分散相组分可以通过界面效应产生诱导结晶的作用。通过诱导结晶，可形成微小的晶体，避免形成大的球晶，对提高材料的性能具有重要作用。

此外，相界面还具有声学、电学、热学等效应。

6.2.5 高分子共混物相容性的表征

表征高分子共混物组分实际相容性的方法有很多，例如小角中子散射法、脉冲核磁共振法、反相色谱法、电子显微镜法、共同溶剂法、红外光谱法、玻璃化温度法等。其中最常用的是共混物玻璃化温度的方法。

6.2.5.1 玻璃化温度（T_g）法

玻璃化温度法是表征高分子间相容性最常使用的方法之一。测定 T_g 的方法有热分析法[主要指差示扫描量热（DSC）法]、动态热机械分析（DMA）法、介电松弛法、膨胀计法等，其中前两种方法最为常用。假设二元合金体系中两种高分子的 T_g 分别为 T_{g_1} 和 T_{g_2}（$T_{g_1}<T_{g_2}$），若：

① 共混体系只出现一个 T_g，且 $T_{g_1}<T_g<T_{g_2}$，为完全相容体系；

② 共混体系出现两个 T_g（T'_{g_1} 和 T'_{g_2}），且 $T'_{g_1}=T_{g_1}$、$T'_{g_2}=T_{g_2}$，为完全不相容体系；

③ 共混体系出现两个 T_g（T'_{g_1} 和 T'_{g_2}），且 $T_{g_1}<T'_{g_1}<T'_{g_2}<T_{g_2}$，为部分相容体系。

如果合金体系中两种高分子的 T_g 比较接近，或合金体系中一种高分子的含量很少，或某些结晶的高分子合金由于结晶使非晶区含量相对减少，这时使用 T_g 法判断相容性是有困难的。

6.2.5.2 电子显微镜法

相差显微镜原理是使光的直射振动对衍射振动周相移动 $\pi/2$，将物体内微小的周相差转变为相的亮度差，因而使透明物体的可见度大为改善，分辨率可达 1μm。只要两相的折射率存在微小差异就可以观察到不相容体系的分离形态。电子显微镜法主要指透射电镜（TEM）法和扫描电镜（SEM）法，TEM 的分辨率小于 10nm，配以适当的染色技术，可成为观察相区尺寸、形状和相界面最直观的方法。

6.2.5.3 红外光谱（IR）法

相容性很好的高分子共混体系的 IR 谱图会偏离单组分 IR 谱图的平均值。因为不同高分子之间存在较强的相互作用，导致有关基团的红外吸收谱带发生移动或峰形不对称加宽。但不能从其偏离程度相应地预测其相容程度，所以，这种方法只可以定性研究高分子间的相容性。IR 法可以发现高分子共混体系中氢键的存在，进而表征相容性。

6.2.5.4 共同溶剂法

这种方法是用同一种溶剂将两种高分子溶解，配制成一定浓度的溶液。在一定温度下放置，如果此溶液可以长期稳定、不发生分层现象，则为相容体系。反之，放置一段时间后若出现分层，则为不相容体系。影响此法实验结果的因素很多，因此，这种方法表征的只是在一定高分子浓度、溶剂种类、温度等条件下，高分子间的相容性。

6.2.6 高分子共混物的应用

由于高分子共混物具有优异的性能，因此，高分子共混改性的研究工作引起广泛的重视。聚碳酸酯（PC）是高分子共混改性中应用较多的一种原料，目前世界上已有数十种聚碳酸酯的改性产品实现商业化，应用较多的如聚碳酸酯增韧聚乙烯（PC/PE）、聚碳酸酯增韧橡胶弹性体（PC/elastomer）、聚碳酸酯与聚砜（PC/PSF）共混改善聚砜的加工流动性和聚碳酸酯的耐应力开裂性能、聚碳酸酯与聚醚砜（PC/PES）共混改善其加工性能、增强其韧性等。此外，研究较多的共混体系还有聚氯乙烯/聚乙烯（PVC/PE）、聚氯乙烯/聚丙烯酸酯类弹性体（PVC/ACR）、羧化聚苯醚/聚苯乙烯（PPO/PS）等。下面介绍几种常见的高分子共混材料。

6.2.6.1 以聚乙烯为基的共混物

聚乙烯是最重要的通用塑料之一，产量居各种塑料之首。聚乙烯的主要缺点是软化点低，强度不高，容易应力开裂，不容易染色等。采用共混法是克服这些缺点的重要途径。以聚乙烯为主要成分的共混物主要有以下几种。

（1）不同密度聚乙烯之间的共混物　这包括高密度聚乙烯与低密度聚乙烯共混物、中密度聚乙烯与低密度聚乙烯共混物等。不同密度聚乙烯共混可使熔化区域加宽，冷却时延缓结晶，这对聚乙烯泡沫塑料的制备很有价值。控制不同密度PE的比例，能得到多种性能的泡沫塑料。

（2）聚乙烯与丙烯酸酯类共混物　将PE与PMMA及PEMA共混，可大幅度提高对油墨的粘接力。例如加入5%～20%的PMMA，与油墨的粘接力可提高7倍，这类共混物在印刷薄膜方面很有应用价值。

（3）聚乙烯与氯化聚乙烯（CPE）共混物　将氯化聚乙烯加入PE可以提高PE印刷性、耐燃性和韧性。例如，PE与5%的CPE（含氯量55%）共混，可使PE与油墨的粘接力提高3倍。CPE具有优良的阻燃性，将其加入PE并同时加入三氧化二锑，可制得耐燃性很好的共混物。

（4）聚乙烯与其他高分子的共混物　HDPE与橡胶类高分子，如热塑性弹性体、聚异丁烯、丁苯胶、天然橡胶共混可显著提高冲击强度，有时还能改善其加工性能。

6.2.6.2 以聚丙烯为基的共混物

聚丙烯耐热性优于PE，可在120℃以下长期使用，刚性好，耐折叠性好，加工性能优良。主要缺点是成型收缩率较大，低温容易脆裂、耐磨性不足、耐光性差、不容易染色等。与其他高分子共混是克服这些缺点的主要途径。聚丙烯的共混普遍采用机械共聚法。

（1）PP/PE共混物　PP/PE共混物的拉伸强度一般随PE含量增大而下降，但韧性增加。PP中加入10%～40%的HDPE，在−20℃时的落球冲击强度可提高8倍，且加工流动性增加，因而此种共混物适用于大型容器的制备。另外，在聚丙烯钙塑材料中，加入PE亦有良好的改性效果。

（2）PP/EPR共混物及PP/EPDM共混物　PP与乙丙共聚物（EPR）共混可改善聚丙烯的抗冲击性能和低温脆性。另一种常用作PP改性的乙丙共聚物是含有二烯类成分的三元共聚物（EPDM）。PP/EPDM的耐老化性能超过PP/EPR。此外，还发展了PP/PE/EPR三元共混物，这种共混物具有较理想的综合性能，已受到普遍重视；PP/EPR类的共混物广泛用于生产容器、建筑防护材料等。

（3）PP/BR共混物　聚丙烯与顺丁胶（BR）共混可大幅度提高聚丙烯的韧性，例如PP与15%的BR共混，冲击强度可提高到6倍以上；同时，脆化温度由PP的30℃降至

8℃。PP/BR的挤出膨胀比较PP/PE、PP/EVA、PP/SBS等都小，所以，制品的尺寸稳定性好，不容易翘曲变形。PP/PE/BR三元共混物也已获得工业应用。

(4) 聚丙烯与其他高分子的共混物 聚丙烯与聚异丁烯（PIB）、丁基橡胶、热塑性弹性体（TPE）如SBS以及与EVA的共混物也逐渐得到发展。PP/EVA具有较好的印刷性，加工性能、耐应力开裂、抗冲击性能较好。PP/PIB/EPDM三元共混物具有很好的加工性能，PP/PIB/EVA具有较好的力学性能、刚度和透明性。PP/PE/EVA/BR四元共混物具有优良的韧性，已获得工业应用。

6.2.6.3 以聚氯乙烯为基的共混物

聚氯乙烯是一种综合性能良好、用途极广的高分子，其主要缺点是热稳定性不好，100℃即开始分解，因而加工性能欠佳，聚氯乙烯本身较硬脆，冲击强度不足，耐老化性差、耐寒性不好。与其他高分子共混是PVC改性的主要途径之一。聚氯乙烯与某些高分子共混具有多方面显著的改性作用（见表6-6）。

表6-6 聚氯乙烯共混改性

共混物形态	主要改性效果	聚合物类型	代表的聚合物
均相	增塑,软化 改善一次加工性,促进凝胶化 改善二次加工性	相容性低分子量聚合物 相容性高分子量聚合物 极性橡胶及树脂	PER PMMA,PAS NBR,CPE,EVA,CR
非均相	改善抗冲击性 改善低温特性 改善流动性	橡胶类聚合物,二烯烃 接枝共聚物,非二烯烃 不相容树脂	ABS,MBS,AN EVA,CPE,EPDM PE,PP

(1) PVC/EVA PVC/EVA可采用机械共混法和接枝共聚-共混法制备。EVA起增塑、增韧的作用。PVC/EVA共混物使用范围很广泛，可用于生产硬质制品和软质制品。硬质制品以挤出管材为主，还有板材、异型材、低发泡合成材料、注射成型制品等。软质制品主要有薄膜、软片、人造革、电缆及泡沫塑料等。

(2) PVC/CPE 目前，PVC/CPE共混物都是用机械共混法生产的。PVC与CPE共混可改善加工性能、提高韧性。PVC/CPE具有良好的耐燃性和冲击性能，广泛应用于各种冲击、耐候、耐燃的塑料制品，例如薄膜、管道、建筑材料（板、支架、门框、窗框等）、劳动保护（安全帽）用品等。

(3) 聚氯乙烯与橡胶的共混物 聚氯乙烯与天然橡胶（NR）、顺丁胶（BR）、异戊橡胶(IR)、氯丁胶（CR）、丁腈橡胶（NBR）、丁苯胶（SBR）等共混，可大幅提高PVC的抗冲击性能。此类共混物目前主要是由机械共混法制备。

由于NR、BR、IR等与PVC相容性差，常常需要在这些非极性橡胶分子中引入卤素、氰基等极性基团后才能制得性能好的共混物。CR及NBR与PVC的相容性好，可制得高性能的共混物。PVC/CR（85/15）可使PVC的冲击强度提高8倍，但刚性也大幅下降。PVC/NBR比PVC/CR的性能好。当NBR中AN的含量为20%左右时，PVC/NBR的冲击强度最高，PVC/NBR的拉伸强度随NBR中AN含量的增加而提高。

(4) PVC与ABS及MBS的共混物 PVC/ABS冲击强度高，热稳定性好，加工性能优良。作为PVC增韧改性剂的ABS，按其中丁二烯的含量分为标准ABS[丁二烯(30)-丙烯腈(25)-苯乙烯(45)]和高丁二烯ABS[丁二烯(50)-丙烯腈(18)-苯乙烯(32)]。由于高丁二烯ABS增韧效果优于标准ABS，故大多采用高丁二烯ABS作为PVC的增韧改性剂。

PVC/MBS是透明、高韧性的材料，其透明性高于PVC/ABS。PVC/MBS的冲击强度比PVC高5～30倍。此种共混物适用于制备透明薄膜、吹塑容器、真空成型制品、管材、异型材等。

(5) PVC与其他高分子的共混物 其他有应用价值的PVC共混物还有PVC与丙烯酸酯类的共混，主要用于改进加工性能及韧性；PVC与聚2-甲基苯乙烯的共混物；PVC与聚酯、聚氨酯等的共混物等。

6.2.6.4 以聚苯乙烯为基的共混物

聚苯乙烯的主要弱点是性脆，冲击强度低，容易应力开裂，不耐沸水。采用共混改性是克服这些弱点的主要措施。目前共混改性聚苯乙烯在苯乙烯系高分子体系中占首要地位。共混改性聚苯乙烯主要包括高抗冲聚苯乙烯和ABS树脂两种类型。

(1) 高抗冲聚苯乙烯 高抗冲聚苯乙烯（HIPS）是聚苯乙烯与橡胶的共混物，制备方法有机械共混法和接枝共聚共混法两种。目前主要采用丁苯胶，按PS/SBR为80/20左右的比例共混。接枝共混法生产HIPS的操作方法以本体聚合法和本体-悬浮聚合法为主。高抗冲聚苯乙烯除韧性优异之外，还具有刚性好、容易加工、容易染色等优点，广泛用于生产仪表外壳、纺织器材、电器零件、生活用品等。

(2) ABS树脂 ABS树脂是一类由苯乙烯、丁二烯和丙烯腈三种成分构成的共混物。ABS树脂最初是以机械共混法制备的，当前已多采用接枝共聚-共混法。机械共混法ABS亦称B型ABS，其生产包括丁腈胶乳液制备、苯乙烯-丙烯腈共聚物（AS树脂）乳液制备及上述两组分共混等三个主要步骤。橡胶组分除丁腈胶外亦可选用丁苯胶、顺丁胶及混合胶等。

接枝共聚-共混法通常选用聚丁二烯作为接枝骨架，在其上接枝苯乙烯-丙烯腈共聚物支链而成。用于制ABS的橡胶要求具有一定的交联度；制备过程主要包括聚丁二烯胶乳制备、接枝共聚和后处理三个工序。最近发展了生产ABS的乳液-悬浮法工艺，此法第一步是进行乳液接枝共聚，反应一定程度后再在悬浮聚合条件下进行悬浮聚合。此外还有不久前研究成功的乳液接枝-本体悬浮混合法的新工艺。

ABS树脂是目前产量最大、应用最广的高分子共混物，同时也是最重要的工程塑料之一。近年来为了进一步改善ABS树脂的耐候性、耐热性、耐寒性、耐燃性等，开拓了许多新型ABS树脂，如MBS、MABS、AAS、ACS、EPSAN等。亦可将ABS再加以共混改性，例如与PVC共混以改进耐燃性，与聚芳砜共混以提高耐热性等。

6.2.6.5 其他高分子共混物

其他比较重要的高分子共混物有以下几种。

(1) 以聚碳酸酯为基的共混物，如PC/PE、PC/ABS、PC/氟树脂、PC/丙烯酸酯类树脂等。

(2) 以聚对苯二甲酸酯类为基的共混物，例如聚对苯二甲酸乙二酯（PET）与聚对苯二甲酸丁二酯（PBT）共混物、PET/PC共混物等。

(3) 以聚酰胺为基的共混物，例如尼龙6/尼龙66共混物、尼龙6/LDPE、聚酰胺/EVA共混物、聚酰胺/ABS、聚酰胺/聚酯共混物等。

(4) 以环氧树脂为基的共混物，例如环氧树脂与聚硫橡胶、聚醋酸乙烯、低分子量聚酰胺的共混物等。

(5) 酚醛树脂为基的共混物，如酚醛树脂与PVC、NBR、聚酰胺、环氧树脂等的共混物。

此外，以聚乙烯醇为基的共混物，以氟树脂为基的共混物和以聚苯硫醚（PPS）为基的共混物等，都日益受到重视。

6.3 共聚改性

共聚改性即通过化学反应改变聚合物的物理、化学性质的方法。常见的共聚改性方法有：无规共聚、交替共聚、嵌段共聚、接枝共聚、交联等。

6.3.1 无规共聚

6.3.1.1 概述

无规共聚（random copolymerization）是指两种或多种单体发生共聚反应，其单体单元在共聚物主链上无规排列、随机分布，其产物称为无规共聚物，如丁二烯-苯乙烯无规共聚物（丁苯橡胶）、氯乙烯-醋酸乙烯酯共聚物等。以单体 M_1 和 M_2 为例，其无规共聚物特点可以表示如下：

$$\sim\sim M_1 M_1 M_2 M_1 M_2 M_2 M_1 M_1 M_2 M_2 M_1 M_2 M_1 \sim\sim$$

6.3.1.2 无规共聚物的结构与性质

高分子材料的聚集态结构与材料性能有着密切的联系，即材料结构决定其性能。以下从共聚物的玻璃化温度、熔点、溶解性、力学性能以及大分子链的降解等几个方面讨论共聚物结构和性能的关系。

（1）玻璃化温度　无规共聚物的不同链节是无规排列的，导致大分子链的规整性下降，其玻璃化温度 T_g 下降。如在聚酯链结构中引入间苯二甲酸（IPA），会使共聚酯的 T_g 显著下降，如图 6-19 所示。这是因为加入间苯二甲酸后，聚酯的链规整度下降，分子间的作用力减弱，从而使得链段的活动能力增强，因而共聚物的玻璃化温度 T_g 会下降。

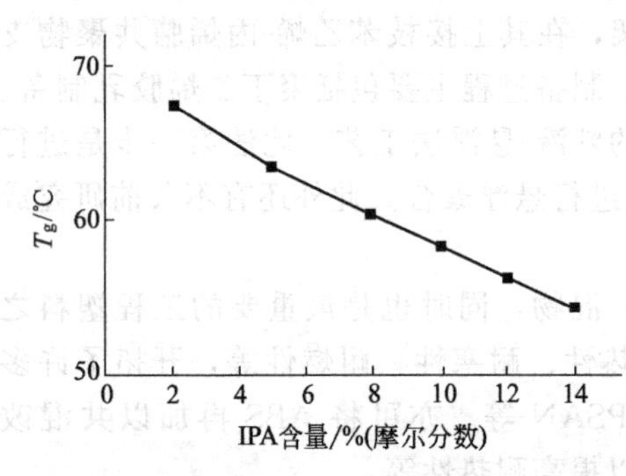

图 6-19　第三单体对聚酯 T_g 的影响

（2）熔点　共聚物的熔点主要与结晶的完善程度有关。当能够结晶的高分子材料的单体与另一种单体进行共聚时，如果这个共聚单体本身不能结晶或者虽然本身能够结晶，但不能进入原结晶高分子材料的晶格与其形成共晶，则生成的共聚物的结晶行为将发生变化。无规共聚物的熔点 T_m 与共聚单体的量的关系为：

$$\frac{1}{T_m}-\frac{1}{T_m^0}=-\frac{R}{\Delta H_a}x_A$$

式中，x_A 为结晶单元的摩尔分数；R 为气体常数；ΔH_a 为 1mol 重复单元的熔融热；T_m^0 为原结晶聚合物的平衡熔点。例如无规共聚酯，其熔点随着非结晶共聚单体的浓度增加而单调下降；当达到一个适当的组成时，共聚物两组分的结晶温度相同，达到低的共熔点，如图 6-20 所示。

有些无规共聚体系，其熔点随共聚组成单调减小，如图 6-21 所示。

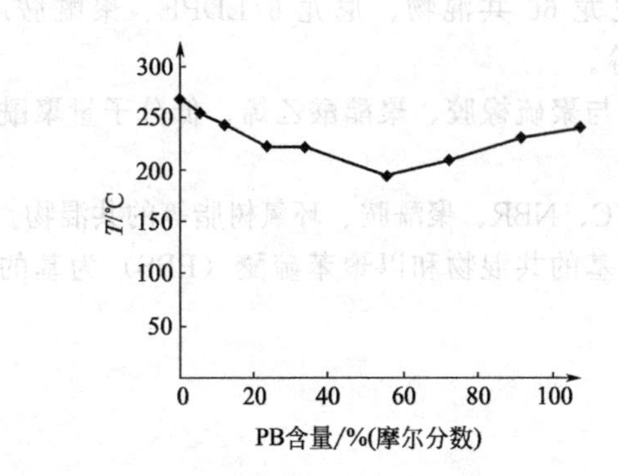

图 6-20　共聚酯的熔点和组成的关系

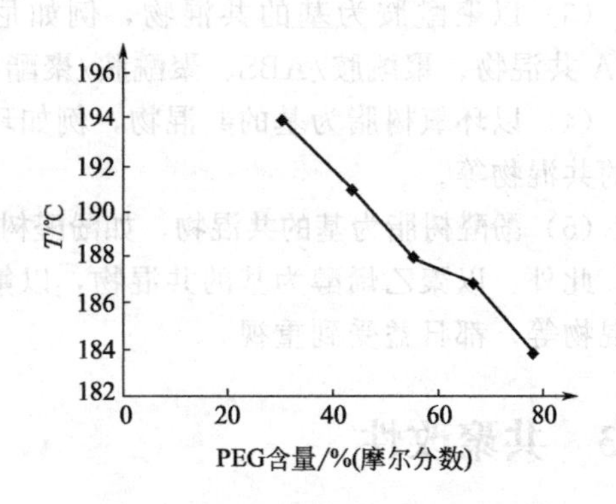

图 6-21　聚醚酯酰胺共聚物的熔点和组成的关系

(3) 力学性能 共聚物中单体链节的种类、相对数量以及排列方式对其力学性能均有影响。例如，将对苯二甲酸二甲酯（DMT）分别与乙二醇和 1,4-环己二甲醇（CHDM）进行酯交换反应，制得共聚单体；再经过缩聚反应后制得含有 PET 和 PCT 链段的共聚酯：

$$\left[\underset{\underset{O}{\|}}{C} - C_6H_4 - \underset{\underset{O}{\|}}{C} - OCH_2 - CH_2O \right]_m \left[\underset{\underset{O}{\|}}{C} - C_6H_4 - COOCH_2 - C_6H_4 - CH_2 \right]_n$$

PCT 为聚对苯二甲酸双羟甲基环己二酯。

如果 PCT 组分含量较低，则制得能够部分结晶或低结晶的共聚物 PETG；如果 PCT 组分含量较高，则可制得完全不能结晶的共聚物 PCTG。表 6-7 和表 6-8 列举了 PETG 纤维的力学性能和弯曲回复性能。

表 6-7 不同 CHDM 含量的 PETG 纤维的力学性能

CHDM 含量/%	线密度/dtex	强度/(cN/dtex)	伸长率/%
5	108	3.76	26.7
10	131	3.33	25.8
30	143	1.85	22.7

表 6-8 PETG 纤维的 180°弯曲回复性能

CHDM 含量/%	弯曲回复率/%				
	瞬间	5min	10min	15min	30min
5	65.3	68.9	72.1	72.2	73.1
10	65.2	69.0	71.9	71.9	73.0
30	68.1	72.9	75.8	76.0	78.1
常规 PET	55.9	62.1	65.6	67.3	68.7

注：负荷为 2.646cN/tex，弯曲形变时间为 30min。

(4) 降解性 无规共聚一般会降低高分子材料分子链的规整性，因此，会使高分子材料的降解性得到提高。比如，在聚丁二酸丁二酯中引入芳香二元酸，合成了一系列聚丁二酸丁二酯（PTS）共聚物，发现共聚酯的生物降解性优于均聚物，如图 6-22 所示。

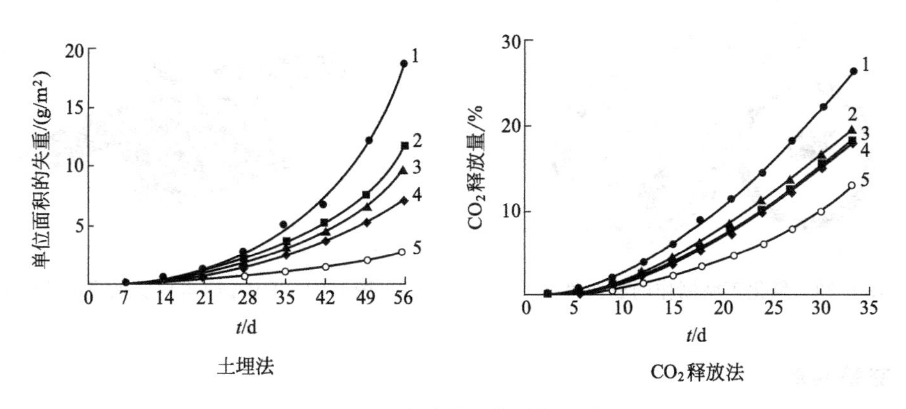

图 6-22 聚酯的生物降解速率

1—聚丁二酸丁二酯；2—聚丁二酸丁二酯-芳香二元酸共聚物（90∶10）；
3—聚丁二酸丁二酯-芳香二元酸共聚物（80∶20）；4—聚丁二酸丁二酯-芳香二元酸共聚物（70∶30）；
5—聚丁二酸丁二酯-芳香二元酸共聚物（50∶50）；
●—P0；■—P10；◆—P20；▲—P30；○—P50

6.3.1.3 无规共聚反应应用实例

(1) 无规共聚聚丙烯(PP-R) 无规共聚聚丙烯是将丙烯和乙烯单体混合在一起聚合，在高分子材料主链上无规地分布着丙烯单体或乙烯单体反应后的链段。乙烯链段的存在使共聚物无法结晶，即使乙烯含量很少，也会使聚丙烯的结晶能力大大降低。PP-R 的特征是结晶度低、透明性好，比起均聚 PP 来说，脆化温度显著降低，冲击强度有所提高。当温度降至 0℃时，还能保持适中的冲击强度；PP-R 对酸、碱、醇以及许多有机化学药品都有很强的抵抗力。用 PP-R 制成的管材输送 70℃的热水，长期内压达到 1MPa 时，使用寿命可达到 50 年，而且由于材料的热导率低，所以，在输送热水时，保温性能非常好，用于热水及采暖系统可显著节能。

(2) 丁腈橡胶 丁腈橡胶是丁二烯和丙烯腈的共聚物。根据丙烯腈含量的不同可分为五个等级，即极高丙烯腈含量(42%～46%)、高丙烯腈含量(36%～41%)、中高丙烯腈含量(31%～35%)、中等丙烯腈含量(25%～30%)和低丙烯腈含量(18%～24%)。丙烯腈含量对丁腈橡胶的性质有很大的影响，随着丙烯腈含量的增加，耐油性提高，强度有所增加，但弹性、耐寒性、塑性较差。丁腈橡胶可广泛用于耐油、耐溶剂、耐高温的橡胶制品；此外也可以用于制作真空橡胶制品和减震橡胶制品。图 6-23 为用氢化丁腈橡胶做成的密封垫产品。

(3) EVA 树脂 EVA 树脂是乙烯和醋酸乙烯酯共聚而制得。EVA 树脂一般采用高压本体聚合、溶液聚合、乳液聚合、悬浮聚合制备。EVA 树脂的特点是具有良好的柔软性、冲击性和橡胶般的弹性，在−50℃下仍具有较好的挠曲性、透明性和表面光泽性，化学稳定性良好，抗老化和耐臭氧性能好，无毒性，与填料的掺混性好，着色和成型加工性好。一般情况下，醋酸乙烯酯含量在 5%以下的 EVA，其主要产品是薄膜、电线电缆、胶黏剂等；醋酸乙烯酯含量在 20%～28%的 EVA，主要用于热熔胶黏剂和涂层制品；醋酸乙烯酯含量在 5%～45%的 EVA，产品主要为薄膜、片材、注塑模塑制品、发泡制品等。图 6-24 为用 EVA 树脂制作的绝缘衣。

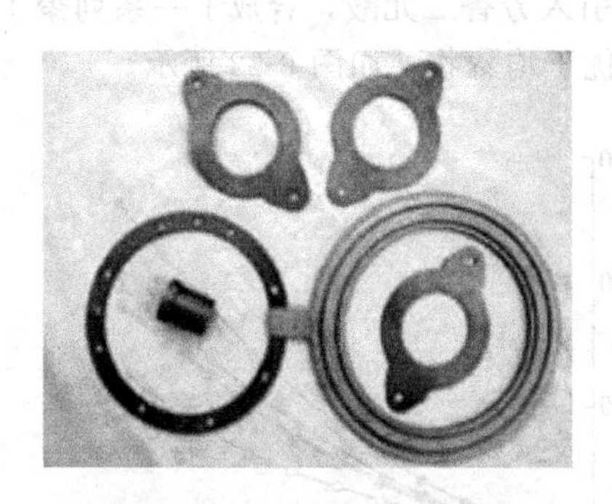

图 6-23 氢化丁腈制作的密封件

图 6-24 EVA 耐电树脂做成的绝缘衣

6.3.2 交替共聚

6.3.2.1 概述

交替共聚(alternating copolymerization)是指由两种或多种单体在生成的共聚物主链上，单体单元交替(或相同)排列的共聚反应，其产物称为交替共聚物，如苯乙烯-马来酸酐交替共聚物。这类聚合物一般具有特殊的性能，因而备受关注。以单体 M_1 和 M_2 为例，其交替共聚物特点可以表示如下：

~~~~ $M_1M_2M_1M_2M_1M_2M_1M_2M_1M_2M_1M_2M_1$ ~~~~

6.3.2.2　交替共聚物的结构与性质

交替共聚物的结构规整性要比相应的无规或嵌段共聚物好。交替共聚物的玻璃化温度与交替程度有关，如图 6-25 所示，交替共聚物的熔点随交替度增加急剧降低。与无规共聚物相比，交替丁腈共聚物的力学性能明显提升，见表 6-9。

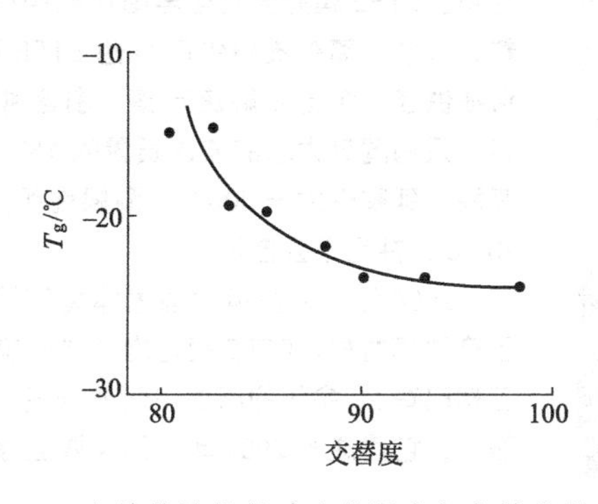

图 6-25　交替共聚物的玻璃化温度与交替度的关系

表 6-9　无序及交替丁腈共聚物的性能比较

性能	无序共聚物		交替共聚物	
	室温	110℃	室温	110℃
硬度(JIS)	86	—	73	—
100%伸长时模量/MPa	10.5	—	4.3	—
拉伸强度(断裂)/MPa	19.4	5.0	23.7	5.8
断裂伸长率/%	210	210	400	340
溶胀度/%	112	—	112	—

6.3.2.3　交替共聚物的应用实例

（1）乙烯/三氟氯乙烯共聚物（ECTFE）　ECTFE 树脂是乙烯和三氟氯乙烯 1∶1 的交替共聚物，熔点为 240℃，密度为 1.68×10^3 kg/m^3。此材料从低温到 330℃的性能良好，其强度、耐磨性、抗蠕变性大大高于 PTEE、FEP（聚全氟乙丙烯共聚物）和 PFA（四氟乙烯-全氟烷氧基乙烯基醚共聚物）。在室温和高温下，耐大多数具有腐蚀性的化学药品和有机溶剂。ECTFE 不着火，可以防止火焰扩散；当暴露在火焰中时，将分解成硬质的炭。ECTFE 可以制成用于模塑和挤塑的粒料及用于旋转模塑、静电涂饰的粉状产品，可在传统挤塑设备中用化学发泡法加工成泡沫状产品，特别适用于计算机用电线的领域。半成品有膜、板、管和单纤维；在电线和电缆领域，最重要的应用是用于增压电缆、公用交通车用电缆、火警电缆、阳极保护电缆。ECTFE 管的应用有光导纤维的套管、非支撑管、钢管和增强塑料管的内衬。ECTFE 涂料和内衬可防止金属被环境腐蚀；膜的应用有锂电池和隔离方面的应用；单纤维的应用有编织套管、过滤织物。宽幅（122cm）以玻璃纤维背衬的 ECTFE 片材，可用作耐化学药品和强度要求较高的槽罐的内衬。

（2）乙烯-四氟乙烯共聚物（ETFE）　ETFE 是乙烯和四氟乙烯 1∶1 的交替共聚物。ETFE 熔点为 270℃，密度为 1.70×10^3 kg/m^3，是一种从低温到 370℃具有高冲击性和力学性能好的坚韧的材料。耐化学药品性能、电性能和耐候性与 ECTFE 相似，与全氟高分子材料相近。该高分子材料暴露在火焰中会熔化和分解。ETFE 可以制成用于挤塑和模塑的粒料，以及用于旋转模塑、流化床和静电涂饰的粉末。半成品有膜、棒、管和单纤维，注塑产品有泵、件和其他化工设备的部件、包装物、填料塔、电器零件等。
~~~~

知识窗：ETFE 膜

ETFE 膜是透明建筑结构中品质优越的代表材料，多年来在许多工程中，以其众多优点被证明为可信赖且经济实用的屋顶材料。该膜是由人工高强度氟聚合物制成，其特有抗黏着表面使其具有高抗污、易清洗的特点，通常雨水即可清除主要污垢。ETFE 膜完全为可再循环利用材料，可再次利用生产新的膜材料，或者分离杂质后生产其他 ETFE 产品。ETFE 膜的出现为现代建筑提供了一个创新解决方案。由这种膜材料制成的屋面和墙体质量轻，只有同等大小的玻璃质量的 1%；韧性好，拉伸强度高，不易被撕裂，延展性大于 400%；耐候性和耐化学腐蚀性强，熔融温度高达 200℃，并且不会自燃。

2008 年北京奥运会国家体育馆及国家游泳中心等场馆中，采用了这种膜材料。ETFE 膜材常做成气垫应用于膜结构中，最早的 ETFE 工程已有 20 余年的历史，而最著名的要数位于英格兰康沃尔的伊甸园了，它建成于 2001 年，是世界上最大的温室。

6.3.3 嵌段共聚

6.3.3.1 概述

嵌段共聚（block copolymerization）是指通过化学反应获得嵌段共聚物的过程。嵌段共聚物则是由两个或多个不同结构的链段连接而成的线形大分子；根据链段的多少可以分为二嵌段（如苯乙烯-丁二烯共聚物）AB 型、三嵌段（如苯乙烯-丁二烯-苯乙烯共聚物）ABA 型和多嵌段共聚物 ABAB 型等。嵌段共聚物是多相的共聚物，例如，可以将亲水的和亲油的、酸性的和碱性的、塑性的和高弹性的以及两个互不相容的链段连接在一起。嵌段改性的高分子材料品种较多，应用广泛。如以聚酰胺为硬链段、聚醚或聚酯为软链段的聚醚酯酰胺具有很好的强度、回弹性等，在包装材料、分离膜材料、医用材料等领域有很好的应用。

嵌段共聚物的玻璃化温度由温度较低的聚合物决定的，而软化点却随该温度较高的聚合物而变化，因而处于高弹态的温度范围较宽。其合成方法有：① 活性聚合物逐步增长法；② 偶联法；③ 利用端基官能团加聚和缩聚法；可用阴离子聚合、自由基聚合、络合聚合、缩聚或机械化学方法制得。目前，工业上已生产的品种，主要是用离子聚合和官能团反应方法得到的，例如，乙烯与丙烯的共聚，用 Al-V 催化剂进行共聚，制得的是无规的乙丙橡胶；用 Al-Ti 催化体系可制得乙丙嵌段共聚物，结构为~~~ PPPP ~~~ EEEE ~~~ PPPP ~~~ EEEE ~~~，共聚物中含有聚乙烯链段和聚丙烯链段。合成反应是在溶液中进行的，加入催化剂后，通入丙烯聚合一段时间后，再通入乙烯，乙烯在聚丙烯链上聚合，乙烯聚合后，再通入丙烯聚合，这样轮换进行乙烯和丙烯共聚，制得的是嵌段共聚物。链段及相对分子质量的控制与温度和压力的控制息息相关。此外，现在已经工业化生产的 SBS 是典型的嵌段共聚物，用活性聚合物 RLi 为引发剂，形成阴离子活性中心后，分子链逐步增长。先加入苯乙烯进行聚合反应，形成活性聚苯乙烯；当聚苯乙烯的分子量达到要求后，再加入丁二烯，又会形成丁二烯的活性大分子，然后再加入苯乙烯，经过终止反应后，就会形成~~~ SSS ~~~ BBB ~~~ SSS ~~~结构。有活性官能团的单体如多元醇、二异氰酸酯、二元胺、环氧乙烷等也可以制成不同链节的聚氨酯、聚酯、聚醚嵌段共聚物。

6.3.3.2 嵌段共聚物的应用实例

（1）丁苯橡胶　丁苯橡胶是丁二烯与苯乙烯的共聚体，其外观为浅褐色，是合成橡胶中产量最大的品种，约占合成橡胶总产量的 60%以上。与天然橡胶相比，丁苯橡胶有较好的耐老化性、耐磨性、耐热性、耐臭氧性和耐油性；但弹性、强度、耐挠曲龟裂、耐撕裂性能差，特别是制品在多次变形时产热增大。主要用于制造轮胎，也可以用于制造其他橡胶制品，如胶管、胶带、胶鞋等。

(2) 聚氨酯　聚氨酯是以聚醚多元醇、丁二醇和甲苯二异氰酸酯为原料制成的嵌段共聚物。由于其结构具有软、硬两个链段，可以对其进行分子设计而赋予材料高强度、韧性好、耐磨、耐油等优异性能。它既有橡胶的高弹性，又有塑料的刚性，被称之为“耐磨橡胶”。由于其极其优异的性能被广泛应用于汽车、建筑、矿山开采、航空航天、电子、医疗器械、体育制品等多个领域，成为发展前景极其广阔的合成材料。

除典型产品外，在实际生产中，嵌段共聚物经常用于高分子共混物的增容剂。

6.3.4　接枝共聚

接枝共聚 (graft copolymerization) 的问世已有五十年的历史，利用这种方法已经制得许多高分子材料。接枝共聚是指在由一种或几种单体生成的聚合物的主链上，接上由另一种单体形成支链的共聚反应，其产物称为接枝共聚物。接枝共聚物不仅能够与相应的均聚物共混，改善均聚物的性能，还能通过接枝的反应性基团发挥反应性增容剂的作用。接枝共聚物的结构特点可表示为：

接枝共聚物既保留了主链高分子材料的基本性能，同时还可以表现出支链高分子材料的性能。接枝方法主要有两类：聚合法和偶联法。聚合法是使第二单体在高分子材料主链活性点上，聚合形成支链的方法，其常用的方法有引发剂法、链转移接枝、辐射接枝、光聚合法和机械法等，见表 6-10。

表 6-10　聚合法制备接枝高分子材料

方　法	种　类	机　理
主链大分子+单体	引发剂法	用自由基聚合引发剂或与主链大分子有关的氧化还原反应引发体系，在主链形成自由基。也可在主链上形成阳离子或阴离子引发中心
	链转移法	在主链上引入—SH 等易发生链转移的基团
	辐射聚合法	预辐射处理法和同时辐射处理法
	光聚合法	增加光敏剂或将光敏基团引入主链大分子
	机械法	利用摩擦力来切断主链或侧链来产生自由基

制备接枝共聚物的目的是改进高分子的特性，如在橡胶上接上树脂类高分子，既能提高橡胶的力学强度，也能改善树脂的脆性。PS、PVC、PP 接上橡胶类弹性体后可明显提高其冲击性能。接枝共聚最早是将丙烯腈单体接到天然橡胶的分子链上去的，以后又将甲基丙烯酸甲酯接到天然橡胶上，使天然橡胶的性能得到显著改善。目前已生产的接枝共聚物所用的主链聚合物和单体如表 6-11 所示。

表 6-11　接枝共聚物所用单体

聚合物	接枝用单体	聚合物	接枝用单体
聚丙烯酰胺	丙烯酸	羊毛	丙烯腈,丙烯酸
聚甲基丙烯酸丁酯	氯乙烯	纤维素	丙烯腈,丙烯酰胺
聚丙烯酸	2-乙烯基吡啶,己内酰胺	聚甲基丙烯酸甲酯	丙烯酸乙酯
聚丙烯酸乙酯	2-乙烯基吡啶	氯丁胶	甲基丙烯酸甲酯,苯乙烯
聚醋酸乙烯酯	乙烯	尼龙 66,尼龙 610,尼龙 6	氧化乙烯
聚氯乙烯	聚甲基丙烯酸丁酯,醋酸乙烯酯	聚异氰酸酯	苯乙烯胺类
聚乙烯	醋酸乙烯酯,苯乙烯	聚四氟乙烯	丙烯酸甲酯、苯乙烯
天然橡胶	苯乙烯,丙烯腈		

接枝共聚物主要用于对高分子基体材料的改性或高分子材料共混物的增容，以改善共混物的力学性能。

6.3.5　交联

交联（crosslinking）是指在热、光、辐射能或用交联剂使两个或更多的分子分别偶联，从而使这些分子结合成三维网状立体结构的反应。交联的方式可以是化学交联，也可以是物理交联。交联剂是一类小分子化合物，相对分子质量一般在 200～600 之间，具有两个或者更多的基团（氨基、羧基）的末端反应。经过交联改性的高分子材料的性能可以得到大幅度的改善，是重要的改性方法之一。

高分子材料交联反应的方法有：硫黄硫化、过氧化物交联、硅烷交联、偶氮交联等，这些都属于化学交联；利用 X 射线、β 射线、γ 射线、快质子、快中子、慢中子、原子反应堆混合射线等进行的交联属于物理交联。交联反应会降低高分子材料链间的滑动能力，如果交联密度不太高，非晶态高分子材料就变得更有弹性；交联密度增加，拉伸强度也有所增加，但达到一定交联程度后，出现下降；随着交联密度的增加，伸长率和溶胀度降低，模量、硬度及玻璃化温度上升。高分子链交联成网状结构后，就变成不溶、不熔的化合物。交联反应有利于提高高分子材料的使用温度。

6.4　橡胶增韧塑料的增韧机理

6.4.1　引言

橡胶为分散相的增韧塑料是高分子共混物的主要品种，比较重要的有高冲击聚苯乙烯（HIPS）、ABS 塑料、MBS 塑料、以 ABS、MBS、ACR 等增韧的 PVC、增韧聚碳酸酯、橡胶增韧的环氧树脂等。

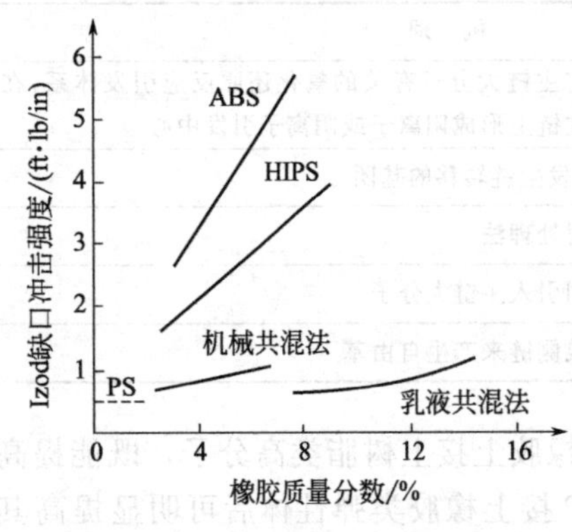

图 6-26　不同方法制备的增韧聚苯乙烯的冲击强度

(1ft · lb/in = 53.3J/in，1in=0.0254m)

橡胶增韧塑料的特点是具有很高的冲击强度，通常比基体的冲击强度高 5～10 倍乃至数十倍。此外，橡胶增韧塑料的冲击强度与制备方法有很大的关系，因为采用不同的制备方法会使界面粘接强度、形态结构变化很大。例如以聚丁二烯增韧聚苯乙烯，不同的制备方法，冲击强度差别很大，如图 6-26 所示。

6.4.2　增韧机理

关于橡胶增韧塑料的机理，从 20 世纪 50 年代开始，已提出了许多不同的理论，如 Merz 的能量直接吸收理论、Nielsen 提出的次级转变温度理论、Newman 等人提出的屈服膨胀理论、Schmitt 提出的裂纹核心理论等。但这些理论往往只注意问题的某个侧面。当前被普遍接受的是近几年发展的银纹-剪切带-空穴理论。该理论认为，橡胶颗粒的主要增韧机理包括三个方面：①引发和支化大量银纹并桥接裂纹两岸；②引发基体剪切形变，形成剪切带；③在橡胶颗粒内及表面产生空穴，伴之以空穴之间高分子链的伸展和剪切并导致基体的塑性变形。在冲击能作用下，这三种机制示于图 6-27 中。

6.4.2.1 银纹的引发和支化

橡胶颗粒的第一个重要作用就是充当应力集中中心源（假定橡胶相与基体有良好的黏合），诱发大量银纹，如图 6-28 所示。

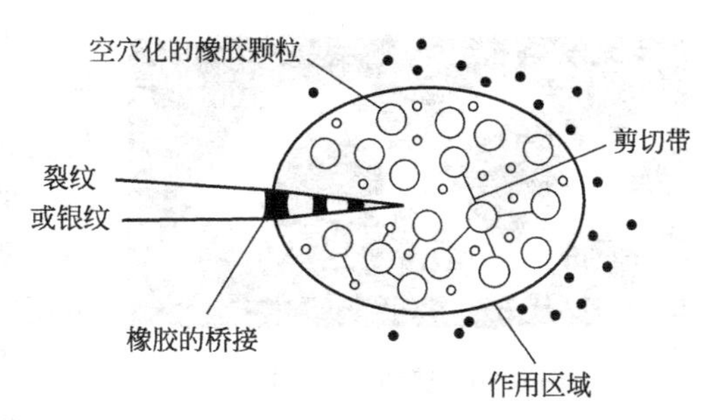

图 6-27 橡胶增韧塑料的增韧机理

橡胶颗粒的赤道面上会引发大量银纹。橡胶颗粒浓度较大时，由于应力场的相互干扰和重叠，在非赤道面上也能引发大量银纹，引发大量银纹要消耗大量冲击能，因而可提高材料的冲击强度。

橡胶颗粒不但能引发银纹，而且更主要的是还能支化银纹。根据 Yoff 和 Griffith 的裂纹动力学理论，裂纹或银纹在介质中扩展的极限速率约为介质中声速的一半，达到极限速率之后，继续发展导致破裂或迅速支化和转向。根据塑料和橡胶的弹性模量可知，银纹在塑料中的极限扩展速率约为 620m/s，在橡胶中约为 29m/s。

两相结构的橡胶增韧塑料，如 ABS，在基体中银纹迅速发展，在达到极限速率前碰上橡胶颗粒，扩散速率骤降并立即发生强烈支化，产生更多的新的小银纹，消耗更多的能量，因而使冲击强度进一步提高。每个新生成的小银纹又在塑料基体扩展。根据 Bragaw 的计算，这些新银纹要再度达到极限扩展速率（约 620m/s）只需在塑料基体中大约 5μm 的加速距离。然后再遇到橡胶颗粒并支化。如图 6-29 所示。这一估算为确定橡胶颗粒之间最佳距离和橡胶的最佳用量提供了重要依据。

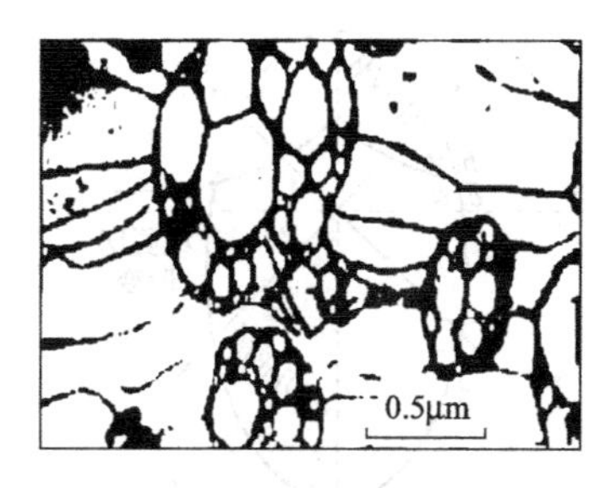

图 6-28 HIPS 在冲击作用下橡胶颗粒诱发银纹的透射电镜照片

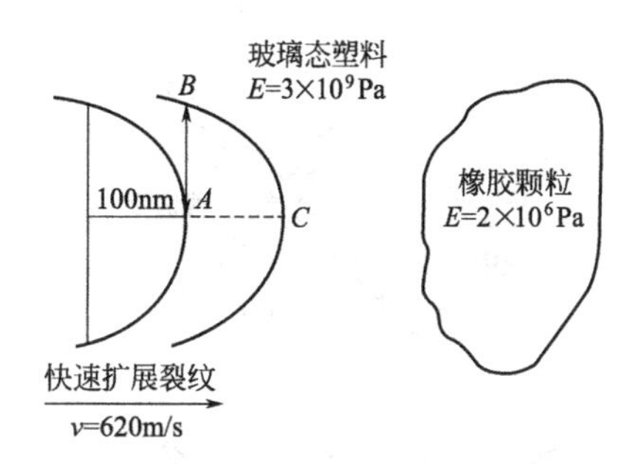

图 6-29 银纹在塑料中的运动
（当银纹由 A 点运动至 C 点，临近银纹尖端 A 处的一物质元由 A 运动至 B）

这种反复支化的结果是增加能量的吸收并降低每个银纹的前沿应力而使银纹易于终止。

由于银纹接近橡胶颗粒时速率大致为 620m/s，一个半径为 100nm 的裂纹或银纹，相当于 10^9 Hz 作用频率所产生的影响。根据时-温等效原理，按频率每增加 10 倍，T_g 提高6～7℃估算，这时橡胶相的 T_g 提高 60℃左右。所以橡胶相的 T_g 要比室温低 40～60℃才能有显著的增韧效应。一般，橡胶的 T_g 在－40℃以下为好，在选择橡胶时，这是必须充分考虑的一个问题。另外，如图 6-28 所示，橡胶大分子链跨越裂纹或银纹两岸而形成桥接，从而提高其强度，延缓其发展，也是提高冲击强度的一个因素。

6.4.2.2 剪切带

橡胶颗粒的另一个重要作用是引发剪切带的形成，如图 6-27 所示。剪切带可使基体剪切屈服，吸收大量形变功。剪切带的厚度一般为 1μm，宽约 5～50μm。剪切带又由大量不规则的线簇构成，每条线的厚度约 0.1μm，如图 6-30 所示。

图 6-30 剪切带的结构

剪切带一般位于最大分剪切应力的平面上，与所施加的张力或压力成 45°左右。在剪切带内分子链有很大程度的取向，取向方向为剪切力和拉伸力合力的方向。

剪切带不仅是消耗能量的重要因素，而且还终止银纹使其不致发展成破坏性的裂纹。此外，剪切带也可使已存在的小裂纹转向或终止。

银纹和剪切带的相互作用有三种可能方式，如图 6-31 所示。

(1) 银纹遇上已存在的剪切带而得以愈合、终止。这时由于剪切带内大分子链高度取向而限制了银纹的发展。

(2) 在应力高度集中的银纹尖端引发新的剪切带，所产生的剪切带反过来又终止银纹的发展。

(3) 剪切带使银纹的引发及增长速率下降并改变银纹动力学模式。

总的结果是促进银纹的终止，大幅度提高材料的强度和韧性。

关于银纹化和剪切屈服所占的比例主要由以下因素决定：①基体塑料的韧性越大，剪切成分所占的比例就越大。②应力场的性质。一般而言，张力提高银纹的比例，压力提高剪切带的比例。图 6-32 表示了双轴应力作用下聚甲基丙烯酸甲酯的破坏包络线。图 6-32 中第一象限表示双轴应用都是张力的情况，这时形变主要是银纹化。第三象限为双轴向压力，这时仅发生剪切形变。对第二象限和第四象限内，剪切和银纹的破坏包络线相互交叉，使银纹和剪切两种机理同时存在。

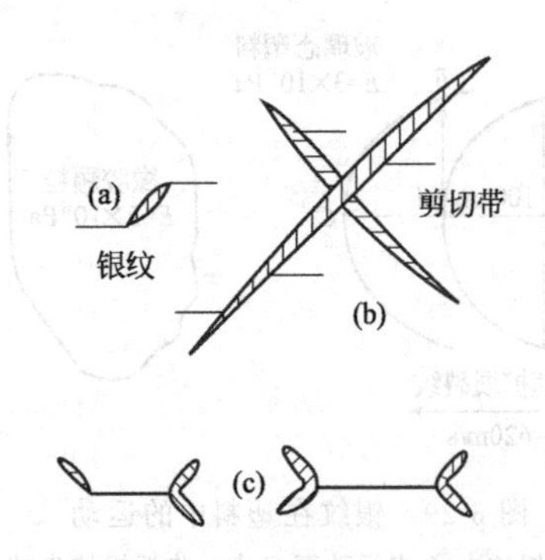

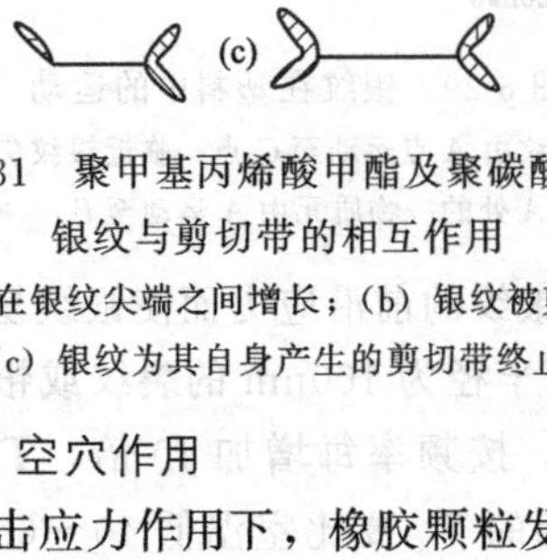

图 6-31 聚甲基丙烯酸甲酯及聚碳酸酯中银纹与剪切带的相互作用

(a) 剪切带在银纹尖端之间增长；(b) 银纹被剪切带终止；(c) 银纹为其自身产生的剪切带终止

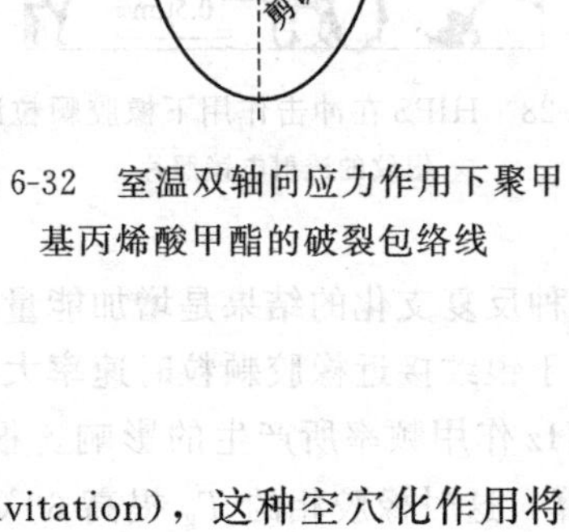

图 6-32 室温双轴向应力作用下聚甲基丙烯酸甲酯的破裂包络线

6.4.2.3 空穴作用

在冲击应力作用下，橡胶颗粒发生空穴化作用 (cavitation)，这种空穴化作用将裂纹或银纹尖端区基体中的三轴应力转变成平面剪切应力，从而引发剪切带，如图 6-33 所示。剪切屈服吸收大量能量，从而大幅度提高冲击强度。

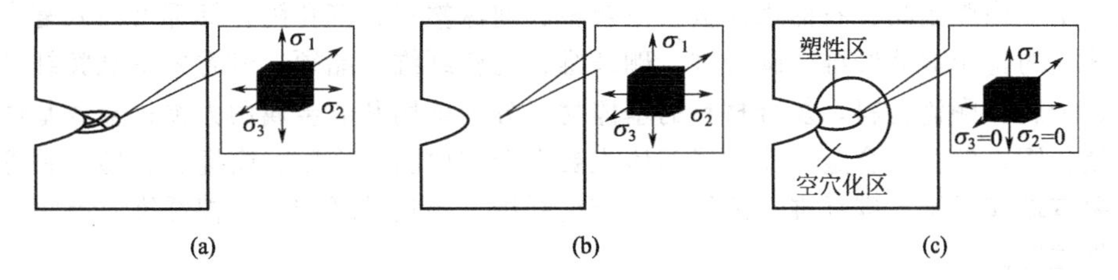

图 6-33　CTBN 橡胶增韧环氧树脂带缺口样品变形机理

(a) 未增韧的环氧树脂，在缺口前沿产生三轴张应力；(b) CTBN 橡胶增韧的环氧树脂，橡胶颗粒尚未空穴化；(c) CTBN 橡胶增韧的环氧树脂，在橡胶空穴化之后，三轴应力转变为平面应力状态，基体树脂产生屈服形变

空穴化即在橡胶颗粒内或其表面产生大量微孔，微孔的直径为纳米级。这些微孔的产生使橡胶颗粒体积增加并引起橡胶颗粒周围基体的剪切屈服，释放掉颗粒内因分子取向和剪切而产生的静压力及颗粒周围的热应力，使基体中的三轴应力转变为平面应力而使其剪切屈服。形成空穴本身并非能量吸收的主要部分，而是因空穴化而发生的塑性屈服。

橡胶颗粒空穴化的原因是在三轴应力作用下橡胶大分子链断裂，形成新表面。根据断裂的力学判据理论，仅当分子链在应力作用下的弹性储能等于或大于形成新表面所需表面能的情况下才能发生分子链的断裂。

根据 Dompas 等对 MBS 增韧 PVC 的研究，产生空穴孔的橡胶粒径临界值为 150nm，过小的粒径难以产生空穴。

6.5　填充和纤维增强改性——复合材料

复合材料是指把两种或两种以上不同性质的材料，通过物理或化学的方法进行复合而制得的具有新性能的材料。各种材料复合在一起可以取长补短，产生协同效应，从而使复合材料的综合性能优于原来的材料，这样更能满足各种不同的需要。复合材料，特别是先进复合材料就是为了满足高技术发展的需求而开发的高性能的先进材料。复合材料是应现代科学技术而发展出来的具有极大生命力的材料。复合材料有如下几个特点：

① 复合材料是由两种或两种以上不同性能的材料通过宏观或微观复合形成的一种新型材料，不同材料之间存在着明显的界面；

② 复合材料中各组分不但保持各自的固有特性，而且可最大限度发挥各自材料组分的特性，并赋予单一材料所不具备的优良特殊性能；

③ 复合材料具有可设计性，可以根据使用条件要求进行设计和制造，以满足各种特殊用途，从而极大地提高工程结构的效能。

6.5.1　概述

复合材料的使用历史可以追溯到久远的时代。自古以来沿用的用稻草增强黏土和钢筋混凝土就是两种典型的复合材料的例子。20 世纪以来，随着工农业、航空领域的发展，对材料的使用性能要求不断提高，出现了玻璃纤维增强塑料等高性能材料，从此也就有了复合材料这个概念。

复合材料是一种混合物。英国学者 Richardson 在 “Polymer Engineering Composites” 一书中将复合材料定义为：不同的材料结合在一起形成一种结构较为复杂的材料，这种材料的组成成分应保持一致性，新形成的材料在性能上必须有重要的改进或不同于组分成分的性质。广义而言，复合材料是指由两个或多个物理相组成的固体材料，如玻璃纤维增强塑料、钢筋混凝土、橡胶制品、石棉水泥板、三合板、泡沫塑料、多孔陶瓷等都可归入复合材料的范畴。狭义的指用玻璃纤维、碳纤维、硼纤维、陶瓷纤维、晶须、芳香族聚酰胺纤维等增强的塑料、金属和陶瓷材料，复合材料的基体材料分为金属和非金属两大类；金属基体常用的有铝、镁、铜、钛及其合金；非金属基体主要有合成树脂、橡胶、陶瓷、石墨、碳等。增强材料主要有玻璃纤维、碳纤维、硼纤维、芳纶纤维、碳化硅纤维、石棉纤维、晶须、金属丝和硬质细粒等。

高分子复合材料是高分子材料和另外不同组成、不同形状、不同性质的物质复合粘接而成的多相固体材料，并且拥有界面的材料。高分子复合材料最大优点是取各种材料之长，如高强度、质轻、耐温、耐腐蚀、绝热、绝缘等性质，根据应用目的，选取高分子材料和其他具有特殊性质的材料，制成满足需要的复合材料。高分子复合材料包括两大类：高分子结构复合材料和高分子功能复合材料。高分子结构复合材料包括两个组分：① 增强剂，为具有高强度、高模量、耐温的纤维及织物，如玻璃纤维、氮化硅晶须、硼纤维及以上纤维的织物。② 基体材料，主要是起粘接作用的胶黏剂，如不饱和聚酯树脂、环氧树脂、酚醛树脂、聚酰亚胺等热固性树脂及苯乙烯、聚丙烯等热塑性树脂，这种复合材料的比强度和比模量比金属还高，是国防、尖端技术方面不可缺少的材料。高分子功能复合材料也是由树脂类基体材料和具有某种特殊功能的材料构成，如某些电导、半导、磁性、发光、压电等性质的材料，与胶黏剂复合而成，使之具有新的功能。如冰箱的磁性密封条即是这类复合材料。高分子复合材料的巨大优势体现在以下几个方面。①优异的附着力：高分子渗透形成分子之间的作用力，使其与修复部件形成范德华力和氢键链接。②优异的力学性能：分析了机械设备在运行过程中所产生的各种复合力的要求，在材料的合成过程中实现了各种数据的均衡性；并具有良好的机械加工性能和延展性能。③抗化学腐蚀性能：解决了大多数高温下的有机酸、无机酸及混合酸的腐蚀。④材料的安全性：100％固体，材料没有挥发性；无毒无害，可以和皮肤直接接触。

在复合材料中，由于各组分的性质、状态和形态的不同，存在不同复合结构的复合材料。复合结构大致可分为图 6-34 所示的五种类型。

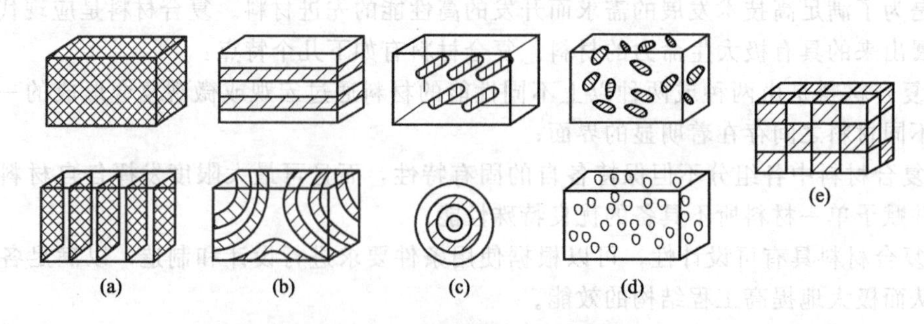

图 6-34 复合材料的复合结构类型

(a) 网状结构；(b) 层状结构；(c) 单向结构；(d) 分散状结构；(e) 镶嵌结构

(1) 网状结构 图 6-34(a) 为网状结构即两相连续结构。三维网络的增强材料与高分子复合材料都属于这类结构。

(2) 层状结构 图 6-34(b) 为此种复合结构，也属于两相连续，但两种组分均为二维连续相。这类结构的复合材料在垂直与增强相和平行于增强相的方向上具有不同的力学性能。用各种片状增强材料制造的复合材料常为这种结构。

(3) 单向结构 图 6-34(c) 为这种结构，它是指纤维单向增强及筒状结构的复合材料。

如各种纤维增强的单向复合材料即属于此类结构。

(4) 分散状结构　图 6-34(d) 为此结构，它是指以不连续的粒状或短纤维为填料的复合材料。这类结构是单向连续的。

(5) 镶嵌结构　图 6-34(e) 为此结构，作为结构材料这种结构不常见。

6.5.2　复合材料的分类

复合材料由基体和增强剂两个组分构成。基体是构成复合材料的连续相；增强剂（增强相、增强体）是指复合材料中独立的形态分布在整个基体中的分散相，这种分散相的性能优越，会使材料的性能显著改善和增强。增强剂一般较基体硬，强度、模量较基体大，或具有其他特性。可以是纤维状、颗粒状或弥散状。增强剂（相）与基体之间存在着明显界面。

(1) 按增强材料形态分类　可分为纤维增强复合材料、颗粒增强复合材料、板状增强体、编织物复合材料三类。

① 纤维增强复合材料

a. 连续纤维复合材料：作为分散相的长纤维的两个端点都位于复合材料的边界处。

b. 非连续纤维复合材料：短纤维、晶须无规则地分散在基体材料中。

② 颗粒增强复合材料　微小颗粒状增强材料分散在基体中。

③ 板状增强体、编织物复合材料　以平面二维或立体三维物为增强材料与基体复合而成。

其他增强体还有层叠、骨架、涂层、片状、天然增强体等。

(2) 按构成的原料进行分类　如表 6-12 所示。

表 6-12　按原材料对复合材料进行的分类

基体 分散材料		金属材料	无机材料		高分子材料			其　他
			陶　瓷	水　泥	木　材	塑　料	橡　胶	
金属材料		FRM,包层金属	FRC,夹网玻璃金属陶瓷	钢筋混凝土		FRP,FP	轮胎	
无机材料	陶瓷	FRM,弥散强化金属	FRC,压电陶瓷,陶瓷模具	GRC		FRP,砂轮FP	多层玻璃,轮胎	玻璃纤维,增强碳
	水泥				石棉胶合板	树脂混凝土	乳胶水泥	
	其他	碳纤维增强金属		石棉水泥板		CFRP,树脂石膏,摩擦材料	炭黑补强橡胶	碳-碳复合材料
高分子材料	木材			石棉胶合板		装饰板,WPC,FP		
	塑料	铝-聚乙烯薄膜			装饰板,WPC	复合薄膜,合成皮革		
	橡胶							
其他						泡沫塑料,人造革	橡胶布	漆布

注：FRM—纤维增强金属；FRC—纤维增强陶瓷；FRP—纤维增强塑料；CFRP—碳纤维增强塑料；FP—填充塑料；WPC—木材-塑料复合材料；GRC—玻璃纤维增强水泥。

根据这种分类方法，复合材料有三种命名方法：一是以基体为主，如塑料基复合材料、金属基复合材料等；二是以分散材料为主，如玻璃纤维增强复合材料、碳纤维增强复合材料等；三是基体和分散材料并用，如不饱和聚酯-玻璃纤维层压板、木材-塑料复合材料等。

(3) 按复合性质分类　可分为合体复合（物理复合）和生成复合（化学复合）两种。合体复合在复合前后原材料的性质、形态、含量大体上没有变化。常见的复合材料，如玻璃纤维增强塑料等，都属于这类复合。化学复合前后，材料的性质、形态、含量等均发生显著变化，其特点是通过化学过程形成多相结构。例如，动物、植物组织等天然材料就属于这类复合材料，目前能够实际应用的人造生成复合材料较少。

(4) 按复合效果分　可分为结构复合材料和功能复合材料两大类，如图 6-35 所示。

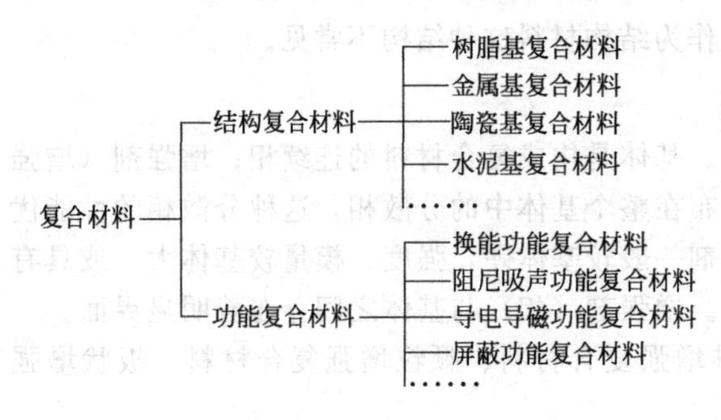

图 6-35　按复合效果分类

结构复合材料亦称为力学复合材料，是以提高力学性能为目的的复合材料。目前一般大量生产和应用的复合材料都是结构复合材料。

功能复合材料指具备各种特殊物理与化学性能的材料。例如，声、光、电、磁、热、耐腐蚀、零膨胀、阻尼、摩擦、屏蔽或换能等。功能复合材料中的增强体又可称为功能体，它分布于基体中。功能复合材料中的基体不仅起到构成整体的作用，而且能够产生协同或加强功能的作用。

除了上述各种各样的复合材料以外，还有同质复合材料和异质复合材料。同质复合材料指增强材料和基体材料属于同种物质，如碳/碳复合材料。复合材料多属异质复合材料。

混杂复合材料指两种或两种以上增强体同一种基体制成的复合材料。可以看成是两种或多种单一纤维或颗粒复合材料的相互复合，即复合材料的“复合材料”。

20 世纪 60 年代，为满足航空航天等尖端技术所用材料的需要，先后研制和生产了以高性能纤维（如碳纤维、硼纤维、芳纶纤维、碳化硅纤维等）为增强材料的复合材料，其比强度大于 400MPa，比模量大于 40GPa。为了与第一代玻璃纤维增强树脂复合材料相区别，将这种复合材料称为先进复合材料。先进复合材料除作为结构材料外，还可用作功能材料，如梯度复合材料（材料的化学和结晶学组成、结构、空隙等在空间连续梯变的功能复合材料）、机敏复合材料（具有感觉、处理和执行功能，能适应环境变化的功能复合材料）、仿生复合材料、隐身复合材料等。

6.5.3　高分子基复合材料制备及成型方法

6.5.3.1　高分子基复合材料成型工艺的特点

高分子基复合材料在性能方面有许多独到之处，其成型工艺与其他材料加工工艺相比也有其特点。

首先，材料的成型与制品的成型是同时完成的，复合材料的生产过程也就是复合材料制品的生产过程。在复合材料制品的成型中，增强材料的形状虽然变化不大，但基体的形状有较大改变。复合材料的工艺水平直接影响材料或制品的性能。如在复合材料的制备过程中，纤维与基体树脂之间的界面粘接是影响纤维力学性能发挥的重要因素。它除了与纤维的表面性质有关外，还与制品中的空隙率有关，这些因素都直接影响到复合材料的层间剪切强度。

其次，树脂基复合材料的成型比较方便。因为树脂在固化前具有一定的流动性，纤维很柔软，依靠模具容易制得要求的形状和尺寸。有的复合材料可以使用廉价简易设备和模具，不用加热和加压，由原材料直接成型出大尺寸的制品。这对制备单件或小批量产品尤为方便，也是金属制品生产工艺无法相比的。一种复合材料可以用多种方法成型，在选择成型方法时，应该根据制品结构、用途、产量、成本以及生产条件综合考虑，选择最简单和最经济的成型工艺。

6.5.3.2　高分子基复合材料成型方法

复合材料的成型方法按基体材料的不同而各异。树脂基复合材料的成型方法较多，有手糊成型、喷射成型、纤维缠绕成型、模压成型、拉挤成型、反应挤出加工成型、热压罐成型、隔膜成型、迁移成型、反应注射成型、软膜膨胀成型、冲压成型等。一般是在低于基体熔点温度下，通过施加压力实现成型，包括扩散焊接、粉末冶金、热轧、热拔、热等静压和爆炸焊接等。

高分子基复合材料的制造大体包括以下过程：预浸料的制造、制件的铺层、固化及制件的后处理与机械加工等。

(1) 预浸料的制造　预浸料是将树脂体系浸涂到纤维或纤维织物上，经过一定的处理过程后储存备用的半成品。预浸料是一个总称，根据实际需要，按增强材料的纺织形式分为预浸带、预浸布、无纬布。按纤维类型则分为碳纤维、有机纤维及玻璃纤维预浸料之分。预浸料一般在－18℃下储存，以保证使用时具有合适的黏度、涂覆性和凝胶时间等工艺性能。

以无纬布为例说明预浸料的制备过程。无纬布由平行张紧的纤维组成，在纬向不加纤维，靠基体将其粘在一起，呈布状。制造方法是从纱团连续引出纱团或丝束，经过浸胶槽浸基体树脂，再经胶辊挤掉多余的树脂。经过浸渍的纤维在一定张力下，经过送纱器使浸有树脂的纱或丝束绕在贴有隔离膜的辊筒上，然后沿辊筒母线切开即成为所需的无纬布。

(2) 制件成型固化工艺　所谓成型固化工艺包括两方面内容，一是成型，即将预浸料按产品的要求，铺置成一定的形状，一般就是产品的形状；二是进行固化，即使已铺置成一定形状的叠层预浸料，在温度、时间和压力等因素影响下使形状固定下来，并能达到预计的性能要求。常见的有以下几种成型方法。

① 手糊成型及喷射成型　手糊成型是在涂好脱模剂的模具上，一边涂刷树脂，一边铺放增强纤维成纤维制品，然后固化成型。喷射成型是把切断的增强纤维和树脂一起喷到模具表面，然后固化成型。手糊成型及喷射成型是增强塑料的独特成型方法，占有重要地位。

② 缠绕成型　将预浸纱按一定方式缠绕到芯模上然后再固化成型的方法称为缠绕成型。对于某些环形构件，如压力容器、管件、罐体等都可以用缠绕法成型。图 6-36 是常见的两种缠绕方式。缠绕方式可根据产品的特点进行设计。

③ 拉挤成型　一些长的棒材、管材和其他型材可采用拉挤成型的方法。这种方法将预浸纤维连续地通过模具，挤出多余的树脂，在牵伸条件下固化。这种成型方法制得的产品质量好、生产效率高，适于大批量生产。

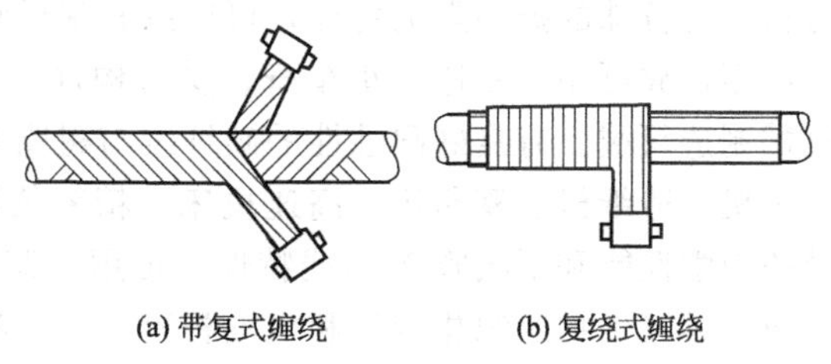
(a) 带复式缠绕　(b) 复绕式缠绕

图 6-36　缠绕成型

④ 连续成型　是把连续纤维不断地浸渍树脂并通过口模和固化炉固化成棒、板或其他型材。此法生产效率高，制品质量均匀，能连续生产。

⑤ 袋压成型　在模具上放置预浸料后，通过软的薄膜施加压力而固化成型。

其他常用的成型方法还有真空浸胶法、注射成型法、冷压成型法、离心成型法以及回转成型法。在各种成型法中，目前仍以手糊法所占的比重最大。

热塑性塑料基复合材料成型方法主要是注射成型，其次是模塑成型和回转成型。

橡胶基复合材料的制造更接近一般橡胶的加工过程。图 6-37 表示了橡胶基复合材料的一般制造过程。

热固性树脂基预浸料在成型后要进行固化。同样的配方，固化条件不同，产品性能有很

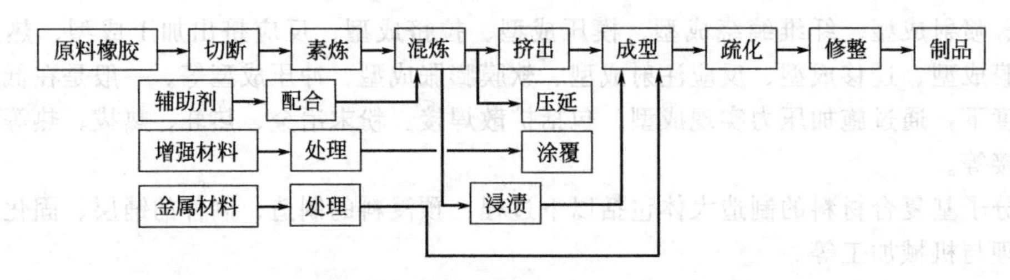

图 6-37 橡胶基复合材料的制造过程

大差别，所以控制固化工艺条件十分重要。固化工艺有三种类型，即静态固化工艺、动态监控固化工艺及固化模型方法。

静态固化工艺是根据经验和大量试验数据而确定的时间、温度和压力的固化工艺规范，是常用的固化工艺方法。缺点是遇到一些干扰因素，如电源波动引起的温度变化、材料批量的差异等，难以调节工艺规范，造成固化工艺不当，影响产品质量。因此近年来发展了动态监控固化工艺及固化模型方法。

动态监控固化工艺主要是指利用介电分析技术监测固化工艺过程，并用与树脂固化特性相关的介电特性曲线作为选择各种工艺参数的依据并监控固化过程。固化模型方法是指通过电子计算机进行计算，提供较合理的固化工艺参数，使复合材料组分的基本参数与编制的固化工艺联系起来。这两种固化工艺方法，目前尚处于研究阶段。

6.5.4 复合材料的应用

复合材料可以发挥各种材料的优点，克服单一材料的缺陷，扩大材料的应用范围。由于复合材料具有重量轻、强度高、加工成型方便、弹性优良、耐化学腐蚀和耐候性好等特点，已逐步取代木材及金属合金，广泛应用于航空航天、汽车、电子电气、建筑、健身器材等领域，在近几年更是得到了飞速发展。

复合材料的主要应用领域有如下方面。① 航空航天领域。由于复合材料热稳定性好，比强度、比刚度高，可用于制造飞机机翼和前机身、卫星天线及其支撑结构、太阳能电池翼和外壳、大型运载火箭的壳体、发动机壳体、航天飞机结构件等。② 汽车工业。由于复合材料具有特殊的振动阻尼特性，可减震和降低噪声、抗疲劳性能好，损伤后易修理，便于整体成型，故可用于制造汽车车身、受力构件、传动轴、发动机架及其内部构件。③ 纺织和机械制造领域。有良好耐蚀性的碳纤维与树脂基体复合而成的材料，可用于制造化工设备、纺织机、造纸机、复印机、高速机床、精密仪器等。④ 医学领域。碳纤维复合材料具有优异的力学性能和不吸收 X 射线特性，可用于制造医用 X 射线仪和矫形支架等。碳纤维复合材料还具有生物组织相容性和血液相容性，生物环境下稳定性好，也用作生物医学材料。此外，复合材料还用于制造体育运动器件和用作建筑材料等。

从全球范围看，汽车工业是复合材料最大的用户，今后发展潜力仍十分巨大，目前还有许多新技术正在开发中。例如，为降低发动机噪声，增加轿车的舒适性，正着力开发两层冷轧板间黏附热塑性树脂的减震钢板；为满足发动机向高速、增压、高负荷方向发展的要求，发动机活塞、连杆、轴瓦已开始应用金属基复合材料。为满足汽车轻量化要求，必将会有越来越多的新型复合材料将被应用到汽车制造业中。与此同时，随着近年来人们对环保问题的日益重视，高分子复合材料取代木材方面的应用也得到了进一步推广。例如，用植物纤维与废塑料加工而成的复合材料，在北美地区已被大量用作托盘和包装箱，用于替代木制产品；而可降解复合材料也成为国内外开发研究的重点。

另外，纳米技术逐渐引起人们的关注，纳米复合材料的研究开发也成为新的热点。以纳米材料改性塑料，可使塑料的聚集态及结晶形态发生改变，从而使之具有新的性能，在克服传统材料刚性与韧性难以相容的矛盾的同时，可大大提高材料的综合性能。

我国于1958年即开始建立复合材料工业，当时也是以军工需要为主，由此推动了玻璃纤维增强聚酯、环氧和酚醛树脂的通用复合材料问世，20世纪70年代又开始发展以碳纤维和芳酰胺纤维为增强体的先进复合材料，用于与“两弹一星”配套。复合材料虽然受到有关国家部门的重视，但发展很不平衡，特别是原材料的配套问题更为突出，加上过去工业基础薄弱，所以迄今的总产量约为8万吨，尚低于我国台湾地区的产量，特别是先进复合材料更为逊色。然而在复合材料基础研究方面，无论在宽度和深度上虽不能列为先进，但能与发达国家对话。在国际学术会议上能占靠前的席位，并受到一定的重视。

复合材料的新生长点和有待于深入研究、开拓的问题有：①研究功能、多功能、机敏、智能型复合材料；功能型材料指导电、超导、绝缘、半导电、屏蔽、压电等（电性能）材料；磁性能、光性能、声学功能、热功能、机械、化学功能材料等。多功能材料指吸收电磁波的隐形材料，吸收红外线等材料。机敏型材料可感知外界作用而且作出适当反应的能力，将传感功能材料、执行功能材料与基体结合在一起，并连接外部信息处理系统，将传感器的信号传递到执行材料，并产生动作。智能型材料是功能材料的最好形式，但对材料传感部分、执行部分的灵敏度、精确度、响应速率提出更高的要求。②纳米复合材料，其中有有机-无机纳米复合材料和无机-无机纳米复合材料。③仿生复合材料，天然生物材料基本上是复合材料。天然生物材料结构、排列分布的合理性，对人工复合材料的设计、制造有很好的借鉴作用。

知识窗：碳纤维制品

碳纤维主要是由碳单质组成的一种特种纤维，其含碳量随种类不同而异，一般在90%以上。碳纤维具有一般碳素材料的特性，如耐高温、耐摩擦、导电、导热及耐腐蚀等，但与一般碳素材料不同的是，其外形有显著的各向异性、柔软、可加工成各种织物，沿纤维轴方向表现出很高的强度。碳纤维相对密度小，因此有很高的比强度。

碳纤维是由含碳量较高，在热处理过程中不熔融的人造化学纤维，经热稳定氧化处理、碳化处理及石墨化等工艺制成的。

碳纤维的主要用途是与树脂、金属、陶瓷等基体复合，制成结构材料。碳纤维增强环氧树脂复合材料，其比强度、比模量综合指标，在现有结构材料中是最高的。在密度、刚度、重量、疲劳特性等有严格要求的领域，在要求高温、化学稳定性高的场合，碳纤维复合材料都颇具优势。

由碳纤维和环氧树脂结合而成的复合材料，由于其相对密度小、刚性好和强度高而成为一种先进的航空航天材料。因为航天飞行器的重量每减少1kg，就可使运载火箭减轻500kg。所以，在航空航天工业中争相采用先进复合材料。

碳纤维可加工成织物、毡、席、带、纸及其他材料。传统使用中碳纤维除用作绝热保温材料外，一般不单独使用，多作为增强材料加入到树脂、金属、陶瓷、混凝土等材料中，构成复合材料。碳纤维增强的复合材料可用作飞机结构材料、电磁屏蔽除电材料、人工韧带等身体代用材料以及用于制造火箭外壳、机动船、工业机器人、汽车板簧和驱动轴等。现在的F1（世界一级方程锦标赛）赛车，车身大部分结构都用碳纤维材料。顶级跑车的一大卖点也是周身使用碳纤维，用于提高气动性和结构强度。

本章小结：本章主要介绍共混和复合型高分子材料的种类、制备方法及其表征。对共混高分子材料，着重介绍了通过化学、物理等方法对高分子材料进行改性，并从热力学的角度对共混材料的相容性做了较深入的阐述。另外，本章对于当今日益常用的增韧和复合材料作了比较详细的介绍，以利于学生对高分子材料在实际应用中的手段和方法有一个更加全面的了解和认识，为今后的新产品开发打好基础。

习题与思考题

1. 什么是共混和化学的改性技术?
2. 利用无规共聚进行化学改性对产物的物理性能有何影响?
3. 试述高分子共混物的种类及特征。
4. 什么是互穿聚合物网络?如何制备分步型和同步型互穿聚合物网络?
5. 什么是高分子的相容性?试例举三个相容性好的高分子品种。
6. 试解释工艺相容性对高分子制品的影响?
7. 旋节分离 SD 和相分离有何不同?
8. 什么是增容剂?如何对不相容的高分子进行增容?
9. 高分子共混物有哪些形态结构?如何进行测定?
10. 试列举三个工业化的高分子共混物品种。
11. 试述橡胶增韧塑料的机理。
12. 什么是复合材料?有何特点?
13. 高分子基复合材料有哪些基本类型?
14. 简述复合材料制备的主要工艺过程。

参 考 文 献

[1] 郭静．高分子材料改性．北京：中国纺织出版社，2009.
[2] 张留成，瞿雄伟，丁会利．高分子材料基础：第二版．北京：化学工业出版社，2007.
[3] George G Odian. Principle of Polymerization. Wiley-Interscience，2004.
[4] 刘文忠．高分子学报，1990，3：314.
[5] 杜仕国．现代化工，1994，5：20.
[6] 温浩，宋善鹏，张伟等．高分子共混物相容性数据库．newsdb. sdb. ac. cn/sdb/document/ discourse/5/200307310016. doc.
[7] 王经武．塑料改性技术．北京：化学工业出版社，2004.
[8] 赵孝彬，杜磊，张小平等．高分子通报，2001，2（4）：75.
[9] 唐萍等．高等学校化学学报，1998，19（3）：477.
[10] 沈家瑞等．聚合物共混物与合金．广州：华南理工大学出版社，1999.
[11] 吴培熙等．聚合物共混改性．北京：中国轻工业出版社，1996.
[12] 刘凤岐等．高分子物理．北京：高等教育出版社，1995.
[13] 周庆业，张邦华，宋谋道，何炳林．高分子通报，1994，(2)：112.
[14] 杨清芝．实用橡胶工艺学．北京：化学工业出版社，2005.
[15] 姜振华等．应用化学，1995，12（2）：115.

第7章　功能高分子材料

内容提要：高分子材料已经进入精细化、功能化的时代，有必要对具有声、光、电、磁等功能高分子材料的结构、形成机制和性能特点有全面的认识，特别是膜材料、光电材料等有很好的掌握。

7.1　概述

材料是人们赖以生存和发展的重要物质基础，高分子材料在材料中占据了相当重要的地位。在前面我们所学习的高分子材料中，主要是作为结构材料来用，即主要使用它的力学性能，而本章所涉及的功能高分子材料，则主要使用它的光、电、磁、声等独特的物理和化学性能。

功能高分子材料是20世纪60年代发展起来的新兴领域，是高分子材料渗透到电子、生物、能源、环保、国防、军事、航天等领域后开发涌现出的新材料，是高分子材料领域中发展最为迅速的与其他学科交叉程度最高的一个研究领域，也是材料科学和高分子科学中的重要研究领域。自从20世纪30年代中期离子交换树脂问世以来，功能高分子材料的设计、合成、结构与性能表征等方面均获得了长足的发展，在诸多工业领域，如化工、制药、医学、环保、石油钻采与加工、建筑与装饰、光电信息等领域获得了广泛应用，表现出了强劲的发展势头。图7-1所示为一些功能高分子材料的应用示例。

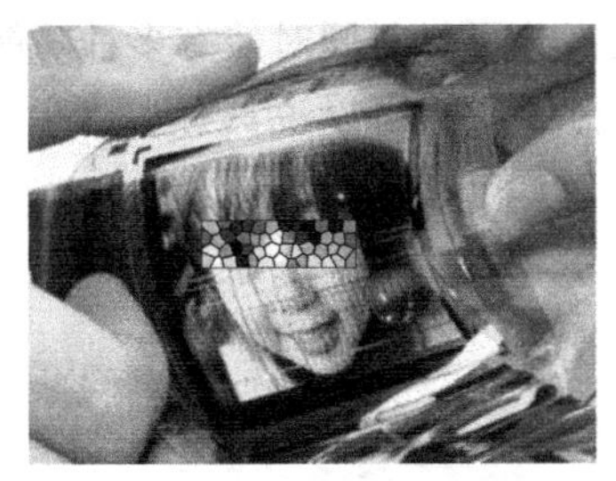

(a) 可以弯曲的OLED屏幕

(b) 高分子膜材料处理废水

图7-1　功能高分子材料的应用示例

本章由于篇幅有限，仅对高分子吸附材料、高分子膜材料、电功能高分子材料及光功能高分子材料做介绍，以帮助学生对该类材料有初步认识。

7.1.1　功能高分子定义

功能高分子材料，简称功能高分子，对于它的定义，至今仍没有一个提法能为大多数人所接受，一般认为，功能高分子材料是指与常规聚合物相比，具有明显不同的物理化学性质，并具有某些特殊功能的全人工或半人工合成的聚合物大分子，但这是相对于一般用途的通用高分子材料而言。还有人认为，所谓功能高分子材料是指具有传递、转换或储存物质、能量和信息作用的高分子及其复合材料，或具体地指在原有力学性能的基础上，还具有化学反应活性、光敏性、导电性、催化性、生物相容性、药理性、选择分离性、能量转换性、磁性等功能的高分子及其复合材料。可以看出，这是一类范围相当大、用途相当广、品种相当多，而又是在生活、生产活动中经常遇见的一类高分子材料。

功能高分子材料与常规高分子材料相比较具有明显不同的物理化学性能，对于功能高分子材料的组成、性能、制备方法及应用的讨论是本章要着重体现的。

7.1.2 功能高分子材料的分类

功能高分子材料是一门科学，它是将高分子材料的特殊物理化学功能作为研究的中心任务，开发具有特殊功能的新型高分子功能材料为研究的主要着眼点。很自然，人们对功能高分子材料的类别划分普遍采用了按其性能、功能或实际用途划分的方法。这样可以将其划分为八种类型。

(1) 反应型高分子材料　包括高分子试剂和高分子催化剂，特别是高分子固相合成试剂和固化酶试剂等。

(2) 光功能高分子材料　包括各种光稳定剂、光刻胶、感光材料、非线性光学材料、光导材料和光致变色材料等。

(3) 电功能高分子材料　包括导电高分子、能量转换型高分子、电致发光和电致变色材料高分子以及其他电活性高分子材料等。

(4) 膜型高分子材料　包括各种分离膜、缓释膜和其他半透明性膜材料。

(5) 吸附型高分子材料　包括高分子吸附性树脂、离子交换树脂、高分子螯合剂、高分子絮凝剂和吸水性高分子吸附剂等。

(6) 高性能工程材料　如高分子液晶材料、功能纤维材料、生物可降解高分子材料等。

(7) 高分子智能材料　包括高分子记忆材料、信息存储材料和光、电、磁、pH、压力感性材料等。

(8) 医药用高分子材料　包括医用和药用高分子材料及辅助材料等。

如果按照实际用途划分，可划分的类别将更多，比如分离用高分子材料、高分子化学反应试剂、高分子染料等。值得注意的是，有些功能高分子材料同时兼有多种功能，而且不同功能之间还可以相互转换并交叉，如光电功能的高分子材料可以说具有光功能，也可以说具有电功能，因此以上划分是相对的。

7.2 高分子膜材料

7.2.1 基本概念

高分子功能膜是一种具有选择性透过能力的膜型材料，通常又称作分离膜，它以天然的或合成的高分子化合物为基材，用特殊工艺和技术制备成膜状材料，由于材料的物理化学性质和膜的微观结构特性，使其具有对某些小分子物质有选择透过功能，其中包括对不同气体分子、离子和其他微粒性物质的透过选择性。

合成膜材料最早可追溯到 1846 年，Schonbein 用硝酸纤维素制作了有实用意义的气体分离膜之后，合成膜技术得到了持续发展。1935 年 Teorell 发明了有离子选择性透过能力的离子交换膜，并在 1950 年由 Juda 和 McRac 研制成功第一张具有商业用途的离子交换膜，在氯碱工业的升级改造中起了决定性作用。能够使固液分离的微滤膜 1927 年在德国发明，1950 年在美国实现工业化生产。至此，膜分离成为一项重要的化工工艺。1960 年以来，膜科学进入了黄金发展时期，在这一时期中，各种各样的膜材料大量涌现，人们对膜科学的认识不断加深，研究手段不断提高，更重要的是膜材料大面积进入实用化、工业化。大量的技术突破，使膜材料生产和应用得到了空前的发展。

7.2.2　膜材料种类

高分子功能膜材料有很多种，分类的方法也多种多样。① 根据构成膜的材料种类划分为：纤维素酯类、聚砜类、聚酰（亚）胺类、聚酯类、聚烯烃类、含氟（硅）类及天然高分子材料类等。② 根据使用功能划分为：分离功能膜，包括气体分离膜、液体分离膜、离子交换膜和化学功能膜；能量转化功能膜，包括浓度能量转化膜、光能转化膜、机械能转化膜、电能转化膜和导电膜；生物功能膜，包括探感膜、生物反应器和医用膜等。③ 根据被分离物质的粒度大小分为反渗透膜、纳滤膜、超滤膜和微滤膜。④ 根据膜的形成过程划分为沉积膜、相变形成膜、熔融拉伸膜、溶剂注膜、烧结膜、界面膜和动态形成膜。⑤ 根据膜结构和形态不同分为密度膜、乳化膜和多孔膜。

7.2.3　分离机理

被分离材料能够从膜的一侧克服膜材料的阻碍穿过分离膜需要有特定的内在因素和合适的外在条件。有些物质容易透过，而有一些比较难，说明各种物质与膜的相互作用不一致。总体来说，膜分离作用主要依靠过筛作用、溶解扩散作用和选择性吸附作用三种分离机制。

聚合物分离膜的过筛作用类似于物理过筛过程，与常见的筛网材料相比，其不同点在于膜的孔径要小得多。被分离物质能否通过筛网取决于物质粒径尺寸和网孔的大小。当被分离物质以分子分散态存在时，分子的大小决定粒径尺寸，而当物质以聚集态存在时，由其聚集态颗粒尺寸起作用。分离膜网孔的大小则决定了允许哪些物质透过，哪些物质被阻挡在给料一侧。如图 7-2 所示，微滤膜和超滤膜的分离过程主要是过筛机制起主要作用。应当指出，即使在过筛作用起主导作用的微滤膜中，都不仅仅存在物理过筛一种作用形式，分离膜和被分离物质的亲水性、相容性、电负性等性质也起着相当重要的作用。因为在膜分离过程中往往还伴有吸附、溶解、交换等作用发生，这样膜分离过程不仅与其膜的宏观结构密切相关，而且还取决于膜材料的化学组成和结构，以及由此而产生的与被分离物质的相互作用关系等因素。

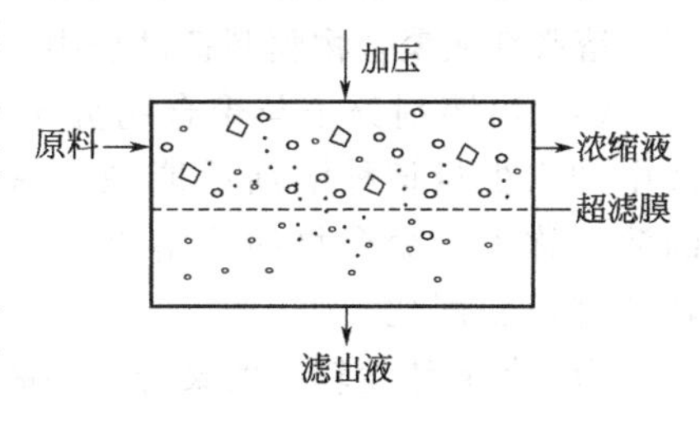

图 7-2　超滤膜的过筛分离作用

膜分离的另一种作用形式是溶解扩散作用。当膜材料对某些物质具有一定溶解能力时，在外力作用下被溶解物质能够在膜中做扩散运动，从膜的一侧扩散到另一侧，再析出并离开分离膜。这种溶剂扩散作用，对于用密度膜对混合气体进行分离和用反渗透膜对溶质和溶液的分离过程中往往起主要作用。

选择性吸附在反渗透膜用于水的纯化和脱盐过程中起重要作用。当膜材料对混合物中的部分物质有选择性吸附时，吸附性高的成分将在表面富集，这样，该成分通过膜的概率将加大。相反，不容易被吸附的成分将不易透过该分离膜。对膜分离起作用的吸附作用主要包括范德华力吸附和静电吸附。

分离过程是混合过程的逆过程，不能自发完成，需要有外力的参与，这种外力就是分离过程的驱动力，主要包括浓度差驱动力、压力差驱动力和电场驱动力。也就是指在膜的两边所产生的这些物理量的不一致，从而导致不同物质的分离。在这些外力作用下，很多难以自发完成的分离过程，如气体富集、溶液的浓缩、混合物的分离等过程，可以通过膜分离过程实现。除了这三种最常见的驱动力之外，在膜分离过程中还有化学势驱动力，主要用于化学反应器和化学敏感器等场合。

7.2.4　膜材料制备方法

用作分离膜的材料包括广泛的天然的和人工合成的有机高分子材料和无机材料，原则上讲，凡能成膜的高分子材料和无机材料均可用于制备分离膜。目前，实用的有机高分子膜材料有：纤维素酯类、聚砜类、聚氨酯类及其他材料。膜的制备过程主要包括聚合物溶液制备和膜的成型。

7.2.4.1 聚合物溶液的制备

聚合物溶液的制备是以聚合物为原料制备膜材料的第一步，也是极为重要的关键步骤，聚合物溶液的好坏直接关系到形成膜的质量和膜功能的实现。聚合物溶液的定义是聚合物大分子被溶剂所溶解而均匀分散在溶剂体系中构成的分子分散相，聚合物溶液的形成要求聚合物分子和溶剂分子的作用要大于聚合物分子之间的作用：聚合物＋溶剂⟶聚合物溶液，聚合物分子和溶剂分子间作用力＞聚合物和聚合物分子间作用力。

溶解过程主要是溶剂分子作用于固态聚合物，通过扩散进入聚合物，首先使其溶胀；溶胀后的聚合物分子扩散进入溶剂中，逐渐形成均一体系的聚合物溶液。因此，对于确定的聚合物材料，其溶剂体系的选择是分离膜制备的主要工作之一。

根据溶剂和聚合物分子作用力大小的不同，可以将溶剂分成以下三类，这三种溶剂在膜制备过程中都起着非常重要的作用。

(1) 当溶剂分子与聚合物分子之间作用力大大超过聚合物分子间作用力，溶剂有能力溶解聚合物成均一分子分散相，则该溶剂称为聚合物分散溶剂，或者该聚合物的良溶剂，常做主溶剂使用。

(2) 当溶剂分子与聚合物分子之间的作用力与聚合物分子之间作用力处在同一个数量级，这种溶剂一般仅能使聚合物溶胀，不能得到分子分散状态的溶液，称为该聚合物的溶胀剂。溶胀剂在聚合物膜制备过程中常作为成孔剂使用。

(3) 当溶剂分子与聚合物分子间作用力远远小于聚合物分子间作用力，在聚合物溶液中加入少量该种溶剂后能减弱聚合物分子与溶剂分子间作用力，使聚合物析出凝结的溶剂称为该聚合物的非溶剂。非溶剂在膜制备过程中普遍用来使聚合物溶液发生相转变并成膜固化。

为了得到浓度较高的聚合物溶液，选择溶解能力强的溶剂是必要的。对溶剂的选择依据主要包括以下几个方面：

① 根据相似相容原理，溶剂的化学结构与聚合物越相似，溶解能力就越大。比如，有酰胺结构的溶剂对聚酰胺型聚合物有较好的溶解能力。

② 根据 Lewis 酸碱理论，显 Lewis 酸性的溶剂易于溶解 Lewis 碱性聚合物，反之亦然。

③ 根据溶剂和聚合物溶质的化学性质，溶剂分子中有能够增强与聚合物分子相互作用的结构因素时，有利于增强溶解能力。这些结构因素包括：能够形成氢键的结构、能够形成络合物配位键的结构、能够形成离子键的结构等。

因此，对于种类繁多的成膜材料，只要选好合适的溶剂体系，结合适当的制膜工艺就能获得具有各种性能的分离膜。

7.2.4.2 成膜工艺

膜的制备工艺对分离膜的性能是十分重要的。同样的材料，可能由于不同的制作工艺和控制条件，其性能差别很大。目前，制膜方法主要有以下几种：相转化法（流延法、纺丝法）、复合膜化法、可塑化和膨润法、交联法（热处理、紫外线照射法）、电子辐射及刻蚀法、双向拉伸法、冻结干燥法、结晶度调整法。

生产中最常用的方法是相转化法和复合膜化法。

(1) 相转化制膜工艺 这种方法最早由加拿大人 S. Leob 和 S. Sourirajan 发明，首先用于制造醋酸纤维素膜。所谓相转化是将均质的制膜液通过溶剂的挥发或向溶液中加入非溶剂或加热制膜液，使液相转变为固相。

相转化制膜工艺中最重要的方法是 L-S 型制膜法，将制膜材料用溶剂形成均相制膜液，在模具（玻璃、金属或塑料基板）中流延成薄层，然后控制温度和湿度，使溶液缓缓蒸发，经过相转化就形成了由液相转化为固相的膜，工艺流程如图 7-3 所示。

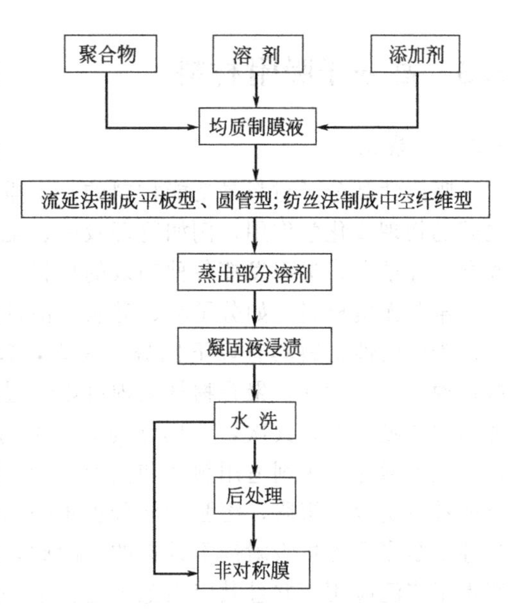

图 7-3　L-S 法制备分离膜工艺流程

由 L-S 法制的膜，起分离作用的是接触空气的极薄一层，称为表面致密层，厚度约为 0.25～1μm。所以，用此法制得的膜从其截面来看上下表面结构形态不一致，是一种非对称膜。

(2) 复合制膜工艺　用复合制膜工艺制膜的流程如图 7-4 所示，其表面超薄层的厚度为 0.01～0.1μm，具有良好的分离率和透水速率。其中多孔支持层可赋予膜良好的力学性能、化学稳定性和耐压密性，可用玻璃、金属、陶瓷等制备，也可用聚合物制备，如聚砜、聚碳酸酯、聚氯乙烯、氯化聚氯乙烯、聚苯乙烯、聚丙烯腈、醋酸纤维素等。形成表面超薄层除了常用的涂覆法外，也可采用表面缩合或缩聚法、等离子体聚合法等。用此法制得的膜属于一种复合膜。

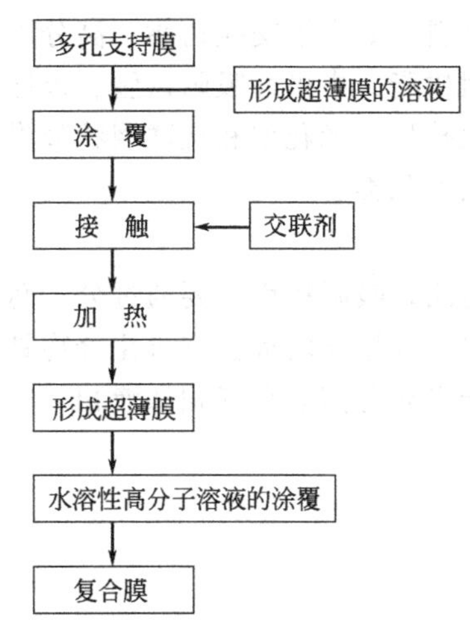

图 7-4　复合制膜工艺流程

7.2.5　膜材料的应用

以分离膜为基础的膜技术取得了令人瞩目的飞速发展。目前功能分离膜材料的主要应用领域包括化工中某些液体混合物及气体混合物的分离，其中，对气体混合物的膜分离已广泛用于天然气的分离、石油化工炼厂气中的氢气回收、酸性气体的脱除、合成氨厂氢气的循环使用等方面；环保中工业废水的回收再用；反渗透技术在海水和苦咸水淡化、软化中的应用；电子工业中超纯水的制备；医学中的透析、药物的精制与提取，如酶的精制浓缩、动植物蛋白的提取、血液制品的浓缩精制等。

知识窗：海水淡化

海水淡化是人类追求了几百年的梦想。早在 400 多年前，英国王室就曾悬赏征求经济合算的海水淡化方法。从 20 世纪 50 年代以后，海水淡化技术随着水资源危机的加剧得到了加速发展，在已经开发的二十多种淡化技术中，蒸馏法、电渗析法、反渗透法都达到了工业规模化生产的水平，并在世界各地广泛应用。1953 年诞生了反渗透淡化法。它使用的薄膜叫“半透膜”。半透膜的性能是只让淡水通过，不让盐分通过。如果不施加压力，用这种膜隔开咸水和淡水，淡水就自动地往咸水那边渗透。人们通过高压泵，对海水施加压力，海水中的淡水就透过膜到淡水那边去了，因此叫作反渗透，或逆渗透。反渗透法最大的优点就是节能，生产同等质量的淡水，它的能源消耗仅为蒸馏法的 1/40。因此，从 1974 年以来，世界上的发达国家不约而同地将海水淡化的研究方向转向了反渗透法。

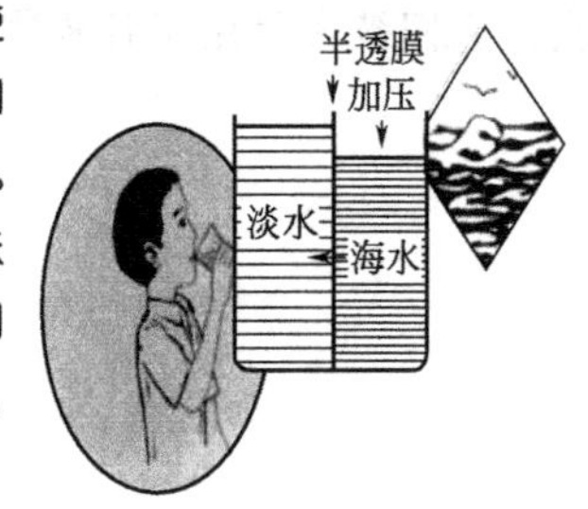

7.3 高分子吸附材料

7.3.1 概述

吸附性高分子材料是功能材料的一个重要组成部分。它是利用高分子材料与被吸附物质之间的物理或化学作用，例如物理吸引、配位和静电等相互作用形式，使两者之间发生暂时或永久性结合，进而发挥各种功效的材料。

某些无机材料，如分子筛、硅胶、活性炭等也可作为吸附材料，但相比较而言高分子材料作为吸附性材料具有以下优势：首先，较易改变分子的结构，从而获得性能差异大的材料；通过分子设计，聚合物骨架内可以通过化学反应引入不同结构和性能的基团，来制备各种性质的吸附剂；其次，使用性能好，通过调整制备工艺，可以制备各种规格的多孔性材料，大大增加吸附剂适用领域和使用性能。同时经过一定交联的聚合物在溶剂中不溶不熔，只能被一定程度溶胀，溶胀后充分扩张的三维结构又为吸附的动力学过程提供便利条件。这些性质是多数无机吸附剂不具备的。因此，吸附性高分子材料在工农业生产和科学研究方面获得了广泛应用，并且其应用范围还在进一步扩大。

7.3.2 高分子吸附材料种类

高分子吸附材料种类繁多。从材料的来源上划分，吸附性材料有天然吸附性材料，如活性炭、硅藻土、纤维素、甲壳素等吸附剂；也有合成吸附性材料，如离子交换树脂、高分子螯合剂、吸附性树脂等。按化学组成和结构可分为非极性吸附树脂、中极性吸附树脂、极性吸附树脂和强极性吸附树脂。按结构和形状可分为微孔型、大孔型、米花型和交联网状吸附树脂。若根据吸附性高分子材料的性质和用途，可具体分为以下几类。

7.3.2.1 非离子型吸附树脂

这种组成树脂的材料分子结构中不含有特殊的离子和官能团，吸附作用主要通过分子间的范德华力，常见的像聚苯乙烯型吸附树脂。非离子型树脂对非极性和弱极性有机化合物具有特殊吸附作用，在分析化学和环境保护领域应用中主要用于吸附分离处在气相和液相（主要是水相）中的有机分子。

7.3.2.2 离子型吸附树脂

这种高分子材料的分子骨架中含有某种酸性基团像磺酸基或羧基（阳离子型），或者碱性基团像季铵盐或有机胺（阴离子型），在溶液中这些基团解离后分别具有与其他的阳离子或者阴离子相互以静电引力生成盐而结合的趋势。这种材料中最常见的是各种离子交换树脂。它们被大量用于各种阴离子和阳离子的富集和分离，也被用于水的提纯。

7.3.2.3　高分子螯合树脂

这种高分子材料的骨架上带有像O、N、S等配位原子或者像羧基、羟基、偶氮、酰胺等配位基团，能够对特定金属离子进行络合反应，两者间生成配位键而结合，因此对多种过渡金属离子有吸附和富集作用。多用于水相中各种金属离子的吸附和分离。

7.3.2.4　吸水性高分子吸附剂

这种高分子材料具有亲水性网状分子结构，并可以被水以较大倍数溶胀，能吸水超过自身质量几百倍以上，因此具有较大吸收和保持水分的能力。这种材料被广泛应用于农业的土壤保湿和作为生理卫生用品等。

7.3.3　吸附机理

聚苯乙烯型的非离子型吸附树脂主要是通过被吸附物质的疏水基团与吸附剂的疏水表面利用范德华力相互作用产生吸附。当被吸附物质的极性增加时，吸附能力下降。当在苯环中引入极性基团时可改变树脂的吸附性能，得到中等极性和强极性吸附树脂，吸附顺序与聚苯乙烯型非极性吸附树脂正好相反。

离子型吸附树脂是指在聚合物骨架上连有离子交换基团的材料，骨架上的基团可以与相反离子通过静电引力发生作用，从而吸附环境中的各种带相反电荷的离子。

高分子螯合树脂是指在高分子骨架上连有能与金属离子进行配位的原子的功能基团，对一些金属离子有选择性的螯合功能。这些原子主要指氧、氮、硫、磷等。当溶液中含有能与上述原子起配位作用的金属离子像锌、铜、铁、锰等，就可被吸附在树脂上，起到分离和富集的作用。

吸水性高分子吸附剂的吸附机理如下：①含有极性基团的树脂与水分子形成氢键，产生强的相互作用，从而引起树脂的溶胀；②在水中的溶胀树脂，其内部可解离基团被离子化，在树脂体系内外因离子浓度的差别产生渗透压，从而导致有更多的水分子进入到体系内部；③由于聚合物网络的内聚力使体系收缩，内聚力与渗透压达成平衡，树脂的吸水能力达到最大。

7.3.4　吸附材料的制备方法

一般的高分子化合物多为线形的，而吸附树脂则必须为高度交联的立体网状结构。只有这样才能使其具有稳定的多孔性，在使用时无论遇到什么溶剂也不会被溶解，也不至于接触到不同溶剂时因溶胀情况的差别而发生太大的体积变化，从而影响使用。吸附性高分子材料(图7-5)根据使用条件和外观形态主要分成以下四类，即微孔型（有时称絮凝型）、大孔型、米花型以及大网状树脂。采用的聚合方法主要集中于悬浮聚合、本体聚合和溶液聚合。下面对这四类树脂的特点和制备方法做一简要介绍。

7.3.4.1　微孔型吸附树脂

微孔型吸附树脂为颗粒状的带有微孔的固体材料，在作为吸附剂使用前要用一定溶剂进行溶胀，溶胀后树脂的三维网状结构被扩展，处于凝胶状态，因此，也被称为凝胶型吸附树脂，这种树脂通常采用悬浮聚合法制备。在这种方法中引发剂和单体在分散剂的作用下，形成微小液滴，被悬浮分散在一种不溶解性溶剂中。对于疏水型单体，如苯乙烯，主要采用水等强极性溶剂；而对亲水性单体，如丙烯酸等，则采用烃类溶剂。后者也被称为反相悬浮聚合。在机械搅拌下加热引发聚合反应，随着聚合反应在单体液滴内的进行，液体黏度迅速增大，最后完成聚合形成珠状颗粒。为了保证分散度和形成良好的珠状颗粒，在反应体系中需要加入稳定剂。稳定剂多为明胶、聚乙烯醇和羟乙基纤维素等胶体，以及磷酸钙、碳酸镁等无机盐。在悬浮聚合反应中，单体溶液被机械搅拌的剪切力分散成单体液滴，每一个液滴实际上就是一个小的本体聚合反应体系。

这种聚合方法的主要优点是反应比较容易控制，由于液滴较小，因此悬浮聚合法的散热条件比较好，没有本体聚合容易出现的过热问题。另外，反应后直接生成比较规则的球形颗粒，不需要再进行成型造粒工序。球状吸附剂颗粒经过过滤和洗涤，除去分散剂和稳定剂之后可以直接作为吸附剂使用，这种球型结构有利于在吸附装置中装填均匀。生成颗粒的直径取决于搅拌强度、反应温度和引发剂的种类，吸附树脂的孔径和孔隙率则取决于交联剂的使用量，交联剂用量一般在20%以下。

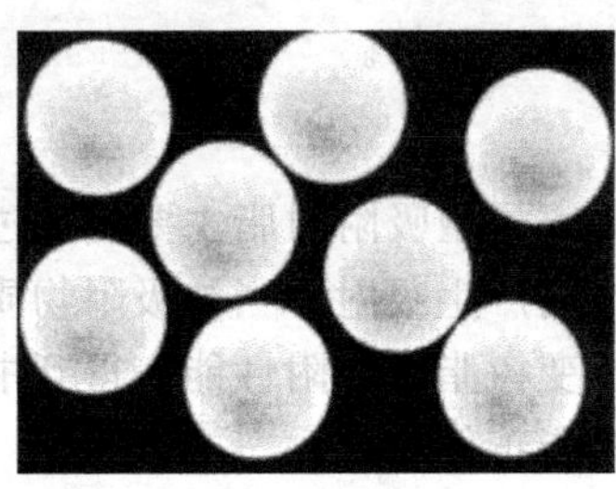

图 7-5 高分子吸附树脂及电镜放大照片

7.3.4.2 大孔型吸附树脂

与微孔型树脂不同，大孔型树脂的特点是在干燥状态时树脂内部就有较高的孔隙率、较大的孔径和大量的孔洞。这种吸附树脂不仅可以在溶胀剂溶胀状态下使用，而且在非溶剂中，处于非溶胀状态下也可以使用，因为在这种状态下树脂也具有足够的比表面积。大孔型吸附树脂一般也采用悬浮聚合法制备，与微孔型树脂的制备过程不同，在聚合过程中使用较多的交联剂，同时加入一定量的能溶解单体的惰性溶剂作为单体稀释剂。在聚合反应过程中生成的网状聚合物一方面由于交联度提高，机械强度增大；另一方面由于惰性溶剂的存在，对生成的聚合物有溶胀作用，使大网状结构和多孔状态在除去溶剂后得以保留。为了保持足够的机械强度，大孔型吸附树脂制备过程中交联剂的使用量一般要超过20%。生成树脂的孔隙率和孔径与加入的惰性溶剂性质和量有关。使用非溶剂，导致生成较大孔径，反之，孔径较小。当加入的溶剂对单体有较好的溶解度，而对生成的聚合物为非溶剂时，产物为大孔型结构树脂。这种类型的树脂是非溶胀型的，在溶液中和干燥状态下均保持恒定的结构状态，对不同种类的溶剂表现不敏感，物理尺寸比较稳定，有一定的机械强度，可以在一定压力条件下使用。

7.3.4.3 米花型吸附树脂

米花型吸附树脂的外观形状为白色不透明颗粒，具有多孔性、不溶解性和较低的体积密度。特别是这种树脂在大多数溶剂中不溶解，不溶胀，因此只能在非溶胀条件下使用。树脂中存在的微孔可以允许小分子通过，因此，其有效比表面积较大。米花型吸附树脂是通过本体聚合得到的，聚合反应一般不需要任何溶剂，交联剂的加入量在0.1%～0.5%之间。这种树脂实际应用较少。

7.3.4.4 交联网状吸附树脂

交联网状吸附树脂是三维交联的网状聚合物，主要是在线形聚合物的基础上，加入交联剂进行交联反应制备的。一般需要先制备线形聚合物（引入必要的功能基团），然后再加入交联剂进行交联反应，制备成网状结构的吸附树脂。在聚合过程中，为了网状结构得以保持，需要加入成孔剂。由于在线形聚合物制备阶段可以引入指定量和指定位置的功能基团，进行交联反应后可以得到结构清晰的网状树脂。这种吸附树脂的主要缺点是机械稳定性较差，使用受到一定限制。

吸附型树脂的制备除了上述的聚合过程之外，一般还包括官能团的引入、造粒成型、表面后处理等必要过程，以满足各种不同条件的实际需要。一般说来，用于色谱分离用的吸附树脂需要颗粒均匀，分布范围窄，粒径小，这样有利于提高分离效果。而在其他应用场合，较大粒径的吸附树脂可能更有利于方便使用和回收。实际生产过程中，产品吸附剂的质量和性质还与原材料的品质和纯度有关，聚合反应后的清洁处理，清除反应中带入的杂质往往也是吸附型树脂生产过程中非常重要的步骤。

7.3.5　吸附材料的应用

高分子吸附材料是一种重要的工业产品。近年来，得益于分子设计的发展，合成高分子吸附剂的研究和生产发展较快，涌现出大量具有高吸附容量、高选择性的吸附材料，被广泛应用于环境保护过程中的空气和水的净化、工业上某些物质的富集分离、轻化工产品的脱色、混合物的分离等领域，极大地丰富了人类调控自然的能力和手段。高分子吸附材料的主要应用领域有以下几类。

7.3.5.1　在有机物分离中的应用

由于吸附型高分子材料具有巨大的比表面积，不同的吸附材料具有不同的极性，所以可用来分离有机物。例如，含酚废水中酚的提取，有机溶液的脱色，硅藻土被用于色谱分离吸附剂和担体材料，纤维素衍生物用于生物样品的分离等。

7.3.5.2　在天然食品添加剂提取中的应用

天然食品添加剂包括甜味剂、色素、保健品等来自植物的制品，其成分往往比较复杂，一般不容易得到纯度较高的产品，需要采取多种分离方法，其中利用吸附树脂进行吸附分离是关键的分离程序。例如甜菊糖的脱色、吸附分离，叶绿素的分离提取，栀子黄色素的提取和纯化等提取工艺中，吸附树脂起到了关键的作用。

7.3.5.3　在药物的提取纯化中的应用

吸附树脂在药物提取纯化中的应用主要有青霉素、先锋霉素、头孢霉素等抗生素的提取，黄酮类药物、皂苷类药物和生物碱等中草药有效成分的提取，以及各种维生素的分离提取等。

7.3.5.4　在环境保护中的作用

吸附树脂在处理含有有机物的废水方面有许多用途。在污染物比较单纯时还可回收一些有用的物质，使废水的处理成本大大降低。例如，苯酚和其取代酚在许多工厂的排放水中是一类广泛存在的污染物，并且往往是浓度较高，水量也大，采用吸附树脂处理含酚废水，取得了很好的效果。另外，一些常见污染物如造纸废水、印染废水、水杨酸废水等用一些吸附树脂处理均取得了很好的效果。

7.3.5.5　在医疗卫生中的应用

吸附树脂可作为血液的清洗剂，并且与其他血液解毒方法相比，树脂吸附法具有独特的优点，如抢救安眠药中毒病人，一些具有羰基、氰基的吸附树脂可以有效地快速去除血液中的安眠药；用含氰基的和非极性的吸附树脂从肝硬化患者腹水中或急性肝损伤患者的血液中去除胆红素均有很好的效果；碳化吸附树脂对尿毒症患者的血液解毒非常有效，用大孔聚丙烯腈制备的碳化树脂，对肌酐、尿酸也有很高的吸附性能。

7.3.5.6　在制酒工业中的应用

近年来我国白酒生产由高度向低度化发展。由于酒中的高级脂肪酸脂易溶于乙醇而不溶于水，因此当高度酒加水稀释降度后，随着高级脂肪酸脂类溶解度的降低，容易析出而呈浑浊现象，且随着温度的降低浑浊度增大，影响了酒的外观。低度白酒通过吸附树脂的内处理，具有选择性地吸附了分子较大或分子极性较强的物质，分子较小或极性较弱的分子不被吸附而存留。白酒改浊的原理正是树脂吸附了棕榈酸乙酯、油酸乙酯和亚油酸乙酯等分子较大的物质，而己酸乙酯、醋酸乙酯、乳酸乙酯等相对分子质量较小的香味物质不被吸附而存留，达到分离、纯化的目的。

知识窗：无土栽培与水晶泥

无土栽培中用人工配制的培养液，供给植物矿物营养的需要。营养液成分易于控制，而且可以随时调节，在光照、温度适宜而没有土壤的地方，如沙漠、海滩、荒岛，只要有一定量的淡水供应，便可进行。大都市的近郊和家庭也可用无土栽培法种蔬菜花卉。水晶泥是一种钾-聚丙烯酸酯-聚丙烯酰胺共聚体型保水剂，无毒无味，清洁环保，美观耐用（可养花）。绚丽多彩的水晶泥为室内环境起着很好的点缀作用。在水晶泥中加入适量的香料或香水更可作为固体空气清新剂，留香持久，有助改善室内环境氛围。水晶泥最适宜种养阴生或水生绿色观叶植物，它不需要经常浇水护理，也不会生虫、惹蚊惹蚁，干净卫生，本产品主要成分为树脂，不含海藻酸或淀粉成分，故不会变质和褪色，且无毒、无害、无污染，是宾馆、家庭及其他公共场所种养花草、美化环境的最新最佳材料。

最适宜种植的品种：石蒜科、蕨类、棕榈、百合属，例如水仙、攀藤万年青、富贵竹、袖珍椰子、巴西铁、合果芋、虎背、金边吊兰、彩芋、美叶芋、仙人掌、金手指、银后万年青、白掌、银边百祥草、红宝石、喜林芋、紫叶鸭舌草、绿萝、太阳神、心叶喜林芋等适合阴生室内摆设的植物。

7.4 光功能高分子材料

7.4.1 基本概念

光功能高分子材料是指吸收了光能后能在聚合物分子内部或分子间产生化学、物理变化，从而使材料输出经过变化的特殊功能的一类材料。

光是一种特殊的能量场，具有波粒二象性。光的微粒性是指光具有量子化的能量，光的波动性是指光线有干涉、折射、衍射等现象，具有波长和频率。光的波长 λ 与频率 ν 之间有如式（7-1）的关系：

$$\nu=\frac{c}{\lambda} \tag{7-1}$$

式中，c 为光在真空中的传播速率，$3\times10^{10}\,\mathrm{cm/s}$。

在光化学反应中，光是以光量子为单位被吸收的，一个光量子的能量由式（7-2）表示：

$$E=h\nu=\frac{hc}{\lambda} \tag{7-2}$$

式中，h 为普朗克常数，其数值为 $6.623\times10^{-34}\,\mathrm{J\cdot s}$。

分子对光的吸收可用透光率 T 来表示，透光率被定义为入射光强 I_0 与透射光强 I 之比：

$$T=\frac{I}{I_0} \tag{7-3}$$

如果吸收光的体系之厚度为 l（cm），浓度为 c（mol/L）则有式（7-4）成立：

$$\lg T=\lg\frac{I}{I_0}=-\varepsilon lc \tag{7-4}$$

该式称为朗伯-比尔（Lambert-Beer）定律，式中 ε 称为摩尔吸光系数，与化合物的性质和吸收光的波长有关。在实际应用中常用光密度 D 来表示，由式（7-5）来定义：

$$D=\lg\frac{1}{T}=\lg\frac{I_0}{I}=\varepsilon lc \tag{7-5}$$

物质分子吸收光以后跃迁到激发态，其激发能量可用于进行光聚合（交联）和光降解等光化学反应来降低能量，还有其他两种转化方式，即通过光的形式耗散和通过其他方式以热的形式耗散。物质从激发态把能量转换到基态若以光的形式进行耗散，可用光量子效率 φ 来描述荧光过程或磷光过程的光能利用率，其定义式如式（7-6）所示：

$$\varphi=\frac{F}{qA} \tag{7-6}$$

式中，F 为荧光强度；q 为光源在激发波长处输出的光强度；A 为分子在该波长处的吸光度；所以，qA 即为入射光的强度。

一个处于能量较高的激发态的分子不稳定，除了发生光化学反应外，还将以各种不同的方式放出能量返回基态。电子跃迁和激发态的行为可用Jablonsky光能耗散图来表示（见图7-6）。可见，由激发态 S_1 返回基态 S_0 有以下三个途径：①以荧光辐射返回 S_0；②由无辐射形式的内转化回到 S_0；③由系间窜跃从 S_1 到三线态 T_1，而从 T_1 出发，表现出两种行为，即由系间窜跃无辐射形式返回 S_0 或以磷光发出的形式返回 S_0。

吸收光以后的激发态能量可以在分子间进行传递，处于激发态的分子可以通过碰撞或较近距离的辐射将能量传递到另一个分子，而自身返回到基态或低能态，这就是所谓的分子间能量转移过程。

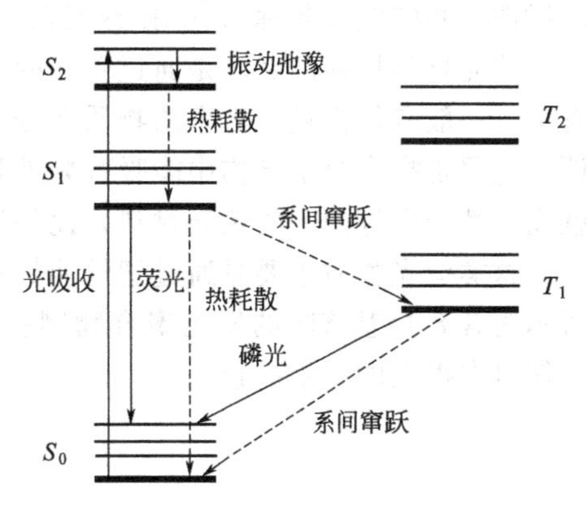

图7-6　Jablonsky光能耗散图

7.4.2　种类

根据材料在光作用下所表现出来的功能和性质可以分为高分子光敏涂料、高分子光刻胶、高分子光稳定剂、高分子荧光材料、高分子光催化剂、高分子光导材料、高分子光致变色材料、高分子非线性光学材料等。下面对高分子光敏涂料、高分子荧光材料、高分子光导材料和高分子光致变色材料的制备方法、作用机理以及应用做一简要介绍。

7.4.2.1　高分子光敏涂料

涂料是指能在固体表面涂布一层具有保护和装饰作用的涂层的材料。涂料是一类重要的化工产品，在工农业、国防、军事以及国民经济等领域应用极为广泛。在涂料中起重要作用的是高分子材料，在一般的涂料中高分子材料仅作为结合涂料中的辅料及与被涂覆物粘接的作用，但是，在光敏涂料中，是以高分子预聚物作为主体，涂料在常温无光照的情况下是稳定的体系，涂料中的光敏成分在光的作用下能够引发聚合或交联反应，从而使高分子材料进行固化的目的。这种光敏涂料可降低对环境的污染、减少材料的消耗，同时所形成的涂层交联度高、机械强度好，是一种绿色产品，因此，在各行各业的应用日益增加。

光敏涂料中可进一步聚合的预聚体是涂料的主体，决定涂料的基本性能，常用的几种用于光敏涂料的预聚物为丙烯酸酯化的环氧树脂、不饱和聚酯和聚氨酯。图7-7所示为半酯改性的双酚A型环氧树脂作为光敏预聚物的制备过程。

在光敏涂料的组成中，除了高分子材料外，还包括交联剂、光敏剂、稀释剂、颜料等助剂来调节涂料的施工性能和使用性能。而光源的波长、功率和光照时间，光敏剂的种类、环境因素等对光敏涂料的性能均产生影响。

7.4.2.2　高分子荧光材料

高分子荧光材料也称光致发光材料，这种材料在受到可见光、紫外线、X射线、电子射线等照射后可发出不同波长光。所以是一种光能的转换过程。这种荧光过程的特点是激发光

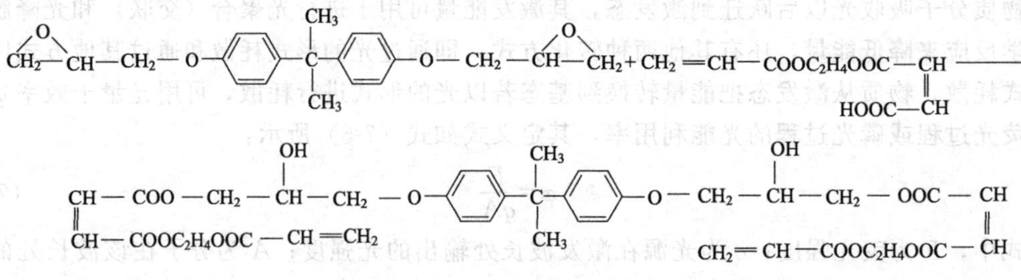

图 7-7 含双酚 A 结构的预聚体的制备

波长要小于所发出的荧光波长，也就是激发光的能量要高于价电子的最小激发能量，分子在吸收光能后，电子从基态跃迁到第一或第二电子激发态，从高能态返回到第一电子激发态过程是以振动弛豫和热的形式耗散一部分能量，从第一电子激发态返回到基态是以荧光形式发出能量，所以，荧光材料所发的荧光波长总是比激发波长要长一些，这种激发光波长与荧光发射波长间的波长差称为 Stokers 位移。

荧光材料性能的好坏是通过荧光的量子效率来衡量的，荧光量子效率与荧光分子的结构有关，一般有较高量子效率的物质在分子中应含有价电子能级在激发光范围内的生色团，所谓生色团是指在分子结构中能吸收紫外和可见光的部分。例如，高分子化的芳香稠环化合物就属于性能很好的一类荧光材料，此外还有像分子内电荷转移化合物和金属配合物类荧光材料，这类荧光物质主要是通过把性能好的小分子荧光材料高分子化来制备的，例如，图 7-8 所示为含 8-羟基喹啉的发光聚合物制备过程。高分子荧光材料在染色、光能收集、显示等领域具有很大的应用前景。

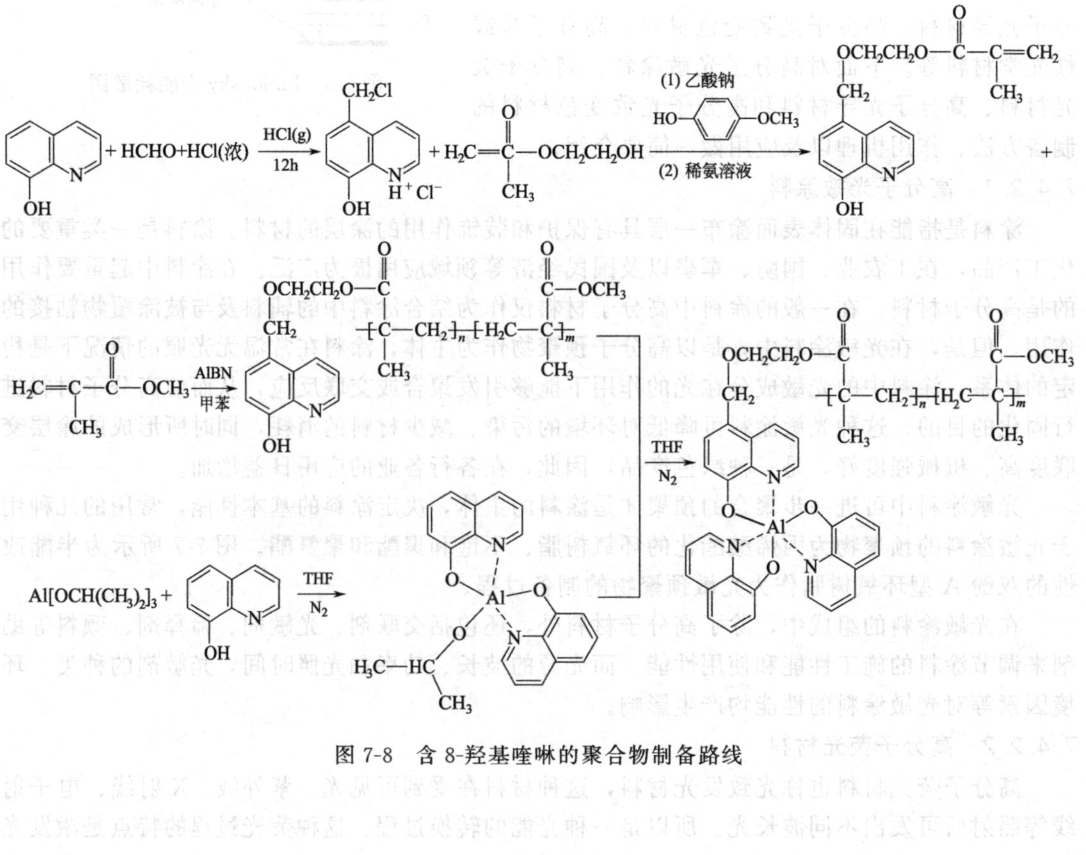

图 7-8 含 8-羟基喹啉的聚合物制备路线

7.4.2.3　高分子光导电材料

高分子光导电材料是指材料在无光照的情况下是绝缘体，而在有光照的情况下其电导值可以急剧增加而变为导体的一种光控材料。光导材料在静电复印、激光打印及图像传输方面有广泛的应用。

在光的激发下，在光导材料的内部载流子密度能够得到迅速增加，从而导致电导率的增加。光活性分子中的基态电子吸收光能后到激发态，激发态分子发生离子化，形成所谓的电子-空穴对；在外电场作用下，电子-空穴对能发生解离，解离后的电子和空穴作为载流子可以沿着电场作用的方向移动而产生光电流。这就是光导材料的导电机理。

从上述光导电机理来看，物质在光的作用下能够表现出明显的光导性质，必须具有特定的结构，一般来说需要在入射光波长处有较高的摩尔吸收系数，并且要有较高的量子效率。而具备上述条件的多为具有离域倾向的π电子结构的物质。这样，常见的有三种类型的聚合物具有光导电性质：① 在高分子主链中带有较高程度的共轭结构；② 在高分子侧链上含有大的共轭结构，像连有多环芳烃的材料；③ 在高分子侧链上连有各种芳香胺或含氮杂环的材料。它们的分子结构式如图7-9所示。

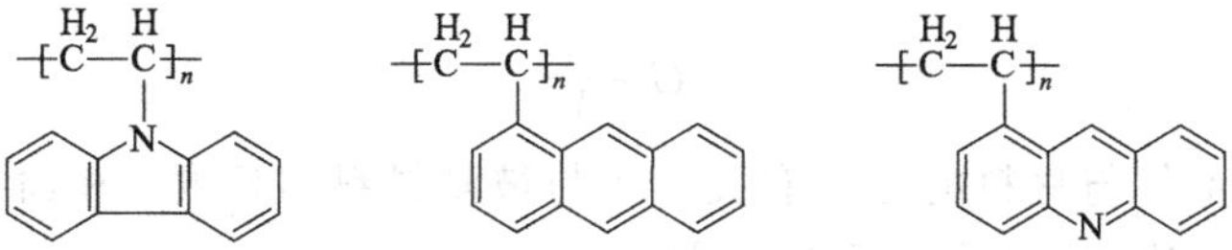

图7-9　可用作光导材料的一些高分子结构式

7.4.2.4　高分子光致变色材料

高分子光致变色材料是指在一定波长光的作用下，材料颜色表现出可逆变化的高分子材料。在光致变色过程中，材料的结构发生互变异构、顺反异构、开环反应、氧化还原反应等物理的或化学的变化，从而导致其对光的吸收发生改变，表现出材料颜色的变化。这些材料可用来调节室内的光线明暗度的窗玻璃、信息储存、防护和包装材料、国防等。

高分子光致变色材料主要靠把小分子的光致变色材料进行高分子化，或者与高分子材料进行共混而制得，主要是螺吡喃类、二芳基乙烯类、偶氮苯类等高分子材料。图7-10为含螺吡喃和偶氮苯类材料在光作用下的结构互变情况。

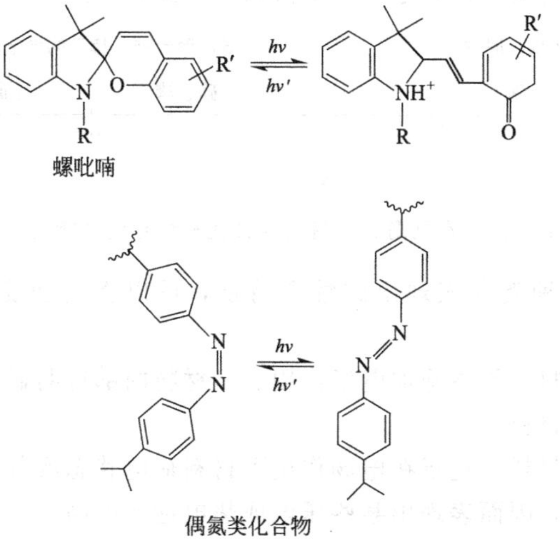

螺吡喃

偶氮类化合物

图7-10　光导聚合物在光照下所产生的结构变化

7.5 电功能高分子材料

7.5.1 概述

电功能高分子材料是指那些在电参数作用下，由于材料本身组成、构型、构象或超分子结构发生变化，因而表现出特殊物理和化学性质的高分子材料。电功能高分子材料是功能高分子材料的重要组成部分，也是近年来发展非常迅速的研究领域。

物质的导电能力用电导或电阻来衡量，表示在电场作用下传导载流子的能力。导电能力大小的测定方法通常是在材料的两端施加一定电压 V，测量材料中定向流过的电流 I，然后根据欧姆定律获得电阻 R（欧姆，Ω）。根据欧姆定律可得式（7-7）：

$$R=\frac{V}{I} \tag{7-7}$$

在一定的电压下，流过的电流越大，电阻就越小，表示材料的导电能力越好。因此，导电能力还可以用电阻的倒数电导（G）来表示，电导 G 越大，导电能力就越好。电导可用式（7-8）表示：

$$G=\frac{I}{V} \tag{7-8}$$

电阻和电导的大小不仅与材料的性能有关，还与被测材料的长度 l 和面积 S 有关。实验表明，电阻与长度成正比，与面积成反比，即

$$R=\rho\frac{l}{S} \tag{7-9}$$

式中，ρ 称为电阻率，Ω・cm。同样，对电导则相应就有：

$$G=\sigma\frac{S}{l} \tag{7-10}$$

σ 称为电导率，单位为欧姆$^{-1}$・厘米$^{-1}$（$\Omega^{-1}\cdot cm^{-1}$）或西门/米（S/m）来作为单位。人们习惯于用电导率来表示材料导电性能的好坏，可以预见，材料的电导率越大，导电性能越好。一般 σ 值大于 10^2S/m 时通常被当作导体，σ 值介于 $10^{-8}\sim10^2$S/m 时被当作半导体，而 σ 值小于 10^{-8}S/m 时被称作绝缘体。图 7-11 所示说明了常见高分子材料与其他材料的导电性能比较，表明聚合物确实在导电材料中占据了重要的地位。

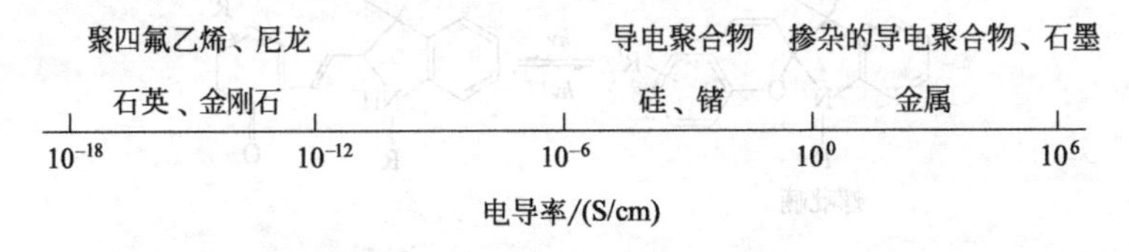

图 7-11 常见高分子材料与其他材料导电性能的对比

根据施加电参量的种类和表现出的性质特征，可以将电功能高分子材料划分为以下几类。

（1）导电高分子材料 是指施加电场作用后，材料内部有明显电流通过，或者电导能力发生明显变化的高分子材料。

（2）高分子驻极体材料 是指在电场作用下材料荷电状态或分子取向发生变化，引起材料永久或半永久性极化，因而表现出某些压电或热电性质的高分子材料。

（3）电致发光高分子材料 指在电场作用下，分子生成激发态，能够将电能直接转换成可见光或紫外线的高分子材料。

（4）电致变色高分子材料 指那些在电场作用下，材料内部化学结构发生变化，因而引起可见光吸收波谱发生变化的高分子材料。

（5）高分子介电材料 主要指在电场作用下材料具有较大极化能力，以极化方式储存电荷的高分子材料。

（6）电极修饰材料 指用于对各种电极表面进行修饰，改变电极性质，从而达到扩大使用范围、提高使用效果的高分子材料。

本节将介绍导电高分子材料、电致发光高分子材料、电致变色高分子材料三个方面的相关内容。

7.5.2 导电高分子材料

7.5.2.1 导电高分子材料概述

众所周知，人们认识材料的导电性能是从金属开始的，而常见的有机聚合物都是不导电的绝缘体，并成为绝缘材料的主要组成部分之一。但是自从1977年科学家们发现聚乙炔有明显的导电性以后，有机聚合物不能作为导电介质的这一观念被彻底改变了。更因为导电聚合物潜在的巨大应用价值，导电高分子材料研究引起了众多科学家的参与和关注，成为材料领域研究的热点之一。

所谓导电高分子，是由具有共轭π键的高分子经化学或电化学“掺杂”使其由绝缘体转变为导体的一类高分子材料，兼具明显的聚合物特征和导电性质。通常导电高分子的结构是由有高分子链结构和与链非键合的一价阴离子或阳离子共同组成。即在导电高分子结构中，除了具有高分子链外，还含有由“掺杂”而引入的一价对阴离子（p-型掺杂）和对阳离子（n-型掺杂）。因此，导电高分子不仅具有由于掺杂而带来的金属（高电导率）和半导体（p-型和n-型）的特性，还具有高分子结构的可分子设计性、可加工性和密度小等特点。

7.5.2.2 导电高分子的特征

虽然同为导电体，导电高分子与常规的金属导电体不同，首先它属于分子导电物质，而后者是金属晶体导电物质，因此其结构和导电方式也就不同。与金属导体相比，导电高分子主要有以下特征。

（1）室温电导率大 导电高分子室温电导率可在绝缘体-半导体-金属态范围内（10^{-9}～10^{5}S/cm）变化。这是迄今为止任何材料都无法比拟的。正因为导电高分子的电学性能覆盖如此宽的范围，因此它在技术上的应用呈现多种诱人前景。例如，具有高电导率的导电高分子可用于电磁屏蔽、防静电、分子导线等。而具有半导体性能的导电高分子，可用于光电子器件（晶体管、整流管）和发光二极管等。

（2）掺杂/脱掺杂的过程完全可逆 导电高分子不仅可以掺杂，而且可以脱掺杂，这是导电高分子独特的性能之一。如果完全可逆的掺杂/脱掺杂特性与高的室温电导率相结合，则导电高分子可成为二次电池的理想电极材料，从而可能实现全塑固体电池。另外，可逆的掺杂/脱掺杂的性能若与导电高分子的可吸收雷达波的特性相结合，则导电高分子又是快速切换的隐身技术的首选材料。实验发现导电高分子与大气某些介质作用，其室温电导率会发生明显的变化，若除去这些介质又会自动恢复到原状。利用这一特性，导电高分子可制造选择性高、灵敏度高和重复性好的气体或生物传感器。

（3）氧化/还原过程完全可逆 导电高分子的掺杂实质是氧化/还原反应，而且氧化/还原过程完全可逆。在掺杂/脱掺杂的过程中伴随着完全可逆的颜色变化。因此，导电高分子这一独特的性能可能实现电致变色或光致变色。这不仅在信息存储、显示上有应用前景，而且也可用于军事目标的伪装和隐身技术上。

7.5.2.3 导电高分子材料分类及应用

导电高分子材料根据材料的组成可以分成本征型导电高分子材料（包括电子导电聚合物、离子导电聚合物和氧化还原型导电聚合物）和复合型导电高分子材料。下面主要介绍常见的电子导电型聚合物和复合型导电高分子材料的性能、制备及应用。

（1）电子导电型聚合物 在电子导电聚合物的导电过程中载流子是聚合物中的自由电子或空穴，导电过程需要载流子在电场作用下能够在聚合物内做定向迁移形成电流。事实上，具有跨键移动能力的π价电子是这一类导电高分子材料的唯一载流子，所有已知的电子导电型高分子材料的共同结构特征为分子内具有非常大的共轭π电子体系。例如聚乙炔、聚噻吩、聚苯胺、聚吡咯、聚苯都是常见的电子导电高分子材料。

在制备导电高分子材料时，可以通过“掺杂”来增强材料的电导率。根据掺杂方法不同，分成p-型掺杂和n-型掺杂。其中p-型掺杂是在高分子材料的价带中除掉一个电子，形成半充满能带（产生空穴），由于与氧化反应过程类似，也称为氧化型掺杂。n-型掺杂是在高分子材料的导带中加入一个电子，形成半充满能带（产生自由电子），与还原反应过程类似，也称为还原型掺杂。掺杂过程的实质是使导电高分子材料本身发生了氧化或还原反应，在π键的最高占有轨道拉出一个电子（p-型掺杂）或在π键的最低空轨道加入一个电子（n-型掺杂），构成能量居中的半充满分子轨道（孤子）。掺杂的结果是大大降低了电子迁移的活化能，增加了聚合物体系中作为载流子的孤子的数量，因而大大提高其导电能力。

掺杂过程可以通过化学掺杂（加入氧化剂或者还原剂）、电化学掺杂（利用电极反应完成氧化或还原反应）、光掺杂（光引发氧化或还原反应）等几种类型。另外，掺杂和去掺杂过程通常都是可逆的，因此可以通过掺杂过程控制材料的导电性能。可以说，掺杂对于电子导电高分子材料导电能力的改变具有非常重要的意义，经过掺杂，共轭型聚合物的导电性能往往会增加几个数量级，甚至10个数量级以上。

（2）复合型导电高分子材料 复合型导电高分子材料是指以结构型高分子材料与各种导电性物质如碳系材料、金属、金属氧化物和结构型导电高分子等，通过分散复合、层积复合、表面复合或梯度复合等方法构成的具有导电能力的材料，如图7-12所示。在上述四种方式中，分散复合方法最为常用，可以制备常见的导电塑料、导电橡胶、导电涂料和导电胶黏剂等。

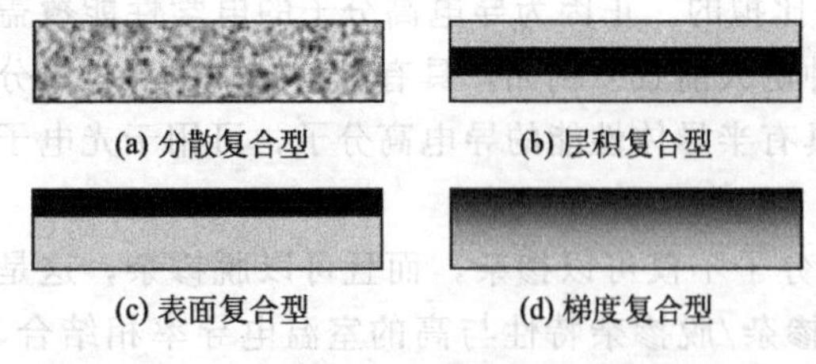

图7-12 复合型导电高分子材料的四种结构类型

复合型导电高分子材料主要由高分子基体材料、导电填充材料和助剂等构成，其中前两项是主要部分。高分子基体材料主要作为复合型导电材料的连续相和黏结体，选择基体材料主要考虑的因素是高分子材料与导电材料的相容性以及目标复合材料的使用性能，一般来说，绝大多数的常见高分子材料都能作为复合型导电材料的基体材料，如聚乙烯、环氧树脂、氯丁橡胶、硅橡胶等。另外，高分子材料本身的性质会对导电性能或加工性能产生影响，如结晶度高有利于电导率的提高，交联度高导电稳定性增加，基体材料的热学性能则影响导电材料的某些特殊性能，如温度敏感和压力敏感性能。导电填充材料主要有碳系材料（炭黑、石墨、碳纤维等）、金属材料（金、银、镍、铜、不锈钢等）、金属氧化物材料（氧化锡、氧化钛、氧化钒、氧化锌等）和结构型导电高分子（自身具有导电能力的聚合物）四种。炭黑是目前导电聚合物制备过程中使用最多的填充材料，主要原因是炭黑的价格低廉、规格品种多、化学稳定性好、加工工艺简单。聚合物/炭黑复合体系的电阻率稍低于金属/聚合物复合体系，一般可达到10 Ω·cm左右。本征型导电高分子材料是近20年来迅速发展起来的新型导电高分子材料，高分子本身具有导电性质。利用本征导电聚合物作为导电填充是目前一个新的研究趋势，例如，导电聚吡咯与聚丙烯酸复合物的制备、导电聚吡咯与聚丙烯复合物的制备、导电聚苯胺复合物的制备等。

对于复合型导电高分子材料的导电机理一直存在争论，但较被认可的说法有两种，导电通道机理和隧道导电理论。导电通道机理认为导电的主要原因是在复合材料体系中形成的导电通路。导电分散相在连续相中形成导电通路有一个临界浓度，当达到临界浓度以上时，复合材料的导电能力会急剧升高，导电材料粒子作为分散相在连续相高分子材料中互相接触构成导电通路。虽然导电通道机理能解释部分实验现象，但是人们发现，在导电分散相的浓度还不足以形成网络的情况下，复合型导电高分子材料也具有一定导电性能，或者说在临界浓度时导电分散相颗粒浓度还不足以形成完整通路。因此，除了导电通道理论之外，必然还有其他非接触原因。另一种看法是当导电粒子接近到一定距离时，在分子热振动时电子可以在电场作用下通过相邻导电粒子之间形成的某种隧道实现定向迁移，完成导电过程，称为隧道导电理论。虽然这些理论可以解释一些实验现象，但是其定量的导电机理由于其复杂性，到目前为止还不能完全阐释实验现象。

除了导电性能，复合型导电高分子材料还具有PTC效应和压敏效应。所谓PTC效应，即正温度系数效应，是指材料的电阻率随着温度的升高而升高的现象，是材料的一种重要属性。当温度升高1℃，电阻值增加的幅度称为PTC强度。压敏效应是指复合型导电高分子材料受到外力作用时，材料的电学性能主要是电阻发生明显变化的现象。一般复合型导电高分子材料具有负压力敏感特征，即压力增大，电阻减小。

复合型导电高分子材料具有很多方面的应用。利用复合材料的导电性能可以在以下领域获得应用，以金属/环氧树脂复合构成的导电胶黏剂可用于电子器件的连接，如电子管的真空导电密封、波导元件和印刷电路的制造等；以炭黑/聚氨酯复合构成的导电涂料可以用于设备防静电处理、电磁波吸收和金属材料的防腐等；炭黑/硅橡胶体系构成的导电橡胶用于动态电接触器件的制备，如计算机和计算器键盘的电接触件等。利用复合型导电聚合物的PTC效应，可以制备自控温加热器件如加热带、加热管等，还可以制备热敏电阻、限流器件等。利用复合型导电材料的压敏效应可以制备各种压力传感器和自动控制装置。此外，复合型导电聚合物还具有吸收电磁波，将波能耗散的特性，在隐形材料的研究开发方面取得了一定成果。

7.5.3　电致发光高分子材料

7.5.3.1　电致发光高分子材料概述及分类

电致发光现象是指当施加电压参量时，受电物质能够将电能直接转换成光的形式发出，是一种电-光能量转换特性，具有这种功能的材料被称为电致发光材料。这种发光现象与常规的电热发光机理根本不同。电热发光是由于材料的电阻热效应，使材料本身温度升高，产生热激发发光，属于热光源，如白炽灯。而电致发光是电激发发光过程，发光材料本身发热并不明显，属于冷光源，如常见的发光二极管。

有机电致发光现象及其研究早在20世纪60年代就开始了。1963年Pope等第一次发现有机材料单晶蒽的电致发光现象，但单晶的厚度高达20μm，驱动电压高达400V，因此未能引起广泛的研究兴趣。直到1987年Eastern Kodak公司Tang等发明了三明治结构的器件，采用荧光效率很高、有电子传输特性且能用真空镀膜的有机小分子材料——8-羟基喹啉铝（Alq_3），与具有空穴传输特性的芳香族二胺制成均匀致密的高质量薄膜，获得了具有高亮度、高量子效率、低驱动电压的有机EL器件，标志着有机电致发光领域进入了孕育实用化的时代。1990年，剑桥大学的科研人员报道了采用导电聚合物制备的电致发光二极管及其发光性能。随后，有机电致发光材料研究在颜色谱扩展、发光效率和发光装置的可靠性方面都先后获得重要进展；有机薄膜，特别是聚合物薄膜型电致发光器件成为研究的主流。

常见的高分子电致发光材料均为含有共轭结构的聚合物材料，已被广泛研究的高分子电致发光材料主要有以下几类：聚亚苯基乙烯类（PPVs）、聚乙炔类（PAs）、聚对苯类（PPPs）、聚噻吩类（PTs）、聚芴类（PFs）和其他高分子电致发光材料。

（1）聚亚苯基乙烯类（PPVs）电致发光材料　聚亚苯基乙烯是第一个被报道用作发光层制备电致发光器件的高分子，也是20年来研究较多的高分子电致发光材料之一。1990年Friend等人首次将PPV作发光层制成了聚合物电致发光器件，1991年Heeger等人进一步证实了这个结果，此后在世界范围内迅速成为科学研究的热点。

PPV可以通过在苯环上改变取代基或在乙烯基上取代而设计合成出结构、性能各异的衍生物，亦可以通过共聚的方式来设计、合成出各种不同的分子材料，以满足应用要求。从功能或设计目标来分，可归纳为：① 引入取代基以增加溶解性，同时对发射波长产生影响；② 引入给/吸电子基团，调节发射波长，并且提高电子/空穴平衡注入/传输能力；③ 引入体积庞大的基团或形成非共平面的扭曲结构以减少链间聚集，减少荧光猝灭，提高量子效率以及稳定性等。图7-13为一些PPV衍生物的分子结构。

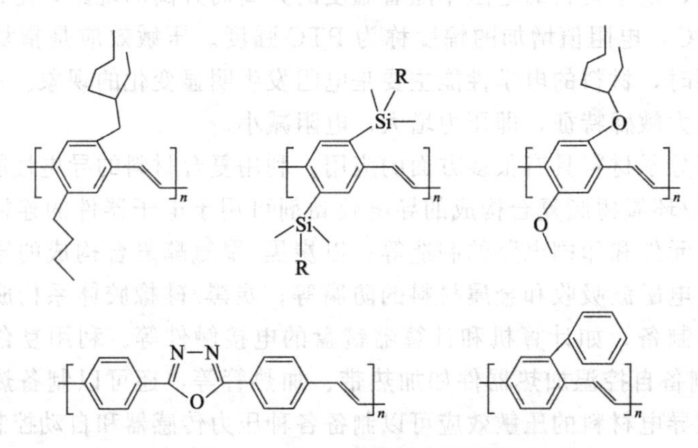

图7-13　PPV衍生物分子结构

（2）聚乙炔类（PAs）电致发光材料　聚乙炔是第一个显示有导电性能的共轭聚合物，人们利用烷基和芳香基团取代氢原子或采用共聚的方法合成了一些发光效率较好的聚乙炔的衍生物，这类具有刚性结构的聚合物发光范围覆盖了整个可见光谱，但溶解性较差。

一烷基取代聚乙炔是一种不发光的聚合物，但是在其中加入悬挂基团就可以作为一种蓝光材料，如由烷基和苯基双取代的一系列聚乙炔，发光颜色可以从蓝绿色到纯正的蓝光，烷基侧链增长，发光强度也增大，表明π-π^*带间的传输随着侧链长度的增大而增大。另外，其他类型的聚乙炔类（PAs）电致发光材料还有苯基双取代和主链上含叁键的电致发光聚合物。一些聚乙炔的衍生物结构式如图7-14所示。

（3）聚对苯类（PPPs）电致发光材料　PPPs材料带宽较高，是一类可发蓝光的材料，同时具有良好的热稳定性和较高的发光效率，因此是一类重要的电致发光材料。但是，由于其不溶不熔的特性，难以制成薄膜。直到通过前驱体方法制备了对位结构占90%、邻位结构占10%的PPP，这类材料才第一次被制成器件。将芳香结构直接连接起来，在合成方法上通常采用金属催化偶联的方法，其中最常用的有两种方法，一种是Yamamoto采用金属镍对二溴取代化合物中芳烃的偶联，另一种是Suzuki采用有机硼化合物与有机溴代物在金

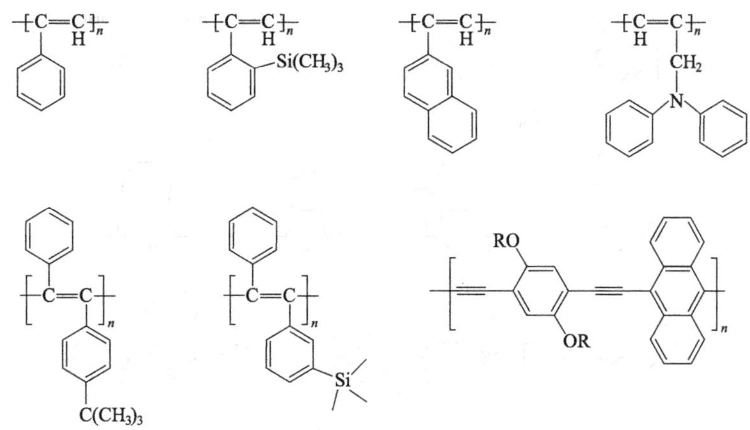

图 7-14 PAs 衍生物分子结构式

属钯作用下的偶联反应。通过这些方法，已经合成出了溶解性能和加工性能较优良的 PPPs。

通过对 PPP 取代基团以及结构的设计，目前已合成出了线形的 PPP 低聚物以及梯形结构的 PPP 衍生物，可以使之在特定的波段内发光，制备出红、绿、蓝三基色的发光材料，利用不同结构的 PPPs 实现全色显示。一些聚对苯类电致发光材料的结构如图 7-15 所示。

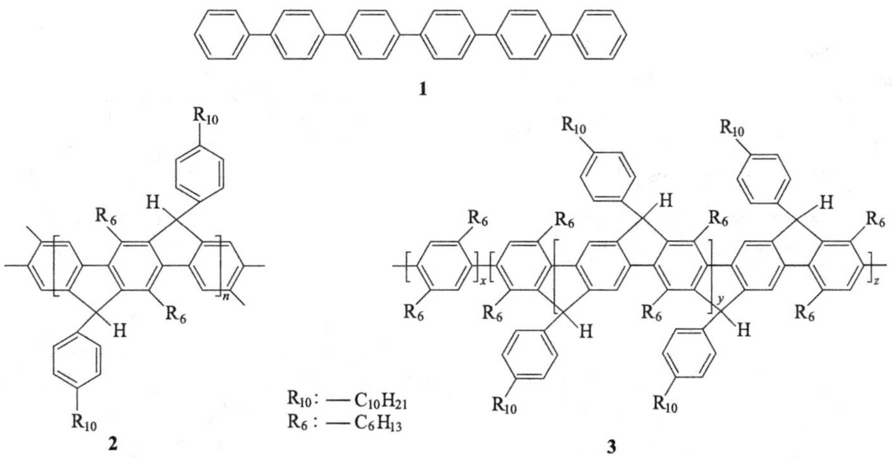

图 7-15 线形低聚物 1（PHP）、梯形 PPP 2（LPPP）和 PPP 型梯形共聚物 3（CPLP）的分子结构式

（4）聚噻吩类（PTs）电致发光材料 PTs 及其衍生物作为一类重要的共轭聚合物因其掺杂前后良好的稳定性，容易进行结构修饰，其电化学性质可控，在光学、电学、光电转换、电光转换等方面已有广泛的研究和应用。

最早合成的无取代的聚噻吩几乎不溶于任何溶剂，直到 Elsenbaumer 首次将烷基引入聚噻吩的 3-位，合成出了烷基取代聚噻吩（P3ATs），增加了聚噻吩在溶剂中的溶解性，此后含各种取代基团的聚噻吩被不断合成出来。通过改变取代基的种类、体积大小、共轭主链的长度、规整度等，调节聚噻吩的有效共轭长度，从而调控聚噻吩的禁带宽，使聚噻吩的发光波长可以覆盖从紫外至红外区的范围。目前，包括规整结构的聚噻吩、聚噻吩-噁二唑 p-n 型双嵌段共轭聚合物等在内的聚噻吩衍生物已经被合成出来。图 7-16 为一些已被制备出的聚噻吩衍生物的分子结构。

（5）聚芴类（PFs）电致发光材料 在各种有机电致发光材料中，PFs 具有较高的光和热稳定性，在固态时芴的荧光量子效率高达 60%～80%，带隙能大于 2.90eV，因而成为一

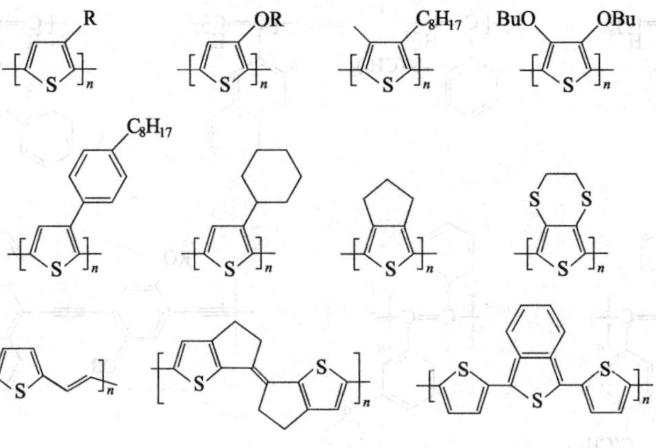

图 7-16 PTs 衍生物分子结构式

种常见的发蓝光材料。芴的结构具有一定的可修饰性，可以通过在 9-位、2-位以及 7-位碳上引入不同的基团来得到一系列衍生物。为了改善芴的综合电致发光性能，目前国内外的研究成果有制备小分子芴发光材料、在芴上引入不同的侧基后聚合制备芴均聚物、芴单体与其他单体共聚、制备由芴衍生而来的超支化聚合物以及制成芴的纳米晶或纳米乳液类电致发光材料。一些已被研究的芴衍生物结构见图 7-17。

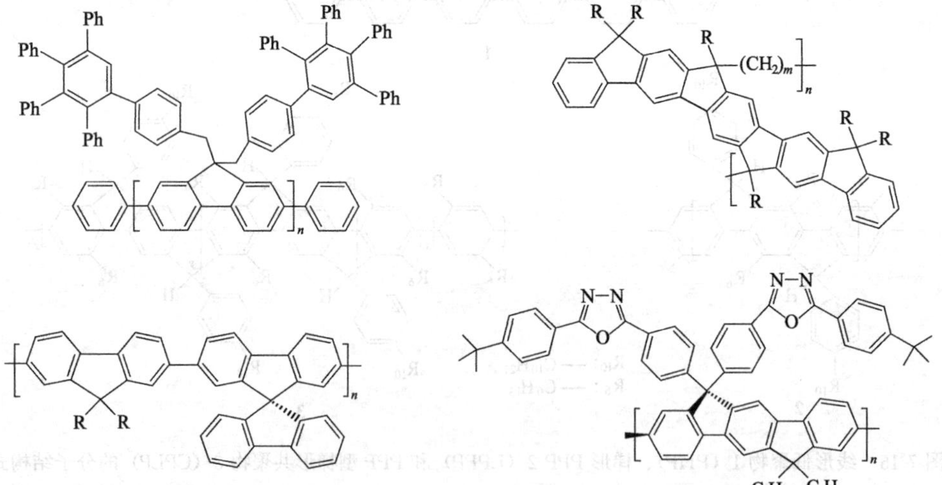

图 7-17 芴衍生物分子结构式

芴类电致发光材料的亮度、稳定性以及发光效率都得到了很大的提高，今后的研究重点仍集中在提高材料发光的饱和色纯度、色稳定性、发光效率、材料对载流子的传输能力以及减低材料的驱动电压等方面；从方法而言，相信芴类材料结构所赋予的可灵活修饰性以及与有机金属配合物、纳米技术和超支化聚合物以及灵活的聚合技术等合成技术的完美结合，必将会催生出新的性能更佳的芴类电致发光材料。

除了这几类最常见的电致发光材料之外，还有一些其他类型的高分子电致发光材料，如聚吡啶类电致发光材料、聚噁唑类电致发光材料、聚呋喃类电致发光材料等，也因为具有诸多形形色色独特的特点而日益受到人们的关注。相关内容请参阅其他书籍资料。

7.5.3.2　电致发光机理

到目前为止，电致发光机理尚不明了，未形成较系统的理论体系，但其中比较突出的是能带结构模型和激子模型之争。激子模型认为，注入的电子和空穴由于它们之间的库仑吸引相互作用而先组合成激子，之后由激子的湮灭而发出光子，他们估计激子的束缚能在 0.5～1eV 之间，接近于能级的数量级。能带结构模型则认为，电致发光可以直接用电子和空穴的复合来解释，激子的束缚能小于 0.1eV，在室温下其影响可以忽略。对某一具体聚合物应用哪一种模型进行分析才更符合实际情况，需做更深入的研究和分析，并由此寻求选择聚合物发光材料的方法和提高发光效率的途径。

从电子能带结构来看，发光高聚物材料是一种有机半导体，其导带和价带之间有一定的能隙。在正常情况下，导带和价带中都没有载流子，因此是不导电的。我们可以选用一种功函数较低的金属，例如钙、镁、铝、银等贴在高聚物薄膜的一边，作为阴极；再选用一种功函数较高的材料，例如氧化铟锡（ITO）贴在高聚物薄膜的另一边，作为阳极。如果能使得阴极金属中电子费米级的位置接近于高聚物的导带底部的位置，而阳极金属电子费米能级的位置接近于高聚物的价带顶部的位置，那么在阳极和阴极之间加上一定的偏置电压后，就会从阴极向其导带注入电子，而从阳极向价带注入空穴。这些进入高聚物薄膜内的电子和空穴，在一定的条件下会发生复合而湮灭，其多余的能量就作为光子而辐射出来，从而形成电致发光。在下面的章节里将介绍电致发光器件的结构及制作方法，以便对有机电致发光内容有更全面的了解。

7.5.3.3　电致发光器件结构及制作方法

有机电致发光器件多采用夹层式三明治结构，就是说将有机层夹在两侧的电极之间。空穴和电子分别从阳极和阴极注入，并在有机层中传输，相遇之后形成激子，激子复合发光。ITO 透明电极和低功函数的金属常被分别用作阳极和阴极。辐射光经由 ITO 一侧出射。电致发光器件发展到现在，主要经历了单层器件结构、双层器件结构、三层器件结构和多层器件结构。

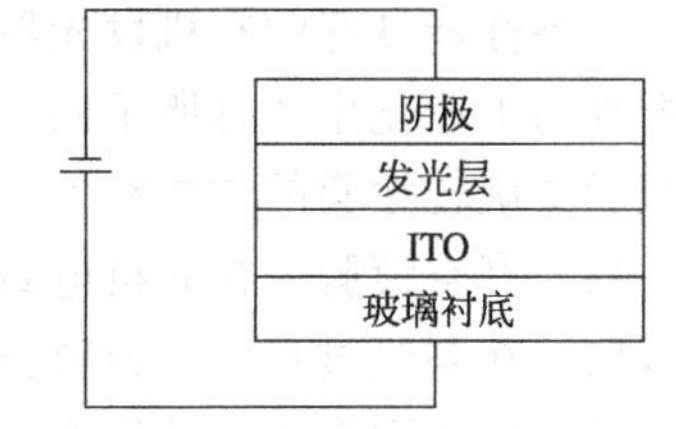

图 7-18　单层结构的电致发光器件

单层器件结构就是在器件的正极和负极之间，加上一层有机物组成的发光层，如图 7-18 所示。其中的有机层，既做发光层，又兼做电子传输层和空穴传输层。这种结构的器件制作起来方便简单，但因为多数有机材料主要是单种载流子传输的，所以单层器件的载流子注入很不平衡。

双层结构按发光层材料的不同分为两种，一种如图 7-19(a) 所示，这种器件结构是由美国柯达公司所提出来的，最主要的特点就是发光层材料具有电子传输特性；另一种如图 7-19(b) 所示，这种器件结构是由日本九州大学 Saito 教授组提出来的，其主要特点就是空穴传输材料可当作发光层。

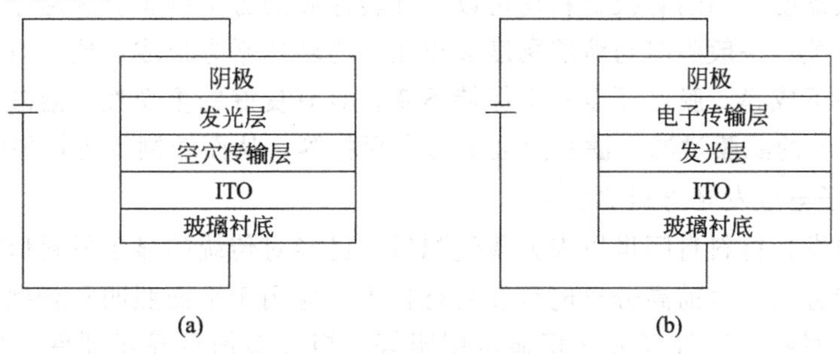

图 7-19　两种双层结构的电致发光器件

三层器件结构是最常见的器件结构，如图 7-20(a) 所示，是由日本的 Adachi 首先提出的，其在空穴传输层和电传输层之间置入一层发光层，该发光层很薄，使得激子被局限在此层产生强烈的光。

在多层器件中，如图 7-20(b) 所示，电子注入层和空穴注入层能降低器件的开启和工作电压；电子阻挡层和空穴阻挡层能减小直接流过器件而不形成激子的电流，从而提高器件效率。这些功能层之所以能起到不同的作用，主要是由其能级结构以及载流子传输性质所决定的。发光层和阴极之间的各层，需要有良好的电子传输性能；发光层和阳极之间的各层则需要具有良好的空穴传输性能。在某一具体的器件中，可能包含其中的几层，具体的情况视要求而定。

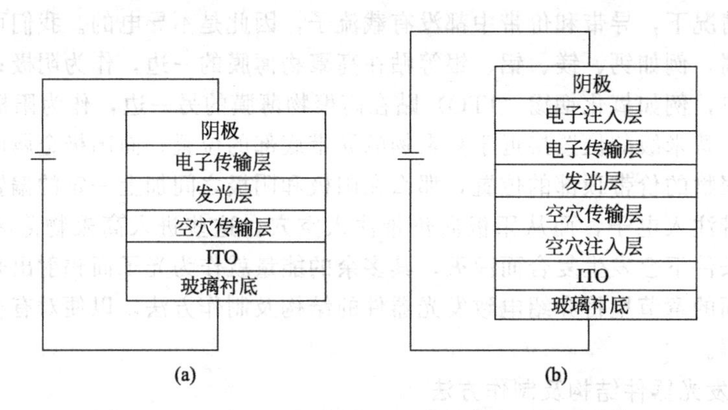

图 7-20 三层 (a) 和多层 (b) 结构的电致发光器件

制备性能良好的有机发光器件，需要许多复杂的设备、清洁的环境等，且实验室制备原型器件与工业化生产有所不同，制备发光器件的有机小分子或高分子层以及金属阴极利用真空镀膜或旋转涂膜的方法在 ITO 基片上成膜。

(1) 真空镀膜 在有机电致发光器件的制作过程中，小分子和金属电极往往通过真空蒸镀成膜。在制膜过程中，原料被加热蒸发，原子或分子汽化逸出形成蒸气流并入射到固体衬底或基片的表面继而凝结形成固体薄膜。

成膜残存压强对薄膜的质量有很大的影响。如果压强太高，有机分子或金属原子将与大量空气分子碰撞，使膜层受到严重污染，甚至被氧化。在很低的压强下沉积的金属膜，往往光泽好，表面光滑；但是如果压强稍高的话，金属光泽差，颜色微黄，不光滑，得不到均匀连续的薄膜。因此，要获得高纯度、致密、均匀的薄膜，就必须要求残存气体的压强非常低。因此试验中，有机小分子和金属电极蒸镀压强均为 1×10^{-3} Pa。

(2) 旋转涂膜 旋转涂膜，又称甩膜，是被广泛采用的一种湿法成膜技术。聚合物等具有可溶性且溶液黏度适当的有机材料均可以用旋转涂膜的方法制膜。膜层厚度与溶液本身黏度和旋转速率有关。一般膜厚与溶液黏度成正比，与转速平方根成正比。对于相同的材料在相同的旋涂条件下成膜，膜层厚度基本保持不变，具有良好的重现性。溶液在使用前均要通过孔径为 0.45μm 的滤膜过滤，滤去溶液中的小颗粒等，从而能制得更均匀的薄膜。

7.5.3.4 高分子电致发光材料的应用

高分子电致发光材料自问世以来就备受瞩目，已经对传统的显示材料形成了挑战，呈现出非常好的发展势头。目前高分子电致发光材料主要应用于平面照明和新型显示装置中，如仪器仪表的背景照明、广告等大面积显示照明等；矩阵型信息显示器件，如计算机、电视机、广告牌、仪器仪表的数据显示窗等场合。

7.5.4 电致变色高分子材料

7.5.4.1 概述

电致变色现象是指材料的吸收光谱在外加电场或电流作用下产生可逆变化的一种现象。电致变色是一种电化学氧化还原反应，材料的化学结构在电场作用下发生变化，在可见区域其最大吸收波长或者吸收系数发生了较大变化，在外观上表现出颜色的可逆变化。通常在电场作用下可见光区颜色发生显著变化的材料为电致变色材料。目前人们已经发现许多功能聚合物具有电致变色性质，聚合物型电致变色材料已成为功能高分子材料的重要组成部分。

7.5.4.2 高分子电致变色材料的种类

至今人们研究的高分子电致变色材料主要有四种类型：带共轭主链的导电高分子材料、侧链带有电致变色基团的高分子材料、高分子化的金属络合物和小分子电致变色材料与聚合物的共混物。

(1) 带共轭主链的导电高分子材料　这类材料在发生电化学掺杂时能引起其颜色变化，而这种掺杂过程完全是可逆的，因此所有的电子导电聚合物都是潜在的电致变色材料，特别是聚吡咯、聚噻吩、聚苯胺和它们的衍生物。主链共轭型聚合物可以用电化学聚合的方法直接在透明电极表面成膜，制备工艺简单、可靠，有利于电致变色器件的生产制备。

(2) 侧链带有电致变色基团的高分子材料　这种电致变色材料是通过接枝或共聚反应等高分子化手段，将小分子电致变色基团接到聚合物的侧链上。相对于主链共轭的材料，这种类型的电致变色材料集小分子变色材料的高效率和高分子材料的稳定性于一体，因此具有很好的发展前景。将电致变色小分子引入高分子骨架主要有均聚或共聚反应、高分子接枝反应两种方法。其中，前者是在电致变色小分子中通过化学反应引入可聚合基团，如乙烯基、苯乙烯基、吡咯烷基、噻吩基等，制成带有电致变色结构的可聚合单体，再用均聚或共聚的方法形成侧链带有电致变色结构的高分子材料。另外也可以直接利用高分子接枝反应将电致变色结构结合到高分子侧链上，如聚甲基丙烯酸乙基联吡啶。

(3) 高分子化的金属络合物　将具有电致变色作用的金属络合物高分子化可以得到具有高分子特征的电致变色材料。其中电致变色特征取决于金属络合物，力学性能取决于高分子骨架。高分子化过程主要通过在有机配体中引入可聚合基团，采用先聚合后络合，或者先络合后聚合方式制备。目前该类材料中使用比较多的是高分子酞菁。

(4) 共混型高分子电致变色材料　将各种材料混合以改进性能也是制备电致变色材料的方法之一。其复合方法包括小分子电致发光材料与常规高分子复合，高分子电致发光材料与常规高分子复合，高分子电致发光材料与电致发光或其他助剂复合三种。经过这些混合处理后，材料的电致变色性质、使用稳定性和加工性能均可以得到一定程度的改善。特别是可以通过这种方法使原来不易制成器件使用的小分子型电致变色材料获得广泛应用。如将吡咯单体在含三氧化钨的悬浮液中进行电化学聚合，将获得同时含有三氧化钨和聚吡咯的新型电致变色材料，其中三氧化钨与聚吡咯共同承担电致变色任务，在适当比例下膜的颜色变化遵从蓝→苍黄→黑的变化规律，使色彩的改变更加丰富。

7.5.4.3 电致变色器件的结构和制备工艺

有机电致变色器件的基本结构都是层状结构，由透明导电层、电致变色层、电解质层和对电极层等构成，结构如图 7-21 所示。如果能找到具备多功能的材料，并采取合适的制备工艺，可将结构简化为四层或三层。

其中透明导电层是电子注入导体，外界电源通过它们为电致变色器件施加变色所需的电

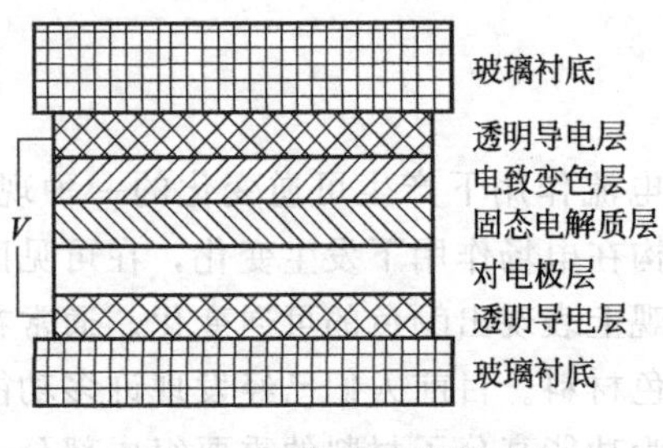

图 7-21 电致变色器件结构

压，其电阻越小越好，这样可以降低在电极两端的电压降。透明电极一般用 ITO。电致变色层即发生电致变色现象的部位，由有机电致发光材料构成，一般采用旋涂、浸涂、蒸镀或者原位聚合等方法在透明导电层上形成膜，膜厚为几微米到几十纳米之间。固态电解质层即离子传输层，主要作用是在电致变色过程中向电致变色层注入离子，以满足电中性要求和实现导电通路，采用胶体化和高分子电解质比较普遍。对电极层也称为离子存储层，主要作为载流子的发射/收集体。当器件施加电场发生电致变色过程时，电解质层向变色层注入离子，而对电极层则向电解质层供应离子；在施加反向电场时，电解质层从发光层中抽出离子，对电极层则将多余的离子收集起来，以保持电解质层的电中性。对电极层的电中性由处在相邻位置的另一个透明电极通过注入和抽出电子提供。

电致变色器件的制作工艺，主要是成膜工艺。制膜的方法有湿法和干法，湿法成膜主要包括浸涂法、旋涂法、化学沉积法、电化学沉积法等；干法成膜主要有真空蒸镀和溅射法。

7.5.4.4 电致变色高分子材料的应用

电致变色材料普遍具有颜色变化可逆性、方便性、灵敏性、可控性、颜色记忆性、驱动电压低、多色性、环境适应性强等诸多特点和优势，促使了各种电致变色器件的研制和开发。近年来研制开发的主要有信息显示器件、电致变色智能调光窗、无眩反光镜、电色储存器等。此外，在变色镜、高分辨率光电摄像器材、光电化学能转换和储存器、电子束金属版印刷技术等高新技术产品中也获得应用。当然，目前高分子电致变色材料还有许多问题需要解决，如化学稳定性问题、颜色变化响应速率问题、使用寿命问题等。无论怎样，随着研究的深入，可以预期，电致变色材料特别是高分子电致变色材料的应用前景是非常广阔的。

本章小结：本章主要介绍了功能高分子材料的基本概念和种类，并重点介绍了高分子膜材料、高分子吸附材料、光功能高分子材料和电功能高分子材料。对涉及这四种功能高分子材料的基本概念做了阐述，并着重介绍了这些材料的制作方法、性能及应用，使学生对上述四种功能高分子材料有一个较全面的了解和认识。

习题与思考题

1. 按照性能和功能来划分，功能高分子材料可如何分类？
2. 阐述高分子吸附材料的作用机理。
3. 介绍大孔树脂的制备过程。
4. 试阐述高分子吸附材料的应用。
5. 高分子膜材料是如何在物质分离中发挥其作用的？
6. 简述相转化法的制膜工艺。
7. 试说明膜材料的种类。
8. 高分子光导材料的导电机理是什么？
9. 什么是高分子荧光材料和光致变色材料？
10. 导电高分子材料如何分类？
11. 常见的电致发光高分子材料有哪些？请举例并写出其分子结构式。
12. 画出一层、二层和三层电致发光器件的基本结构，并简述器件的制备方法及过程。

参考文献

[1] 赵文元，王亦军．功能高分子材料．北京：化学工业出版社，2008.
[2] 王建国，刘琳．特种与功能高分子材料．北京：中国石化出版社，2004.
[3] 罗祥林．功能高分子材料．北京：化学工业出版社，2010.
[4] 马建标，李晨曦．功能高分子材料．北京：化学工业出版社，2000.
[5] 张留成，瞿雄伟，丁会利．高分子材料基础：第二版．北京：化学工业出版社，2007.
[6] 解一军，刘盘阁，姬荣琴，李佐邦．河北工业大学学报，2002，31（2）：67-73.
[7] 梅群波，杜乃婴，吕满庚．化学学报，2004，62，2113-2117.
[8] Shirakawa，Louis E J，MacDiarmid A G，Chiangand，C K. Heeger A F. J. Chem. Soc.，Chem. Commun，1997，578.
[9] Omastova M，et al. Polymer，1998，39（25）：6559.
[10] Omastova M，et al. Eur. Polym. J.，1996，32（6）：681.
[11] Wessling B. Synthetic Metal，1998，93：143.
[12] Friend R，Burroughes J，Bradley D. US 5247190. 1993.
[13] Burroughes J H，Bradley D D C，Brown A R，et al. Nature，1990，347：539.
[14] Braun D，Heeger A J. Appl. Phys. Lett.，1991，58：1982.
[15] 黄维，李富友．有机电致发光材料与器件导论．上海：复旦大学出版社，2005.
[16] Kraft A，Grimsdale A C，Holmes A B. Angew. Chem.，1998，37：402.
[17] Yoshino K，Hirohata M，Hidayat R，et al. Synth. Met.，1997，91：283.
[18] Sun R，Masuda T，Kobayashi T. Synth. Met.，1997，91：301.
[19] Yuang Y M，Ge W，Lam J W Y，Tang B Z. Appl. Phys. Lett.，1999，75：4094.
[20] Schluter A D. J Polym Sci，Part A：Polym. Chem.，2001，39：1533.
[21] Yamamoto T，Morita A，Muyazaki Y，Maruyama T，et al. Macromolecules，1992，25：1214.
[22] Liu C，Yu W L，Lai Y H，Huang W. Chem. Mater.，2001，13：1984
[23] Logdlund M，Salaneck W R，Meyers F，et al. Macromolecules，1993，26：3815.
[24] Remmers M，Schulze M，Wegner G. Macromol Rapid Commun，1996，17：239.
[25] Jen K Y，Elsenbaumer R L. Synth. Met.，1986，16：379.
[26] Tang C W，VanSlyke S A. Appl. Phys. Lett.，1987，51：913.
[27] Adachi C，Tokito S，Tsutsui T，Saito S. Jpn. J. Appl. Phys.，Part 2，1988，27：L269.
[28] Adachi C，Tokito S，Tsutsui T，Saito S. Jpn. J. Appl. Phys.，Part 2，1988，27：L713.

第8章　高分子材料的新发展

内容提要：未来对高分子材料的要求包括高性能化、功能化、复合化、精细化、智能化等方面，本章对这些方面的新要求用实例进行了阐述，希望能起到抛砖引玉的作用，增加思考问题的能力，有利于学生获取新知识，并在新材料的应用方面不断创新。

8.1　未来对高分子材料的新要求

未来对高分子材料的要求包括高性能化、功能化、复合化、精细化、智能化等方面。高性能化是指为满足航天航空、电子信息、汽车工业、家用电器等多方面技术领域的需要，要求材料的力学性能、耐热性能、耐久性、耐腐蚀性等性能进一步提高；功能化主要包括电磁功能高分子材料，光学功能高分子材料，物质传输、分离功能高分子材料，生物功能高分子材料等；复合化是以玻璃纤维增强材料为主，复合材料不仅在当前已进入大规模生产和应用阶段，而且在未来也会有所发展；随着碳纤维、陶瓷纤维、碳纳米管和晶须材料的日益发展，复合增强高分子材料的种类将不断丰富；高性能的结构复合材料是新材料革命的一个重要方向。精细化是在电子技术领域的发展日新月异的今天，要求原材料向高纯化、超净化、精细化、功能化方向发展；智能化是一项具有挑战性的重大课题，智能材料是使材料本身带有生物所具有的高级功能，如应激性（环境响应性）、自我诊断、自我修复、自我增殖、预知预告性和认知识别能力。

8.2　高分子微球材料

高分子微球是指其直径在纳米至微米尺度，形状为球形的高分子聚集体。随着高分子微球制备技术的不断发展，已从传统的乳液聚合、悬浮聚合、分散聚合，发展到无皂乳液聚合、种子乳液聚合、种子溶胀聚合和大分子单体参与的分散共聚合以及自组装等新的制备方法；同时高分子聚集体的形貌和功能也呈现出多样性变化，已报道的聚集形态包括实心微球、中空、多孔、哑铃形、雪人形、草莓和花瓣形等，其功能发展到双亲性、光敏、pH响应性、温敏性、磁性和生理相容性等。

有关功能性高分子微球的制备，近年来越来越受到科研工作者以及相关企业的高度重视。一方面这类高分子微球具有比表面积大、表面吸附性能强、聚集体结构组成的可设计性等优点，同时颗粒尺寸可控、形态多样，在相关领域有着广泛的应用前景，从涂料、纸张表面涂层、化妆品到有害金属离子的检测与分离、与生物分子的相互作用、细胞活性的检测、多肽化学物的合成和抗体或抗原的固定等领域。

8.2.1　高分子微球的一般制备方法

不同的聚合方法可得到不同组成、粒径的聚集体，其粒径的分散度也不同。乳液聚合和无皂乳液聚合方法一般适合制备粒径不超过1μm的微球，分散聚合和大分子单体参与的分散共聚合方法可制备得到粒径尺寸范围更大的高分子微球。

8.2.1.1　无皂乳液聚合

无皂乳液聚合是在乳液聚合基础上发展起来的一种聚合方法，是指体系中完全不含乳化剂或仅含微量乳化剂（低于乳化剂的临界胶束浓度）。它解决了传统乳液聚合后处理的困难以及乳化剂对产品带来的不良影响；同时降低了生产成本，减轻了对环境的负荷。由于无皂聚合体系中无外加乳化剂，聚合和存储过程中微球的稳定性差，因此，产物的固含量一般较低，大规模应用于涂料和胶黏剂还存在一些问题。目前提高乳液的稳定性是无皂乳液聚合研究的重点，具体途径是：① 利用聚合物链上或末端存在的离子基团；② 在乳胶粒表面引入活性物质，从而降低乳胶粒-水两相之间的界面张力；③ 提高乳胶粒表面的电荷密度；④ 在乳胶粒表面引入亲水性物质。

以上 4 种方法均可在乳胶粒的表面形成保护电层以获得稳定的乳液。如在合成苯乙烯单封端的聚乙烯醇（PEG）大分子单体的基础上，使其与苯乙烯进行无皂乳液共聚，制得了单分散的纳米微球。由于 PEG 大分子单体能起到乳化剂的作用，同时作为共聚单体参与反应，接枝在微球的表面，对微球起到了很好的稳定作用，改善了微球表面的性能。

8.2.1.2 分散聚合

分散聚合是指单体溶于介质，而生成的聚合物不溶于介质中的聚合方法，分散聚合也常常被认为是一特殊类型的沉淀聚合。分散聚合与乳液聚合的区别在于其介质一般为有机相，反应前为均相体系，聚合形成的聚合物必须不溶解于介质。由于分散聚合的粒子成核和增长特性，在逻辑上也被认为是乳液聚合的拓展。目前该领域研究最多的是在极性介质中的分散聚合和分散共聚，用于制备单分散微米级高分子微球。随着基础研究的深入，已开发出功能性大分子单体参与的共聚和在超临界 CO_2 介质中的分散聚合。

分散共聚是向微球中引入功能基团或功能高分子链最方便的方法之一。利用链转移自由基聚合和端基置换反应开展了不同种类大分子单体的设计与合成，如制备了聚 *N*-异丙基丙烯酰胺（PNIPAAm）接枝聚苯乙烯微球、聚（*N*-乙烯基异丁酰胺）接枝聚苯乙烯微球、PEG 接枝聚苯乙烯纳米微球、PEG 接枝聚甲基丙烯酸甲酯纳米微球。对大分子单体新的合成方法如利用原子转移自由基聚合（ATRP）的特点，得到了相对分子质量可控、分子量分布窄的聚甲基丙烯酸叔丁酯和聚甲基丙烯酸大分子单体，使大分子单体分别与苯乙烯进行分散共聚，均可形成聚甲基丙烯酸接枝聚苯乙烯微球（PMAA-g-PSt）。以对氯甲基苯乙烯为功能单体，经分散聚合制备了表面带有适量氯原子、粒径均匀的交联聚苯乙烯微球，利用微球表面氯原子的活性，引发单体进行 ATRP 反应，可达到对微球表面的改性。表面以 PVAc 为接枝链的聚苯乙烯（PVAc-g-PSt）微球，并且在碱性条件下对 PVAc 链进行醇解，形成了以亲水性聚乙烯醇（PVA）为壳、PSt 为核的复合微球。通过改变共聚反应条件，可控制该类聚合物微球的大小、分布、形态和表面组成，并可根据需要在微球表面导入不同的化学组成。为进一步提高微球的性能，在分散共聚反应中有目的地加入比苯乙烯疏水性小的第三单体，由分散共聚制备得到了一系列具有特殊形态的聚合物微球，并实现了微球颗粒的二次组装。

8.2.1.3 自组装

采用自组装技术制备聚合物胶束是近年来最热门的研究领域之一，它是通过分子间特殊的相互作用，如静电吸引、氢键、疏水性缔合等，组装成有序的纳米结构，实现高性能化和多功能化。将双亲共聚物溶于共同溶剂中（疏水、亲水部分均能溶于其中），再在搅拌下滴入选择性溶剂或将选择性溶剂滴入共聚物良溶剂中诱发胶束形成，最后经透析除去良溶剂，也可直接将聚合物溶于选择性溶剂中透析而形成胶束颗粒。微粒的大小和形状可以通过溶剂的选择以及调节聚合物浓度加以控制。如将一定量的水滴入 PSt-co-PMAA 共聚物的四氢呋喃（THF）溶液中，使共聚物进行自组装得到了碗状结构的聚合物颗粒。

8.2.2 功能高分子微球的制备

目前，功能高分子微球在病毒的脱除、药物分子的缓释与控释、酶固定化等高新技术领域有着广泛的应用前景，成为重要的研究方向。

8.2.2.1 磁性高分子微球

磁性高分子微球具有磁性和高分子的双重性能，可以在外加磁场作用下方便地分离，Ugelstad等最先以分散聚合开发了铁的质量分数高达30%的磁性微球，并以“Dynabeads”商品名上市，用于细胞分离；Kondo等采用沉淀聚合法用温敏性聚合物PNIPAAm包埋了磁性颗粒；还有在Fe_3O_4磁流体存在的条件下，通过St与PEG大分子单体分散聚合，制得两亲性磁性高分子微球；此外，在合成纳米磁流体的基础上，对磁流体表面进行疏水改性，利用PEG大分子单体与疏水性单体形成的共聚物将其包埋在微球的内部，同样得到了磁性高分子微球。由于磁性功能微球在磁场环境可以快速富集，为实现靶向给药提供了可能。借助外部磁场，对肿瘤病变部位进行靶向给药，并维持病变部位有较高的药物浓度，减轻了一些疗效强而毒性大的药物对人体的副作用。在聚合反应过程中，通过选择共聚单体可赋予微球表面多种反应性功能基团（—OH、—COOH等）以达到结合多种生物活性分子的目的。

8.2.2.2 温敏性高分子微球

在水中具有最低临界溶解度（LCST）的聚*N*-异丙基丙烯酰胺（PNIPAAm），当水溶液温度超过LCST时会发生可逆的相分离，利用这种可逆相分离行为可进行蛋白质的分离和纯化。具有热敏性和磁性功能微球的制备方法，进行了人血清蛋白（HSA）的吸附/解吸的研究。微球在分离过程中无凝集现象，可循环使用。Leobandung等采用聚乙二醇（PEG）大分子单体与NIPAAm共聚，制得温敏性单分散纳米微球，低温时药物通过溶胀进入微球内部，当温度高于LCST时，微球的体积收缩，大量的药物被释放出来，达到有效治疗疾病的目的。同样，采用PEG大分子单体与NIPAAm共聚，制备了不同组成的接枝共聚物，通过改变共聚物水溶液的温度，使NIPAAm主链发生收缩，得到了温敏性高分子聚集体。利用合成的PNIPAAm热敏性大分子单体，与丙烯腈/苯乙烯进行的三元分散共聚合中，一步合成了PNIPAAm接枝聚丙烯腈/聚苯乙烯高分子微球。在LCST附近，分散状态下的微球粒径随体系温度的改变而发生可逆变化，具有明显的温敏特性。

8.2.2.3 pH敏感性高分子微球

pH敏感性微球主要是以羧基为功能基团，原料为丙烯酸（AA）和甲基丙烯酸（MAA），该类微球根据pH的变化可发生溶胀与收缩。通常以苯乙烯或甲基丙烯酸甲酯为主单体，加入少量的AA或MAA由乳液聚合方法制备。利用大分子单体技术，由分散聚合的方法合成了全同立构聚甲基丙烯酸接枝聚苯乙烯纳米微球和聚*N*-乙烯胺接枝聚苯乙烯纳米微球，此类微球对于pH的敏感范围比较宽。Kashiwabara等还报道一种带有羧基和氨基的两性聚合物微球，具有灵敏的pH响应性。

8.2.2.4 催化性聚合物微球

将催化活性成分以吸附、包埋或化学键合作用等固定在聚合物载体上得到具有催化功能的高分子复合微球。Chen等采用PNIPAAm大分子单体参与的分散聚合制得了高分子微球，在乙醇介质中将Pt离子原位还原，在微球上形成粒径为毫米尺度的Pt粒子，或同时还原Au和Pt离子，形成复合金属纳米粒子作为非均相催化剂加氢还原烯丙醇化合物，聚合物微球负载Pt纳米粒子的催化活性与普通的Pt/C和Pt/PSt的催化活性相比要高数倍，并且多次循环使用后仍能保持很高的催化活性。

8.2.2.5 生物活性高分子微球

功能高分子微球作为生物活性物质的固相载体，可减少使用过程中扩散的影响，并能保留其生物活性。以羟乙基纤维素接枝聚丙烯酸（HEC-g-PAA）在选择性溶剂中进行自组装，制备了具有良好分散稳定性的纳米颗粒，作为布洛芬的载体，可以在选择性条件下实现药物可控释放的目的。Akagi 等以聚（γ-谷氨酸）为基本原料，通过 L-苯基丙氨酸的改性处理制成了纳米微球，作为蛋白质的载体，可有效保护蛋白质的原有活性。

随着科学技术的发展，人们希望能根据不同的使用要求设计合成出不同结构与性能的新材料，而功能性高分子微球的发展正顺应了这种发展趋势。如何正确选择单体的类型、进行分子设计，开发合适的制备方法，并使高分子微球进一步功能化，是扩展高分子微球应用领域的有效保证。无论是上述功能高分子微球，还是拓展到具有荧光性、导电性等其他的性能，将是高分子学科研究的热点。

8.3　高分子基纳米复合材料

8.3.1　高分子基纳米复合材料的类型

根据目前开发水平以及纳米分散相的性质，高分子基纳米复合材料主要包括高分子-无机纳米复合材料和聚合物-聚合物纳米复合材料。其中，高分子-无机纳米复合材料实现了有机与无机纳米尺寸范围的结合，兼备无机物和有机物的特性，制备方法相对简单，所以，在高分子基纳米复合材料中占主导地位，主要包括聚合物-碳酸盐纳米复合材料、聚合物-层状硅酸盐纳米复合材料、聚合物-金属纳米复合材料和聚合物-氧化物纳米复合材料等。

8.3.1.1　高分子-无机纳米复合材料

（1）聚合物-碳酸盐纳米复合材料　$CaCO_3$、$MgCO_3$、滑石粉等一直是塑料行业中常用填料，主要用作增量剂以降低材料成本，但是却严重影响材料的力学性能和加工性能，导致聚合物拉伸强度、耐冲击强度等性能下降，并且加工困难。许多研究表明，用碳酸盐纳米粒子填充聚合物体系却可以显著改善聚合物力学性能并保持优良的加工性。用纳米 $CaCO_3$ 填充改性 HDPE，发现纳米 $CaCO_3$ 特别是经钛酸酯偶联剂处理后能够大大提高材料的冲击强度、断裂伸长率，填充量高达 50%时，仍具有良好加工性。与超细 $CaCO_3$ 相比，具有更加良好的综合力学性能和加工性能。类似结果如粒径为 1μm $CaCO_3$ 和 30nm $CaCO_3$ 粒子填充 PVC，PVC-ACR 体系的性能，粒径为 1μm 的 $CaCO_3$ 增强增韧效果不如 30nm 的 $CaCO_3$ 明显。

（2）高分子-层状硅酸盐纳米复合材料（PLS）　1987 年日本首先报道了用插层聚合法制备尼龙 6-黏土纳米复合材料，仅用 4.2%（质量分数）就大幅度提高了尼龙 6 的力学性能，引起了国内外关注。聚合物-层状硅酸盐纳米复合材料（PLS）实现了无机相纳米尺度的均匀分散、无机-有机强界面结合、分子自组装并具有传统聚合物-无机填料无法比拟的优点，如优异的力学性能、热性能、气体阻隔性等，同时，插层技术是制备聚合物纳米复合材料的一种有效途径，因此聚合物-层状硅酸盐纳米复合材料成为材料领域的研究热门。至今，已出现了聚酰胺-蒙脱土、聚苯乙烯-蒙脱土、聚甲基丙烯酸甲酯-蒙脱土、聚氧乙烯-蒙脱土、聚丙烯-蒙脱土、环氧树脂-蒙脱土、丁苯橡胶-黏土、硅橡胶-蒙脱土、聚氨酯-蒙脱土等多种聚合物-层状硅酸盐纳米复合材料。与传统聚合物基复合材料相比具有如下优点：①比传统的聚合物填充体系重量轻、成本低，只需很少质量分数（小于 5%）的填料即可具有很高强度、弹性模量、韧性及阻隔性，而常规矿物、纤维填充的复合材料需要很高的填充量（多 3～5 倍），并且各项指标不能兼顾。②PLS 具有优良的热稳定性及尺寸稳定性。③PLS 的力学性能有望优于纤维增强的聚合物体系，因为层状硅酸盐（LS）可以在二维方向上起增强作用，无需特殊的层压处理。④由于 LS 呈片层平面取向，因此膜材具有很高的阻隔性。⑤

我国LS资源丰富且价格低廉。PLS因为具有上述优点，所以国内外研究和开发非常快。美国Cornell大学、日本丰田研究中心及中科院化学所等报道了这一领域的许多新产品和制备方法，并在理论研究和应用开发方面获得很大进展。

(3) 高分子-氧化物纳米复合材料　氧化物主要为TiO_2、SiO_2等纳米粒子，它们与聚合物复合可以对聚合物进行增强、增韧及获得特殊功能。用表面处理的TiO_2对HIPS改性，制备的纳米复合材料的拉伸强度、冲击强度、弹性模量、硬度等力学性能均比原HIPS有所提高，表现出纳米TiO_2对HIPS的增强增韧效果，同时耐热性、阻燃性也得到提高。用溶胶-凝胶法制备的SiO_2-PC纳米复合材料，耐热性随SiO_2含量增加而增加，材料的玻璃化温度提高了20℃。另外，SiO_2广泛用于电器、计算机、汽车等行业，纳米SiO_2还具有良好的抗紫外线性能，与聚合物复合可改善老化性能。

(4) 聚合物-金属纳米复合材料　金属粒子主要是Au、Fe、Cu、Al等，聚合物与金属纳米复合可以改善聚合物的导电性、磁性、耐磨性。利用原位生成法将铜混入丙烯腈-丙烯酸甲酯的共聚物中，制成了具有一定导电性的复合电极。

8.3.1.2　聚合物-聚合物纳米复合材料

通过熔融共混、原位复合及原位生成等方法，将纳米尺度的刚性高分子混入柔性高分子中，可显著提高柔性高分子的强度、模量等性能，是高分子共混改性的有效手段。由于受制备工艺、聚合物特性等条件限制，这方面的报道不多。

(1) 聚合物-聚合物分子复合材料　所谓分子复合是指用刚性高分子链或微纤作为增强剂，均匀地分散在柔性高分子基体中，分散程度接近分子水平，具有高模量、高强度的聚合物-聚合物复合材料。分子复合的微区尺寸较一般的纳米复合材料小，与传统纤维增强的复合材料相比，消除了界面粘接问题、增强剂与基体树脂的热膨胀系数不匹配问题，并具有加工技术适用广泛、加工成本低等优点，利用较少量的刚性棒状高分子与柔性基体复合即可达到最佳增强效果，分子复合材料的加工方法基本上可用基体聚合物的成型加工方法，但为了达到最大限度的分子水平的分散，一般用溶液聚合法制备。

(2) 聚合物-液晶聚合物原位复合和原位聚合复合材料　原位复合是将热致液晶聚合物与热塑性树脂熔融共混，用挤出、注塑方法进行加工，由于液晶分子具有易取向的特点，液晶微区沿外力方向取向形成微纤结构，熔体冷却时，微纤结构被原位固定，称为原位复合，当形成的微纤直径小于100nm时，即称作纳米复合材料。

原位聚合是在柔性高分子基体（或其单体）中溶解刚直棒状聚合物，使其均匀地分散在高分子基体中而形成原位分子复合材料，是使刚性高分子链均匀分散的一种分子复合的新途径。Qu等用低分子量尼龙6作为基体树脂、以芳香族二醛和芳香族二胺原位缩合形成刚性分子聚合物作为增强剂制备了分子复合材料，材料的拉伸强度和模量均得到了提高。

8.3.1.3　纳米级聚合物微纤-聚合物复合材料

利用模板聚合，将有纳米级尺寸微孔的聚合物浸入另一种单体和氧化剂中，使单体溶胀于纳米级微孔中，用一定引发剂或别的聚合方法使单体在微孔中形成微纤或中空的纳米管，从而形成增强的聚合物-聚合物复合材料。

8.3.2　高分子基纳米复合材料的制备方法

8.3.2.1　共混法

该方法是首先合成出各种形态的纳米粒子，再通过各种方式将其与有机聚合物混合。共混法的优点是，纳米粒子与材料的合成是分步进行的，可控制纳米粒子的形态、尺寸，方法简便、经济，易于实现工业化；缺点是纳米粒子的比表面积和表面能极大，粒子之间存在较强的相互作用，易产生团聚，失去纳米粒子的特殊性质；而聚合物本身黏度又较高，纳米粒子与聚合物很难达到理想的纳米尺度复合。对纳米粒子进行表面改性，能减小纳米粒子间的引力势能或增大排斥势能，有利于它在聚合物中的分散。常采用表面活性剂、偶联剂、表面覆盖、机械化学处理和接枝等方法对纳米粒子进行处理，以提高纳米粒子在基质材料中的分散性、相容性和稳定性。此外，常采用加强搅拌混合，如超声波和高速搅拌等方式来提高纳米粒子在基质材料中的分散效果，上述措施也用于其他的复合方法。共混法可分为溶液共混、乳液共混和熔融共混。

(1) 溶液共混　先将基体树脂溶解于适当的溶剂中，然后加入纳米粒子，充分搅拌溶液，使纳米粒子在溶液中均匀分散，除去溶剂或使之聚合制得纳米复合材料。将纳米 SiO_2 用偶联剂处理后，添加到环氧树脂的丙酮溶液中，采用超声波辅助分散，挥发除去溶剂后加入固化剂聚合，制得 SiO_2-环氧树脂纳米复合材料。结果表明，在纳米 SiO_2 填加量为2%时，该复合材料的电气强度比纯环氧树脂提高58%，纳米 SiO_2 填加量为5%时，冲击强度和弯曲强度分别提高120%和48%。

(2) 悬浮液或乳液共混　该法与溶液共混相似，只是用悬浮液或乳液代替溶液。

(3) 熔融共混　先将表面处理过的纳米材料与聚合物混合，然后经过塑化、分散等过程，使纳米材料以纳米水平分散于聚合物基体中，达到对聚合物改性的目的，该方法的优点是与普通的聚合物共混改性工艺相似，易于实现工业化生产。如把经过处理的纳米 $CaCO_3$ 粒子加入到PP-HDPE混合体系中，然后用普通的双螺杆挤出机熔融混炼，当纳米 $CaCO_3$ 的质量分数为2%时，纳米粒子在聚合物中达到纳米级分散，而且在纳米 $CaCO_3$ 含量较低时能显著改善体系的常温冲击强度而不影响体系的拉伸强度。

8.3.2.2　溶胶-凝胶法

溶胶-凝胶法（sol-gel法）最早用于制备纳米材料。所谓溶胶-凝胶过程指的是将硅氧烷或金属盐等前驱体（水溶性或油溶性醇盐）溶于水或有机溶剂中形成均质溶液，在酸、碱或盐的催化作用下促使溶质水解，生成纳米级粒子并形成溶胶，溶胶经溶剂挥发或加热等处理转变为凝胶，从而得到纳米复合材料。溶胶-凝胶工艺的基本过程是液体金属烷氧化物 $M(OR)_4$，M为Si、Ti等元素，R为 CH_3、C_2H_5 等烷基，如正硅酸乙酯（TEOS），当它与醇和水混合，在催化剂作用下发生如下水解-缩合反应。

水解反应：

$$CH_3CH_2OSi(OCH_2CH_3)_3+4H_2O \longrightarrow Si(OH)_4+4EtOH \tag{8-1}$$

缩合反应：

$$Si(OH)_4+Si(OH)_4 \longrightarrow (HO)_3—O—Si(OH)_3+H_2O \tag{8-2}$$

当 $-\overset{|}{\underset{|}{Si}}-OH$ 四配位体互相连接时，则发生如下缩聚反应，并最终形成三维的 SiO_2 网络。

$$(HO)_3Si—O—Si(OH)_3+6Si(OH)_4 \longrightarrow [(HO)_3Si—O]_3Si—O—Si[O—Si(OH)_3]_3+6H_2O \tag{8-3}$$

Feng通过溶胶-凝胶法制备了Ag-PVA纳米聚合物基复合材料，对这种复合材料的电学性能进行了研究。结果表明：在纳米Ag含量为 10^{-4} 时，该复合材料具有高的电阻率和电气强度，并且低温下这种倾向更加明显，在77K时复合材料的电阻率是纯PVA的20倍之多，而在室温下，大约提高16倍，这种奇异的介电现象引起了许多人的兴趣，该材料在超导绝缘方面将有潜在的应用价值。在纳米 SiO_2 改性硅橡胶研究中，以六甲基硅氧烷、双乙烯基四甲基二硅氧烷和硅酸乙酯为主要原料，用溶胶-凝胶法首先合成出含有乙烯基和羟基结构的反应型纳米有机聚合物单体，再与乙烯基硅氧烷和氢基硅氧烷反应，制成了纳米杂化硅橡胶复合材料，其拉伸强度提高了6～7倍，耐电强度也显著提高。

溶胶-凝胶法的特点是可在温和的条件下进行，两相分散均匀，通过控制前驱物的水解-缩合来调节溶胶凝胶化过程，从而在反应早期就可以控制材料的表面与界面，有利于实现纳米甚至分子尺度上的复合。该法目前存在的最大问题在于凝胶干燥过程中，由于溶剂、小分子、水的挥发可能导致材料内部产生收缩应力，影响材料的力学性能。尽管如此，溶胶-凝胶法仍是目前应用最多、也是较完善的方法之一。

8.3.2.3 插层法

插层法是将聚合物或单体插层于层状结构的无机物填料中，使片层间距扩大，在随后的聚合加工过程中，无机物被剥离成纳米片层均匀地分散于聚合物基体中而得到纳米复合材料。目前研究较多并具有实际应用前景的是层状硅酸盐，其基本结构单元是由两片硅氧四面体夹一片铝氧八面体，它们之间靠共用氧原子而形成的层状结构。

插层复合利用了层状无机材料层间含有可置换阳离子的特点，首先通过有机化处理将有机阳离子引入到层间，使黏土由亲水性变为亲油性，然后利用有机黏土与聚合物或有机单体的相互作用，使聚合物或单体插入到无机材料的层间，实现有机分子与无机物的纳米复合。插层法主要有以下三种方法。

(1) 单体插层法　首先将单体插入到经插层剂处理后的层状化合物（如硅酸盐类黏土、磷酸盐类、石墨、金属氧化物、二硫化物、三硫化磷络合物等）的层间，然后使单体在层间聚合而成聚合物纳米复合材料。

(2) 溶液插层法　该法是通过聚合物的溶液或乳液把聚合物直接插入某些层状结构无机物的层间，其中聚合物是借助溶剂的作用插入到层状结构中去的。Furuichi 等用疏水性绿土(SAN) 经季铵盐交换处理，与聚丙烯 (PP) 的甲苯溶液共混，经加热可获得 PP-SAN 纳米复合材料。

(3) 熔融插层法　该法首先把聚合物和有机改性蒙脱石混合，加热到聚合物熔点以上，在静止或剪切力作用下直接插入到蒙脱石的层间。近年来，聚合物熔融插层发展成聚合物熔融挤出插层，它利用传统聚合物双螺杆挤出加工过程成功地制备了聚合物-黏土纳米复合材料，制备了尼龙-黏土、硅橡胶-黏土、聚丙烯-黏土等纳米复合材料。熔融挤出插层法不使用溶剂，工艺简单，易于工业化连续制造，是一种利于环境保护的制备方法，具有很好的应用前景。以石墨作为插层主体，制备的纳米复合橡胶具有非常优异的电学性质。通过离子交换反应可将有机分子或聚环氧乙烷、聚乙烯醇等大分子插入层间，形成具有特殊磁、电、非线性光学等物理性质的复合材料。

聚合物-黏土纳米复合材料具有高耐热性、高强度、高模量、高气体阻隔性和低的膨胀系数，而密度仅为一般复合材料的65%～75%，具有很好的阻燃性。另外，用聚合物-黏土纳米复合材料制备同时具有防火、防腐、防渗漏、耐磨耐候的多功能环保涂料也具有诱人的前景。随着研究的深入，其他性能的层状无机材料-聚合物也将不断出现。

8.3.2.4 原位分散聚合法

原位分散聚合法又称为在位分散聚合法，该方法是将纳米粒子在单体中均匀分散，然后在一定条件下就地聚合，形成复合材料。

采用原位聚合方法制备的聚酰亚胺-纳米二氧化钛 (TiO_2) 复合物的研究表明：纳米 TiO_2 在复合物中分散性良好；纳米 TiO_2 的加入导致纳米复合物的常规机械、介电性能下降，但随着纳米 TiO_2 含量的增加，在纳米 TiO_2 含量为 12phr[1] 时，其耐电晕能力比纯 PI

[1] 每百份橡胶或树脂中的份数。

薄膜提高了近35倍。在合成不饱和聚酯（UPR）过程中，先使纳米 TiO_2 水解，在其表面上生成可反应的—OH基团，并与不饱和聚酯反应，通过接枝，把纳米 TiO_2 接到UPR长链上，较好地解决了纳米 TiO_2 与不饱和聚酯的相容性，改性后弯曲强度提高了55%，冲击强度提高了46%。由于聚合物单体分子较小，黏度低，容易使表面改性后的无机纳米粒子均匀分散并在复合材料中保持分散均匀，粒子的纳米特性完好无损。同时在原位填充过程中只经过一次聚合成形，不需要热加工，避免了由此产生的降解，从而保持了基体各种性能的稳定。

8.3.2.5　辐射合成法

该方法是先将聚合物单体与金属盐在分子水平上混合均匀，形成含金属盐的单体溶液后，再进行辐照。电离辐射产生的初级产物同时引发单体聚合以及金属离子的还原，由于聚合物单体的聚合速率大大快于金属颗粒的团聚速率，生成的聚合物长链使体系的黏度迅速增加，从而大大限制了纳米颗粒的团聚，因而可得到分散相尺寸小、分布均匀的复合材料。

辐射合成法制备纳米材料具有明显特点：① 一般采用γ射线辐照较大浓度金属盐溶液，制备工艺简单，可在常温常压下操作，制备周期短；② 粒度易控制，一般可得10nm左右的粉末；③ 产率较高；④ 不仅可制备纯金属纳米粉末，还可制备氧化物、硫化物纳米粒子以及纳米复合材料等；⑤ 通过控制条件可制备非晶粉末。纳米材料的辐射法制备近年来得到了很大发展并逐渐成熟。用辐射合成法已经制备了聚丙烯酸-银、聚丙烯酰胺-镍、聚丙烯-银等纳米复合材料，显示了辐射合成法简便、有效、一步合成的优越性。

8.3.2.6　LB膜技术

它是利用具有疏水端和亲水端的两亲分子在气-液（一般为水溶液）界面上的定向性质，在侧相施加一定压力可形成紧密定向排列的单分子膜。LB膜技术可用于组装分子取向和厚度可控的有机超薄膜，厚度可达纳米量级。该技术已经用于薄膜复合材料的制备研究。采用该方法制备出的花生酸LB膜-PbS纳米复合材料，其中PbS以2.0～3.0nm的粒子存在于花生酸中。Wang等在水热条件下，以表面活性剂为模板合成了表面活性剂-氧化硅纳米层状复合材料，核磁共振和X衍射分析表明，定位分子有序地排列在表面活性剂和无机结构之间。

8.3.2.7　逐层自组装技术（MD膜）

该技术以阴阳离子的静电相互作用作为驱动力，采用与纳米微粒具有相反电荷的双离子或多聚离子化合物与纳米微粒交替沉淀生成，从而制备出复合纳米微粒的有机/无机交替膜。Fondler等利用两亲性分子花生酸镉的亲水端电负性的羧酸根吸附具有正电性的微粒制备出层状结构的复合材料，两层花生酸镉夹一层 Fe_3O_4 纳米粒子，层间距为8.9nm，所用 Fe_3O_4 纳米粒子的粒径为5nm。用自组装技术制备的纳米复合材料既具有纳米粒子的量子尺寸效应，又具有LB膜的分子层次有序、膜厚可控、易于组装等优点。该方法可从分子水平控制无机粒子的形状、空间取向和结构，因而很有前途。目前自组装技术已经用于金属、氧化物、硫化物等无机纳米粒子、无机物和有机基体的有序复合，可制成薄膜和多层膜纳米复合材料。该材料在光、电、磁、机械、催化等方面有着潜在的应用。自组装法制备纳米复合材料在国际上属于前沿性研究，面临的困难和疑问很多，如分子识别、指令传递等问题还需要不懈地努力。

8.3.3　高分子基纳米复合材料的性能改善及改性机理

8.3.3.1　增强增韧

以前广泛采用的聚合物增强增韧方法主要是：脆性塑料中加弹性体粒子，韧性提高但是拉伸强度降低；在聚合物材料中加入增强纤维和液晶聚合物可使拉伸强度、冲击强度改善，但断裂伸长率下降；普通无机填料补强效果差，并且韧性、加工性变差。纳米级粒子改性聚合物却使三种力学性能及加工性能同时改善。关于无机刚性粒子增强增韧聚合物的机理认为，无机刚性粒子填充聚合物的增强增韧与无机粒子在基体中的分散状况及其界面结构有着密切关系。无机粒子在聚合物基体中可能形成三种分散的微观结构状态：① 无机粒子在聚合物基体中形成第二聚集态结构，在这种情况下，如果无机粒子的粒径足够小（纳米级），界面结合良好，则这种形态具有很好的增强效果，无机粒子如同链条一样对聚合物起增强作用。② 无机粒子以无规的分散状态存在，有的聚集成团，有的个别分散，这种形式既不能增强，也不能增韧。③ 无机粒子均匀而独立地分散在聚合物基体中，这种情况，不论是否有良好的界面结合，都有明显的增韧效果。纳米粒子的增韧机理：纳米粒子均匀分散在聚合物基体中，当基体受到外力时，粒子周围产生应力集中效应，引起基体树脂产生银纹吸收能量，同时粒子之间的树脂基体也产生塑性变形，吸收冲击能量，因为纳米粒子比表面积大、比表面能高，与基体结合力强，在外力作用下，粒子易诱发更多银纹，吸收更多能量。但当粒子的加入量达到某一临界值时，粒子间过于接近，而相互聚集，在外力作用下，粒子引发的银纹容易发展成裂纹，韧性反而下降。纳米粒子补强机理：纳米填料粒子的比表面积大与聚合物基体的相互作用力大，界面结合好，因此，相当于填料的有效体积增大，无需太多质量，材料强度就得到很大提高。总之，要达到增强增韧目的必须保证纳米粒子分散均匀、合适的粒径间距以及界面结合力。无机填料的分散程度与无机粒子的比表面积、无机粒子的表面自由能、与树脂表面极性的差异和作用力以及基体黏度有关。粒子与树脂之间的作用力越大，无机粒子的分散越困难。无机纳米粒子的粒径小、比表面积大、表面能高，因此与树脂基体黏附力大，又因树脂体系一般黏度大，所以纳米粒子在聚合物基体中很难分散，容易团聚。因此，防止纳米粒子团聚、实现粒子纳米尺度的分散是制备聚合物纳米复合材料的关键步骤。通过纳米粒子表面改性或用其他特殊方法（如插层法、原位聚合法等）以达到粒子在纳米尺度上与聚合物结合，制备纳米复合材料一直是材料领域的研究热点，并取得了进展。

8.3.3.2 耐热性与阻燃性

聚合物阻燃广泛受到重视，卤素类阻燃剂阻燃效能好、适用面广，一直是聚合物阻燃配方的主要阻燃剂。但是，卤素类阻燃剂发烟量大，并且释放的卤化氢气体具有强腐蚀性，对环境、人体有害。有关报道说，多溴二苯阻燃塑料燃烧时会产生致癌物质。氢氧化铝、氢氧化镁等无卤阻燃剂填充量大（一般50%左右），严重影响材料的力学性能和加工性。所以，开发无卤、高效、低成本、环境友好的阻燃体系备受重视。Jeffery 等用熔融插层法制备的PS/蒙脱土（蒙脱土质量分数3%）、PP-g-MA/蒙脱土纳米复合材料（蒙脱土质量分数4%）的热释放速率（HRR）比纯的 PS、PP 分别降低了 60%、75%。关于聚合物/层状硅酸盐纳米复合材料的阻燃机理，目前认为：具有高热稳定性的黏土片层在二维方向起阻隔作用，对聚合物凝聚相的降解产生影响，片层结构阻隔了分解气体的扩散，并抑制了气体燃烧热向聚合物凝聚相的传递，同时黏土片层促进了炭化层的形成，并对炭化层起固定和增强作用。尽管聚合物层状硅酸盐纳米复合材料的阻燃研究刚刚开始，关于阻燃机理、制备方法的影响、片层分散度及微观形态的影响、硅酸盐类型的影响以及填充量的影响等很多问题还没解决，但是却为聚合物阻燃技术开辟了一条新的途径，具有广阔的应用前景。

8.3.3.3 其他特殊功能聚合物基纳米复合材料

最近开发的特殊功能的聚合物纳米复合材料主要包括抗菌塑料、导电塑料及磁性塑料等。抗菌塑料实际上就是将纳米无机抗菌剂添加到塑料中，因为纳米抗菌剂粒径小、比表面积大，增加了与细菌的接触面积，提高了抗菌效果，同时，粒子间的库仑力可穿透细菌的细胞壁，降低细胞活性。因此，纳米抗菌塑料具有安全、高效、长效等优点。纳米磁性塑料是将纳米级铁氧类或稀土类等超磁物质与塑料共混制得的磁性能很好的塑料，主要用于电器零部件。复合导电聚合物材料是以高聚物为基体，掺入各种导电填料，如金属粉、金属氧化物、石墨等，多用于电气工程、电子工业等领域作为抗静电和电子屏蔽材料。由于导电高分子具有易成型、密度轻、价廉、电阻率可调等优点，被广泛应用。用层离/吸附法制备了聚苯胺嵌入氧化石墨纳米复合材料，大大提高了材料导电性和电化学性能。

聚合物纳米复合材料是一个新兴的、多学科交叉的、跨门类的研究领域，具有广阔的研究前景。聚合物无机纳米复合材料，可以很好地将无机填料的刚性、尺寸稳定性、热稳定性与聚合物的韧性、加工性、介电性结合起来，获得性能优异的复合材料；同时，可用挤出、共混、注塑等方法加工；由于纳米粒子的奇特效应，使聚合物具有光、电、磁等性能。但是，不能盲目追求纳米，作为科学工作者更应头脑清醒。纳米复合材料技术刚刚兴起，还处在探索、积累经验阶段，很多项目还局限在实验室的研究，离工业化还有很大距离，目前需解决的问题主要表现在：① 纳米材料精细结构的表征和纳米复合材料中纳米相的表征。② 纳米复合聚合物的力学性能、热性能和阻燃性能改善的机理。③ 纳米粒子在聚合物基体中的聚集问题。随着技术发展及新工艺、新方法的不断出现，问题必然会得到解决，必将实现对纳米复合材料微观结构的优化设计，实现对纳米粒子的形态、尺寸和分布的有效控制，最终开发出性能更好、功能更强的聚合物纳米复合材料。

8.4　环境敏感性高分子材料

敏感性高分子及其水凝胶是一类具有重要潜在用途的功能材料。本节在对此类高分子和高分子水凝胶的基本概念、研究历史、重要敏感性高分子和高分子水凝胶简要介绍的基础上，重点介绍用于研究敏感性高分子溶液构象、敏感性高分子水凝胶形成和相转变行为等基本性质，介绍这类材料在高效分离、药物缓释、智能器件制备、组织培养等高新技术领域的可能应用。

凝胶是由三维网络结构的高分子和充塞在高分子网链间隙中的小分子介质所构成的。一般情况下，介质为液体。水凝胶是以水为介质、能在水中溶胀并保持大量水分而又不溶解的聚合物体系。根据对外界刺激的响应特性，可以将水凝胶分为普通水凝胶和环境敏感性水凝胶，后者又称为智能型水凝胶或刺激响应性水凝胶。与普通水凝胶不同，环境敏感性水凝胶能够感知外界物理的或化学刺激信号的变化，并可通过体积相转变等行为做出应答。根据刺激信号的不同，又可将环境敏感性水凝胶分为温度敏感性水凝胶、pH 敏感性水凝胶、光敏感性水凝胶、电场敏感性水凝胶、磁场敏感性水凝胶等。

8.4.1　水凝胶作用机理

环境敏感性水凝胶首先满足一般水凝胶的理论，进而还具有特定的结构与功能。形成水凝胶的必备条件为：① 主链或支链含有大量的亲水基团，如—COOH、—OH、—$CONH_2$、—NH_2、—O—、—SO_3H 等。② 能形成网状体型结构。水凝胶可分为化学水凝胶和物理水凝胶。化学水凝胶：即亲水性单体通过化学交联剂或直接化学反应形成共价键结合，或者经金属离子形成配位结合。物理水凝胶：可经水溶性聚合物通过离子间力（静电排斥或吸引）、物理缠结或辐射、氢键、范德华力、疏水作用等形成。其中化学键与带相异电荷的离子间力作用能形成较牢固的水凝胶，可经历溶胀-收缩非相转变的过程；而氢键、范德华力一般不能形成牢固的水凝胶，通常只经历溶液-凝胶相转变的过程。因此，水凝胶常用的合成方法为：均聚、化学交联聚合、辐射交联聚合、离子型聚合、接枝聚合、共聚合和共混等。除少量水凝胶经水解、酶解等方式短期降解为小分子后可溶于水外，一般说来，形成水凝胶的聚合物在水中只溶胀而不溶解，具有化学稳定性。

8.4.2 常见的敏感性水凝胶

8.4.2.1 温度敏感性水凝胶

温度敏感性水凝胶是一种体积随温度变化而变化的高分子水凝胶。在临界温度附近，若随温度增高，它的溶胀率会突然增大的水凝胶被称为“热胀型”水凝胶（具有高临界溶解温度UCST）；反之，随温度增高而溶胀率突然降低的水凝胶，则被称为“热缩型”水凝胶（具有低临界溶解温度LCST）。

1984年，Tanaka等研发了典型的热缩型温敏水凝胶的代表之一：聚*N*-异丙基丙烯酰胺（PNIPAAm），因PNIPAAm的LCST接近人的体温，随即吸引众多的科技工作者用共聚、接枝或共混等方法对它进行改性研究，如加入甲基丙烯酸丁酯（BMA）或丙烯酸（AA）以进行共聚；加入聚乙二醇（PEG）以进行共混；更换异丙基疏水基团为2个乙基后，生成聚*N*,*N*-二乙基丙烯酰胺PDEAAm [poly-(*N*,*N*-diethylacrylamide)]等类别的改性探索。

聚氧化乙烯（PEO）与聚氧化丙烯（PPO）形成的嵌段共聚物已被美国FDA（Food and Drug Administration）批准为药用辅料的高分子。三嵌段类的商品名为Pluronic或Poloxamer，结构为PEO-PPO-PEO或PPO-PEO-PPO；多嵌段共聚物的商品名为Tetronic，结构为$(R_1)_2NCH_2CH_2N(R_2)_2$，其中R_1、R_2可分别为—PEO—PPO、—PPO—PEO。而接枝共聚物PEO-PPO-PEO-g-PAA的商品名为：Smart Hydrogel^{TM}。因它在1%～5%的聚合物浓度、人体环境（37.5℃，pH=7.4）下能形成凝胶，且具有黏弹性和生物黏附性，又对视觉无障碍，无毒副作用，能很好地充当眼药、疏水性药物缓释载体。聚乙二醇与L-型聚乳酸（PEG-PLLA-PEG）形成的三嵌段共聚物也具有温度敏感性。在45℃呈现为溶液，可装载药物或生物活性分子，皮下注射后，很快降至体温而形成凝胶，可作为一种可持续释放药物的载体。从上述可见，温度敏感性水凝胶的确含有一定比例的疏水侧基或支链。

8.4.2.2 pH敏感性水凝胶

水凝胶的pH响应性是指其溶胀或消溶胀是随pH值的变化而变化。pH敏感型水凝胶的响应特性，可通过在弱聚电解质中引入少量疏水性结构单元而实现，其中疏水微区相当于物理交联，能干扰聚电解质解离所引起的溶胀。

pH敏感性水凝胶是其体积随环境pH值变化的高分子水凝胶。这类凝胶大分子网络中具有可解离成离子的基团（羧基、磺酸基或氨基），它们根据环境pH值变化而夺取或释放质子。聚电解质响应性凝胶在受外界pH值刺激时，其体积发生很大变化。图8-1为有代表性的pH敏感的聚丙烯酸（PAA）在高pH值条件下的电离，而聚丙烯酸-*N*,*N*-二乙氨基乙酯（PDEAEM）在低pH值时离子化。

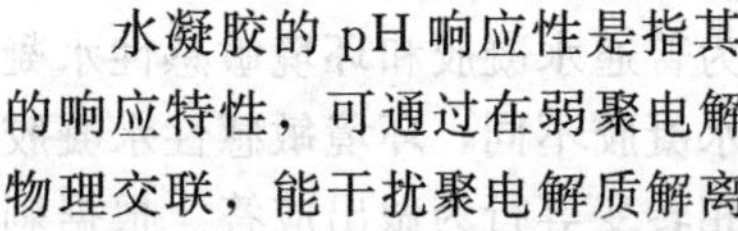

低pH　　　　　　高pH

$$\text{-}\!\!\left(CH_2-\underset{\substack{|\\COOH}}{CH}\right)\!\!\text{-} \underset{H^+}{\overset{OH^-}{\rightleftharpoons}} \text{-}\!\!\left(CH_2-\underset{\substack{|\\COO^-}}{CH}\right)\!\!\text{-}$$

图8-1 聚丙烯酸的电离

利用pH值敏感性水凝胶的这种性质可以方便地调节和控制凝胶内药物的扩散和释放速率。它可用于具有不同pH值的肠、胃给药系统。有文献报道了利用这类凝胶作为载体保护蛋白和多肽类药物，并且使药物在温和的位置（如结肠内）释放，从而实现这类药物经胃肠道给药的有效性。pH值敏感凝胶形成的疏水微区相当于物理交联，能干扰聚电解质解离所引起的溶胀，疏水基团会使溶胀转变发生位移。例如，丙烯酸-*n*-烷基酯（*n*=8,12,18）修饰聚丙烯酸凝胶溶胀的pH值敏感性研究结果表明，疏水聚集对凝胶溶胀行为影响显著，n值和酯含量增大使溶胀转变向碱性介质位移，因为疏水基团相互作用使凝胶的收缩态稳定。对甲基丙烯酸酯修饰的甲基丙烯酸-N,N-二甲氨基乙酯与二乙烯基苯交联的弱碱性聚电解质凝胶的研究也表明，凝胶疏水性增强则其溶胀转变向低pH值方向移动。

甲基丙烯酸甲酯（MMA）与甲基丙烯酸二甲氨基乙酯DMAEMA（dimethyl aminoethyl methacrylate）的共聚物形成的水凝胶，在中性环境下不释放药物，在pH为3～5时，零级释放药物，可用于胃部环境给药系统。而聚丙烯酸（PAA）或聚甲基丙烯酸（PMA）形成的水凝胶则只在中性至碱性环境下释放药物，可用于肠部给药系统。聚甲基丙烯酸（PMA）接枝聚乙二醇（PEG）形成的水凝胶也具有pH敏感性。在低pH值下，因氢键作用而使该水凝胶收缩；在高pH值时，因羧基（—COOH）离解，而使之溶胀。因此，pH敏感性水凝胶的确含有酸性或碱性基团。

另外，Traitel等借助葡萄糖氧化酶和过氧化氢酶的性能可把葡萄糖的浓度转换成对应的葡萄糖酸的pH值，从而实现用pH敏感性水凝胶聚甲基丙烯酸羟乙酯与聚甲基丙烯酸二甲氨基乙酯的共聚物/poly（HEMA-co-DMAEMA）对胰岛素的控制释放，且葡萄糖浓度愈高，水凝胶释放胰岛素愈快。

8.4.2.3 光敏感性水凝胶

光敏感性高分子凝胶作为高分子凝胶中的一类，是在光作用下能迅速发生化学或物理变化而作出响应的智能型高分子材料。通常情况下，光响应高分子凝胶是由于光辐射光刺激而发生体积相转变，如在紫外线辐射时，凝胶网络中的光敏感基团发生光异构化、光解离，因基团构象和偶极距的变化可使凝胶发生溶胀。

光响应高分子凝胶的最大特点是响应过程具有可逆性，离开光的作用凝胶会恢复到原来的状态。有关光响应高分子凝胶的响应机理，目前正处于研究阶段。其制备方法简述如下。

（1）将感光性化合物添加入高分子凝胶中　凝胶材料中含有感光性物质，感光物质吸收光能后导致材料温度、电场等环境因素发生改变，进而对某一环境因素做出响应性。常用的感光性化合物有叶绿酸、重铬酸盐类、芳香族叠氮化合物与重氮化合物、芳香族硝基化合物和有机卤素化合物等。

在热敏型凝胶材料中引入特殊的感光化合物。在外界光刺激下，感光性化合物可将光能转化为热能，致使材料内部的温度局部升高。当凝胶内部温度变化达到相转变温度时，凝胶就会做出相应的响应。按此机理合成了聚异丙基丙烯酰胺与叶绿酸的共聚凝胶。凝胶中叶绿酸为吸光产热分子，是一种热敏型凝胶材料。实验表明，当温度控制在相转变温度（31.5℃）附近时，随着光强连续变化，可使凝胶在某光强处产生不连续的体积变化。

在凝胶材料中引入感光化合物，利用其遇光分解产生离子化作用来实现响应性。在光的刺激下，光敏分子内部产生大量离子，高分子凝胶中的离子进入凝胶内部，使凝胶中的渗透压发生突变，外界溶液会向凝胶内部扩散，促使凝胶发生溶胀形变，做出光响应。

（2）在高分子的主链或侧链引入感光基团　凝胶分子链上含有感光基团后，感光基团一旦吸收了光，在相应波长光能作用下就会引起电子跃迁而成为激发态。处于激发态的分子通过分子内或分子间的能量转移发生异构化作用，引起分子构型的变化，促使材料内部发生某些物理或化学性质的改变，进而产生一定的响应性。可引入的感光基团种类很多，主要有光二聚型感光基团如肉桂酸酯基、重氮或叠氮感光基团如邻偶氮醌磺酸基、丙烯酸酯基团以及其他具有特种功能的感光基团如具有光色性、光催化性和光导电性基团等。如偶氮苯及其衍生物就是一类典型的光致异构分子，具有良好的环境稳定性和容易与聚合物键合等优点。它在光照下会发生可逆顺反异构，改变大分子链间的距离从而使凝胶表现出膨胀-收缩。如图

8-2 所示，反式的偶氮苯在吸收紫外线后变成顺式偶氮苯，顺式偶氮苯在可见光的照射下又可以回到反式结构。

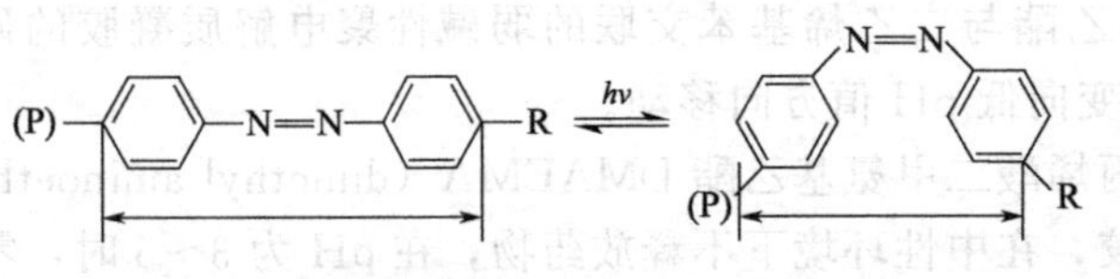

图 8-2 偶氮苯型聚合物的光致互变异构反应

在这一过程中偶氮苯分子结构从棒状变成"V"字形，分子尺寸发生很大的变化。用对氨基偶氮苯和丙烯酰胺氯合成了侧链上含有偶氮苯基的单体，并用此单体与丙烯酸共聚制备了一种新型的与光响应性高分子及其共聚凝胶。共聚高分子显示出较好的与光的响应性，且响应性随共聚比例不同而改变。这种双重响应性分别与共聚高分子结构中的羧基解离和偶氮苯基发生顺反异构有关。

环境敏感性水凝胶在医药学、生物技术领域具有广阔的应用前景，随着人们对水凝胶的制备方法及其应用领域研究的日益深入，必将在药用材料的大家族中占有重要地位。然而环境敏感性水凝胶共同的缺点在于其对外部刺激的响应比较慢，最简便的解决方法是制备更薄更小的水凝胶，但是这样可能使水凝胶的机械强度不够，易破碎。而且用于给药系统中的水凝胶还需要具有良好的生物相容性和生物降解性，这也是今后需要重点解决的问题。

8.4.2.4 磁场敏感性水凝胶

磁场敏感性水凝胶（ferrogel 或 magnetic-field-sensitive hydrogel）是指对磁场具有响应特性的类环境敏感性水凝胶。磁场敏感性水凝胶一般是由聚合物基质和功能组分所构成的复合凝胶。

（1）磁场敏感性水凝胶的组成、结构与性质　磁场敏感性水凝胶一般是由聚合物基质和功能组分所构成的复合凝胶。赋予水凝胶磁场响应特性的功能组分多为无机磁性粒子，最常见的有 Fe_3O_4、γ-Fe_2O_3 等金属氧化物以及 $CoFe_2O_4$ 等铁酸盐类物质。Fe_3O_4 由于具有价廉易得、无毒等优点，是目前最常被采用的磁性组分。构成水凝胶的聚合物的种类，磁性粒子的种类、粒径大小及其在体系中的含量等对复合水凝胶的性质都有着非常大的影响。若磁性组分具有超顺磁性，复合凝胶也可表现出超顺磁性，即在磁场作用下具有较强的磁性，撤除磁场后其磁性很快消失，不会被永久磁化；若凝胶中的磁性粒子不具有超顺磁性，复合凝胶则具有永磁体的特性。

将磁场敏感性水凝胶置于外加磁场中，会存在磁场-磁性粒子间以及磁性粒子与磁性粒子之间的相互作用。在非均匀磁场中，磁场-磁性粒子间的相互作用占主导地位，磁性粒子会因磁泳力（magnetop horetic force）的作用而向磁场较强的区域聚集。由于聚合物交联网络具有变形性，这种磁泳力作用会引起材料在宏观尺寸上的变化，复合凝胶随磁场变化表现出弯曲、伸直等多种形变，但凝胶的网络结构不会损坏，显示出良好的刺激响应性。另外，磁场敏感性水凝胶还具有控制释放等特性。

（2）磁场敏感性水凝胶的制备

① 在凝胶网络中原位生成磁性粒子的制备路线　以无机盐水溶液为原料、高分子凝胶网络为反应器，通过原位化学共沉淀反应可在凝胶网络中引入磁性微粒，得到磁场敏感性的复合水凝胶。Starodoubtsev 等将交联剂 N,N'-亚甲基双丙烯酰胺（MBA）和单体丙烯酰胺（AAm）混合，通过自由基共聚合制备了聚丙烯酰胺（PAAm）水凝胶。将干燥后的凝胶薄片在铁盐溶液（Fe^{2+} 与 Fe^{3+} 的摩尔比为 1∶2）中溶胀，待其达到平衡后置于氢氧化钾（KOH）溶液中处理，通过式（8-4）所描述的反应，在凝胶网络中原位生成了 Fe_3O_4 粒子。用去离子水将未反应的杂质洗掉，即可得到 PAAm/Fe_3O_4 复合水凝胶。

$$2FeCl_3 + FeSO_4 + 8KOH \longrightarrow Fe_3O_4 + 6KCl + K_2SO_4 + 4H_2O \quad (8\text{-}4)$$

在磁场作用下制备了壳聚糖（CS）基质中 Fe_3O_4 有序排列的磁性凝胶棒。首先，将壳聚糖溶液与铁盐溶液（Fe^{2+} 与 Fe^{3+} 的摩尔比为 1∶2）混合，搅拌均匀后密封静置脱泡。然后，将混合溶液倒入附有一层壳聚糖膜的模具中，用 5%（质量分数）的氢氧化钠溶液浸泡处理，最后得到 CS/Fe_3O_4 凝胶棒。在凝胶棒的成型过程中，其两端分别加上一块同型号的磁钢，在磁力作用下，生成的 Fe_3O_4 会沿着磁力线的方向择优排列。Caykara 等先通过自由基共聚反应制备了 *N*-叔丁基丙烯酰胺-丙烯酰胺共聚物水凝胶[P(*N*-TBA-co-AAm)]，再将凝胶放在铁盐溶液中溶胀，然后用氢氧化钾和硝酸钾溶液处理负载有金属离子的凝胶，得到了磁性复合凝胶。Liang 等将 *N*-异丙基丙烯酰胺（NIPAAm）与羧甲基壳聚糖接枝共聚，以其为原料制备了多孔的生物相容性的 pH/温度双重敏感水凝胶，再经原位化学共沉淀反应引入磁性 Fe_3O_4 粒子，得到具有磁场敏感性的复合凝胶。

基于磁性粒子在水凝胶网络中原位生成的磁性水凝胶制备方法，并非适用于任何种类的聚合物作为基体的凝胶体系。这主要是因为，凝胶网络经碱液处理后可能会遭到一定的破坏。以阳离子型聚合物作为基体的水凝胶体系，由于体系中要保持电荷平衡，聚合物对铁盐溶液中 Fe^{2+}、Fe^{3+} 的吸附会受到一定影响；以阴离子型聚合物作为基体的水凝胶体系，聚合物中带负电荷的官能团（如—COO—）可与铁盐溶液中的 Fe^{2+}、Fe^{3+} 形成配合物，从而影响 Fe_3O_4 在凝胶网络中的生成。聚丙烯酸水凝胶放在铁盐溶液中溶胀后再放入氢氧化钠溶液中处理，凝胶网络中并没有大量的 Fe_3O_4 生成。这可能是由于铁离子与聚丙烯酸分子链上的羧基发生了络合作用，从而抑制了 OH^- 与铁离子的反应。

总之，这种制备磁性水凝胶的方法，可以保证引入较多量的磁性组分，且其在凝胶网络中的分散较均匀，这是其优点；缺点是其过程稍显复杂，周期较长，生产效率低，而且聚合物网络结构常常会受到一定的破坏。

② 将预制的磁性粒子引入凝胶网络中的制备路线

a. 在化学交联水凝胶网络形成过程中引入磁性粒子。Zrínyi 等首先通过化学共沉淀法制备出粒径在 10nm 左右的 Fe_3O_4，加入微量 $HClO_4$ 制得稳定的磁性流体。将此磁性流体与聚乙烯醇（PVA）水溶液混合均匀，加入交联剂戊二醛（GDA）引发交联反应，通过改变 GDA 的用量控制交联度，得到了具有磁响应特性的 PVA/Fe_3O_4 复合水凝胶。Xulu 等将 NIPAAm 单体水溶液与交联剂 MBA、聚合促进剂 *N*,*N*,*N*′,*N*′-四甲基乙二胺（TEMED）和 Fe_3O_4 粒子混合均匀，通氮气除氧后，加入引发剂过硫酸铵（APS），将混合物倒入模具中反应 2h，制备了 PNIPAAm/Fe_3O_4 磁场敏感性水凝胶。Goiti 等将甲基丙烯酸-2-羟乙酯（HEMA）、二甲基丙烯酸乙二酯（EGDMA）和 APS 按照一定的比例溶解在去离子水中，然后与 Fe_3O_4 粒子（粒径约 10nm）混合均匀。在氮气保护下，迅速将混合物倒入反应器中，再加入 TEMED 溶液，在室温下放置 24h 后，制得 PHEMA/Fe_3O_4 水凝胶。

依靠化学引发剂和交联剂引发聚合与交联的方法制备化学交联的水凝胶，方法简便易行，适用的单体种类多，具有普适性，应用范围广。但是，由于引发剂与交联剂等经常是有一定毒性的化合物，若其在体系中有残留，则凝胶产物在生物医学领域应用时会存在隐患。这是此种磁性水凝胶制备技术的一个缺陷。

b. 在辐照聚合形成凝胶网络过程中引入磁性粒子。Satarkar 等采用紫外线辐照引发聚合，制备了 PNIPAAm/Fe_3O_4 磁场敏感性水凝胶。具体方法为，将一定浓度的 NIPAAm 溶液与交联剂二甲基丙烯酸聚乙二醇（400）酯（PEG400-DMA）、Fe_3O_4（粒径约 20～30nm）按照一定比例混合，加入光引发剂安息香双甲醚，混合均匀后倒入模具中，用紫外线辐照使其凝胶化。产物在去离子水中浸泡，经多次洗涤除去杂质，得到具有温度/磁场双重敏感性的水凝胶。还有将甲基丙烯酸聚乙二酯（PEGMA）单体与 Fe_3O_4 水基磁流体混合，以MBA为交联剂，经紫外线辐照聚合，制备了具有超顺磁性的核-壳结构磁性纳米凝胶。磁性纳米凝胶形状较规则，干燥状态下平均粒径约为46nm，而湿态下平均粒径为68nm，表明其外层的水凝胶具有较强的吸水膨胀能力。

将单体HEMA、交联剂MBA和 Fe_3O_4 磁流体混合均匀后，采用紫外线辐照聚合，制备了 Fe_3O_4 含量高达90％的PHEMA/Fe_3O_4 磁性纳米水凝胶。另外，还利用紫外线辐照引发烯丙基胺原位聚合，得到聚烯丙基胺磁性纳米凝胶。这种表面伯胺基化的纳米凝胶能够作为载体偶联蛋白质等生物大分子，可在生物领域的诸多场合得以应用。

Chen等采用Span 280为乳化剂，在高速搅拌下，将聚乙烯基吡咯烷酮（PVP，10％质量分数）和 Fe_3O_4（20％，质量分数，粒径约50nm）的混合物（水相）滴加到正己烷（油相）中，将得到的乳液采用 ^{60}Co γ射线辐照。辐照后的样品分别用丙酮、乙醇和水洗涤以除去未反应的杂质，得到PVP/Fe_3O_4 水凝胶微球。

用辐照法制备水凝胶不需要引发剂，操作工艺简单，污染小，符合未来环保的趋势。但是，这种方法制备水凝胶需要特殊的辐射源，其应用范围会受到一定的限制。

c. 在形成物理交联的水凝胶网络过程中引入磁性粒子。"循环冷冻-解冻"法是最常用的制备物理交联凝胶的方法，其原理是：冷冻可以使接触着的分子链由于彼此间的相互作用而紧密结合甚至形成具有一定有序结构的微区；解冻后，这些有序微区维持结构不变而保留下来；重新冻结时又有新的有序微区形成。如此多次循环可形成较多的有序微区，这些微区成为构筑水凝胶的"物理交联点"。利用这种方法制备的水凝胶被称为"cryogel"。

Hernández等将聚乙烯醇（PVA）溶液与 $CoFe_2O_4$ 磁流体按一定比例混合均匀，在80℃下放置一夜，室温下冷却后倒入圆柱形模具中，在−32℃下冷冻15h，然后在室温解冻5h，得到PVA/$CoFe_2O_4$ 磁场敏感性水凝胶。Hernández等首先通过化学共沉淀法制备出 Fe_3O_4 磁性粒子（粒径约12nm），然后将 Fe_3O_4 均匀分散在PVA溶液中，再把混合物注入圆柱形聚乙烯容器中，于−25℃冷冻16h，25℃解冻8h。如此反复循环数次，制得外观为棕色的磁场敏感性水凝胶。Goiti等通过超声将 Fe_3O_4（粒径约10nm）分散在PVA水溶液中，在液氮中冷冻0.5h，然后室温下解冻0.5h，经多次冷冻-解冻制得PVA/Fe_3O_4 磁场敏感性复合凝胶。Liu等通过超声处理使 Fe_3O_4 粒子（粒径为150～500nm）均匀分散在PVA水溶液中，将混合物倒入模具中，在−20℃下冷冻16h，25℃下解冻5h，反复冷冻-解冻数次后得到PVA/Fe_3O_4 复合凝胶。以微米级 Fe_3O_4 粉末和PVA为原料，采用冷冻-解冻法制备了PVA/Fe_3O_4 磁场敏感性水凝胶。研究发现，不同 Fe_3O_4 含量的磁性水凝胶都存在一个磁场强度阈值，Fe_3O_4 含量越大则阈值越小。欲使磁性水凝胶在外磁场作用下发生突然跳跃，必须使磁场强度超过这个阈值。"循环冷冻-解冻"法制备物理交联水凝胶不需交联剂，操作方法简单，但可应用的体系非常有限，一般应用于PVA体系。这也是该方法制备磁性复合水凝胶的一个弱点。

总之，将现成的磁性粒子引入凝胶网络中的磁性水凝胶制备路线，工艺比较简单，易于操作，制备速率快。然而如何保证磁性纳米粒子在体系中不团聚并分散均匀，是这种制备路线中的技术难点。

（3）磁性粒子直接参与凝胶形成过程的制备路线　无论是将现成的磁性粒子引入到凝胶网络中，还是令磁性粒子在凝胶网络中原位生成，用这些方法得到的磁场敏感性水凝胶，磁性粒子和聚合物网络之间均无化学键作用。这样，磁性粒子分散于凝胶体系之中，其均匀性和稳定性未必能得到很好的保证。于是，考虑使无机粒子与聚合物网络之间形成共价键接，可以有两条途径供选择。其一是所谓“graft to”方法，即令末端功能化的聚合物链跟磁性无机粒子的表面基团反应；其二是所谓“graft from”方法，即将引发剂分子预先接枝到磁性粒子表面，然后用它来引发单体聚合，实现聚合物分子链在磁性粒子表面的原位生长。这种技术，磁性粒子直接参与了水凝胶的形成过程。

Czaun等以经过表面修饰的磁性粒子作为功能交联剂，在磁性粒子表面引发原子转移自由基聚合（ATRP），制备了聚合物分子与磁性粒子之间有共价键接的磁场敏感性凝胶。首先合成铁纳米粒子（Fenp），然后将ATRP引发剂固定于铁纳米粒子表面。所用的ATRP引发剂是[1,1-(2-溴2,2-二甲基)丙酸基]十一烷基三氯硅烷，它可以通过三氯硅烷基团与磁性粒子表面的羟基进行反应，从而被引入到铁纳米粒子的表面。最后，用这种表面修饰的铁纳米粒子作为引发中心引发将苯乙烯聚合得到磁场敏感性的Fenp-PS凝胶。这种凝胶的合成，省去了传统的化学交联剂，结构成分不复杂。而且磁性粒子和凝胶网络之间有化学键作用，磁性粒子在网络中有确切的定位，其复合结构稳定。另外，用双亲嵌段共聚物聚ε-己内酯-聚乙二醇（PCL-PEG）对四氧化三铁磁性粒子进行稳定化处理，得到均匀而稳定的胶体溶液，然后再将其与α-环糊精（α-CD）水溶液混合。由于α-CD分子与嵌段共聚物分子之间的主-客体的相互作用，两者在混合过程中形成了具有超顺磁性能的复合磁性水凝胶。在此体系中，嵌段共聚物分子既充当磁性粒子胶体溶液的稳定剂，又充当超分子自组装过程中的客体分子。通过改变PCL-PEG、α-CD及磁性粒子的含量，可以对这种磁性超分子水凝胶的力学性能进行调控。

8.4.3 敏感性水凝胶的应用

由于敏感性水凝胶能够对外场产生响应，而且具有独特的柔韧性和渗透性，在药物控制释放、人工肌肉、蛋白质分离和酶的固定等方面有着广阔的应用前景，因而近年来对它的研究和开发工作异常活跃，成为当前的一个研究热点。

8.4.3.1 药物控制释放

水凝胶可作为药物控制释放的载体是因为凝胶网络中的孔隙为药物提供了储存和输送的通道。磁性水凝胶控制释药系统由分散于聚合物网络中的药物和磁性粒子组成。Liu等研究了化学交联的明胶/Fe_3O_4磁场响应性凝胶对维生素B_{12}的控制释放行为。在外加磁场作用下，凝胶体系释放药物的“开-关”（on-off）模式可用珍珠链模型来说明，如图8-3所示。在没有外加磁场时，凝胶体系中的磁性粒子之间没有相互作用，凝胶的孔径和孔隙率都较大（即凝胶体系处于“开”的状态），维生素B_{12}的释放速率较快；施加外磁场后，磁性粒子由于彼此之间的相互作用而发生聚集，导致聚合物网链运动，凝胶网络的孔径和孔隙率减小（即凝胶体系处于“关”的状态），药物的扩散受到阻滞，于是维生素B_{12}的释放速率放缓。

磁场敏感性水凝胶的亲水性使其多用于水溶性药物的控制释放，在疏水性药物的控制释放方面受到一定的限制。很多研究者使用美国BASF公司生产的Pluronic系列双亲嵌段共聚物制备具有特定结构的水凝胶，并进行了疏水性药物控制释放方面的探索。Pluronic是聚氧乙烯-聚氧丙烯-聚氧乙烯（PEO-PPO-PEO）三嵌段共聚物产品的商品名，其本身是一种大分子表面活性剂，在水溶液中可自发聚集形成胶束。胶束的内核主要由PPO嵌段缠绕构成，PEO嵌段则环绕在外构成外壳。这种胶束结构能很好地分散于水溶液中，同时以PPO为主要成分的内核又提供了局部疏水微环境，从而可以作为疏水性药物的

图8-3 磁场敏感水凝胶趋于“关”的状态的机理

增溶载体。Qin 等利用 Pluronic F127（PF127）溶液具有温度依赖性的溶胶-凝胶转变特性，通过引入超顺磁性的 Fe_3O_4 粒子（SPIONs）合成了一种可注射的具有超顺磁性的 PF127/Fe_3O_4（SPEL）凝胶，并研究了其对疏水性药物吲哚美辛（IMC）的控制释放行为。由于 SPEL 中有大量紧密排列的胶束，不会像上文提到的化学交联结构的水凝胶那样在磁场作用下有孔隙的“开-关”现象。SPEL 凝胶对输水性药物分子的控制释放机理如图 8-4 所示。当对凝胶施加外磁场时，存在于疏水核内的磁性粒子之间相互吸引，趋向于有序排列，这使得 SPEL 凝胶发生收缩，于是胶束内增容的疏水性药物浓度发生变化（浓度增加）。由于在 PPO 疏水核和核外水环境之间产生了较大的浓度梯度，疏水性药物分子加速从核内向核外扩散溶出。

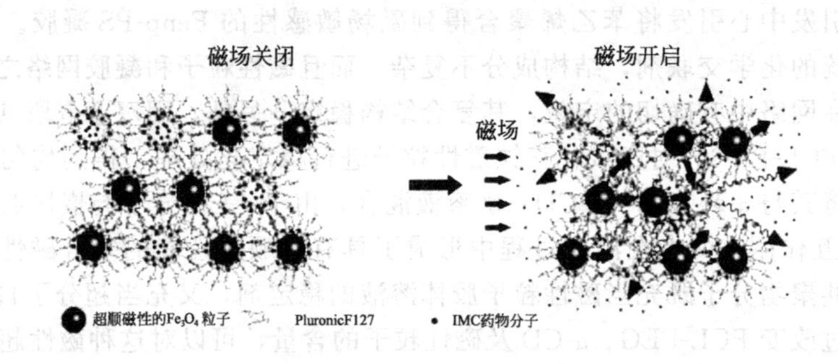

图 8-4 SPEL 凝胶的有序微结构变化

(a) 没有磁场作用，IMC 药物分子存在于胶束的疏水内核区域；(b) 在磁场作用下，超顺磁性的 Fe_3O_4 粒子趋于相互接近，胶束受挤压作用从而促进 IMC 药物释放

8.4.3.2 人工肌肉

当磁场敏感性水凝胶处于均匀的外加磁场中时，体系中不存在明显的磁场-粒子间相互作用，磁性粒子之间的相互作用占主导地位，施加的外场导致了磁偶极子的产生，这种强烈的相互作用会引起凝胶弹性模量的变化。利用复合凝胶材料在不同强度的均匀磁场中所表现出的变化，可以设计制造磁场驱动的人工肌肉。如 Ramanujan 等利用不同 Fe_3O_4 含量复合凝胶具有不同的磁场阈值的特点，制备出一种能够模仿人手指弯曲的 PVA/Fe_3O_4 磁性水凝胶。

8.4.3.3 酶的固定与蛋白质分离

磁性高分子水凝胶微球在磁场作用下具有磁分离的特性，能够快速、简便地实现混合物的分离与提纯。若聚合物组分本身具有热敏特性，即为温度/磁场双重敏感的凝胶微球，其在蛋白质和酶的纯化、回收以及酶的固定化等方面具有好的应用前景，此领域的研究工作日益活跃。

Takahashi 等将酵母蔗糖酶固定在含有 γ-Fe_2O_3 的 *N*-异丙基丙烯酰胺-丙烯酰胺共聚物水凝胶中，在磁场作用下凝胶体系的温度可以从 24～25℃升至 31～56℃。该种凝胶受热体积收缩，可以利用温度/磁场双重敏感凝胶的体积变化效应来控制蔗糖降解的速率。在 Fe_3O_4 磁流体中通过苯乙烯（St）与 *N*-异丙基丙烯酰胺（NIPAAm）共聚合制备了温度/磁场双重敏感的 P（St-co-NIPAAm）/Fe_3O_4 凝胶微球。这种凝胶微球可用于人血清白蛋白（HAS）的分离。在低临界溶解温度（LCST）以下，将微球加入到待分离的混合液中，当温度高于 LCST 时凝胶微球吸附大量 HAS，降温至 LCST 以下时所吸附的蛋白质发生解吸，如此反复，可达到迅速、方便地分离蛋白质的目的。

虽然人们开拓性地取得了上述一些成果，但在对生物物质具有敏感性的环境敏感性水凝胶以及多重敏感性水凝胶的研究方面成效还不多。制备越接近活生物体本身所具有的结构及多重敏感性的水凝胶会越难，其中问题的关键在于，要有满足一定条件的新型聚合物和交联剂。从自由能等参数变化的热力学角度、快速响应机理等动力学角度出发，系统研究水凝胶的形成、溶胀平衡以及平衡的转变、响应的时间变化的理论，还远没取得突破性成果。环境敏感性水凝胶的设计、制备和应用，涉及化学、物理学、材料学和医学等诸多学科，还有很多基础理论和应用技术等问题亟待解决。在应用需求的驱动下，环境敏感性水凝胶的相关研究和开发工作在未来会有更快、更大的进展，从而显现出其造福人类的美好发展前景。

8.5　可降解高分子材料

20 世纪 70 年代的两次石油危机以及石油化工产品所带来的白色污染的困扰，促使人们提出充分利用和开发天然可再生资源制备性能优良、可生物降解的环境友好的材料。美国、日本及欧洲等国的科学家首先提出并开始着手于可降解材料的研究和开发。目前报道的可降解塑料主要有淀粉基生物降解塑料、聚乳酸（PLA)、聚羟基烷酸酯（PHAs)、聚己内酯(PCL)、聚丁二酸丁二酯（PBS）等。

8.5.1　高分子材料的生物降解机理

生物降解是指有机物被活体微生物破坏的过程。高分子材料的生物降解过程主要分为三个阶段：①塑料表面被微生物黏附，产生一些水溶性的中间降解产物，黏附方式与塑料特性（如流动性、结晶性、分子量、官能团类型等)、微生物种类及自然条件（如温度、湿度）等相关；②微生物分泌的部分酶类（如胞外酶和胞内酶)，吸附于塑料表面并消解聚合物链，通过水解和氧化等反应将高分子材料降解为低分子量的单体及碎片；③在微生物作用下，这些低分子量的单体及碎片最终被降解为 CO_2、水、甲烷及生物质(腐殖质）等（图 8-5)。

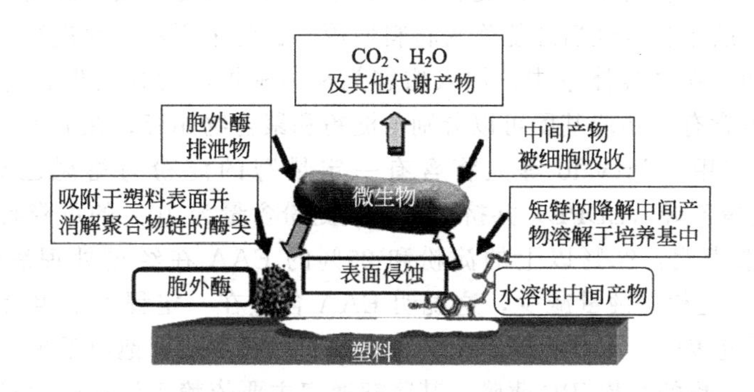

图 8-5　塑料在好氧条件下的生物降解机制

通常，上述过程是由不同微生物种类共同作用造成的，其中一些微生物首先将塑料降解为单体形式，一些微生物则利用该单体产生一些简单副产物，而另一些微生物则能利用该产物最终将其降解为 CO_2、H_2O、甲烷及腐殖质等，具体见表 8-1。降解聚合物的微生物优势种群和降解途径常常视环境条件而定，在有氧条件下，好氧微生物将塑料转化为 CO_2、H_2O 和生物质。而在厌氧环境中（如废弃物填埋场、堆肥等)，厌氧微生物则是造成高分子材料退化的主要原因，塑料被最终降解为 CO_2、H_2O、甲烷及生物质。

表 8-1 降解不同种类塑料的微生物种类

塑料种类	微生物种类
淀粉/聚乙烯	黑曲霉 F-1119、黄孢原毛平革菌
淀粉/聚酯	链霉菌 SNG9、黄孢原毛平革菌
聚乳酸	串珠镰刀菌、娄地青霉、拟无枝酸菌、短芽孢杆菌、戴尔根霉
聚 3-羟基丁酸酯	勒氏假单胞菌、斯氏假单胞菌、链霉菌 SNG9、粪产碱杆菌、烟曲霉、曲霉、德氏泥杆菌、睾丸酮丛毛单胞菌
聚(3-羟基丁酸-3-羟基丙酸)	食酸菌 TP4
聚(3-羟基丁酸-3-羟基戊酸)	链霉菌 SNG9
聚己内酯	肉毒杆菌、丙酮丁醇梭菌
聚己二酸乙二醇	青霉
聚丁二酸乙二酯	短小芽孢杆菌、棒曲霉
BTA-共聚多酯	褐色高温单孢菌
聚乙烯	波茨坦短芽孢杆菌、白色白球菌
聚亚胺酯	食酸丛毛单胞菌 TB-35、塞内加尔弯孢霉、茄病镰孢菌、出芽短梗霉、枝孢霉、绿叶假单胞菌
聚氯乙烯	恶臭假单胞菌、苍白杆菌、荧光假单胞菌、黑曲霉 F-1119
塑化聚氯乙烯	出芽短梗霉、微紫青霉菌

8.5.2 淀粉基生物降解塑料

天然淀粉是可降解聚合物的一种常用填料，但是通过化学改性处理，淀粉本身也可以制成可降解塑料。与其他生物降解聚合物相比，淀粉具有来源广泛、价格低廉、易生物降解等优点。淀粉基生物降解塑料是泛指其组成中含有淀粉或其衍生物的生物降解塑料，它包括淀粉填充型降解塑料与淀粉基完全生物降解塑料。淀粉基生物降解塑料可分为填充性淀粉塑料、全淀粉塑料、淀粉与天然高分子共混材料三种。填充型淀粉塑料是淀粉与 PE、PVC、PP 和 PS 等高聚物以一定的比例，通过挤塑、模压、注塑、发泡等方法制得。但是填充型塑料还是不能完全生物降解，其中不能被生物降解的合成高聚物碎片，增加了回收的难度。

由于疏水性的高聚物与亲水性的淀粉没有相互作用的功能基团，因此它们之间相容性很差，必须经过表面疏水化改性后才能作为材料使用。目前采用对淀粉进行化学、物理改性等方法解决这一问题。在共混体系中，加入增容剂是一种提高淀粉与聚合物相容性的快捷方法。增容剂分子上含有的功能基团可以分别与淀粉和聚合物相容，在淀粉与聚合物两相间起到表面活性剂的作用。Arevalo 等人将含有一定量脲的淀粉与熔融乙烯丙烯酸共聚物（EAA）和低密度聚乙烯（LDPE）共挤出，制成淀粉含量为 40%的可降解塑料膜，测定其生物降解性。结果表明：80%以上的淀粉和 25%的 EAA 在经过处理后被侵蚀掉，随着 EAA 含量的增加，淀粉侵蚀量减少，这说明 EAA 含量在一定程度上阻碍微生物对淀粉的消耗。Lee 等的研究表明，木质素降解菌链霉菌属和白腐真菌黄孢原毛平革菌可以降解含有氧化强化剂和 6%淀粉的淀粉/PE 薄膜，其降解速率主要依赖于淀粉的含量，但与环境条件和配方中的其他成分也相互关联。此外，Chandra 等研究了在含有黑曲霉、绳状青霉、球毛壳霉、绿黏帚霉和出芽短梗霉等真菌接种体土壤环境中淀粉/PE 的生物降解情况，也得到了与 Lee 等相似的研究结果。Johnson 等通过化学降解、光降解和生物降解几种方法，对 11 种商业制造的可降解淀粉/PE 混合堆肥袋的降解能力进行了测试，结果表明：淀粉/PE 薄膜表面的氧浓度是限制其降解速率的主要因素，氧化强化剂的添加对促进 PE 薄膜的氧化降解至关重要。Noomhorm 等人将聚己内酯（PCL）与淀粉进行共混，研究了共混物在 α-淀粉酶作用下的降解性能，结果表明，PCL/木薯淀粉共混物的生物降解性能随淀粉含量的增加而增强，但这一性能与淀粉在 PCL 基质中的分散度无关。但也有研究表明：淀粉含量的增加有利于降解性能的提高，另一方面，也会降低共混物的拉伸强度和延伸率。Dubois 等通过马来酸酐接枝 PLA 来增加界面黏附性，从而获得性能优良的淀粉/PLA 共混聚合物。Jang 等也研究了利用马来酸酐和马来酸酐热塑性淀粉（MATPS）制备的淀粉/PLA 共混物间的界面黏附性，马来酸酐是一种良好的增容剂，能够提高淀粉/PLA 共混物的结晶度，而 MATPS 对淀粉/PLA 共混物的增容效果不佳。在相同 PLA 含量的情况下，用马来酸酐增容的淀粉/PLA 共混物比常规淀粉/PLA 共混物的生物降解能力强。Ratto 等研究了聚丁二酸丁二酯（PBS）与玉米淀粉（含量 5%～30%）共混物的性能及生物降解能力，随着淀粉含量的增加，淀粉/PBS 共混物的拉伸强度逐渐降低。土埋试验表明，当淀粉含量增加到 20%时，淀粉/PBS 共混物的可生物降解性显著提高。在土埋试验后，PBS 分子量的降低，也表明淀粉的存在增强了淀粉/PBS 共混物的生物降解能力。

8.5.3　聚羟基脂肪酸酯

聚羟基脂肪酸酯（PHAs）是当前备受关注的第 3 代生物材料之一，1962 年由 Baptist 发现，生物聚酯 PHAs 是由微生物或者植物生产的新型高分子材料，可以通过植物糖（如葡萄糖）经过细菌发酵得到。生物聚酯 PHAs 分子结构多样性强，因此其性能也具有很强的可变性和操作性，通过基因工程技术开发各种超强微生物合成平台，目前已发现的聚合物组成单体超过 150 种，各种单体的不同结构将为生物聚酯材料带来许多功能以及应用，并且新的单体被不断地发现出来。PHAs 具有良好的生物可降解性、生物相容性、憎水性和塑料的热加工性能，可作为生物医用材料和可降解包装材料，PHAs 还具有非线性光学性、压电性、气体阻隔性等许多高附加值性能，使其具有更加广阔的应用前景。

PHAs 是细菌在生长失衡情况下积累形成的一类功能性生物聚酯。对 PHAs 研究最多的是聚 3-羟基丁酸（PHB)、3-羟基丁酸与 3-羟基戊酸的共聚体（PHBV)。PHAs 的生物合成途径包括植物合成和微生物发酵。自然界中许多属、种的细菌在细胞内都能积累 PHAs 作为能量和碳源的储备。PHAs 的合成都是在碳源过量，限制氮、磷等生长条件下产生的，微生物的生长不均衡影响了细胞的代谢和生长，使得最终的产物产率并不高。因此近年来 PHAs 合成的热点主要集中在如何寻找廉价碳源以降低其生产成本和利用基因工程技术获取重组菌株以提高 PHAs 的产率上。

8.5.3.1　PHAs 的合成

(1) 碳源的选择　虽然能合成 PHAs 的微生物分布极广，但由于不同的菌属对底物的要求、所合成 PHAs 的结构、产率甚至合成机制均有很大差别，因此，只有一小部分能以工业化的规模生产不同的 PHAs，如真养产碱杆菌、藻青菌、嗜水性气单胞菌等。要达到工业化生产 PHAs 的规模和效益，微生物的选择要受到许多因素的影响，如碳源的选择、PHAs 的产量和质量以及合成率等。其中最关键的是对廉价碳源的利用率。决定微生物合成 PHAs 费用的主要因素是生产 PHAs 的原料，即碳源的价格，其成本占生产 PHAs 总成本的 28%～50%

Kim 等利用大肠埃氏杆菌作基因异体表达的主体，其中包含 1 个抗青霉素的基因，研究该重组菌株产 PHAs 的情况。结果发现，在葡萄糖浓度为 101g/L 时，特异生长率保持在 0.1～1h。Haas 等人利用限制磷酸盐的糖化水解马铃薯淀粉废料，真养产碱杆菌 NCI-MB11599 可以生产 PHB，以 1.47g/（L·h）的产率产生 94g/L 的 PHB。Kahar 等利用大豆油生产 PHA，产量为 118～126g/L，PHB 含量为 72%～76%。

为进一步降低成本，学者们采用一些工业副产物作为碳源，进行了合成 PHAs 的研究。糖蜜作为葡萄糖生产过程中的重要工业副产品，可能是一种 PHAs 生产的廉价碳源。以工业生产木糖醇的废液浓缩得到的“糖蜜”作为廉价的混合碳源，发酵试验证明，工程化改造的大肠杆菌利用廉价底物在5L发酵罐中分批培养32h后，菌体终浓度能够达到8.24g/L，聚羟基脂肪酸酯占细胞干重的84.6%。Kulpreecha等利用芽孢杆菌BA019，以甘蔗糖蜜为碳源生产PHB，产率达到1.27g/（L·h），同时糖蜜在乙醇汽油中的应用扩大了全球的需求量。因此，糖蜜作为碳源的成本也将逐步增加。甘油作为生产生物柴油过程中的主要副产物，用于PHAs生产研究，有助于解决生物柴油副产物过度积累和PHA合成原料成本过高的问题，有望作为生产PHAs的廉价碳源。Nikel等利用重组大肠杆菌arcA突变株，以甘油为碳源并添加1.78g/L水解酪氨酸，在台式反应器中微好氧发酵48h，大肠杆菌细胞干重达8.37g/L，PHB为细胞干重的42%（3.52g/L）。培养60h时，细胞干重21.17g/L，PHB为细胞干重的51%（10.81g/L）。Mothes等以脱氮假单胞菌和钩虫贪铜菌JM P134菌株，利用纯甘油合成细胞干重达70%的PHB。

（2）基因工程技术在PHAs合成中的应用　许多和PHAs生物合成相关的基因已经通过克隆技术进行鉴定和表征，研究者试图通过基因重组提高细菌生产PHAs的产率。Ramachander等克隆了金霉素链霉菌NRRL2209中的一个DNA片段，将其嵌入大肠埃氏杆菌中，研究该重组菌株产PHAs的情况。结果发现，该重组菌株聚积的PHB是全同立构均聚物，最大热降解温度在250～340℃，当以1%甘油作唯一碳源时，PHB的产率可高达60%～66%，是该菌野生菌种PHB产量的25～28倍。将含有串联的缺氧诱导启动子与聚羟基脂肪酸酯合成基因的重组表达载体转入宿主菌后得到重组菌。将所述工程菌在缺氧条件下发酵得到聚羟基脂肪酸酯。用碳链长度为5～18的脂肪酸作为发酵培养基，其浓度为5～20g/L。在产聚羟基脂肪酸酯细菌中，与脂肪酸β-氧化代谢途径相关的一个或多个基因被抑制或敲除后，得到的产聚羟基脂肪酸酯的工程菌突变株进行发酵，产生聚羟基脂肪酸酯。人们利用具有光合作用的微生物作为PHAs合成载体，开发携带细菌的PHAs生物合成基因的转基因植物来合成PHAs。已经有玉米、甘蔗、芥菜和紫花苜蓿等植物通过遗传工程改造来生产PHAs。如Parveez等把合成PHB相关的3个细菌基因3-酮硫解酶、phaB和phaC移入油棕榈树胚性愈伤组织中。为了生成PHBV，大肠埃氏菌中的苏氨酸脱氨酶也移入油棕榈树胚性愈伤组织中用于产生丙酰辅酶A。这些基因受到玉米泛素启动子的控制。同细菌发酵系统相比，植物具有可利用自身丰富的碳源、不需要昂贵的发酵底物、不需要复杂的发酵后加工过程等特点，具有生产PHAs的巨大潜力。

8.5.3.2 PHAs树脂的改性和应用

PHAs有一般合成塑料的热塑性，以及良好的生物相容性、生物降解性、降解产物无毒性、光学活性、压电性和耐紫外线辐射等性质。这些特点使得PHAs在医药、包装、农业、电子行业等领域有广阔的应用前景。PHAs的生物活性较差，将PHAs与具有高生物活性的无机材料复合，既能提高材料的生物活性，同时能改善材料的亲水性，改善材料的细胞亲和性，并且可以在一定程度上调节材料的力学性能及降解性能。

Luklinska等研究了羟基磷灰石（HAP）与PHB复合物作为骨修复材料在体内的降解情况。把PHB/HAP复合物作为骨修复材料植入兔子体内，发现6个月后PHB逐渐开始降解，新骨逐渐沿着植入物与骨的界面及逐渐暴露的HAP颗粒之间的孔隙内生长，形成骨性结合，证实HAP在这个过程中起到关键作用。这一实验结果表明：PHB/HAP复合物在骨修复方面有良好的应用前景。Li等还研究了PHBV与硅灰石复合支架的性质。该复合支架与水的接触角由原来的66°（纯PHBV）变为16°，这有助于细胞对支架的黏附。并且在体外生物学活性测试中证实了该复合材料具有一定的生物活性。虽然PHA/HAP复合材料的生物活性很好，但其力学强度还远远达不到承力骨的修复要求。在水相制备HAP的过程中与PHBV复合，使HAP均匀分散在PHBV中，增进了两相间的结合，能明显地提高复合材料的力学性能。

PHAs由于其分子链的特点，亲水性较差，不利细胞黏附。等离子、臭氧、紫外线等方法可以用于PHAs表面亲水性的改善，并使其表面产生羧基羟基等活性基团，利用这些基团可以进行后续接枝反应，引入一些具有生物活性的分子，提高材料的生物活性。

Teese等通过低压等离子体处理PHA膜表面来调节细胞的响应，研究了等离子体处理对PHB膜的表面电化学性质、纤连蛋白的吸收和内皮细胞黏附产生的影响。Lisbeth等用钴辐照PHBV膜在膜表面接枝丙烯酸，再接枝葡糖胺，这表明改性后材料可以连接生物大分子。Torun等把支架用氧等离子处理后进行成骨细胞培养，发现细胞可以在支架内繁殖，互相连接铺展，并且开始钙化。Tesema等用臭氧对PHBV膜进行处理，然后接枝甲基丙烯酸甲酯，在缩合剂作用下，把胶原固定在膜表面上。将两种骨细胞分别在纯PHBV膜、物理作用固定胶原的膜和通过接枝固定胶原的膜上培养观察，均发现接枝了胶原的膜培养的细胞活性最高。证实接枝胶原的PHBV支架有利于细胞的生长，是一种良好的支架材料。

8.5.3.3　展望

PHAs是当今生物降解材料领域的研究热点。选择较为便宜的原料用于PHAs生产一直是从事PHAs的研究者要考虑的关键问题之一。农业废料和工业副产品包括甜菜和甘蔗榨汁废水、植物油及其脂肪酸、糖类、碳氢化合物和甘油等都可能是PHAs生产的潜在廉价碳源，但PHAs生产效率的提高同时也取决于基因工程技术的进步，转基因植物合成PHAs将成为以后的发展方向。

8.5.4　聚乳酸

聚乳酸（polylactic acid，PLA）也称为聚丙交酯，聚乳酸纤维以地球上不断再生的玉米等为原料，国内也称玉米纤维，原料来源充分而且可以再生。

PLA的合成通常有三种方法，第一种是乳酸直接缩合法，这种方法生产工艺简单，是降低PLA成本的重要途径，但缩聚反应进行到一定程度时体系会出现平衡态，因此，很难得到高分子量的PLA。第二种是先由乳酸合成丙交酯，再在催化剂作用下的开环聚合法，目前制备高分子量的PLA一般采用这种方法；但这种方法在聚合时对催化剂的纯度、单体的纯度要求极高，即使是极微量的杂质也会使PLA的相对分子质量低于10万，而且聚合条件如温度、压力、催化剂的种类和用量、反应时间等也会极大地影响PLA的分子量，所以，高分子量PLA的合成是一个技术难点。还有一种是固相聚合法，这种方法是将直接聚合法得到的低分子量树脂在减压真空、温度在$T_g \sim T_m$之间的条件下进行聚合反应得到，以提高其聚合度，增加分子量，从而提高材料强度和加工性能。我国在PLA及其共聚物合成的催化体系方面进行了大量的研究工作，并且在温和的反应条件下，合成得到了超高分子量的PLA（$\overline{M}_w > 100$万）。

聚乳酸作为新兴生物材料，因其具有良好生物相容性和力学性能，无毒、无刺激，可塑性强，可完全生物降解，最终形成水和二氧化碳，不污染环境，已被广泛应用于农业、林业、食品包装、医疗卫生、服装等领域。但其玻璃化温度（55～65℃）较高，性脆，耐冲击强度低，柔性和弹性差，极易弯曲变形，使其实用价值受到很大限制。因此，PLA增韧改性成为提高其整体性能的有效途径。

目前常见的增韧方法在聚乳酸中同样适用，如共聚、交联、共混和增塑等。Slivniak等采用蓖麻油与乳酸共聚改性聚乳酸。研究结果表明，无论是共聚产物还是PLA，都有明显的玻璃化温度（T_g），但随着蓖麻油链段的增加，T_g逐渐下降，因为蓖麻油链段的引入，不但破坏了结构规整性，还削弱了分子链段间的相互作用力。由此可看出，蓖麻油的引入，改善了PLA的结晶性，降低了玻璃化温度，使PLA由脆性材料转向韧性材料，柔韧性得到提高。Bhardwaj等以聚酐（PA）为交联剂，使羟磷灰石（HAP）在熔融过程中直接与

PLA 产生交联，以此对 PLA 进行增韧改性。研究表明，与 HAP/PLA 的简单共混物相比，经交联的复合材料 HAP/PLA/PA 生物相容性更好，拉伸强度和断裂伸长率相对于聚乳酸分别提高了 570%和 847%，柔韧性得到了明显改善。Robertson 等通过在大豆油中加入交联剂或者在氧气保护下加热，使大豆油产生交联，制得大豆油聚合物，再将大豆油聚合物和聚乳酸通过熔融共混得到增韧改性 PLA。研究表明，与聚乳酸相比，共混物的拉伸强度得到了明显提高，断裂伸长率最高可达 700%，柔韧性改善明显。

用二醋酸甘油酯（GD）和 L-丙交酯（LLA）合成了二醋酸甘油酯封端的低聚 L-丙交酯（OGLA），并以此为增塑剂对 PLLA 进行改性的研究表明，随着 OGLA 含量的增加，共混物 T_g 下降，从 54℃降到了 30℃，柔韧性得以提高，因 PLLA 是极性聚合物，OGLA 是极性增塑剂，极性基团相耦合产生屏蔽作用，相互作用减弱，T_g 就随着增塑剂 OGLA 含量的增加而降低；与 PLLA 相比，随着 OGLA 含量的增加，断裂伸长率有较大提高，由 5%提高至 60%左右，原因是 OGLA 是一种由二醋酸甘油酯封端的低聚 PLLA，相当于支化结构破坏了分子链的对称性和规整性，使分子链排列混乱，不易向晶体表面扩散，因此柔韧性增加，断裂伸长率提高。

Ljungberg 等通过大量研究，发现用于增塑改善 PLA 柔韧性的增塑剂中，甘油三醋酸酯和柠檬酸三丁酯的增塑效果比较明显，PLA 玻璃化温度随着增塑剂浓度的提高呈线性降低，增塑剂分子量越低，玻璃化温度越低，所得聚乳酸材料弹性、柔韧性就越好。

增韧后的 PLA 材料已在医学材料、药物载体等领域得到了应用，相信随着改性方法和应用性能研究的不断深入，PLA 将更为广泛地替代石油化工类材料，无论在经济效益还是社会效益上，都具有深远的意义。

8.5.5 聚己内酯

聚己内酯（PCL）是一种化学合成的聚合物材料，大多是在分子结构中引入酯基结构的脂肪族聚酯，可通过己内酯的开环聚合或配位聚合反应而得到。在自然界中其酯基易被微生物或酶分解。PCL 是一种半晶型的高聚物，结晶度约为 45%，聚己内酯的外观特征很像中密度聚乙烯，乳白色，具有蜡质感。它的熔点约为 60℃，玻璃化温度约为 −60℃，黏度很低，PCL 具有很好的热塑性和加工性，其断裂伸长率和弹性模量介于 LDPE 与 HDPE 之间，可以挤出、注塑、拉丝吹膜等成型加工。酯基的存在也使它具有较好的生物降解性能和生物相容性，由于 PCL 和其他广泛使用的合成树脂具有良好的相容性，所以，可赋予共混物生物分解性，从而提高 PCL 应用价值。它可用作手术缝合线、医疗器材和食品包装材料。但是由于它的熔点低，而且在 40℃左右就变软，限制了其应用范围。

8.5.6 聚丁二酸丁二酯

聚丁二酸丁二酯（PBS）作为具有生物降解性能的热塑性脂肪族聚酯，是丁二酸和丁二醇通过缩聚制得的，密度约为 $1.25\times10^3\,kg/m^3$，熔点大约是 114℃，其性质类似于 PET；根据分子量的高低和分子量分布的不同，结晶度在 30%～45%之间；PBS 具有良好的力学性能、热稳定和化学稳定性、生物降解性。PBS 随分子量和链结构的不同，其力学、加工性能相应变化，其制品的力学性能和可加工性能都很优良。PBS 适用于传统的熔体加工工艺进行挤出、注塑和吹塑，并可以在包覆膜和包装薄膜和包装袋等方面有很多应用。在商业用途中经常与淀粉共混制成以及形成己二酸共聚物，应用它开发出来的产品有发泡材料，主要用作家用电器和电子仪器等的包装材料。日本催化剂公司、三菱瓦斯化学公司等把碳酸盐（酯）接引入 PBS，开发成功耐水可降解性塑料。但是其熔体强度低，给传统包装材料的片材挤出和真空吸塑成型带来很大的困难，成为制约其大规模应用的主要技术瓶颈。而且，和 PCL 一样，PBS 也是来自于石油产品，属于不可循环资源。

PBS价格较高，但可通过与其他生物降解高分子材料共混制备复合材料来降低其价格，如采用熔融共混法制备了聚丁二酸丁二酯（PBS）/淀粉复合材料。用扫描电镜、广角X射线衍射、差示扫描量热、热重分析等方法研究了复合材料的力学性能、微观形貌、结晶性能和热稳定性。结果表明：复合材料的拉伸强度、断裂伸长率和冲击强度随淀粉含量的增加而降低，而硬度、拉伸模量和弯曲模量则随淀粉含量的增加而提高；PBS和淀粉间的界面明显，断裂面上存在淀粉脱落的痕迹；淀粉的加入并未影响PBS的晶型；随着淀粉含量的增加，PBS的结晶和熔融温度均向低温方向移动；PBS和淀粉在各自的温度区域产生了热降解，随着淀粉含量的增加，复合材料的热稳定性逐渐降低。

8.5.7　几种可生物降解高分子材料的综合比较和发展前景

从力学性能上来说，相对于传统石油基塑料，要在很大范围内取代其应用尚需时间。尤其是淀粉基塑料，由于其湿强度差，严重限制了应用范围。而由于脂肪族聚酯都含有羟基，其防水性能远远好于淀粉基塑料，因此，很多这些聚酯都和淀粉基聚合物共混以得到相对较低的成本。对于淀粉、PLA和PHAs来说，通过各种改性途径，提高其强度和韧性，降低脆性，使其力学性能进一步提高才能拓展其应用范围。从机械强度上来说，在这些可生物降解的高分子当中，PHB，尤其是P4HB显示了其独特的优势。由于PCL和PBS都是来源于石油的树脂，从循环经济和可持续发展的角度出发，并不能解决日益突出的能源问题，也就是说不能再生，因此并不是理想的生物降解材料。

从可降解性能来看，在这些可生物降解高分子材料当中，淀粉基塑料以及淀粉与脂肪族聚酯的共混物都显示了较好的生物降解性。对于其他聚酯类可降解塑料，PHB/PHV以及PCL的降解速率差不多，而PBS和PLA的降解速率相对来说慢一些。

在这些可降解塑料当中，聚乳酸与聚羟基脂肪酸酯是目前发展较快、应用渐趋成熟的两种。而商业化的可降解塑料产品往往将这些材料共混在一起，或者与其他材料共混来满足使用要求。对于所有这些可生物降解材料而言，需要做到的是继续降低成本并努力提高其产品性能和使用性能，随着环保意识的增强以及环保法规的完善，可生物降解高分子材料的前景光明。

目前，生物降解聚合物的开发与应用还存在如下一些问题。①产品价格过高。国内外普遍承认，降解塑料比同类现行塑料产品的价格要高许多。②产品性能和用途的限制。聚合物的降解性必然损害产品的持久性，也会在一定程度上降低其力学性能，从而限制了生物降解聚合物的应用范围。③技术不够成熟。尽管如此，随着环保意识的增强和环保法规的完善，生物降解聚合物市场仍将迅速增长，尤其是在塑料薄膜、包装材料、医用材料等领域的应用，生物降解高分子材料的应用领域将会得到更大的拓展；然而就目前的研究成果而言，欲使其普遍使用仍需较长时间。研究开发低成本、高性能，具有降解时控性、高效性和彻底性的生物高分子是这一领域今后研究的主要方向。

8.6　先驱体高分子材料

作为人类生活和生产中使用的重要材料，陶瓷的制造工艺随其应用领域的拓宽而得到不断发展。近30年来，随着新技术（如电子技术、空间技术、激光技术和计算机技术等）的兴起、基础理论和测试技术的不断完善，具有高强度、轻质、抗蠕变、成型性好且可低温制备等特性的先进陶瓷材料的研究得到迅速发展。

先驱体裂解转化陶瓷工艺（ceramic products via preceramic polymer pyrolysis）最早由Yajima教授1975年开创，首先应用于SiC陶瓷纤维的制备。先驱体高分子是一类特殊的元素有机高分子，其主要应用于制备新型无机陶瓷材料。将制备的先驱体高分子通过成型、交联和高温处理转变的无机陶瓷材料，具有非常广泛的应用。

先驱体裂解转化陶瓷工艺路线可分为聚碳硅烷（PCS）合成、熔融纺丝、不熔化处理和高温烧成 4 个工序，即首先由二甲基二氯硅烷脱氯聚合为聚二甲基硅烷，再经过高温(450～500℃)热分解、重排、缩聚转化为 PCS；在 250～350℃下，PCS 在多孔纺丝机上熔纺成连续 PCS 纤维，再经过空气中约 200℃的氧化交联得到不熔化 PCS 纤维，最后在高纯氮气保护下、1000℃以上裂解得到 SiC 纤维，工艺流程如图 8-6 所示。

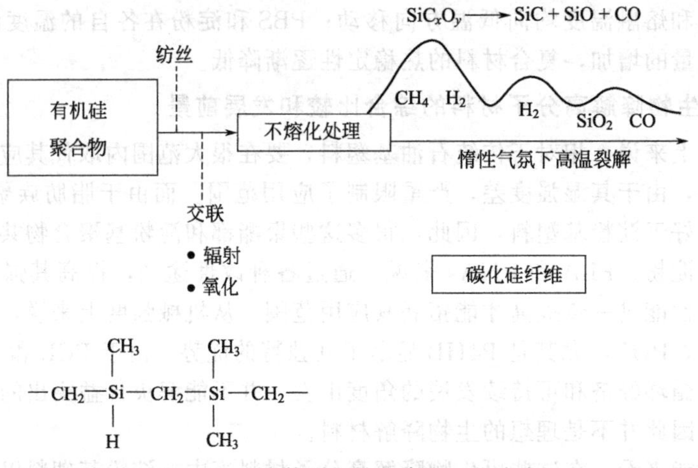

图 8-6　先驱体裂解转化陶瓷工艺路线

先驱体裂解转化陶瓷工艺是一个化学合成先驱体低聚物或聚合物，然后成型，再经热裂解转化为陶瓷的过程，具有分子的可设计性、良好的工艺性、可低温陶瓷化和陶瓷材料的可加工性等优点，是对传统陶瓷工艺的革命性创新。先驱体转化陶瓷工艺应用灵活，除了用于制备陶瓷纤维外，还可用于制备金属/陶瓷基体胶黏剂、粉体胶黏剂、陶瓷涂层、膜材料和微机电系统（MEMS）等材料。

8.6.1　碳化硅陶瓷先驱体

碳化硅（SiC）陶瓷先驱体主要有聚碳硅烷（PCS）、聚钛碳硅烷（PTCS）和聚锆碳硅烷（PZCS）、聚二甲基硅烷（PDMS）等。PCS 是最早采用裂解转化法成功制备出陶瓷材料的先驱体，也是目前对其合成方法及不熔化处理研究最为活跃、应用最为广泛的陶瓷先驱体之一。

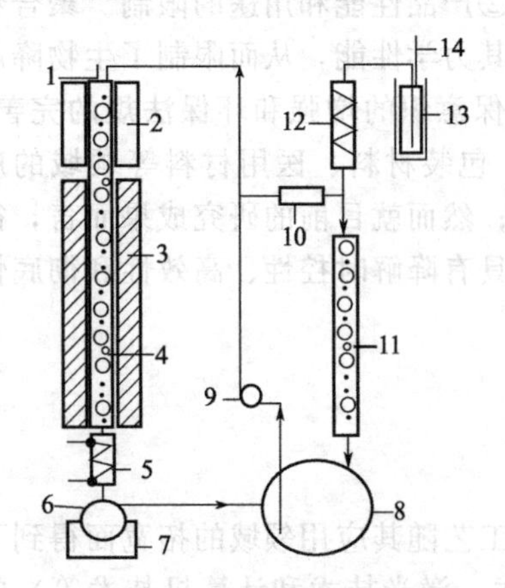

图 8-7　PCS 常压循环热裂解装置
1—热电偶；2—蒸发器；
3—电炉；4，11—热分解管；
5，12—冷却管；6，8—接收瓶；
7—加热炉；9—泵；10—阀；
13—冷阱；14—排气阀

8.6.1.1　PCS 先驱体的合成及应用

合成 PCS 的方法主要有常压循环热裂解法、高压法、常压催化法和常压高温裂解法、电化学还原法等。常压高温裂解法是国防科技大学独创的方法，该方法合成装置简单、成本较低且安全性好，但制得的陶瓷 SiC 纤维性能较差。高压合成的 PCS 比常压合成的 PCS 具有较高的相对分子质量和 Si—H 键含量，因此，对于用先驱体制备 SiC 纤维而言，高压合成 PCS 比常压合成更具优异性，但其安全性较差。

(1) 常压循环热裂解法　有机硅烷常压循环热裂解制备先驱体 PCS 的装置如图 8-7 所示。有机硅烷在受热或泵的作用下流入高温裂解柱，经裂解、重排、聚合的不断循环过程，制得先驱体 PCS 粗料；再经真空蒸馏除去低沸点成分，即获得可纺的 PCS。表 8-2 为不同有机硅烷经常压循环热裂解后制得 PCS 的特性。由表 8-2 可以看出，从苯基二氯硅烷出发制备 PCS 的收率（150 %）最高；从甲基氯硅烷出发制得 PCS 的 w_C/w_{Si} 比值较小（均小于 1）；从四甲基硅烷出发制得 PCS 的 w_C/w_{Si} 比值接近于 1。

表 8-2　有机硅烷种类对常压循环热裂解法合成 PCS 特性的影响

有机硅烷	热分解温度/℃	流量(/L/h)	PCS 收率/%	产物中各元素的含量/%(质量分数)			
				w_C	w_H	w_{Si}	w_{Cl}
CH_3SiCl_3	720	3.6	88	12.5	2.5	27.5	58.0
$(CH_3)_2SiCl_2$	700	4.0	103	14.2	2.7	30.9	50.7
$(CH_3)_3SiCl$	690	3.6	116	23.0	3.3	33.9	27.2
$(CH_3)_4Si$	700	3.5	96	48.7	10.3	41.0	—
$C_6H_5SiCl_2$	780	3.2	150	48.9	3.4	16.2	26.6

（2）高压法　高压法是指采用高压釜合成 PCS 的方法。首先，在二甲苯或甲苯中、氮气保护下，将二甲基二氯硅烷与熔融的钠发生缩合反应，制得聚二甲基硅烷；然后，将 500g 聚二甲基硅烷加入 1L 的高压釜中，1h 内升温到 400℃，在 470℃、10～11MPa 下反应 14h，冷却后得到 PCS 粗料；经溶解、过滤、减压蒸馏等工序处理后，得到淡褐色固体状 PCS(PC-470)。其他条件不变，分别在 460℃和 450℃下裂解 14h，得到 PC-460 和 PC-450。1985 年 9 月，日本信越公司在世界上首次实现了 PCS 的工业化生产，保证了日本碳公司 1t/月 SiC 纤维生产所需的 PCS。高压法制得的 PCS 的特性如表 8-3 所示。

表 8-3　高压法合成 PCS 的特性

PCS 编号	反应时间/h	反应温度/℃	蒸馏温度/℃	收率/%	数均摩尔质量/(g/mol)
PC-450	14	450	150	66.3	730
PC-450	14	450	280	50.8	1250
PC-460	14	460	280	56.0	1450
PC-470	14	470	105	66.4	866
PC-470	14	470	200	59.7	1210
PC-470	14	470	280	58.8	1680

（3）常压催化法　常压催化法是聚二甲基硅烷在少量催化剂聚硼硅氧烷存在下，在常压氮气保护下合成 PCS 的一种方法。所合成的含硼 PCS 的性能见表 8-4。表 8-4 中 PC-B3.2 和 PC-B5.5 是分别在 3.2%和 5.5%的聚硼硅氧烷存在下合成的含硼 PCS；将产物溶于己烷并过滤，以除去不溶物；蒸除溶剂和低聚物后，即获得褐色固体状的含硼 PCS。此法也是制备含钛 PCS 的主要方法之一，即 PCS 在 $Ti(OR)_4$ 的作用下，采用类似的工艺合成出可纺性好的含钛 PCS。

表 8-4　常压催化法合成的含硼 PCS 的特性

编号	反应时间/h	反应温度/℃	收率/%	数均摩尔质量/(g/mol)	聚合物中各元素的含量/%(质量分数)				
					w_{Si}	w_C	w_H	w_O	w_B
PC-B3.2	6	350	50.0	1740	44.50	35.80	8.00	4.83	0.02
PC-B5.5	14	350	64.8	1310	44.90	39.20	7.44	3.56	0.06

（4）常压高温裂解法　聚二甲基硅烷或液体聚硅烷在常压带高温裂解柱的回流反应器中反应 6h（反应温度为 400～460℃、裂解柱温度为 500～550℃），产物经溶解过滤后，在 0.095MPa 的真空下减压蒸馏，即得淡黄色玻璃状 PCS，其特性见表 8-5。由表 8-5 可见，采用常压高温裂解法制得的 PCS 具有较好的可纺性。PCS 纺丝包括熔体或黏稠液从喷丝嘴

挤出和挤出纤维的牵伸，这个过程与一般的合成纤维制备过程相比，难度较高。主要表现在以下几方面：摩尔质量相对较低的分子结构中含有较多的支链，熔体黏度低；熔体黏度对温度十分敏感，可纺温区窄，要制备直径小且分散系数小的纤维，需精确控制纺丝温度，特别是精确控制喷丝板的径向温度；原料为脆性材料，纺出的纤维十分脆弱（强度仅为1MPa左右），必须对纺丝温度、压力、收丝方式和收丝速度、保温通道以及环境温度进行合理匹配；熔体离开喷丝板0.5cm左右即固化，轴向速率梯度大。纤维的直径大小及其分散性主要与先驱体PCS的可纺性、纺丝组件、纺丝温度、泵供量、收丝速率及环境温度密切相关。迄今为止，经熔融纺丝制备陶瓷纤维是PCS最大的用途。

表8-5 常压高温裂解法制得的PCS的特性

编号	熔点/℃	$A_{Si\text{-}H}/A_{Si\text{-}CH_3}$①	$A_{Si\text{-}CH_2\text{-}Si}/A_{Si\text{-}CH_3}$②	$\overline{M_w}/\overline{M_n}$	可纺性评价③
PC-98-3-20	200～210	0.954	1.523	1.80	好
PC-98-7-9	207～217	0.940	1.579	1.85	好
PC-99-3-18	200～210	0.965	1.592	1.78	好
PC-99-6-29	200～210	0.960	1.548	1.81	好
PC-00-6-2	200～210	1.076	1.430	1.72	很好
PC-00-7-1	206～216	0.939	1.350	1.71	很好

① Si—H键在$2100cm^{-1}$处的吸光度与Si—CH_3键在$1250cm^{-1}$处的吸光度之比。

② Si—CH_2—Si键在$2100cm^{-1}$处的吸光度与Si—CH_3在$1250cm^{-1}$处的吸光度之比。

③ 采用连续无断头时间表征：$t \geqslant 5min$为很好，$1min < t < 5min$为好，$t \leqslant 1min$为差。

（5）电化学还原法　电化学还原法作为一种更加安全的合成方法被越来越多地应用到聚硅烷的合成中。这种合成方法是通过电解池中阴极还原氯硅烷来制取高聚物，反应在室温下进行，条件温和，使硅链能有序地延伸，从而能制得结构有序且分子量分布较窄的聚硅烷。电化学合成聚硅烷的影响因素很多，电解槽类型、电极材料、溶剂和支撑电解质、电极换向时间、极板间距、反应电量等均对反应有不同程度的影响。

电化学法的最大优势在于能引入活性基团，在侧链上引入活性基团或支化结构，可以提高先驱体的陶瓷产率，缩短制备陶瓷基复合材料的周期，减少在制备过程中对复合材料造成的力学损伤。以镁做阴阳极，以甲基三氯硅烷、烯丙基氯或1,3-二氯丙烯为单体合成了含双键的聚硅烷，有较高的质量保留率和陶瓷产率，是性能优异的陶瓷先驱体。

尽管近十年来对电化学合成聚硅烷的研究方兴未艾，但除日本大阪瓦斯公司1999年开发的电化学路线实现了工业化，大多数还处于实验室研究或小试阶段。

8.6.1.2　异质元素PCS先驱体的合成及应用

随着科学技术的不断发展，对SiC陶瓷的性能要求也越来越高。目前制备高性能SiC陶瓷的主要方法是在SiC陶瓷先驱体中引入异质元素，添加异质元素可对SiC陶瓷先驱体进行物理和化学改性，提高SiC陶瓷耐热性能，或得到功能性的SiC陶瓷材料。常见的异质元素有Al、Fe、Ti和Zr等，另外，引入Sb、Co和Nb等异质元素的研究也有相关报道。

（1）耐热型SiC陶瓷先驱体　在SiC陶瓷先驱体中引入难熔金属等异质元素，通过异质元素与陶瓷中的Si形成超高温硅化物，与C形成超高温碳化物，或金属间化合物，提高SiC陶瓷的耐温性。此外，β-SiC晶粒高温下快速长大是SiC陶瓷强度下降的重要原因之一。因此抑制SiC晶粒在高温下的增长对提高SiC陶瓷的耐热性是十分必要的。陶瓷中引入异质元素后，异质元素能进入β-SiC晶粒内部。由于异质元素配位数与β-SiC晶体不同，使晶面不能继续发展，从而达到抑制β-SiC晶粒在高温下析晶的目的，使SiC陶瓷的强度保留到较高温度。常见的异质元素有铝（Al）、钛（Ti）、锆（Zr）、钽（Ta）、钼（Mo）等。

日本Tyranno SA型陶瓷纤维的先驱体——聚铝碳硅烷（PACS），由PCS和乙酰丙酮铝反应制备，其反应机理如图 8-8 所示。300℃氮气中，Si—H 键和乙酰丙酮铝的配位基发生缩合反应，同时乙酰丙酮汽化，形成 Si—Al—Si 和 Si—O—Al 键，聚合物分子量增大。Al 的引入大大改善了陶瓷纤维的热稳定性和耐化学腐蚀性，将其在 1800℃热处理，可得到 Si—Al—C 陶瓷纤维（Tyranno SA）。

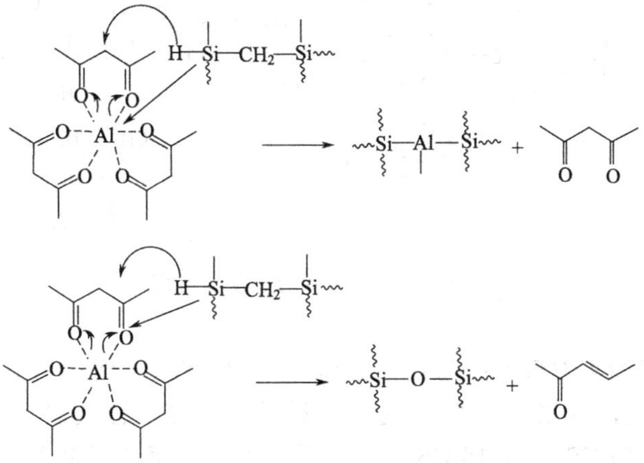

图 8-8　PACS 合成反应机理

Tyranno SA 陶瓷纤维是目前 SiC 陶瓷纤维中耐高温性能最好的纤维，自 1998 年 Nature 杂志公布以来，一直成为材料界研究的热点，现已有多种形式的产品在市场上出售，我国国防科技大学也有类似研究，并在先驱体合成方面具有特色。利用 PDMS 裂解的液相产物聚硅碳硅烷（PSCS）覆盖乙酰丙酮铝以防止其升华，在高纯 N_2 保护下得到淡黄色树脂状聚铝碳硅烷（PACS），其化学式为 $SiC_{2.01}H_{7.66}O_{0.13}Al_{0.018}$，相对分子质量为 2265。

日本宇部兴产公司（Ube industries）Tyranno Lox 型 SiC 陶瓷纤维的先驱体-聚钛碳硅烷（PTCS），由 Mark Ⅲ型 PCS（polycarbosilane）和钛酸酯在二甲苯溶液中，氮气保护下反应制得，其反应机理如图 8-9 所示。先驱体 PTCS 中形成了 Si—O—Ti 键，熔点为 200℃，$\overline{M}_n \approx 1600$，经熔融纺丝，不熔化处理，高温烧成制得 Tyranno Lox 型陶瓷纤维。所制备的 SiC 陶瓷纤维的耐温性由 1000℃上升到 1400℃～1500℃，Ti 的引入能够抑制 β-SiC 晶粒的高温析晶，极大地提高了 SiC 陶瓷纤维的耐高温性能。金属元素钛的引入又赋予了 Tyranno Lox 陶瓷纤维良好的吸波特性，飞机上使用可以提高飞机的隐身性能，并能减少所采用复合材料的种类。

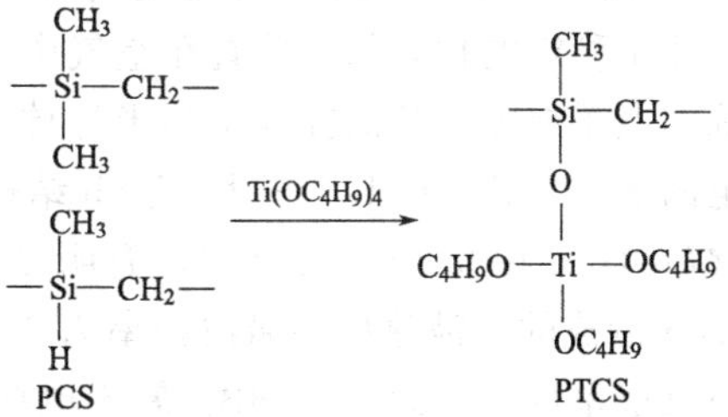

图 8-9　PTCS 的合成反应机理

日本 Tyranno ZM 型陶瓷纤维的先驱体——聚锆碳硅烷（PZCS），由 Mark Ⅲ型 PCS 和乙酰丙酮锆在 300℃氮气保护下反应制得，其反应机理如图 8-10 所示。PZCS 是高陶瓷产率的先驱体，含有 Zr—Si 键，$\overline{M}_w$ 随反应时间的延长而增加。PZCS 在氮气中裂解时，当温度低于 1350℃，裂解产物是不定形态，高于 1400℃时出现 β-SiC 晶体。PZCS 经熔融纺丝，空气交联，1300℃惰性气氛中裂解，可以制得 Tyranno ZM 型陶瓷纤维，氧含量为 9.8%，拉伸强度为 3.3GPa，耐热温度达到 1500℃。

(2) 功能型耐热 SiC 陶瓷先驱体　在 SiC 陶瓷先驱体中引入异质元素后，可使制备出的 SiC 陶瓷功能多样化，如具有优异的吸波性能及电学特性，在军事和电子等领域具有重要的

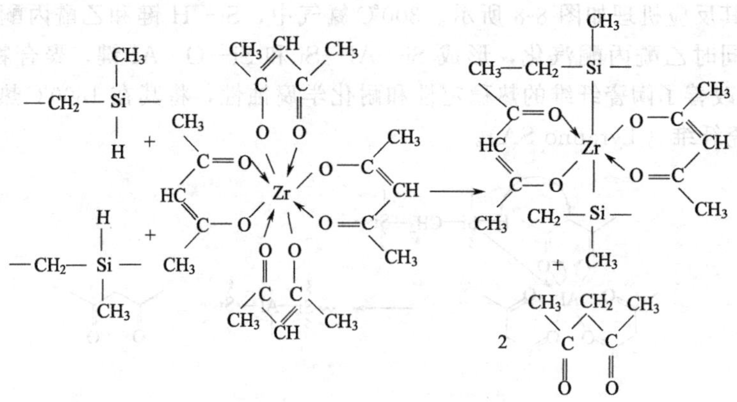

图 8-10　PZCS 的合成反应机理

应用价值。

① 含 Co、Fe 等的吸波型 SiC 陶瓷先驱体　采用二茂铁（Cp_2Fe）与 PSCS，在自制的高温裂解装置中反应，以氮气做保护气，控制反应条件，合成出含 Fe 的 SiC 陶瓷先驱体——聚铁碳硅烷（PFCS）。在 PFCS 中不但引入了铁，而且还引入了富余的碳，PFCS 经熔融纺丝、预氧化、烧成所得的含铁 SiC 陶瓷纤维具有较低的电阻率、适宜的电磁性能。当二茂铁的用量为 1%～3%时，可合成软化点为 180～220℃、$\overline{M}_n$ 约为 45～600、$\overline{M}_w$ 约为 6000～10000 的 SiC 陶瓷先驱体，陶瓷收率约为 70%左右，该陶瓷具有较大的电损耗和一定的磁损耗，控制合适的制备工艺可制得在 2～18GHz 范围内相对介电常数大于 1 的 SiC (Fe) 陶瓷，这是性能优异的吸波材料。

② 含 Sb 的 SiC 陶瓷先驱体　在聚硅烷（PS）中引入锑元素合成锑取代聚硅烷（APS）SiC 陶瓷先驱体。先驱体中锑的含量为 15.1%，$\overline{M}_n$ 约为 1600，$\overline{M}_w$ 约为 6260。$(Me_3Si)_3Sb$ 是非常稳定的化合物，放置在空气中氧含量基本保持不变，Sb 的引入可以有效地降低聚硅烷的电子能隙，从而提高了其半导体性能。反应体系中存在着竞争反应，APS 中存在着一定的 SiC_4、Si—CH_2—Si 和 Si_3Sb 结构，1000℃下 APS 的陶瓷收率约为 80%。APS 的介电常数（ε'）在 5.1～6.2 之间具有明显的电损耗，电导率（σ）在 10^{-8}～10^{-7} S/cm 之间，由 APS 制成的吸波涂层在微波频率为 2～18 GHz 范围内具有较宽的吸收，13GHz 处获得的最小反射率可以达到 −6.9dB，属于电损耗型的雷达吸波材料。

8.6.1.3　SiC 陶瓷先驱体的其他应用

先驱体裂解方法的特点为 SiC 陶瓷的应用提供了更广阔的空间。① 金属基体胶黏剂。Thünemann 等以聚甲基硅烷为先驱体，裂解制备了 SiC 粒子增强的 Al/SiC 金属基复合材料；当 SiC 的体积分数为 60%时，复合材料的弯曲强度为 500MPa，杨氏模量为 200GPa。该性能可以与其他含胶黏剂的复合材料性能相媲美。② 制备 SiC 纳米管。Cheng 等利用聚合物和有机碳硅烷，并以纳米尺寸的铝土为填料制得了纳米级的 SiC 陶瓷管和形状像竹子的纳米管。③ 制备有机半导体。Ohshita 等合成出 α-乙氧基苯乙烯基硅烷和 β-乙氧基苯乙烯基硅烷的共聚陶瓷先驱体；该类聚合物中 Si 的 σ 轨道和 π 轨道上的反应可以提升 π 键体系的均能水平，使得聚合物具有 p-型半导体的特性。④ 制备陶瓷泡沫材料。Shibuya 等以 PMMA 的球状微粒为填料，并将该填料进行充分裂解、汽化，从而在陶瓷基体上形成气孔，由此制备了弯曲强度为 24.1MPa、弹性模量为 16.0GPa 的 SiC 陶瓷泡沫材料。Nangrejo 等将浸渍了 SiC 先驱体和 TiC 粉末的混合物的聚氨基甲酸酯泡沫进行高温裂解，基体泡沫在 900℃时完全分解，在 1100～1600℃时得到 SiC-TiC 的复合陶瓷泡沫。

8.6.2　氮化硅陶瓷先驱体

8.6.2.1　聚硅氮烷（PSZ）的合成

硅氮烷和PSZ的合成方法一般为氯化硅烷和胺类的反应。早在1973年，Verbeek等就利用烷基胺与烷基氯硅烷反应制得硅氮树脂。20世纪80年代初，Penn等用过量的甲胺与甲基三氯硅烷反应得到三（N-甲氨基）甲基硅烷，经过后处理得到相对分子质量分别为1533、2742和4222的聚合物。Legrow等利用$HSiCl_3$与六甲基硅氮烷在氩气中反应，得到无色透明的PSZ，其$\overline{M}_w$为15100、$\overline{M}_n$为3800。通过控制氯化硅烷和胺类的结构能够得到如链状或环状的PSZ，其中形成环状PSZ结构的反应比较常见。PSZ可以再与小分子的硼烷或硼氮烷反应，最后生成聚硼硅氮烷，形成Si—C—N—B复相陶瓷先驱体。Lee等利用三甲基氯硅烷、BCl_3和六甲基二硅烷，制备出含支化结构的SiBCN的陶瓷先驱体。与其他制备方法相比，此方法更加经济、简单和快速，反应过程中不需要去除副产物，也不需要交联剂，并能控制其化学组成和陶瓷化产物的结构。在国内，近年来采用有机先驱体制备SiBCN复合陶瓷。其中，聚合体路径是利用含硅聚合体（或低聚物）与含硼化合物反应制备先驱体；而单体路径则是利用分别含有硅和硼的单体反应生成含有硅、硼的单体，然后再聚合成先驱体。利用先驱体制得的SiBCN块体复合陶瓷具有优异的性能，其密度约为$2.2\times10^3kg/m^3$，硬度为20GPa，而弹性模量和热膨胀系数却只有150GPa和$0.5\times10^{-6}K^{-1}$。

PSZ还可以与三乙基铝等含金属元素的有机物进行反应，得到含金属元素的聚铝硅氮烷，因此，从分子组成上为得到功能化的SiN陶瓷奠定了基础。

8.6.2.2　PSZ的应用

氮化硅（SiN）陶瓷具有十分优异的耐高温性能，并且作为非含氧陶瓷又具有良好的耐氧化性能，因此，备受各国材料研究者的青睐，有关该方面的研究也十分活跃。利用先驱体裂解制备SiN陶瓷的方法最先在制备SiN纤维的研究中被采用。利用Penn等合成的先驱体制备Si—N—C纤维，收率仅为38%，纤维直径为10μm，拉伸强度为704MPa，拉伸模量为200GPa。而Legrow等制备的氮化物纤维，其直径为10～15μm，拉伸强度为3.1GPa，拉伸模量为260 GPa且含碳量小于3%，是一种非晶质的氮化物纤维。在国内，采用二甲基二氯硅烷与甲基二氯硅烷按一定比例混合进行氨解，再提高其相对分子质量，获得具有纺丝性能的PSZ；经熔融纺丝、不熔化处理，并在1200℃的N_2中烧成Si—N—C纤维，其纤维直径为10～15μm、拉伸强度为1.3GPa且拉伸模量为100 GPa左右。

除了制备SiN陶瓷纤维外，先驱体裂解的方法还应用在很多方面。Iwamoto等利用PSZ裂解制备了H_2的选择透过性无定形陶瓷膜；经测试，在300℃时其对H_2的透过率为$1.3\times10^{-8}mol/(m^2\cdot s\cdot Pa)$。Liew等利用紫外线固化的硅氮烷作为陶瓷先驱体，裂解制备出用于微机电系统（MEMS）的SiCN陶瓷零部件。

8.6.3　氮化硼陶瓷先驱体

8.6.3.1　聚硼氮烷（PBZ）的合成

大部分氮化硼（BN）的有机先驱体是建立在硼吖嗪基础上的，它是六方BN的基本单元。三氯硼吖嗪在邻、间、对位由氯取代，具有较高的反应活性，可进一步与硅胺烷反应直接得到聚合物；其与甲胺反应生成高交联聚合物可经高温裂解，得到高度晶化的BN颗粒。将BCl_3与胺烷直接反应，可形成具有反应活性的氨基硼吖嗪单体，其中用三异丙基胺可得到纯的氨基硼吖嗪，经氨处理后交联成环；氨处理可增加交联程度，使含碳量降低，甚至得到完全无碳的聚合物。

除了硼吖嗪外，成环结构的硼氮烷，甚至硼酸都可以成为向体系中引入硼原子的物质，常用作均聚或共聚单体以及固化剂等。Miele 等以四种硼基环硼氮烷单体聚合得到分子链几乎全部为BN键的高产率BN陶瓷先驱体，经1800℃裂解后制得BN纤维；结果表明，该聚合物结构对纤维的力学性能影响显著。Cornu 等以 BCl_3 和仲胺为原料，在惰性气体保护下制得烷基三胺硼烷，将其再与不同的烷基亚胺进行反应合成环硼氮烷，经进一步反应形成聚合物；BCl_3 还可以和 NH_4Cl 反应成环，形成完全无碳的硼氮烷结构的先驱体。硼氮烷可作为固化剂加入到硅氮烷中形成聚硼硅氮烷。Schiavon 等以乙烯基硅氮烷为单体，以甲基三胺硼烷为交联剂聚合裂解得到Si—B—N—C的先驱体陶瓷。在国内，以 BCl_3 和三乙胺为原料，在 N_2 保护下经低温反应合成了配位键化合物 Et_3NBCl_3，再与 $(Me_3Si)_2NH$ 反应得到了中间产物 $(Me_2Si)_2NB(Cl)NHSiMe_3$ 和 $(Me_2Si)_2NBCl_2$，进而通过热缩合成环和高分子化后，获得了具有B、N六元环结构的BN先驱体。合成的BN先驱体，其软化点为40～50℃左右，且经热处理后软化点温度可提高至60～70℃左右，可纺性能良好；获得的淡黄色、半透明且表面光滑的先驱体丝，在 N_2 保护下热解至1500℃，制得了含有少量 Si_3N_4、SiC的BN粉体，其陶瓷转化率为38%。由于硼氮六元环化合物中B、N元素的含量高，易于转化为h-BN，故该陶瓷先驱体能制备比强度和比模量高、耐高温、耐腐蚀的陶瓷纤维材料。

8.6.3.2 PBZ的应用

由于氮化硼（BN）本身具有诸多优异的性能，将其作为复合材料的一个组分，可有效地改善整体材料的断裂韧性、热震性和抗氧化性，因而已在纳米、层状纤维增强复合陶瓷材料以及抗氧化涂层中得到广泛应用。Duriez 等以环硼烷和氨基环硼烷为单体合成聚合物先驱体，并在1800℃条件下裂解生成直径为10μm左右的BN陶瓷纤维。在国内，以三聚氰胺为原料，用湿化学法合成了纤维状的先驱体，并经高温裂解制备了直径为2～10μm、长径比为40～50的BN纤维。在制备BN陶瓷膜方面，Lorrette 等以二甲基三胺硼烷为先驱体制备了用于保护碳纤维的BN陶瓷膜，其厚度为0.1～5μm；另外，Battiston 等也以二甲基亚胺硼烷为先驱体、以硅和石英为基片，制备了BN陶瓷膜。在其他方面，Ma 等研究了在不同催化剂（Fe、Ni）上利用先驱体裂解的方式得到的B—C—N纳米管；研究表明，其形态与纳米管的化学组成有关，并具有一定的特征性。

8.6.4 氧化硅陶瓷先驱体

与PCS、PSZ等先驱体相比，聚硅氧烷（PSO）价格低廉（约30元/kg），在惰性气氛和 NH_3 中裂解可分别得到性能优良的Si—O—C和Si—O—N陶瓷，成为低成本制造高性能陶瓷材料的理想先驱体。近年来，关于PSO合成的研究主要集中在已经批量生产的常规PSO的化学改性及其裂解机理方面。Ohshita 等以含氢PSO、内丁酯和环醚的混合物为原料，合成了含溴的PSO和含溴的聚内丁酯硅氧烷。这是对PSO有益的化学修饰，使其可以进一步参与相关的化学反应，得到不同结构和性能的以氧化硅为主体的先驱体陶瓷。Lee 等还将PSO的侧基修饰出长链刚性基团，使其成为一种液晶材料。Anokhin 等成功合成出了既带有环硅氧烷，又带有链硅氧烷的单体，并经过聚合反应制得了类似于梯形的PSO结构，这无疑增加了相同链长硅氧烷中硅、氧元素的比例，从而提高了最终陶瓷的产率。Harshe 等以聚甲基倍半硅氧烷为先驱体裂解制备了Si—Al—O—C陶瓷，该先驱体在氩气保护下于1100℃完全裂解，并于1300～1500℃致密化，在高于1600℃后形成所需要的陶瓷材料；可利用此工艺制备MEMS的微型零件，如直径为400μm的齿轮。

PSO也可作为共聚单体，与其他结构的烷基单体或含硅单体反应，以提高陶瓷产率或改善先驱体陶瓷的性能。Schiavon 等以乙烯基聚环硅氮烷和聚环硅氧烷为共聚单体，制备了Si—O—N—C体系的陶瓷先驱体；并对其裂解行为及产物陶瓷的性能进行了研究。在国内，研究了含氢 PSO 与二乙烯基苯、含氢 PSO 与乙烯基 PSO 的交联和裂解反应，并对其裂解动力学行为以及陶瓷的结构和性能进行了探索。

在其他元素的化学掺杂方面，以 $SiCl_4$、苯甲醛、烷基胺和 BCl_3 为原料，采用有机聚合先驱体法，对氧化硅基陶瓷进行了 B、C、N 的原子级掺杂；研究结果表明，该掺杂能有效地提高氧化硅陶瓷的热稳定性和析晶温度。Blanco-brieva 等合成出了以四氯化钛为核的聚钛硅氧烷，该异质元素必然会对陶瓷的性能产生独特的影响。

8.6.5　先驱体材料展望

先驱体裂解转化陶瓷工艺已经在陶瓷纤维、涂层、复合材料以及微机电系统等材料的制备方面得到广泛应用，利用 PCS、PSZ、PBZ 以及 PSO 等先驱体制备的陶瓷材料具有高强度、耐高温和耐腐蚀等优异性能，其中通过掺杂或化学改性，同样可以得到功能化的先驱体陶瓷材料，其在航空航天、国防和电子等领域中具有广阔的应用前景。

该工艺也存在着许多不足之处。虽然先驱体聚合物的结构可以自行设计，以得到不同性能的陶瓷材料，但是，该先驱体是建立在有机聚合物的基础上，利用有机硅化学或其他化学反应制得的。因此，该先驱体裂解得到的主要是硅化物或硼化物陶瓷，而无法得到以金属化合物为主体的其他优秀陶瓷材料。其工艺本身会导致在裂解过程中伴随着大量气体小分子的放出，致使陶瓷材料体积收缩、含有大量的缺陷；致密度不足将显著影响最终材料的力学性能，而体积收缩将破坏材料的尺寸稳定性，甚至发生扭曲、变形。

目前先驱体法研究的重点是新型先驱体的开发，交联技术的研制及对热解工艺的改进。对于陶瓷先驱体的制备，用电化学方法在侧链上引入活性基团或支化结构，越来越引起研究者的兴趣。如何找到有效合成硅链的条件，降低成本得到高分子量聚硅烷，是实现聚硅烷工业制备的关键。如果此种电化学合成工艺和路线摸索成功，将会大大简化整个碳化硅的生产线流程，对我国航空航天和国防领域的发展有重大意义。在先驱体中引入诸如 Al、Ti、Zr、Ta 等异质元素，制备的 SiC 及其复合材料耐高温性、抗氧化性和力学性能预期会有显著提高。针对官能化聚硅烷中的活性基团进行其他反应，以得到多种类型的其他官能化聚硅烷的研究也正在进行当中，官能化新种类聚硅烷必将使聚硅烷的性能更加优越，其应用也会更加广泛。

8.7　高分子新材料展望

高分子科学是研究高分子的形成、化学结构与链结构、聚集态结构、性能与功能、加工及利用的学科门类，研究对象包括合成高分子、生物大分子和超分子聚合物等。

在高分子化学领域，一是合成高分子的各种聚合方法学、分子量和产物结构等可控的聚合反应及大分子的生物合成方法研究；二是高分子参与的化学过程；要注重非石油资源合成高分子，注重超分子聚合物、超支化高分子等各种新结构和高分子立体化学研究。

在高分子物理领域，主要方向是提出高分子凝聚态物理新概念，深入研究聚合物结构及其动态演变，加深对聚合物结晶、液晶和玻璃化等转变过程的认识，注重从单链高分子聚集态到成型过程聚集态的研究；关注新结构高分子的表征及结构与性能关系，对受限空间高分子结构、表面与界面结构与性能、高分子纳米微结构与尺度效应、形态、结构与性能的关系研究；加强对高分子溶液和聚合物流变学的研究；发展高分子新理论与计算模拟方法，关注多尺度关联计算模拟方法的研究。

在功能高分子领域，主要方向一是具有电、光、磁特性高分子；二是生物学、医学、药学相关高分子；三是吸附与分离、催化与试剂、传感和分子识别等功能高分子；关注新能源、环境相关高分子。

鼓励高分子科学与物理学、信息科学、生命科学、医学、材料科学和食品科学等学科的交叉研究。注重吸收物理新理论与思想，发展软物质理论；发展电子学聚合物和光子学聚合物；善于从天然高分子和生物大分子研究中寻找高分子科学发展的新切入点和生长点，在合成高分子与生物大分子之间的空白区寻找发展空间，重视仿生高分子、超分子结构、大分子组装与有序结构调控的研究，发展高分子化学生物学。

本章小结： 本章对高分子微球材料、高分子基纳米复合材料、环境敏感性高分子材料、可降解高分子材料、先驱体高分子材料等的结构、制备方法及性能特点进行了详细的阐述，在不断思考和知识积累的基础上，在高分子材料的高性能化、功能化、复合化、精细化、智能化等方面取得新成就。

习题与思考题

1. 高分子微球的功能性有哪些?
2. 温敏性高分子微球的主要组成是什么?
3. 粒径小于 1μm 的高分子微球，通常采用哪些聚合实施方法?
4. 聚合物/黏土层状纳米复合材料的制备途径有哪些?
5. 高分子基纳米复合材料的增强增韧机制是什么?
6. 形成水凝胶的必要条件是什么?
7. 光敏感性水凝胶的制备方法有哪些?
8. 什么是高分子材料的生物降解机理?生物降解高分子材料主要有哪几种类型?
9. 如何制备碳化硅陶瓷先驱体?
10. 结合自己的兴趣，通过查阅国内外文献，撰写一篇高分子材料功能化、复合化、精细化、智能化等方面的综述文章。

参考文献

[1] 张洪刚，陆书来，成国祥．功能高分子学报，2007，19 (3)：257-261.
[2] Huang J X，Yuan X Y，Yu X L，et al. Polymer International，2003，52 (5)：819-826.
[3] 王红艳，倪忠斌，杨成等．高分子学报，2007，(6)：503-508.
[4] Liu X Y，Iangm J，Yang S L，et al. Angewandte Chemie International Edition，2002，114 (16)：2950-2953.
[5] 华慢，杨伟，薛乔等．化学学报，2005，63 (7)：631-636.
[6] Chen M Q，Kaneko T，Zhang M，et al. Chemistry Letters，2003，32 (12)：1138-1139.
[7] Jiang J，Lepage M，et al. Macromolecules，2007，40 (4)：790-792.
[8] Hamada K，Kaneko T，Chen M Q，et al. Chemistry of Materials，2007，19 (5)：1044-1052.
[9] Serizawa T，Chen M Q，Akashi M. Journal of Polymer Science，Part A：Polymer Chemistry，1998，36 (17)：2581-2587.
[10] Yang W，Kaneko T，Chen M Q，et al. Chemistry Letters，2006，35 (2)：222-223.
[11] Kaneko T，Hamada K，Chen M Q，et al，Macromolecules，2004，37 (2)：501-506.
[12] Kaneko T，Hamada K，Chen M Q，et al. Advanced Materials，2005，17 (9)：1638-1643.
[13] Liu X Y，Wu J，Kim J S，et al. Langmuir，2006，22 (6)：419-424.
[14] Akashi M，Niikawa T，Serizawa T，et al. Bioconjugate Chemistry，1998，9 (1)：50-53.
[15] Sakuma S，Sudo R，Suzuki N，et al. Journal of Dispersion Science and Technology，2003，24 (5)：623-632.
[16] Leobandung W，Ichikawa H，Fukumori Y，et al. Journal of Applied Polymer Science，2003，87 (7)：1684-1687.
[17] Chen C W，Chen M Q，Serizawa T，et al. Chemical Communications，1998，1 (3)：831-832.
[18] Chen C W，Serizawa T，Akashi M. Chemistry of Materials，2002，14 (15)：2232-2239.
[19] Akagi T，Kaneko T，Kida T，et al. Journal of Controlled Release，2005，108 (2)：226-236.
[20] 赵竹第，李强，欧玉春等．高分子学报，1997，(5)：519-523.

[21] Vaia R A，Giannelis E P，et al. Adv. Mater.，1995，7 (2)：154-156.
[22] Kawasumi M，Okada A，et al. Macromolecules，1997，(30)：6333-6338.
[23] 唐建国，胡克鳌，吴人杰等．高分子材料科学与工程，1999，15 (5)：66-68.
[24] Xiongwei Qu，Huili Ding，Jianying Lv，et al. Journal of Applied Polymer Science，2004，93 (6)：2844-2855.
[25] Feng Q，Dang Z，Li N，et al．Materials Science and Engineering，2003，99 (1-5)：325-328.
[26] Furuichi N，Kurokawa Y，Fujita K，et al. Journal of Materials Science，1996，31 (16)：4307-4310.
[27] Wang M S，et al. Chemistry of Materials，1994，6 (4)：468-474.
[28] Messersmith P B，et al. Chemistry of Materials，1994，6 (10)：1719-1725.
[29] Leslie S L，Karen K H. Macromolecules，2003，36 (8)：2587-2590.
[30] Xu X，Yin Y，Ge X，et al. Materials Letters，1998，37 (6)：354-358.
[31] Yin Y，Xu X，Ge X，et al. Radiation Physical Chemistry，1998，55 (3)：567-570.
[32] Wang L Q，Exarhos G J. Journal of Physical Chemistry B，2003，107 (2)：443-450.
[33] 欧玉春．高分子材料科学与工程，1998，12 (2)：12-15.
[34] Gilman J W，Giannelis E P，Hilton D，et al. Chem. Mater.，2000，12 (7)：1866-1873.
[35] Zhang K，Wu X Y. Biomaterials，2004，25 (22)：5281-5291.
[36] Zhang K，Huang H，Yang G，et al. Biomacromolecules，2004，5 (4)：1248-1255.
[37] Peppas N A，Klier J. Journal of Controlled Release，1991，16 (1-2)：203-214.
[38] Traitel T，Cohen Y，Kost J. Biomaterials，2000，21 (16)，1679-1687.
[39] Suizuki A，Tanaka T. Nature，1990，346 (26)：345-347.
[40] Mamada A，Tanaka T. Macromolecules，1990，23 (5)：1517-1519.
[41] Chen L，Li S，Zhao Y，et al. Journal of Applied Polymer Science，2005，96 (6)：2163-2167.
[42] Varga G，Filipcsei G，Szilágyi A，et al. Macromolecular Symposia，2005，227 (1)：123-134.
[43] Starodoubtsev S G，Saenko E V，Khokhlov A R，et al. Microelectronic Engineering，2003，69 (2-4)：324-329.
[44] 胡巧玲，陈福平，李保强等．高等学校化学学报，2005，26 (10)：1960-1962.
[45] Tuncer C，Döne Y，Serkan D. Journal of Applied Polymer Science，2009，112 (2)：800-804.
[46] Liang Y Y，Zhang L M，Jiang W，et al. Physical Chemistry，2007，8 (16)：2367-2372.
[47] Zrínyi M，Barsi L，Büki A. Polymer Gels and Networks，1997，5 (5)：415-427.
[48] Xulu P M，Filipcsei G，Zrinyi M. Macromolecules，2000，33 (5)：1716-1719.
[49] Goiti E，Salinas M M，Arias G，et al. Polymer Degradation and Stability，2007，92 (2)：2198-2205.
[50] 揭少卫，杨黎明，陈捷等．高校化学工程学报，2008，22 (5)：850-854.
[51] Satarkar N S，Hilt J Z. Acta Biomaterialia，2008，4 (1)：11-16.
[52] 宫培军，孙汉文，洪军等．中国科学 (B辑：化学)，2006，36 (4)：331-337.
[53] 公彦宝，王成运，刘顺英等．核技术，2008，31 (10)：751-755.
[54] Chen J，Yang L M，Liu Y F. Macromolecular Symposia，2005，225 (1)：71-80.
[55] 王雪珍，汪辉亮．高分子通报，2008，(3)：1-6.
[56] Hernández R，Sarafian A，López D，et al. Polymer，2004，45 (16)：5543-5549.
[57] Reséndiz-Hernández P J，Rodríguez-Fernández O S，García-Cerda L A. Journal of Magnetism and Magnetic Materials，2008，320 (14)：373-376.
[58] Liu T Y，Hu S H，Liu K H，et al. Journal of Controlled Release，2008，126 (3)：228-236.
[59] Czaun M，Hevesi L，Takafuji M，et al. Chemical Communications，2008，(18)：2124-2126.
[60] Ma D，Zhang L M. Journal of Physical Chemistry B，2008，112 (20)：6315-6321.
[61] Liu T Y，Hu S H，Liu K H，et al. Journal of Magnetism and Magnetic Materials，2006，304 (1)：397-399.
[62] Qin J，Asempah I，Laurent S，et al. Advanced Materials，2009，21 (13)：1354-1357.
[63] Ramanujan R V，Lao L L. Smart Materials and Structures，2006，15 (4)：952-956.
[64] Takahashi F，Sakai Y，Mizutani Y. Journal of Fermentation and Bioengineering，1997，83 (2)：152-156.
[65] Artham T，Doble M. Macromolecular Bioscience，2008，8 (1)：14-24.
[66] Arevalo-Nino K，Sandoval C F. Biodegradaion，1989，7 (3)：231-237.
[67] Lee B，Pometto A L，Fratzke A，et al. Applied and Environmental Microbiology，1991，57 (3)：678-685.
[68] Chandra R，Rustgi R. Polymer Degradation and Stability，1997，56 (2)：185-202.
[69] Johnson K E，Pometto A L，Nikolov Z L. Applied and Environmental Microbiology，1993，59 (4)：1155-1161.

[70] Noomhorm C，Tokiwa Y. Journal of Polymers and the Environment，2006，14（2）：149-156.
[71] Dubois P，Narayan R. Macromolecular Symposia，2003，198（1）：233-243.
[72] Suchada C. Journal of Bioscience and Bioengineering，2010，110（6）：621-632.
[73] Hazer B，Chel A. Applied Microbiology and Biotechnology，2007，74：1-12.
[74] Lenz R W，Merchessault R H. Biomacromolecules，2005，6：1-8.
[75] Song J H，Jeon C O，Choi M H，et al. J Microbiol Biotech，2008，18：1408-1415.
[76] Verlinden R J，Hill D J，Kenward M A，et al. Journal of Applied Microbiology，2007，102：1437-1449.
[77] 胡风庆，回晶．中国生物工程杂志，2009，29（11）：112-116.
[78] Lee S Y. Nature Biotechnology，2006，10：1227-1229.
[79] Pohlmann A，Fricke W F，Reinecke F，et al. Nature Biotechnology，2006，24：1257-1262.
[80] Kim D Y，Kim H W，Chung M G，et al. Journal of Microbiology，2007，45：87-97.
[81] Parveez G K A，Bohari B，Ayub N H，et al. Journal of Oil Palm Research，2008，S2：77-86.
[82] Kim B S，Lee S C，Lee S Y，et al. Bioprocess and Biosystems Engineering，2004，26（3）：147-150.
[83] Jin B，Zepf F T. Biotechnology and Biochemistry，2008，72（1）：253-256.
[84] Kahar P，Tsuge T，Taguchi K，et al. Polymer Degradation and Stability，2004，83（1）：79-86.
[85] 魏国清，陈泉．生物工程学报，2010，26（9）：1257-1262.
[86] Kulpreecha S，Boonruangthavorn A，Meksiriporn B，et al. Journal of Bioscience and Bioengineering，2009，107（3）：240-245.
[87] Nikel P，Pettinari J，Mendez B. Applied Microbiology and Biotechnology，2008，77（6）：1337-1343.
[88] Mothes C，Schnorpfeil C，Ackermann J U. Engineering in Life Sciences，2007，7（5）：475-479.
[89] Ramachander T V N，Rohini D，Belhekar A，et al. International Journal of Biological Macromolecules，2002，31（1-3）：63-69.
[90] 陈国强，欧阳少平，陈思思．表达聚羟基脂肪酸酯的工程菌及其构建方法与应用．CN101096651A［P］．2008-01-02.
[91] Li H Y，Chang J. Biomaterials，2004，25：5473-5480.
[92] Lisbeth G，Adrienne C，Matt T. Biomacromolecules，2005，6（4）：2197-2203.
[93] Torun G Kose，Kenar H，Hasirci N，et al. Biomaterials，2003，24（11）：1949-1958.
[94] Tesema Y，Raghavan D，Stubbs J. Journal of Applied Polymer Science，2004，93（5）：2445-2453.
[95] Gupta A P，Kumar V. European Polymer Journal，2007，43（10）：4053-4074.
[96] Fukushima K，Hirata M，Kimura Y. Macromolecules，2007，40（9）：3049-3055.
[97] Slivniak R，Domb A J. Macromolecules，2005，38（13）：5545-5553.
[98] Slivniak R，Langer R，Domb A J. Macromolecules，2005，38（13）：5634-5639.
[99] Bhardwaj R，Mohanty A K. Biomacromolecules，2007，8（8）：2476-2484.
[100] Lin P，Fang H，Tiffany T，et al. Materials Letters，2007，61：3009-3013.
[101] Robertson M L，Chang K，Gramlich W M，et al. Macromolecules，2010，43（4）：1807-1814.
[102] 郭其魁，桂宗彦，龚飞荣．功能高分子学报，2009，22（4）：373-377.
[103] Ljungberg N，Colombini D，Wess B，et al. Journal of Applied Polymer Science，2005，96（4）：992-1002.
[104] Kai-Lai G Ho，et al. Journal of Polymers and the Environment，1999，7（4）：173-177.
[105] Kim H S，Yang H S，Kim H J. Journal of Applied Polymer Science，2005，97（4）：1513-1521.
[106] Yajima S，Hayashi J，Omori M，Okamura K. Nature，1976，261：683-675.
[107] Toreki W，Barch C D. Composites Science and Technology，1994，51（2）：145-159.
[108] Kashimara S. Tetrahydron Letters，1997，38：4607-4612.
[109] 王光信，张积树．有机电合成导论．北京：化学工业出版社，1997：43-61.
[110] 吴市，陈来．高分子材料科学与工程，2007，23（5）：64-66.
[111] Masanobu U. Electrochimica Acta，1991，36（3-4）：621-624.
[112] Mitsutoshi O，Ken-ichi T，Takeshi T. Electrochimica Acta，1999，44（4）：659-666.
[113] Shigenori K，Manabu I，Hang-Bom B. Tetrahedron Letters，1997，38（26）：4607-4610.
[114] Atsutaka K. Organometallic，1991，10（6）：893-895.
[115] Shigenori K，Manabu I，Natsuki Y. Journal of Organic Chemistry，1999，64（18）：6615-6621.
[116] Matyjaszewski K，Greszta D，Hrkach J S. Macromolecules，1995，28（1），59-72.

[117] Ishikawa T，Kohtoku Y，Kumagawa K，et al. Nature，1998，391：773-775.
[118] 赵大方，李效东，郑春满等．北京科技大学学报，2007，29（2）：130-134.
[119] Yamamura T，Ishikawa T，Shibuya M，et al. Journal of Materials Science，1988，23（7）：2589-2594.
[120] Chollon G，Aldacourrou B，Capes L，et al. Journal of Materials Science，1998，33（4）：901-911.
[121] Ishikawa T，Kohtoku Y，Journal of Materials Science，1998，33（1）：161-166.
[122] Thünemann M，Beffort O，Kleiner S，et al. Composites Science and Technology，2007，67（11-12）：2377-2383.
[123] Cheng Q M，Interrante L V，Lienhard M，et al. Journal of the European Ceramic Society，2005，25（2-3）：233-241.
[124] Ohshita J，Taketsugu R，Hino K，et al. Journal of Organometallic Chemistry，2006，691（13）：3065-3070.
[125] Shibuya M，Takahashi T，Koyama K. Composites Science and Technology，2007，67（1）：119-124.
[126] Nangrejo M R，Bao X，Edirisinghe M J. International Journal of Inorganic Materials，2001，3（1）：37-45.
[127] 尹衍生，陈守刚，李嘉．先进结构陶瓷及其复合材料．北京：化学工业出版社，2006：131-132.
[128] Lee J S，Butt D P，Baney R H，et al. Journal of Non-Crystalline Solids，2005，351（37-39）：2995-3005.
[129] Iwamoto Y，Sato K，Kato T，et al. Journal of the European Ceramic Society，2005，25（2-3）：257-264.
[130] Liew L A，Liu Y，Luo R，et al. Sensors and Actuators A：Physical，2002，95（2）：120-134.
[131] Barros P M，Yoshida I P，Achiavon M A. Journal of Non-Crystalline Solids，2006，352（22-35）：3444-3450.
[132] Miele P，Toury B，Cornu D，et al. Journal of Organometallic Chemistry，2005，690（11）：2809-2814.
[133] Cornu D，Bernard S，Duperrier S，et al. Journal of the European Ceramic Society，2005，25（2-3）：111-121.
[134] Schiavon M A，Soraru G D，Yoshida I P. Journal of Non-Crystalline Solids，2004，348：156-161.
[135] Duriez C，Framery E，Toury B，et al. Journal of Organometallic Chemistry，2002，657（1-2）：107-114.
[136] Lorrette C，Weisbecker P，Jacques S，et al. Journal of the European Ceramic Society，2007，27（7）：2737-2743.
[137] Battiston G A，Berto D，Convertino A，et al. Electrochimica Acta，2005，50（23）：4600-4604.
[138] Ma R Z，Bando Y. Science and Technology of Advanced Materials，2003，4（5）：403-407.
[139] 熊亮萍，许云书．化学进展，2007，19（4）：567-574.
[140] Ohshita J，Inata K，Izumi Y，et al. Journal of Organometallic Chemistry，2007，692（16）：3526-3531.
[141] Lee K J，Hsiue G H，Wu J L，et al. Polymer，2007，48（17）：5161-5173.
[142] Anokhin D V，Gearba R I，Godovsky Y K，et al. Polymer，2007，48（16）：4837-4848.
[143] Harshe R，Balan C，Riedel R. Journal of the European Ceramic Society，2004，24（12）：3471-3482.
[144] Schiavon M A，Ciuffi K J，Yoshida I V P. Journal of Non-Crystalline Solids，2007，353（22-23）：2280-2288.
[145] 马青松，陈朝辉，郑文伟．高分子材料科学与工程，2005，21（2）：279-282.
[146] Blanco-Brieva G，Capel -Sanchez M C，Campos-Martin J M，et al. Journal of Molecular Catalysis A：Chemical，2007，269（1-2）：133-140.
[147] 董建华．高分子通报，2010，1：1-6.